VIVRE APRÈS LE pétrole MISSION IMPOSSIBLE ?

Photo de la couverture : ©Masterfile

Révision scientifique et collaborateurs

Manuscrit : révision et discussions scientifiques

Bernard Saulnier, ingénieur, chercheur à la retraite de l'IREQ
Claude Villeneuve, professeur, Université du Québec à Chicoutimi

Manuscrit : compréhension du propos

Philippe Beaucage, candidat au doctorat, INRS-ÉMT
Julie Lafrance, étudiante, École polytechnique

Scénarios, politiques et questions économiques

Claude Desjarlais, Directeur de l'analyse économique, Ouranos

Chapitres du livre : discussions scientifiques

Claude Boucher, Benoit Jean, François Martin, Guy Ross, Horst Pacher et Barry Stansfield, professeurs, ainsi que Marie-Chantal Denis, chargée de cours à l'INRS-ÉMT.

Daniel Brassard, Christophe Chabanier, Geneviève Dorval Douville, Pierre-André Fortin, Paul Ndione, David Reyter, Salifou Seini-Modi, Jean-Pierre Tessier, étudiants du cours Énergie (INRS-ÉMT) et bien d'autres.

Catalogage avant publication de Bibliothèque et Archives Canada

Lafrance, Gaétan

Vivre après le pétrole : mission impossible?

Comprend des réf. bibliogr.

ISBN 978-2-89544-103-8

1. Politique énergétique. 2. Énergies renouvelables. 3. Combustibles fossiles. 4. Économie d'énergie. 5. Politique énergétique – Aspect de l'environnement. I. Titre.

HD9502.A2L332 2007 333.79 C2006-942191-9

GAËTAN LAFRANCE

VIVRE APRÈS LE pétrole
MISSION IMPOSSIBLE ?

ÉDITIONS MULTIMONDES

ISBN-13 : 978-2-89544-103-8
ISBN-10 : 2-89544-103-0
Dépôt légal – Bibliothèque et Archives nationales du Québec, 2007
Dépôt légal – Bibliothèque et Archives Canada, 2007

ÉDITIONS MULTIMONDES
930, rue Pouliot
Québec (Québec) G1V 3N9
CANADA
Téléphone : 418 651-3885
Téléphone sans frais : 1 800 840-3029
Télécopie : 418 651-6822
Télécopie sans frais : 1 888 303-5931
multimondes@multim.com
http://www.multim.com

DISTRIBUTION AU CANADA
PROLOGUE INC.
1650, boul. Lionel-Bertrand
Boisbriand (Québec) J7H 1N7
CANADA
Téléphone : 450 434-0306
Tél. sans frais : 1 800 363-2864
Télécopie : 450 434-2627
Téléc. sans frais : 1 800 361-8088
prologue@prologue.ca
http://www.prologue.ca

DISTRIBUTION EN FRANCE
LIBRAIRIE DU QUÉBEC
30, rue Gay-Lussac
75005 Paris
FRANCE
Téléphone : 01 43 54 49 02
Télécopie : 01 43 54 39 15
direction@librairieduquebec.fr
http://www.librairieduquebec.fr

DISTRIBUTION EN BELGIQUE
La SDL Cravelle S.A.
Rue du Pré aux Oies, 303
Bruxelles
BELGIQUE
Téléphone : +32 2 240.93.00
Télécopie : +32 2 216.35.98
Sarah.Olivier@SDLCaravelle.com
http://www.SDLCaravelle.com/

DISTRIBUTION EN SUISSE
SERVIDIS SA
chemin des chalets 7
CH-1279 Chavannes-de-Bogis
SUISSE
Téléphone : (021) 803 26 26
Télécopie : (021) 803 26 29
pgavillet@servidis.ch
http://www.servidis.ch

Les Éditions MultiMondes reconnaissent l'aide financière du gouvernement du Canada par l'entremise du Programme d'aide au développement de l'industrie de l'édition (PADIÉ) pour leurs activités d'édition. Elles remercient la Société de développement des entreprises culturelles du Québec (SODEC) pour son aide à l'édition et à la promotion.

Gouvernement du Québec – Programme de crédit d'impôt pour l'édition de livres – gestion SODEC.

100%

Imprimé avec de l'encre végétale sur du papier Rolland Enviro 100, contenant 100% de fibres recyclées postconsommation, certifié Éco-Logo, procédé sans chlore et fabriqué à partir d'énergie biogaz.

IMPRIMÉ AU CANADA/PRINTED IN CANADA

À Amélie, Simon et Félix, nés en 2002, 2005 et 2006.

Leur espérance de vie leur permettra de vivre cette période de transition vers le quatrième âge de l'énergie moins dépendant des combustibles fossiles. Comment ne pas leur souhaiter que tous les décideurs du monde présent et futur prennent leurs responsabilités en faveur d'un changement harmonieux et équitable pour les générations qui vont se succéder?

Remerciements

L'auteur adresse ses remerciements les plus sincères aux nombreux collaborateurs et étudiants du cours Énergie, et bien sûr à la trentaine d'étudiants, stagiaires et assistants du groupe GAME qui ont permis d'approfondir toutes ces questions au fil du temps. À la mémoire également de Réal Décoste, premier directeur du consortium OURANOS qui en 1997 a subventionné un premier travail de prospective de la demande et de l'offre d'énergie au niveau mondial. Un merci tout spécial à Michel Trépanier qui pendant un moment a travaillé en étroite collaboration sur ce sujet. Et merci à l'équipe des Éditions MultiMondes pour le magnifique travail accompli et pour la confiance accordée au cours de la réalisation de cet ouvrage.

Avant-propos

Notes préalables sur les scénarios envisagés

Ce livre s'intéresse à la vie après le pétrole. Mais élaborer des scénarios de l'évolution du système énergétique pour l'horizon 2100, n'est-ce pas un peu fou ? Qu'auraient pu dire les scientifiques de l'époque 1900 sur l'évolution de l'humanité pour le siècle à venir ? Alors que les frères Wright n'avaient pas encore fait voler le premier avion, quelle interprétation aurait-on pu faire de l'impact des communications 100 ans plus tard ? Accordait-on le moindre crédit à la théorie de Jules Verne selon laquelle un jour l'économie de l'hydrogène serait réalité ? Qu'avançait la science concernant l'impact de l'homme sur l'environnement ? Ne dit-on pas souvent en boutade que le problème environnemental le plus préoccupant de l'époque concernait la quantité jugée trop importante de crottin de cheval dans les rues ?

Dans notre monde moderne, qui semble composé d'individus à la vision monochrome, n'est-ce pas suicidaire de vouloir trancher sur un futur inéluctablement complexe ? À l'époque du noir ou blanc où l'impression générale est que les Verts ne voient que rouge, leurs opposants que des billets verts et les autres qu'une carrière dorée, n'est-ce pas prétentieux d'esquisser un quatrième âge de l'énergie dont la principale caractéristique serait la gamme des couleurs ? Pourquoi s'intéresser à ce qui va se passer dans trois ou quatre générations, quand l'analyse économique formelle semble réviser sa théorie chaque semaine pour expliquer l'évolution chaotique du cours du pétrole ? Bref, la vie après le pétrole prend de court l'imagination. Alors qu'on répète « Non, merci! » à tout, au nucléaire, au charbon, à l'hydroélectricité, à l'éthanol, aux ports méthaniers, à la hausse de taxes pour l'efficacité et la R-D, la révolution du quatrième âge de l'énergie apparaît impossible. Pourquoi s'y attarder ?

Pourtant, deux ou trois raisons font que cette entreprise de prospective n'est peut-être pas si folle qu'elle n'y paraît à première vue. D'abord, rappelons-nous qu'il n'y a pas si longtemps, le même reproche fut adressé aux alarmistes qui prévoyaient un réchauffement climatique important si l'humanité ne changeait pas ses habitudes de consommation d'énergie. Au début des années 2000, plusieurs pays ont commencé à y croire et ont signé le Protocole de Kyoto. La science du long terme a donc marqué un point: les concentrations de gaz à effet de serre dans l'atmosphère ne se résorbent qu'au bout d'une très longue période. Pour éviter le pire, il faut agir dès maintenant, notamment en réduisant notre consommation d'énergie.

Plusieurs autres facteurs autorisent cette analyse du futur. La science moderne a fait ressortir un certain nombre de tendances lourdes, de diagnostics et d'enjeux qui ne trompent pas et qui prennent à partie le manque de considération pour l'avenir lointain. Nous venons de citer l'adaptation aux changements climatiques comme inéluctable. La fin de l'âge du pétrole est également irréfutable. Quelque part dans ce siècle, le pic de la production de pétrole aura été atteint. L'humanité doit en tenir compte dès maintenant à cause d'une contrainte de taille: son incapacité à changer rapidement le cours de l'évolution.

Pour notre génération si confiante en ses moyens, une telle affirmation peut paraître abstraite, mais l'âge d'or que l'humanité a vécu dans les cinq dernières décennies est attribuable à une rente énergétique pratiquement gratuite et continue. Le passage d'un système d'approvisionnement énergétique à l'autre, par exemple de l'énergie musculaire au couple charbon-vapeur et au pétrole par la suite, s'est souvent fait dans la douleur, créant des désordres économiques et sociaux importants. Le prochain ne se fera pas sans heurts non plus. La transition vers le quatrième âge de l'énergie sera semée d'embûches dont certaines seront très longues à résoudre. Elles sont d'ordre géopolitique, social, économique, technologique et environnemental. Nous verrons qu'on ne peut pas, à l'échelle mondiale, modifier rapidement et de façon significative la contribution des grandes énergies. De la même manière, on ne peut pas changer radicalement le comportement et les habitudes

des consommateurs. En d'autres termes, le système énergétique mondial souffre de la rigidité de ses structures et de la résistance au changement de ses utilisateurs.

Cette rigidité figée sur plusieurs tendances lourdes est accompagnée de nombreuses incertitudes qu'il convient de discuter. La domination prolongée de quelques grands décideurs mondiaux sur l'industrie du pétrole risque d'être perturbée par plusieurs nouveaux facteurs: la montée de la consommation des pays non membres de l'OCDE*[1], l'évolution géopolitique incertaine de la région du golfe Persique et la baisse relative de la production dans les pays non membres de l'OPEP*. De quel type d'ordre pétrolier le XXIe siècle sera-t-il témoin? Quels seront les nouveaux équilibres de pouvoir? La demande de pétrole, de gaz et de charbon continue d'augmenter, alors qu'on observe une baisse tendancielle de l'intensité énergétique et un développement lent et limité des énergies renouvelables. Peut-on inverser la tendance? Fera-t-on les investissements nécessaires? La science et la technologie nous sauveront-elles? Ce ne sont là que quelques questions.

Chaque partie de ce livre couvre donc un aspect fondamental de cette transition vers un âge de l'énergie qui serait moins dépendant des combustibles fossiles. Ainsi, la première partie étudie l'industrie du pétrole et son héritage entropique. La deuxième partie examine la gestion des systèmes électriques. La troisième partie s'intéresse à la place des énergies renouvelables pour la production d'électricité. La quatrième partie passe en revue les innovations technologiques au niveau de la demande. Et enfin, la cinquième partie examine les solutions à très long terme qui peuvent d'un côté contrer le changement climatique et de l'autre réduire notre dépendance envers le pétrole. Pour l'essentiel, la période de transition considérée est le XXIe siècle, mais le laboratoire d'analyse se situe autour de 2020-2050, période charnière pour plusieurs changements de paradigme.

Afin de faciliter le suivi, chaque partie fait une synthèse selon deux classes de scénarios tendanciels qui reproduisent deux types

---

1. Un astérisque (*) signifie que la définition de ce terme apparaît dans le glossaire à la fin de cet ouvrage.

de sensibilisation au problème des ressources* énergétiques. À la toute fin du livre, nous chiffrons ces scénarios, mais le but de l'exercice est de fournir des balises au lecteur pour son propre cheminement. En ce sens, il peut être utile de consulter régulièrement les tableaux 23 et 24, à la fin de l'ouvrage pour connaître les principales hypothèses et fixer le cadre d'analyse de chaque chapitre. Un simple coup d'œil aux graphiques 26, 27 et 28 (à la fin de la quatrième partie) donne également un aperçu de l'univers discuté.

L'introduction sur le «Non, merci!» donne déjà le ton des scénarios choisis. Le premier paramètre d'influence, vous l'aurez compris, est l'attitude des sociétés c'est-à-dire le système de valeurs des générations d'humains, y compris la nôtre, qui vivront en ce XXIe siècle. C'est le sens des deux familles de scénarios qui servent de cadre d'analyse dans ce livre: le chacun-pour-soi et la solidarité.

Le scénario du *chacun-pour-soi* (Scénario 1 – S1)

Sous l'angle de l'attitude, l'individu, la communauté, le marché, le politique, le bloc économique, en un mot toute entité décisionnelle a une préoccupation principale: son intérêt particulier. L'*ego* est la marque du temps. La plage des scénarios du chacun-pour-soi reproduit donc le *business as usual* teinté de néolibéralisme, la réticence à investir dans l'équité planétaire et dans tout changement structurel majeur. Pour l'innovation en particulier, ce type de scénarios reflète la tendance au repli sur l'acquis. En ce début de millénaire, les exemples sont nombreux, de l'individu qui veut payer moins d'impôt aux lobbies de toutes sortes qui n'acceptent aucun compromis.

On envisage alors un monde où la convergence est plus lente dans tous les domaines, politique, technologique, environnemental, économique et social. En d'autres termes, le village global reflétant une plus grande concertation de la pensée tarde à se concrétiser. La croissance économique et technologique y est plus hétérogène et plus lente que dans le scénario de la solidarité. Les combustibles fossiles restent prédominants.

Dans la première moitié du siècle, ces hypothèses tendancielles ne sont pas nécessairement négatives pour le progrès, puisqu'elles reproduisent le même système socioéconomique qui a fait le XXe siècle. À plus long terme, après 2050, nous verrons qu'une telle attitude mène à une impasse pour l'approvisionnement énergétique planétaire ou pour le rattrapage des pays pauvres en termes de niveau de vie.

Le scénario de la *solidarité, de la convergence, du compromis et de l'équité* (Scénario 2 - S2)

La concurrence reste une force. Les politiciens sont toujours obsédés par la croissance. Les multinationales font toujours leur travail d'abaisser les coûts. Bien qu'imparfaite, la démocratie progresse. L'individu défend toujours son bien-être particulier – on ne peut pas changer ses gènes –, mais collectivement le monde se donne des règles qui en toute probabilité permettront à l'avenir de triompher, même si à court terme cela cause des débats parfois houleux. Le parlement mondial n'existe toujours pas, mais chaque bloc économique a une attitude responsable envers les plus démunis, les questions environnementales et la recherche de l'innovation. Il ne s'agit pas ici de mettre en opposition la social-démocratie et le néolibéralisme. Chaque système comporte son lot d'égoïsme et de blocages face à la nouveauté. Mais chaque système peut tabler sur un peu plus de solidarité. Enfin, cette classe de scénarios est bonifiée par la chance. Le premier exemple qui vient à l'esprit est le déblocage de l'impasse technologique dans certains domaines clés pour augmenter la part de l'électricité.

On atteint une plus grande convergence entre les régions du globe avec des échanges d'idées accrus et une réduction des écarts de revenus. On accorde une place plus importante à une économie des services et de l'information. La particularité principale de ce type de scénario est de considérer une électrification tendancielle maximale de la demande, y compris dans le transport, pour l'horizon de 2100. Bien que le scénario S2 constitue une borne supérieure de «bonne volonté et de chance», il indique le chemin à suivre pour traverser le siècle sans trop de problèmes de ressources.

Combien seront-ils à choisir?

Les deux types de scénarios envisagés dans ce livre sont basés sur une évolution démographique modérée d'ici 2050. Le nombre d'humains sera alors de l'ordre de 9 milliards. Par la suite, la population de la planète se stabilisera. Il s'agit en fait du scénario de référence des Nations unies (ONU, 2004). Le changement le plus significatif se situe dans l'évolution de la part des économies dites «matures»*. Selon les chiffres de l'ONU, cette part passera de 20% en 2000 à 12,5% en 2100. En chiffres, la croissance de la population de ce que l'on appelle l'Occident sera pratiquement nulle d'ici 2100, passant de 1,1 à 1,4 milliard.

Cette dernière hypothèse est cruciale et doit être retenue pour la suite de la réflexion. Plus on va avancer dans le siècle, plus les grands choix planétaires seront tributaires des valeurs des pays émergents* et en développement*. Par exemple, le plus grand marché du pétrole ne sera plus les États-Unis d'Amérique, comme ce fut le cas au XXe siècle. Le passage de 4,9 milliards d'individus en 2000 à près de 7,6 milliards, en 2050, pour les pays émergents et pauvres aura des conséquences économiques considérables sur les échanges de biens et par conséquent sur la demande d'énergie. Selon les tendances actuelles, environ 2,2 milliards de personnes franchiront les étapes de l'industrialisation et atteindront un niveau de vie «confortable» d'ici 2050. En principe, si tout se passe bien, ce bloc émergent correspondra à une économie mature d'ici la fin du siècle.

La grande inconnue est le niveau de développement des pays pauvres, ce qui concerne environ 5,4 milliards de personnes à l'horizon de 2050. Aucun des scénarios discutés dans ce texte n'est vraiment optimiste quant à leurs chances de sortir du sous-développement. Vraisemblablement, si on examine l'écart qu'ils ont à combler pour atteindre un niveau de développement honnête, ils ne pourront profiter du progrès que beaucoup plus tard dans ce siècle. Un des problèmes qui risquent de se poser est le manque de ressources énergétiques bon marché, nécessaires à la mise en place des infrastructures de base. Dans un tel contexte, on comprendra que le scénario de la solidarité soit plus optimiste que le scénario du chacun-pour-soi.

L'autre grande conséquence d'une telle évolution est l'importance accrue de l'urbanisation dans le bloc démographique en développement. La problématique de la pollution, l'électrification du transport, le confort du bâtiment imposent une réflexion plus large sur la gestion énergétique future. Parmi les solutions, les centrales énergétiques multiservices seront abondamment discutées tout au long de cet ouvrage.

GRAPHIQUE 1

Évolution de la population mondiale: 1950-2100 (en millions)

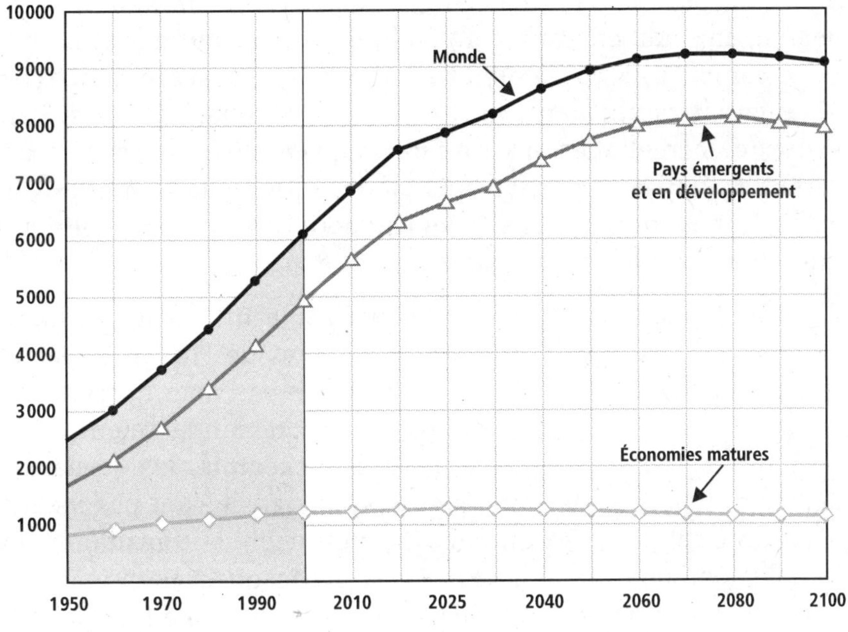

Source: Nations unies, scénario de référence, 2004.

Le sens des scénarios

Lorsque nous élaborons des scénarios, nous imaginons des représentations de l'avenir autant que possible contrastées. Aucun scénario n'est une prévision exacte; chacun n'est qu'une image possible de l'avenir. Chacun est fondé sur un jeu d'hypothèses documentées qui décrivent des relations dominantes et des facteurs d'évolution que nous déduisons de notre compréhension du passé et de la situation présente. La plupart des scénarios ne prévoient pas de discontinuité ni de catastrophe majeure. Ceux présentés dans ce livre ne font pas exception et reposent sur une hypothèse considérable pour la période 2000-2100: le marché régulateur et la géopolitique tiennent la route.

Si l'on se fie à l'histoire du XXe siècle, un scénario catastrophe est parfaitement plausible. En combinant deux guerres mondiales, une pandémie majeure comme la grippe espagnole, un krach économique comme celui de 1929, des sécheresses chroniques, l'exclusion de l'Afrique et de quelques autres pays pauvres, et, pourquoi pas, un énorme ouragan qui inonderait New York et Boston, on serait en droit, d'un point de vue scientifique s'entend, de tracer un scénario du pire. En comparaison, le scénario de type S2 apparaît rapidement «fort», puisque l'humanité s'ajuste au contexte énergétique sans cassure et qu'en plus on assiste à un certain rattrapage des pays plus pauvres. De toute façon, les cas extrêmes sont de peu d'enseignement pour l'organisation politique qui tente d'établir une transition éclairée.

Tous les scénarios sont teintés par l'objectif, par le jugement de ceux qui les font, par les connaissances de l'heure et par la complexité du domaine. Nous n'y échappons pas, nous qui sommes conscients que ce livre n'est pas une commande scientifique qui couvre toutes les possibilités. Par exemple, les scénarios démographiques et économiques pessimistes ne sont pas inclus. C'est un outil de réflexion plus léger qui cible la transition vers le quatrième âge de l'énergie. Le scénario du chacun-pour-soi appartient à la classe des tendanciels. Le scénario de la solidarité n'est pas normatif au sens propre, puisqu'il n'est pas «éditorial» comme ceux que font souvent plusieurs groupes d'intérêt. En ce sens, les résultats sur la place des énergies renouvelables et du développement durable risquent de décevoir. Ce n'est pas ce que nous souhaitons, c'est un constat. Par contre, un tel scénario a pour but de démontrer que la transition vers un âge énergétique moins dépendant des combustibles est possible.

En trame de fond, l'objectif de ce texte n'est pas de répondre à tout, mais plutôt de susciter un regard critique sur les prospectus un peu trop idéalistes et de proposer une attitude plus humble dans la compréhension de la relation énergie-société. Toutes ces considérations étant dites, le lecteur doit être conscient des limites de la prospective, surtout dans un domaine aussi complexe que celui de l'énergie.

Notes pratiques

Le lecteur est invité à consulter le glossaire chaque fois qu'est employé un terme technique (suivi d'un *). Dans le secteur de l'énergie, des définitions mal comprises peuvent mener à des interprétations fausses. Notamment, il convient d'avoir en tête les notions de puissance et d'énergie (voir par exemple *kilowatts* et *kilowattheures*) ainsi que les termes *énergie primaire* et *énergie disponible pour la consommation*. Comme guide pour le moyen terme (2025), il est recommandé de consulter les prévisions de l'Agence internationale de l'énergie (www.eia.org) et celles du gouvernement américain (www.eia.doe.gov), section internationale. Pour le très long terme, nos scénarios s'inspirent de ceux de la famille B2 construits par le GIEC[2]. Pour finir, un truc : si certains des termes sont mal définis ou si certains personnages sont cités sans plus d'explication, utilisez Internet et votre moteur de recherche préféré. Vous serez surpris du nombre de réponses obtenues pour des personnes que l'on croit parfaitement inconnues.

2. Groupe d'experts intergouvernemental sur l'évolution du climat, 2001.

Table des matières

CINQUIÈME PARTIE – LES RÉPONSES DE LA SCIENCE: FICTION OU RÉALITÉ

Liste des tableaux

Liste des graphiques

Liste des figures

Introduction
Non, merci ! La petite histoire d'un voyage à Boston

Boston, Massachusetts, 6 avril 1994, 19h30

Commonwealth Avenue, devant un élégant immeuble victorien, deux portiers accueillent des hommes d'affaires, bien mis, attaché-case à la main, pensifs. Non, ce n'est pas un hôtel, mais un club. Pas un club quelconque, cependant. Il n'y a rien de quelconque sur Commonwealth Avenue. Les membres de ce club sont très sélectifs quant aux invitations qu'ils envoient. N'entre pas qui veut.

Ce soir-là, les rôles sont inversés. L'événement a ceci de particulier que le repas de travail va être porté au compte des invités, et non des hôtes. C'est une des facettes de la démocratie dans ce pays. Les hôtes sont en fait des lobbyistes très influents qui ont pignon sur rue juste en face du Capitole, sur Beacon Street. La valeur de cet ancien bâtiment, construit presque au même moment que le siège du gouvernement du Massachusetts est inestimable. Tout autour, d'autres maisons, de style fédéral et néo-classique, ont été dessinées par les meilleurs architectes de l'époque.

Pendant cette soirée, le service sera impeccable afin de favoriser la meilleure préparation possible pour l'événement du lendemain. Les stratégies doivent être raffinées, car dans des occasions similaires, récemment et dans les années passées, cela s'est plutôt mal passé. Pas d'erreur, ces invités venus d'ailleurs sont des gens importants ; ce sont des représentants d'Hydro-Québec.

Boston, 7 avril, 10 heures

Dans les bureaux des hôtes de la veille, en face du parlement, une dernière réunion a permis d'établir les ultimes stratégies et de muscler le texte du communiqué de presse. Par un couloir souterrain – ce qui en dit long sur l'influence de ce groupe de lobbyistes –, nous accédons à l'édifice au dôme doré. La salle est meublée modestement. Face à l'auditoire, se situe une table en demi-cercle autour de laquelle prennent place huit membres d'un comité représentant le gouvernement.

Pour cette audience publique, l'assistance est calme et n'a rien à voir avec celle qui avait siégé à pareille date, l'année précédente. Robert Kennedy fils et les chefs cris les plus importants ne sont pas là. Les journalistes des grands médias non plus. En coulisse, l'ordre de ceux qui vont témoigner est fixé: à un opposant succédera un défenseur, et ainsi de suite. Parmi les opposants, en plus de la délégation d'Hydro-Québec, sont prévus des experts québécois, écologistes et chercheurs. Je suis l'un d'eux.

Déjà, la journée s'annonce terne. De l'avis des habitués, le spectacle ne sera pas à la hauteur de celui de l'année précédente. Le «prince» du Massachusetts, le cœur sur la main, ne regardant pas les représentants du gouvernement, mais les journalistes assis dans la salle, avait alors fait des envolées oratoires sur le drame social des autochtones et le massacre des animaux au nord du cinquantième parallèle. Les chefs cris, avec leurs rites de circonstance, n'avaient pas déçu non plus.

Pourquoi cette mise en scène encore une fois? Pour vendre le projet de loi inscrit au feuilleton et dont l'objectif a ceci de particulier qu'il concerne très peu les affaires internes de l'État. Alors que l'Accord de libre-échange nord-américain (ALENA) venait tout juste d'être mis en marche, un groupe organisé d'Américains influents attaquait sans relâche, depuis plus de trois ans, la souveraineté de leur principal partenaire en matière d'énergie. Ce jour-là, le projet révisé visait encore à bloquer tout achat d'électricité venant de l'étranger, à moins que cette électricité ne soit produite par de l'énergie solaire, de l'énergie éolienne ou des centrales hydroélectriques au fil de l'eau de moins de 100 MW. Sans compter que toute proposition de contrat devrait être accompagnée d'un rapport environnemental sur les options proposées et de preuves que les efforts en termes d'économies d'énergie seraient probants.

Pourquoi de tels projets de loi? Parce que le Massachusetts voulait être un leader mondial dans tout ce qui concerne les questions d'énergie-environnement. On voulait en fait bien marquer le pas et imposer les normes et standards à tous ceux qui souhaitaient transiger avec cet État américain des blocs d'électricité, ALENA ou pas, souveraineté ou pas. On supposait également qu'aucune communauté voisine n'était arrivée à des modèles plus écologiques.

On était plutôt gonflé à bloc dans la région. Dans l'État voisin, David Freeman, nouveau président de la New York Power Autority (NYPA), lançait exactement la même invitation[1]: «Ne gaspillez pas votre environnement comme nous l'avons fait, allez vers le solaire, la biomasse*, les économies d'énergie...» Il s'empressait d'ajouter: «Je ne voudrais pas me mêler des affaires d'un pays étranger, mais je ne recommanderai pas d'acheter l'électricité du Québec si on met de l'avant le projet Grande-Baleine.»

Il était clair que David Freeman, comme les autres, ne voulait que du bien aux Québécois. Cependant, quand on examine les forces en jeu, il était clair que ce David aurait dû s'appeler Goliath.

L'exemple à suivre?

Pourtant, le piètre état de l'efficacité énergétique et environnementale de la région n'échappait pas à l'œil averti de ces spécialistes venus d'ailleurs. Durant le trajet, dans un taxi d'un autre âge, de l'aéroport jusqu'à l'élégant hôtel du centre-ville, dans la rue ou dans cette salle d'audience, même en observant bien, rien n'indiquait qu'un seul principe proposé par le gourou Armory Lovins avait été mis en application.

À l'hôtel, le robinet d'eau chaude fuyait et la pomme de douche était à grand débit. Près de 500 W de lampes à incandescence, sans

1. Lisa Binsse, «Regardez ce que nous avons fait à notre environnement aux États-Unis», *La Presse*, 9 avril 1994.

minuterie, assuraient l'éclairage dans la chambre. Dans la salle d'audience, les fluorescents étaient de vieille technologie et les fenêtres n'étaient composées que d'une seule vitre, comme celles de tous les édifices observés dans les environs.

Jamais vous ne trouverez de fenêtres aussi peu efficaces dans un bâtiment à Montréal, leur a-t-on dit. Nos normes de construction sont les plus sévères en Amérique du Nord depuis le début des années 1970. Nos programmes d'incitation à l'économie d'énergie existent depuis 20 ans. Qu'en est-il des vôtres? Comment se fait-il que la consommation d'énergie des ménages québécois soit inférieure à celle observée chez vous? Les équipements ménagers, les moteurs, les pompes, la plupart des équipements électriques sont fabriqués par les mêmes usines, selon les mêmes critères, partout au Canada et aux États-Unis. Si vous nous voulez du bien, changez d'abord vos propres normes. Pourquoi n'imposez-vous pas de normes d'isolation en Floride, pour la climatisation? Comment se fait-il que vous gardiez vos vieilles centrales thermiques au charbon? Oubliez un peu l'électricité et songez que plus de 40% de l'essence consommée dans le monde est consommée chez vous...

Un universitaire américain est même venu dire aux représentants du gouvernement que les rivières de la région contenaient probablement autant de mercure par unité que les grands réservoirs du Nord, à la différence que, dans le Nord, on en faisait le suivi. Enfin, on a souligné que cette loi, si elle était appliquée, serait de toute façon ingérable: il est impossible de distinguer les électrons selon leur source de production, c'est mal comprendre les pratiques de gestion d'un système électrique, qu'il soit hydraulique ou thermique.

En outre, certaines clauses allaient carrément à l'encontre du bon sens environnemental, notamment celle limitant les achats à des centrales hydroélectriques de moins de 100 MW. Tout le monde devrait savoir que pour produire la même quantité d'électricité, la probabilité de dommages environnementaux et sociaux est plus grande avec une série de petits barrages qu'avec un seul grand barrage. C'est une simple question de géométrie. Le périmètre total susceptible de subir des dommages est fonction du nombre de projets proposés. Pour remplacer Grande-Baleine (3 000 MW), l'impact environnemental et social d'un bloc de 300 projets de moins de 100 MW est de beaucoup supérieur, d'autant que ces minicentrales sont en zone habitée, la plupart du temps.

Mais on n'écoutait pas. Depuis trois ans, le déroulement de la séance avait été le même. Quand les experts se présentaient, les parlementaires en profitaient pour vaquer à d'autres occupations. Les journalistes des grands médias américains disparaissaient également.

Pour ceux qui vivaient l'expérience pour la première fois, ça dépassait l'entendement. Pendant qu'en douce le charbon progressait de façon inquiétante en Chine et continuait de gagner du terrain aux États-Unis, même si l'actualité était remplie de déclarations sur le développement durable et la planification intégrée des ressources, à peine deux ans après le Sommet de la Terre à Rio de Janeiro qui avait confirmé la volonté de la communauté internationale de réduire ses émissions de gaz à effet de serre, les groupes écologistes américains les plus influents, ceux qui avaient l'attention des médias et des parlementaires, s'activaient pour contrer une des rares énergies renouvelables de masse disponibles sur le marché.

En première analyse, l'objectif de ces opérations visant une société plus écologique et plus efficace semblait fondé. Mais l'examen des moyens proposés pour atteindre ces buts faisait douter de la légitimité de la manœuvre. Pour attirer l'attention, il y avait d'abord cette campagne apocalyptique contre le développement de la grande hydroélectricité en Amérique du Nord. Or, cela visait essentiellement le Canada puisqu'aux États-Unis le potentiel était inexistant.

Malheureusement, ce mouvement orchestré de dénigrement de la grande hydroélectricité, qu'il soit concerté ou pas, s'étendit rapidement au reste du monde. L'influence des grands groupes écologistes occidentaux se fit sentir à la Banque mondiale. Dans la mire, il y avait entre autres l'immense complexe des Trois-Gorges en Chine (17 000 MW), mais également des projets tout aussi cruciaux pour des pays africains extrêmement pauvres. Résultat, ces pays se virent refuser le financement de base. Si la Chine a trouvé d'autres moyens de financement de poursuivre le projet et son électrification, plusieurs pays en développement ont subi des conséquences catastrophiques. C'est une des raisons qui expliquent que l'Afrique de l'Ouest, par exemple, n'a pas réussi à augmenter son taux de desserte en électricité[2].

Mais en avril 1994, comme ceux qui vivaient l'expérience depuis plus de trois ans, je ne pouvais croire que ce mouvement anti-importation produirait un impact aussi important à long terme, surtout au Québec, société profondément enracinée dans l'hydroélectricité. Alors que mon propre centre de recherche réfléchissait depuis 25 ans à un quatrième âge de l'énergie basé sur un portefeuille varié de ressources énergétiques, fortement électrifié, laissant une très grande place aux énergies renouvelables, alors que la part des énergies renouvelables dans la production d'électricité mondiale avait commencé à baisser au profit des combustibles lourds, on venait me dire que la grande hydroélectricité n'était pas une énergie «verte», ni une option pour l'avenir. Mon bagage de connaissances scientifiques et techniques, si imparfait fût-il, ne me permettait plus de comprendre la situation.

Se pouvait-il qu'un tel projet de loi puisse en fin de compte être adopté? Les politiciens étaient-ils à ce point stupides? Ou pervers?

Non, merci! au modèle du passé

Lorsqu'en 1989, les premières accusations de massacre généralisé des caribous apparurent dans les médias, le personnel d'Hydro-Québec ne s'en préoccupa pas outre mesure. Le discours était tellement exagéré que le bon sens triompherait. Mais la situation empira. Les campagnes apocalyptiques menées par divers groupes commencèrent à avoir du succès. Première manifestation, Hydro-Québec perdit les premiers contrats d'exportation avec les États du Nord-Est américain. Deuxième manifestation, le projet Grande-Baleine commençait à battre de l'aile.

Au début, aucun dirigeant d'Hydro-Québec ne croyait sérieusement que ce mouvement allait ternir l'image de la Société qui avait

2. Seini-Modi Salifou et Gaëtan Lafrance (2002), «L'optimisation de l'offre d'électricité en Afrique de l'Ouest, comment une politique d'électrification peut changer la donne?», *Revue de l'énergie*, Paris, nº 525.

été la fierté du génie québécois. En avril 1994, l'impression était qu'on avait atteint le creux de la vague. Pourtant, c'était loin d'être fini. Le procès de l'hydroélectricité ne faisait que commencer. Et, comme pour le nucléaire, personne ne pouvait prédire quand cela s'arrêterait.

En fait, le Québec était en train de vivre une expérience semblable à ce que vivaient plusieurs régions du monde occidental depuis une quinzaine d'années. Cette sensibilisation accrue de la population à l'égard des questions énergétiques n'était rien d'autre qu'une contestation du modèle passé établi par l'État providence. Aux États-Unis, les déboires de l'industrie nucléaire furent un des éléments déclencheurs. Dès 1978, on vit apparaître les commissions publiques et les moratoires sur le nucléaire. La Norvège alla plus loin en confiant à sa première ministre Brundtland[3] une réflexion sur le concept de développement durable. À l'opposé, la première ministre Margaret Thatcher, la Dame de fer, déréglementa et privatisa le secteur de l'électricité en Angleterre. En Allemagne et au Danemark, l'absence de proposition alternative aux centrales classiques a incité les Verts à s'impliquer davantage pour forcer les gouvernements à investir plus dans les énergies renouvelables. Sur la côte ouest de l'Amérique, la Californie et la Colombie-Britannique furent parmi les premiers à proposer le *Demand Side Management* (DSM*) dans le secteur électrique, principe qui proposait d'investir dans les «négawatts» plutôt que les mégawatts. Et ainsi de suite.

Le début de cette décennie 1990 avait donc été marqué par une nouvelle ligne d'action énergétique qui avait réduit considérablement la marge de manœuvre du gouvernement du Québec dans ses efforts pour optimiser le développement économique grâce à la politique énergétique. Il semblait bel et bien révolu, le temps où l'on réalisait des barrages avec une fierté et une ferveur quasi patriotique sans que quiconque ne trouve à redire.

Bref, il fallait renier le modèle du passé. Les événements du reste de la décennie 1990 vinrent confirmer que le développement de l'électricité au XXIe siècle correspondrait à un modèle différent de celui qui au XXe siècle avait permis l'électrification de base des

3. Rapport Brundtland, *Our Common Future*, 1987.

sociétés que nous connaissons. En trame de fond, les pratiques de gestion de l'industrie électrique venaient de s'internationaliser, dans la pensée collective, complexifiant du coup les décisions locales.

Dans l'optique où le quatrième âge de l'énergie laissera plus de place à l'électricité et aux modèles locaux de contrat social, est-ce une bonne ou une mauvaise nouvelle? En fait les deux, comme nous le verrons souvent dans cet ouvrage. Parmi les aspects positifs, le mouvement de contestation de l'acquis a eu le mérite de susciter la réflexion et d'engendrer de nouveaux modèles de gestion de réseau et d'intégration des énergies renouvelables. Parmi les dangers qui nous guettent, citons le «Non, merci!», qui incite à ne rien faire. Mais les populations locales ont-elles vraiment d'autres choix quand la bêtise vient d'outre-frontière?

Aéroport de Boston, fin de la journée du 7 avril 1994

Pour les habitués, il y en avait eu des pires. Pour moi, ce fut une journée plus difficile qu'au Connecticut, un mois auparavant. Une curieuse impression s'était précisée. Nous nous étions présentés là, comme dans les temps jadis. Quelques courtisans nous avaient préparé une rencontre avec les dirigeants du royaume, et nous avions défrayé l'apparat de l'accueil…

Mais le déplacement avait été instructif. Il m'avait permis de m'éveiller encore un peu plus à d'autres dimensions du système de décision énergétique dans le monde d'aujourd'hui. Comme trop de scientifiques, je croyais encore que la limitation des gaz à effet de serre, la réduction de la dépendance envers les combustibles fossiles, la transition vers un monde plus écologique, bref que le salut de l'humanité passait d'abord et avant tout par le développement technologique et la rigueur du calcul. C'était naïf à bien des égards. D'abord, la technologie ne progresse pas aussi rapidement que l'on voudrait bien le croire. Ensuite, les décideurs n'ont pas le temps d'examiner les thèses de doctorat. Puis le consommateur fonde ses choix sur plusieurs critères parfois très éloignés de la qualité technologique et environnementale de l'option proposée. Enfin, l'éthique est un bien grand mot dans tous les milieux, y compris en science.

Scientifiques, économistes, politiciens, industriels, écologistes et lobbyistes de toutes sortes ont souvent tendance à défendre une seule option, en jouant à la limite de la fausse représentation. Un gramme d'uranium peut dégager autant d'énergie qu'une tonne de pétrole, martelait le puissant lobby de la physique. L'énergie nucléaire était susceptible de régler le problème de la pauvreté énergétique mondiale. Mais à la suite des accidents de Three Mile Island en 1976 et de Tchernobyl en 1986, l'opposition publique a mis un frein à l'industrie nucléaire qui depuis plus de 25 ans tente de repartir la croissance.

D'autres technologies, pourtant louangées dans les années 1970, n'ont toujours pas rempli leurs promesses et sont encore au stade de l'expérimentation en laboratoire et de la démonstration. Pensons au véhicule tout électrique, aux accumulateurs* performants, à l'énergie solaire photovoltaïque. Après la déréglementation du gaz naturel en 1985, pouvait-on prêter foi à l'industrie gazière quand elle promettait de remplacer le pétrole et le charbon dans tous les secteurs, y compris la production d'électricité et le transport individuel? Qui peut croire l'industrie pétrolière, appuyée par les puissants du jour, quand elle dit ne prévoir aucune pénurie de pétrole pour les générations à venir? Et ce rêve de l'économie de l'hydrogène ou celui d'un monde «tout renouvelable», éclairé par les capteurs solaires des déserts sont-ils plus réalistes?

L'âge du pétrole et la civilisation que nous connaissons sont l'étoffe d'une façon de penser qui confond les rêves les plus fous et la logique la plus pure. Mais ce monde moderne est aussi fait par les groupes de pression qu'il faut apprendre à juger avec sens critique.

Dans le choix d'une nouvelle filière énergétique, l'acceptation sociale est un paramètre tout aussi important que l'avancement technologique, la valeur économique et l'impact environnemental. Malheureusement, le consensus social peut prendre plusieurs formes qui ne relèvent pas toujours de l'analyse formelle, ni du bien commun. Un autre élément doit être considéré: la subjectivité humaine qui dicte les rapports de force et les priorités des divers groupes d'intérêt. Cela a mené à un phénomène sociologique que l'on appelle le pas-dans-ma-cour ou en anglais, le NIMBY (*not in my back yard*). Mais ce n'est pas le seul paramètre qui empêche l'émergence d'un modèle de planification intégrée des ressources. Le «Non, merci!» cacophonique et hostile de chaque groupe d'intérêt, amplifié par la tempête médiatique du jour, est souvent plus dommageable parce qu'il conduit presque invariablement à la culture de l'immobilisme[4]. Que ce soit par incapacité de saisir l'ensemble du problème ou par manque de courage, on peut comprendre les politiciens de ne pas agir. Le terme anglais pour décrire le phénomène est NIMTO (*not in my term office*).

Le Québec n'a pas échappé à ces campagnes apocalyptiques. Sans le réaliser, le premier ministre du Québec, en mettant fin au projet Grande-Baleine, en novembre 1994, a signé la fin des grands projets hydroélectriques au Québec pour les décennies à venir et même davantage. En ne proposant rien en échange, il a également refilé le problème à ses successeurs, mettant en péril la sécurité de l'approvisionnement du Québec dix ans plus tard. Sans la mobilisation de la population lors de la saga de la centrale du Suroît, le Québec aurait pris définitivement le virage du gaz naturel, comme l'ont fait la Colombie-Britannique et bien d'autres régions du monde pourtant riches en ressources énergétiques renouvelables.

Longtemps seule sur la sellette, l'industrie électrique peut se consoler en observant que la contestation se généralise. Après les ONG et les porcheries, c'est au tour de l'industrie du gaz de subir les contretemps de la contestation populaire. Sans même entendre les proposeurs, les citoyens de la rive sud de Québec ont rejeté le projet de port méthanier à Beaumont.

En 2002, lors d'une session de travail effectuée en compagnie de collègues du Vermont, État fortement axé sur la sensibilisation sociale, mes collègues américains m'avaient averti que la seule conclusion susceptible de fonctionner dans cet État était le «rien». Même l'énergie éolienne, pourtant l'option écologique

4. Voir la série d'éditoriaux de Mario Roy dans *La Presse* du 16 au 18 septembre 2004, ainsi que plusieurs articles d'Alain Dubuc (*La Presse*) ou de Jean-Robert Sansfaçon (*Le Devoir*) qui ont paru lors du débat qui a fait rage en juin 2006.

de l'heure, serait examinée avec circonspection. En fait depuis une décennie, le Vermont n'avait effectivement pas augmenté sa capacité électrique, se fiant essentiellement au réseau voisin pour satisfaire la croissance de la demande. Bien que le Vermont soit un cas extrême, le phénomène est généralisé en Amérique et en Europe. Et, comme nous l'avons vu un peu plus tôt, il a été exporté ou plutôt imposé aux pays en développement, du Pérou à l'Asie, en passant par l'Afrique.

Au cas par cas, on peut rejeter un projet. La cause est défendable; c'est l'accumulation qui est suspecte. L'hydroélectricité et le nucléaire sont toujours en procès. L'industrie éolienne a commencé à avoir des ratés. La production d'éthanol est dénoncée. Pas question de finaliser l'autoroute 25 vers Montréal, ni d'ailleurs d'accepter le tracé de l'autoroute 30. Mais que fait-on pour dévier le trafic interurbain et surtout le camionnage en dehors de l'île de Montréal? Alors que l'Europe et le Japon font du train électrique un fer de lance technologique depuis 40 ans, le Canada, pourtant le champion mondial de l'hydroélectricité, dit non au TGV dans le couloir Québec-Windsor. G.W. Bush, président de la plus grande puissance mondiale, refuse de signer l'accord de Kyoto. Il s'avoue également impuissant devant l'augmentation des marges bénéficiaires des distributeurs pétroliers, multipliée par six en quatre jours. Le marché de la spéculation est-il le roi absolu? Et nous consommateurs «vert pâle», quelles leçons avons-nous à donner? Le sort de la planète inquiète 90% des Québécois, titre le journal *La Presse* du 23 décembre 2006, mais quand on leur demande s'ils seraient prêts à accepter une augmentation d'impôt pour lutter contre le changement climatique, ils répondent non dans une proportion de 56%.

En sachant que la transition vers le quatrième âge de l'énergie entraînera des investissements colossaux dans le secteur électrique et dans des technologies de demande efficaces, en sachant que cela suppose des changements de comportement draconiens de la part des communautés et un sens des responsabilités sans précédent de la part des décideurs publics, peut-on penser que le modèle de décision mis en vigueur pour ce début du XXIe siècle soit adéquat pour de tels changements?

La transition vers un nouvel âge de l'énergie dépend de plusieurs impondérables techniques et physiques. Les scientifiques réussiront-ils à régler le problème du solaire, des accumulateurs, des piles à combustible, du stockage des déchets nucléaires et de la fusion thermonucléaire? L'industrie pétrolière continuera-t-elle de faire ses devoirs afin d'assurer une transition en douceur vers une nouvelle ère de l'énergie, moins dépendante des combustibles fossiles, comme elle le fait si bien depuis 140 ans? Le principal obstacle, vous l'aurez compris, c'est nous, individus et collectivités, qui avons le choix de faire à notre tête, pour conserver les acquis, sans aucune considération pour le bien commun local, régional et mondial. Par exemple, une des grandes idées de ce livre, c'est de repenser complètement les villes. Alors qu'on se dispute toujours sur la modification de la rue Notre-Dame, à l'heure où on vient de rejeter du revers de la main l'idée de revaloriser le bassin Peel en y érigeant un complexe récréotouristique, les citoyens accepteront-ils de changer la vocation d'un quartier pour rendre plus écologique la cité?

«La culture de l'immobilisme porte de magnifiques flambeaux, affirme Mario Roy: l'environnement, le patrimoine, l'égalité, les droits collectifs. Le problème est qu'il est difficile de tracer la ligne séparant ces nobles idéaux de motivations plus troubles: l'idéologie de la *deep ecology*, l'anticapitalisme, l'égoïsme individuel, les privilèges collectifs...»

Bref, bien que l'immobilisme nous fasse maugréer, il nous arrange. C'est le *business as usual*, c'est vivre au quotidien sans investir dans l'avenir, c'est se replier dans ses derniers retranchements avant d'être forcé d'agir[5], c'est abdiquer ses droits civiques en laissant une place prépondérante au marché, c'est attendre le miracle. Le «Non, merci!», quand il devient systématique, correspond exactement à l'étiquette de conservatisme. C'est la couleur de notre première classe de scénarios: le chacun-pour-soi. Dans le milieu de l'énergie, s'afficher contre est symbole d'une certaine gauche, même si en pratique c'est souvent anti-innovation, anti-curiosité, anti-compromis, bref le conservatisme à l'état pur. En fait, on affiche la même intransigeance que ceux

5. L'administration Bush l'a appris à ses dépens avec la Nouvelle-Orléans. L'absence d'investissement dans les digues a mené à la catastrophe.

que l'on dénonce, les ultralibéraux. Dans ce blocage mondial du nouveau et de l'audacieux, on aurait tort d'accuser un seul groupe. De la gauche à la droite en passant par le centre, les protagonistes contribuent au rien-faire, autant par leur intransigeance que par leur indifférence. Autrement dit, les institutions démocratiques n'arrivent pas à jouer leur rôle.

Devant tant d'impondérables politiques, économiques, sociaux et techniques, la révolution du quatrième âge de l'énergie semble impossible, ce qui est le constat de plusieurs ouvrages alarmistes. Le scénario catastrophe fait partie de la plage des possibilités, mais il ne correspond pas aux scénarios les plus plausibles si on examine les tendances observées depuis un siècle. Cette vision du «Non, merci! » à tout est le lot d'une génération de *bien-pensants*, de *pays parvenus*, symbolisée par l'Amérique du Nord en particulier. Or, plusieurs signes récents montrent que l'Amérique justement est en train de se faire doubler par la gauche. Elle n'a plus le monopole de la pensée. La discussion sur l'évolution du transport de passagers illustrera très bien cette thèse.

Le phénomène va s'amplifier au cours du siècle à cause du poids démographique décroissant de ceux qui ont fait le XXe siècle. Selon toute probabilité, ce nouvel âge de l'énergie fortement axé sur l'électrification des besoins, ne sera plus contrôlé à partir d'un seul point, comme ce fut le cas pour le pétrole. Il sera tributaire de plusieurs modèles de sociétés. C'est obligatoire pour démocratiser l'énergie. Espérons que certains royaumes retrouveront un peu d'équilibre. C'est le ton que le scénario de la solidarité veut donner.

Mais en même temps, il ne faut pas être naïf. Ce mode plus ou moins concerté du développement du système énergétique se heurte à des impératifs régionaux d'évaluation environnementale et à des choix politiques divergents. Il convient d'en discuter pour mieux comprendre les embûches et les solutions.

Première partie

L'héritage de l'âge du pétrole

1. Dans la tête des puissants de ce monde

Dans le livre *La Boulimie énergétique, suicide de l'humanité?*, publié cinq mois avant le début de l'opération guerrière en Irak, était décrit, aux pages 214 et 215, le scénario du pire. Sans le souhaiter et sans y croire vraiment, j'avais esquissé la borne pessimiste des possibles quant au contrôle de l'industrie mondiale du pétrole. J'avais alors écrit:

> *Mais qui décide de l'utilisation de ce patrimoine mondial que constitue le pétrole du golfe Persique? Il faut reconnaître que dans ce dossier, les alliances sont contre nature et que l'Occident a multiplié les injustices et les incohérences. Au nom de la liberté, l'Occident peut-il être à la fois juge, jury et bourreau? Et pourra-t-il indéfiniment tenir à bout de bras ce territoire au détriment des aspirations de ses vrais propriétaires? [...] Fabulations, dirons-nous? On ne vit plus à l'époque des grands conflits armés? La population occidentale ne veut rien savoir de la guerre? [...]*
>
> *[...] Il est peu probable que les États-Unis puissent agir seuls, sans l'accord tacite des grands de ce monde. [...] [Mais] compte tenu de notre fâcheux penchant à vouloir toujours avoir raison et à nous ranger systématiquement du côté des «bons», le contrôle du golfe Persique par l'Occident, à tout prix, ne peut être exclu à long terme.*

On ne sait jamais ce qui trotte dans la tête des puissants de ce monde. Qui nous gouverne? Des personnages qui s'investissent d'une mission, s'autoproclament justiciers et maîtres à penser? Des fous? Ou à l'inverse des gens responsables, prévoyants, compatissants envers les démunis, visionnaires? Sachant que la civilisation du pétrole a reposé sur les décisions d'un très petit nombre de décideurs, on comprendra que l'arrivée au pouvoir des uns ou des autres peut faire toute la différence pour la suite des choses.

Prélude au cinquième ordre pétrolier?

Quelles étaient les motivations profondes de G.W. Bush et de ses amis, pressés d'attaquer l'Irak? S'agissait-il d'une croisade contre l'axe du mal, d'une vengeance, de l'élimination de la menace nucléaire dans la région? Est-ce que les Américains étaient vraiment prêts à faire la guerre pour installer la démocratie chez les autres, là où le terme reste abstrait? L'argumentation était un peu grosse. Comment expliquer que Tony Blair se soit dit prêt à assumer le quart de la facture[1], au risque de mettre sa carrière politique en jeu et de se faire ridiculiser devant le monde entier en se faisant accuser d'être à la solde des Américains?

Était-ce la sécurité de l'approvisionnement en pétrole venant du Golfe qui chicotait tant le président américain? Pourtant, depuis 1991, la dépendance pétrolière du monde envers le Moyen-Orient était restée stable: environ 43% des exportations des pays producteurs de pétrole provenaient de la région du Golfe. En comparaison, les États-Unis dépendaient moins du Moyen-Orient que l'Europe, le Japon et l'Asie. La dépendance respective de chaque bloc, en 2001, était de 24%, 31%, 81% et 75%.

Se pourrait-il que la raison soit plus simple, par exemple garder les prix du brut* à un niveau jugé raisonnable, du moins le temps de quelques mandats présidentiels républicains. Convaincus qu'une action rapide et efficace permettrait de prendre le contrôle de l'Irak, les faucons de Washington assureraient ainsi la stabilité de l'approvisionnement pétrolier pendant plusieurs années pour l'ensemble des citoyens du monde[2]. En remettant rapidement en production les puits de pétrole qui étaient restés pratiquement inactifs depuis la première guerre du Golfe, en 1991, on offrait au monde une marge de manœuvre supplémentaire de plusieurs millions de barils de pétrole par jour (mbj).

Par la suite, la stabilité politique permettrait de mettre en production d'autres réservoirs irakiens qui, rappelons-le, offrent les meilleures conditions d'exploitation au monde. Le pétrole irakien est le deuxième en abondance sur la planète, parmi les pétroles de qualité et de type conventionnel. Un simple forage par rotation, comme l'a fait Drake en 1860, permet au combustible piégé sous pression de remonter à la surface. Que l'Irak devienne rapidement

1. 2000 milliards de dollars US, selon les estimations de fin 2005.
2. Dont le centre est l'Amérique.

une seconde marge de manœuvre pour faire face aux pointes de la demande mondiale constituait en soi un objectif tout à fait louable. En peu de temps, en mettant en production les premiers puits irakiens, il était tout à fait pensable de doubler la marge de l'Arabie Saoudite, qui se situait alors entre 1 et 1,5 mbj. En comptant sur la présence des alliés pour assurer un climat politique stable dans la région, l'opération rassurerait le marché pour un bon bout de temps, et les prix se stabiliseraient à nouveau.

L'action offrait des avantages. Libéraliser l'Irak, présenté comme une menace contre l'Occident, permettrait de faire de ce pays arabe une terre de liberté ayant comme caractéristique première de fournir une nouvelle base aux militaires britanniques et américains. Au-delà de l'Irak, le duo États-Unis–Royaume-Uni rêvait d'une démocratisation et d'une économie de marché qui s'étendraient à toute la région. La stratégie a failli marcher. La première phase de la guerre a été courte et, aussitôt que le gouvernement de Saddam Hussein a annoncé la capitulation, le prix du baril de pétrole a chuté de 12 $US. Mais il y avait du sable dans l'engrenage. Ce rêve illusoire révélait une bien mauvaise connaissance du fonctionnement sociopolitique de la région.

Sans en être le seul facteur, l'action américaine en Irak a contribué à faire monter le prix du brut à un niveau sans précédent, cela en deux ans. Si le but était d'assurer la stabilité des prix pour conforter les citoyens américains dans leurs mauvaises habitudes de consommation d'énergie, la stratégie pour y parvenir a été sans conteste désastreuse. Au début de 2003, le baril de brut se transigeait à 30 $US. Deux ans plus tard, le prix avait plus que doublé, dépassant le record historique de 1979 en termes réels.

Le contrôle de l'industrie pétrolière

Parmi les autres hypothèses qui viennent rapidement à l'esprit, cette action unilatérale des Américains et des Anglais était-elle le prélude à un changement de paradigme dans le contrôle de l'industrie pétrolière? Plusieurs éléments permettent de le croire. Depuis sa naissance, il y a environ 140 ans, l'industrie pétrolière a été régie par un nombre restreint d'acteurs.

En examinant l'évolution des prix, on arrive à définir quatre ordres pétroliers. Ainsi, Rockefeller et les sept «compagnies sœurs» ont assuré pendant un siècle une domination durable sur l'industrie permettant une grande stabilité des prix du pétrole. Cette stabilité a été rompue dans les années 1970 par les revendications des pays producteurs, particulièrement ceux de l'OPEP*. Mais, grâce à la réaction des pays consommateurs, en termes de conservation et de diversification des approvisionnements, l'inflation des prix du pétrole a été jugulée de nouveau.

À part cette période de confrontation entre l'OPEP et les autres acteurs majeurs, l'ère du pétrole a été dominée par les États-Unis à trois niveaux: a) depuis le début, les grands capitaines de l'industrie sont en majorité américains; b) le tandem États-Unis–Arabie Saoudite assure depuis 1939 une régulation de l'approvisionnement à l'échelle mondiale; c) le développement du marché a été marqué par l'appétit sans cesse croissant des Américains. Alors que la France et l'Allemagne n'ont jamais été au premier plan des grands joueurs pétroliers, la Grande-Bretagne a influencé l'histoire de l'industrie, notamment en s'implantant en Iran et en abritant le siège social d'une *major*, la British Petroleum.

Jusqu'au changement de millénaire, les États-Unis avaient utilisé la voie diplomatique pour s'assurer la collaboration de pays producteurs comme l'Arabie Saoudite. Par exemple, après la Deuxième Guerre mondiale, les Américains ont établi la règle du 50-50 permettant à l'Arabie de profiter des retombées de l'exploitation du pétrole. À l'inverse, la Grande-Bretagne, à cause de sa mentalité colonialiste, n'a pas su conserver une alliance durable avec l'Iran. C'est pourtant ce modèle autoritaire que le clan Bush proposait en 2003 pour l'Irak.

Sachant très bien qu'à la suite du refus des membres influents de l'ONU de participer à l'action militaire en Irak, la poursuite unilatérale du plan initial par le bloc anglo-américain changerait radicalement la relation avec le reste du monde, le duo Bush-Blair aurait pu reculer à ce moment précis de l'histoire. Devant l'ultimatum de G.W. Bush, comment blâmer le reste du monde d'y avoir vu la résurgence d'un nouvel impérialisme? Les objectifs géostratégiques sous-jacents étaient-ils si différents de ceux qui avaient prévalu dans les années 1930? Le contrôle militaire d'une région productrice était-il en fait la priorité?

Certaines statistiques sont éclairantes. Aux États-Unis, la consommation de pétrole a augmenté de 17% de 1991 à 2001 (18% pour l'essence); en Europe, l'augmentation sur dix ans a été de 7,5% et au Japon, elle a été à peu près nulle. On ne peut s'empêcher de voir dans cette croisade irakienne encore une fuite en avant: il faut trouver toujours plus d'énergie pour satisfaire la soif irrépressible des Américains.

GRAPHIQUE 2

Évolution des prix du pétrole de 1860 à nos jours

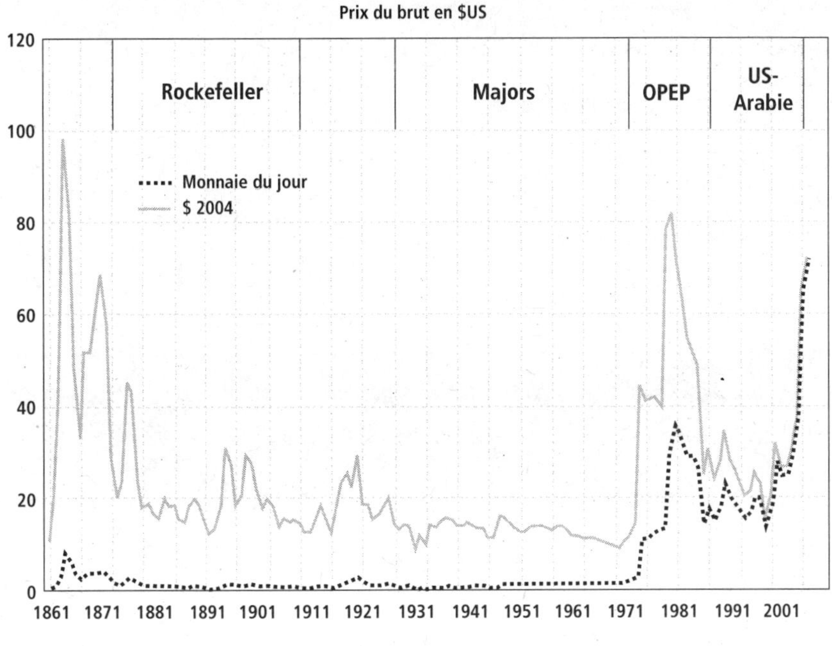

Source: BP Statistical Review.

Parmi les paris faits en 2003, on pouvait prévoir que l'approvisionnement à court terme ne serait pas alarmant, si on réussissait à calmer le jeu, si on faisait croire que l'industrie pétrolière pouvait remplir ses engagements sans soubresauts, comme elle le faisait si bien depuis 1985. Mais un élément nouveau ne pouvait être ignoré:

en haut lieu, on devait savoir qu'une tension offre-demande était imminente. Du moins l'hypothèse a dû être envisagée. Parallèlement à la reprise de l'économie en Occident, il était difficile de ne pas voir que les taux de croissance continus du PIB de plusieurs pays importants d'Asie avoisinaient les 10% annuellement, cela depuis plus d'une décennie. En conséquence, la consommation de pétrole de cette région du monde (voir graphique 3) avait dépassé celle des États-Unis et continuait de croître plus rapidement depuis 1995 environ.

GRAPHIQUE 3

Consommation de pétrole primaire par région* (1965-2004)

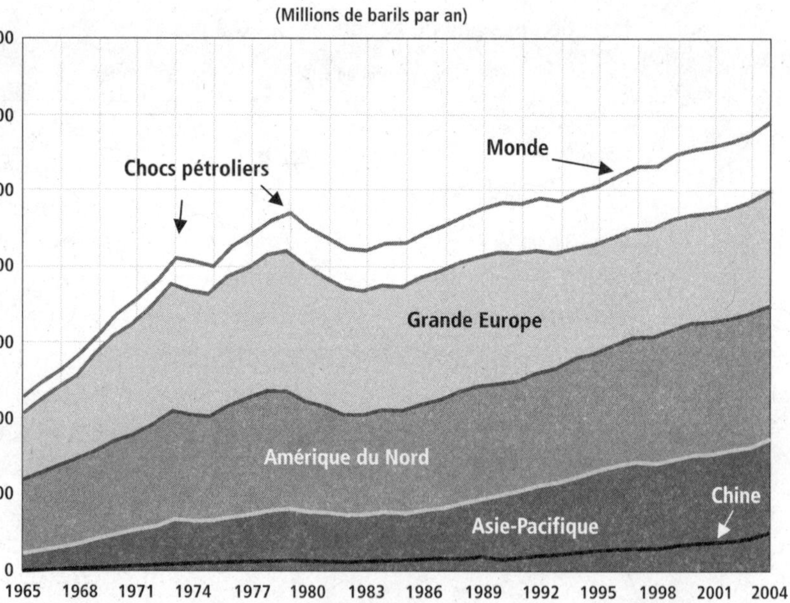

Note: À remarquer la montée rapide de l'Asie.
Source: www.Bp.com

En particulier, la soif soudaine de pétrole de la Chine venait bousculer les règles d'équilibre. Au milieu des années 1990, la production chinoise de pétrole était égale à sa consommation, soit environ 3,5 mbj. Dix ans plus tard, sa consommation avait doublé, pendant que sa production stagnait. Du coup, ce besoin supplémentaire de 3,5 mbj risquait d'annuler la marge de manœuvre mondiale. Et ce n'était pas fini. Au rythme où allaient les choses, 20 ans plus tard, la Chine consommerait de trois à quatre fois plus de pétrole, ce qui devrait représenter 10% de la consommation mondiale. Et c'était sans compter que la demande de pétrole explosait aussi chez plusieurs dragons de l'Asie.

D'un jour à l'autre, la situation allait donc devenir explosive pour l'évolution des prix du pétrole, et c'est une préoccupation qui a dû effleurer l'esprit de quelques stratèges responsables de l'opération irakienne. Pour cet aspect particulier de l'arrivée de la Chine dans le jeu mondial du pétrole, pourquoi ne pas essayer d'en filer une en douce? Le contrôle de la région aurait ainsi un autre avantage: annuler les intentions de ces acteurs émergents qui s'apprêtaient à jouer du coude pour contrôler une partie de l'industrie pétrolière.

À plus long terme, d'autres réalités pouvaient paraître préoccupantes pour les dirigeants du pays qui consommait le plus au monde et qui n'entendait pas respecter Kyoto. Dès l'arrivée de Bush au pouvoir, la diversité des approvisionnements pétroliers avait commencé à montrer des signes de saturation. Par exemple, en dix ans, la production des États-Unis avait décliné de 15%. Au pays de Tony Blair, les bons sites de la mer du Nord, exploités depuis la fin des années 1970, avaient atteint leur sommet en 1999. Depuis, la production nationale avait décliné de 14%. Au Mexique, économie interne oblige, la demande avait crû plus rapidement que la production. Seul le Canada demeurait une carte importatrice dans le jeu des États-Unis, mais la mise en production des sables bitumineux* canadiens pour exportation massive était soumise à un délai d'une décennie et plus.

En d'autres mots, du côté des pétroles conventionnels, la dépendance anglo-américaine envers les pays de l'OPEP ne pouvait qu'augmenter à moyen terme. Les stratèges américains ne pouvaient s'empêcher de faire un parallèle avec la période qui avait précédé le premier choc pétrolier, en 1973. La dépendance du monde industrialisé et des économies émergentes* envers le pétrole importé augmentait. Craignaient-ils un troisième choc pétrolier?

L'arrangement actuel avait tenu pendant 60 ans, mais jusqu'à quel point pouvait-on se fier à l'Arabie Saoudite comme principal régulateur de l'approvisionnement mondial? Jusqu'alors, ce pays avait pu compenser rapidement les pics d'augmentation de la demande grâce à la facilité de mise en production de ses immenses puits conventionnels. Voilà un élément qui devait intriguer Bush et ses conseillers. Pourquoi alors ne pas profiter de la faiblesse relative du reste du monde pour redessiner en profondeur la carte du Golfe? L'opération permettrait ainsi de se dégager partiellement de cet allié contre nature, qu'était l'Arabie. Le plan d'ensemble se tenait. La sécurité d'approvisionnement énergétique étant l'élément déclencheur, le contrôle de l'Irak permettait d'occuper l'échiquier régional du golfe dans deux des trois pays riches en pétrole: l'Arabie Saoudite et l'Irak représentaient respectivement 24,9 et 10,9% des réserves* mondiales. Avec l'Afghanistan à l'est, en renforçant sa position militaire en Géorgie ou près de la mer Caspienne, on prenait les devants sur les prétendants potentiels et on contrait les velléités de l'Iran (8,9% des réserves mondiales).

Et si c'était ça, le fond de l'histoire? En examinant ce qui se passe au Nigeria et le long des côtes africaines, en observant où se situent les nouvelles bases américaines, il ne faut pas beaucoup d'analyse pour déduire que la lutte au terrorisme et l'exportation de la démocratie ne sont que des prétextes pour protéger les couloirs et les sites potentiels de production de pétrole. La thèse selon laquelle les États-Unis, président néo-libéral ou pas, placent au premier rang de leurs politiques la sécurité d'approvisionnement énergétique semble se vérifier une fois de plus. Même Jimmy Carter, prix Nobel de la paix, ne s'y est pas soustrait quand, au début des années 1980, il a brandi la menace militaire devant la montée de l'intégrisme en Iran.

On ne sait jamais ce qui trotte dans la tête des puissants de ce monde. Quelles étaient réellement les motivations profondes de G.W. Bush et de ses amis derrière cette urgence d'attaquer l'Irak? Tous les arguments énoncés dans cette partie ont pu influencer à divers degrés. On ne le saura jamais de façon précise. Chose certaine, G.W. Bush et ses collègues sont venus modifier le cours de l'histoire. En s'instituant seul arbitre, ils ont tenté d'établir un cinquième ordre pétrolier, qu'ils espéraient pouvoir configurer à leur avantage exclusif. Mais ils ont échoué lamentablement. Les spéculateurs se sont mis de la partie et l'antiaméricanisme n'a pas cessé de monter. Pourtant, l'expérience est instructive pour la suite des choses.

Il est vrai que la scène pétrolière internationale paraît plus turbulente et explosive qu'elle ne l'a jamais été. L'alliance États-Unis–Arabie Saoudite est fragilisée. On ne sait pas trop comment se fera la régulation de l'offre à l'avenir. Les batailles économiques pour la maîtrise du pétrole sont loin d'être terminées. Mais dans le siècle qui commence, peut-on penser que de nouveaux Bush et Blair pourront à nouveau tenter le même coup fourré? On ne veut pas y croire. Cette solution extrême, de nature guerrière et susceptible de dégénérer en conflit mondial catastrophique, serait contraire au goût américain pour le *happy end*. Elle n'est pas, non plus, dans l'ordre de l'évolution vers l'amélioration constante des choses. Elle n'est pas à l'honneur d'une société qui n'a jamais été aussi avancée, à tous les niveaux, y compris dans son organisation globale. Jamais, dans l'histoire de l'humanité, nous n'avons été si près de cette démocratie planétaire, de ce village global qui satisfasse le plus grand nombre.

Il faut bien reconnaître aussi que le «système démocratique planétaire» est vigoureux. Les analystes du monde entier ne sont-ils pas venus mettre de la transparence sur les causes réelles du conflit irakien et sur l'état des forces en jeu? En d'autres mots, il est assez difficile pour les dirigeants occidentaux de ne préconiser que la force. La beauté du système de communication que l'on s'est donné est qu'il est universel et impossible à contrôler à partir d'un seul point. Et les déboires des États-Unis en Irak montrent qu'il sera de plus en plus difficile pour une seule puissance d'assumer les coûts de telles expéditions. D'ailleurs, le belliqueux G.W. Bush a reculé, en juin 2006, devant les menaces de l'Iran de se lancer dans le nucléaire. Il a préféré l'arme diplomatique internationale, qu'il avait pourtant refusée quatre ans auparavant pour transiger avec l'Irak.

Scénario : le contrôle de l'énergie par blocs

Le scénario du chacun-pour-soi conduit à une impasse, vers le milieu du siècle, qui se manifestera par une cassure du système d'approvisionnement classique, du moins sur une période notable. En période de crise, tout est alors envisageable, y compris des instabilités politiques d'ordre planétaire.

Par ailleurs, le scénario de la solidarité reste optimiste quant à la stabilité politique du monde pour les cent prochaines années. C'est une hypothèse considérable, mais possible si on examine l'histoire de l'industrie pétrolière. Bien qu'on ait mis le feu aux poudres à plusieurs reprises, le robinet a continué de couler et l'équilibre offre-demande a fait le reste. Cette paix relative ne signifie cependant pas la fin des batailles pour le contrôle des ressources pétrolières. Les hypothèses de coopération ou de non-coopération prennent toutes leur sens quand on analyse la situation par bloc démographique.

Sous l'angle du contrôle de l'énergie, le XIXe siècle a été celui de l'Europe. Au XXe siècle, l'hégémonie a été celle de l'Amérique[3]. Mais le XXIe ne s'annonce pas du tout de la même façon. Les prétendants à la maîtrise de l'énergie seront plus nombreux et le développement du marché se fera surtout dans les pays émergents, l'Asie en premier lieu. On sait que le bras de fer entre la Chine et les États-Unis pour contrôler une partie de l'industrie pétrolière est déjà amorcé. Mais la Chine et les autres pays émergents ont une carte d'importance : leur poids économique en forte croissance. Selon le scénario démographique retenu, l'Occident perd de l'importance par rapport au reste du monde : 1,4 milliard d'habitants contre 7,6 milliards en 2100. Ce facteur, combiné à la très forte croissance économique de certains pays populeux, est déterminant et source d'incertitude pour la maîtrise de l'énergie. Comme les réserves sont relativement moins abondantes en Chine et en Inde, la bataille pour les contrats de gré à gré risque d'avantager ces pays en raison de leurs disponibilités en capital, cela aux dépens de l'Europe et de l'Amérique.

---

3. Ceci est bien expliqué dans le livre *La boulimie énergétique, suicide de l'humanité ?*.

La politique américaine

En quelques mots, les États-Unis ont fondé leur croissance économique et leur bien-être sur la maîtrise de l'énergie, toujours abondante. Pourquoi changer la recette? La demande augmente, l'offre doit suivre. Lors de son discours sur l'état de l'Union, en janvier 2006, le président G.W. Bush a encore souligné la dépendance croissante des États-Unis envers le pétrole importé de pays jugés instables. La diversification des approvisionnements et la découverte de nouveaux gisements s'imposent.

La première politique étrangère d'importance de l'administration Bush a donc été d'instaurer une gouvernance militaire stable dans les endroits stratégiques susceptibles de fournir du pétrole à court, à moyen et à long terme aux États-Unis. Il est assez intéressant de noter que G.W. Bush, qui n'est pas un grand voyageur, a refusé d'aller au Sommet de la Terre en Afrique du Sud, en 2002. Pour son premier voyage en Afrique, il a préféré se rendre au Nigeria, cinquième producteur mondial de pétrole.

À ce propos, on estime[4] que l'Afrique noire pourrait représenter le quart de la consommation de pétrole aux États-Unis, d'ici 25 ans. Les autres importations, tout aussi importantes, proviendraient d'un peu partout dont le Canada et le Mexique. Autre clé stratégique : produire en mer autant que possible. La sécurité y est beaucoup plus facile à assurer.

En revanche, l'Amérique peut compter sur les sables bitumineux de l'Alberta (17 % des réserves mondiales prouvées, évaluées à deux tiers de celles de l'Arabie Saoudite). L'Europe élargie peut miser sur la Russie (un tiers des réserves mondiales de gaz naturel), sur l'Afrique du Nord et sur la mer du Nord. Mais surtout l'Europe et l'Amérique auront l'avantage de connaître une stabilisation, voire une décroissance de la demande.

Qui sera le maître mondial au XXIe? En première analyse, l'Amérique a toujours une longueur d'avance, en ce début de siècle. Mais la notion d'empire semble désormais faire partie de l'histoire.

4. Source : *Grands Reportages*, RDI le 12 septembre 2005.

Espérons que ses dirigeants futurs cesseront de se prendre pour des empereurs, ce qui peut faire toute la différence.

Mais d'abord a-t-on raison de s'inquiéter du manque de ressources possible? Tâchons d'y voir plus clair en examinant ce que la planète a à nous offrir.

2. Sous toutes réserves

Les géologues s'entendent sur le fait que près de 900 milliards de barils de pétrole ont jusqu'ici été extraits du sous-sol. Cette exploitation représenterait environ 30% des réserves globales exploitables. Les spécialistes de l'énergie admettent également que, dans le dernier quart de siècle, l'humanité a consommé autant de combustibles fossiles qu'elle en avait consommé jusque-là depuis son apparition sur la planète. En revanche, leurs estimations divergent en ce qui concerne la quantité de pétrole conventionnel qu'il est encore possible d'extraire. Cette divergence s'explique par deux facteurs principaux. Premièrement, on peut donner différentes définitions au terme «réserves». Deuxièmement, les divers intervenants n'ont pas la même appréciation de la capacité de notre civilisation de renouveler sans soubresaut ces réserves.

Si le monde réussit à stabiliser sa consommation de pétrole, les bibles en cette matière que sont la *BP Statistical Review* et le *Oil* et la *Gas Journal* prévoient que les réserves dites prouvées de pétrole conventionnel seront épuisées dans 43 ans. Pour ce qui est du gaz, l'avenir ne semble guère plus reluisant: au rythme où va la consommation, il n'y en aura plus dans moins de 60 ans. Quant aux réserves de charbon, nos descendants devraient en voir la fin dans 239 ans. Mais le retour à cette énergie lourde et polluante est-il vraiment souhaitable?

Ces données apparaissent alarmistes pour certains, mais pas pour tous. Quels sont leurs arguments respectifs?

La vision pessimiste

Les interventions répétées de Colin J. Campbell et de Jean H. Laberrere[1] sont des exemples typiques de démonstration de la

1. Voir notamment le site ASPO (*Study of Peak Oil*), l'article de *Scientific American*, juin 1998. Autres sources, *La vie après le pétrole* de Jean-Luc Wingert (2005), l'entrevue de Colin Campbell dans le magazine *L'actualité* (avril 2003) et l'article d'Hélène Baril dans *La Presse* (16 juillet 2005).

catastrophe qui guette l'humanité, si aucune action n'est entreprise pour réduire sa dépendance envers le pétrole et le gaz. Ils sont souvent considérés comme des «annonceurs de fin du monde», mais la crise boursière de 2005 leur a à nouveau obtenu une oreille attentive de la part des médias du monde. Le discours de ces géologues et employés retraités de compagnies pétrolières mérite l'attention.

Le point de non-retour, défini comme le sommet de la production mondiale de pétrole dans le temps, serait à nos portes. Au plus tard en 2015, la production mondiale commencerait à diminuer, signant du coup la fin du renouvellement des réserves prouvées. Au mieux, une accélération des efforts de prospection ne retarderait le début de la période de déficit que de 10 ou 20 ans. La période 2015-2030 est d'ailleurs couramment citée comme étant le point d'inflexion amenant sur la pente descendante de la courbe de King Hubbert[2]. La croissance de la demande et la décroissance de l'offre seraient sur une trajectoire de collision. Le désastre pour l'économie mondiale serait inévitable.

Autrement dit, l'âge du pétrole bon marché serait chose du passé. Cette constatation pessimiste est percutante quand on pense que le pétrole est toujours à la base du fonctionnement de notre monde et que la demande continue d'augmenter. Il nous resterait environ 50 ans pour transformer complètement le transport et plusieurs procédés industriels. Et comme il est peu probable que le gaz naturel pourra remplacer totalement le pétrole, autant dire qu'il faut refaire notre monde en une ou deux générations. Le défi est gigantesque.

Cette vision pessimiste des réserves de pétrole n'est pas nouvelle. Le premier à diffuser ce genre d'hypothèse fut King Hubbert. En 1956, alors que l'industrie du pétrole venait tout juste de dépasser le charbon et le bois comme principale énergie mondiale, il produisit sa fameuse courbe de Gauss (en forme de cloche) qui démontrait l'utilisation finie du pétrole par l'humanité. Au mieux, les réserves de pétrole dureraient 200 ans selon ses prévisions. Et la moitié des

2. Pour une bonne analyse de la courbe de Hubbert, voir Jean-Luc Wingert, *La vie après le pétrole*, 2005.

réserves exploitables serait consommée peu après le changement de millénaire. Pour les États-Unis, King Hubbert avait vu juste: le sommet de la production américaine a été atteint en 1969.

Le Club de Rome était allé plus loin en avertissant le monde d'une pénurie de ressources dans tous les domaines pour l'an 2000. Eau, énergie, minerai, nourriture, tout viendrait à manquer si la croissance de la demande continuait au même rythme. Comme leurs projections étaient basées sur l'extrapolation de la demande observée depuis la dernière grande guerre, sur des bases mathématiques sérieuses, leurs craintes semblaient fondées et leurs résultats, réalistes.

Cette déclaration choc sur notre course vers l'abîme avait été faite en 1970, trois ans avant le premier choc pétrolier[3]. On connaît la suite. On s'est rendu en l'an 2000. Le marché a réagi en faveur d'une rationalisation de la consommation. Les optimistes ne manquent pas de nous le rappeler.

Mais attention! disent les alarmistes, le contexte n'est plus le même. Personne ne sait exactement combien il reste de pétrole à pomper, surtout pas les économistes, tranchent-ils. Leurs arguments sont les suivants.

- À partir d'un modèle mathématique qui décrit la production par région ou par gisement, une extrapolation des données historiques les amène à observer un point de non-retour qui se situe entre 2007 (Campbell) et 2015 (Laberrere) pour les pétroles dits conventionnels. Certes, ils admettent qu'il en reste une quantité considérable à récupérer dans les puits existants ou à exploiter dans de nouveaux gisements, mais ces pétroles sont très coûteux à exploiter.
- Par ailleurs, une analyse des chiffres fournis dans les dernières années par chaque région productrice sur les réserves prouvées

3. En 1969, les membres du Club de Rome, sous la direction de R.H. Meadows du M.I.T., n'étaient pas les seuls individus visionnaires à s'alarmer de cette courbe inflationniste de la demande. L'industrie nucléaire y allait de sa solution. Plus près de nous, le premier ministre québécois de l'époque, Robert Bourassa, proposait la Baie-James. On créait aussi, au Québec, l'IREQ et l'INRS. À l'INRS-Énergie, Brian C. Gregory lançait le projet fusion qui devait mener au projet Tokamak.

amène les alarmistes à douter de la valeur des données. À leurs yeux, plusieurs régions du monde ne fourniraient que des approximations; cela serait dû en partie à la réduction de l'exploration depuis le contre-choc pétrolier. Comment oublier l'exemple de Shell (2005) qui a été condamnée pour avoir surévalué de 25% ses réserves d'hydrocarbures*?

- De plus, ils font l'hypothèse que les réserves connues de grande importance se situent surtout au Moyen-Orient. Ailleurs dans le monde, on aurait atteint un stade de déséquilibre entre demande et production. Les sommets de production par pays auraient été atteints, autant en Amérique du Nord qu'en Europe et, depuis peu, en Chine. À ce sujet, on va jusqu'à accuser certains pays de malhonnêteté pour stimuler les actions en Bourse.

- L'Arabie Saoudite ne pourra pas toujours jouer le rôle de régulateur mondial. Qui pourrait imaginer que la variation de la production des sables bitumineux puisse être aussi efficace qu'un puits conventionnel en Arabie Saoudite pour faire face aux fluctuations de la demande?

- Le vieil argument cher aux économistes, selon lequel une hausse du prix du pétrole aurait pour effet de stimuler la prospection et la découverte de nouveaux gisements s'est révélé erroné. La technologie ne peut faire de miracles. Deux problèmes surgissent: a) le signal de rareté doit être durable, mais comment l'assurer? b) le succès de l'exploration n'est pas instantané ni continu.

- Les géologues admettent que les puits ne sont exploités que partiellement: pour les meilleurs gisements, 35% est un chiffre couramment utilisé. Mais il est impossible de voir le niveau baisser et encore moins d'estimer l'état des gisements souterrains. Il serait donc farfelu d'affirmer que les 65% restants des stocks seront récupérés un jour.

Ces arguments suffisent pour semer la peur. Mais ces avis sont loin d'être partagés.

La vision optimiste

En fait, les alarmistes ont à peine modifié les prévisions de Hubbert et du Club de Rome. C'est d'ailleurs une des critiques que plusieurs analystes leur font. Michael C. Lynch[4] (1998), appuyé par de grands économistes de l'énergie comme Adelman[5] (1998), leur reproche en effet de se baser sur des arguments trop simplistes pour établir leur diagnostic. À l'instar de Lynch, certains se font même sarcastiques face à la position des alarmistes en les classant dans la même catégorie que ceux qui crient au loup sans alimenter le débat de façon crédible.

Les arguments optimistes quant à l'état des réserves sont les suivants.

- Le premier est de nature économique. L'offre pétrolière a dépassé la demande depuis plusieurs années. Cette situation est d'ailleurs illustrée par un prix du brut qui a baissé, en termes réels, pendant la période 1985-2000. La remontée observée depuis 2000 est le résultat d'un rapport de force entre l'offre et la demande, et non un phénomène lié à la baisse des réserves.
- De plus, si Kyoto est pris au sérieux et si le prix du pétrole reste élevé, les programmes d'efficacité énergétique et les politiques gouvernementales vont continuer à décourager l'utilisation du pétrole. L'industrie pétrolière n'a donc aucune incitation à faire de l'exploration pétrolière, à exploiter de nouveaux gisements ou à faire du développement technologique. De là le constat que les réserves semblent stagner.
- Les optimistes font également remarquer que les crises pétrolières des années 1970 ont montré que l'humanité pouvait, en une période relativement courte (environ 10 ans), s'ajuster à une nouvelle conjoncture de déséquilibre de l'offre et de la demande. Dans le domaine de l'énergie comme dans tout autre secteur économique, le marché finirait donc par s'ajuster. Autrement dit, quand viendra le temps d'agir, on peut être certain que l'industrie pétrolière trouvera les solutions de rechange.

---

4. Conférence de l'IAEE, Château Frontenac, Québec, mai 1998.
5. *Idem.*

- Pour ce qui est de la menace des pays en développement, elle serait exagérée. En tout et pour tout, la Chine consomme 8% du pétrole, soit beaucoup moins que les États-Unis. Ici et là, on assure qu'il faudra attendre des décennies avant que les Chinois brûlent autant d'or noir que les Américains. Sous un autre angle, cela implique que l'impact de chaque point de croissance sur la demande de pétrole est trois fois moins important en Chine qu'aux États-Unis.
- Supposer que le pic de production mondiale correspond à une courbe de Gauss (en forme de cloche) ou que la production s'arrêtera abruptement est absurde. Rien ne dit que la production suivra une courbe normale dans le temps, ni une courbe tronquée. La relation offre/demande de la théorie économique est beaucoup plus complexe.
- Enfin, quand les choses vont mal, le nationalisme énergétique revient à l'ordre du jour. En janvier 2006, G.W. Bush n'a-t-il pas lancé son plan énergétique visant notamment à réduire la dépendance énergétique de son pays?

Il n'est pas inutile de rappeler, et c'est une assez bonne nouvelle malgré tout, que le rapport réserves de pétrole/consommation est passé de 27 ans en 1979 à 43 ans aujourd'hui. Et rien n'indique vraiment que le rythme des découvertes ne soutiendra pas la consommation. Après tout, on explore le sol du Texas depuis 80 ans et l'on y trouve encore de nouveaux gisements. Il ne faut pas non plus oublier que l'évolution technologique permet d'améliorer continuellement les techniques de prospection et d'exploitation. Grâce à ces progrès technologiques, la définition de «conventionnel» n'est donc pas fixée. Ce qui hier était considéré comme non accessible, d'un point de vue économique, devient aujourd'hui courant en termes d'exploitation. C'est le cas des sables bitumineux et de plusieurs sites *offshore*. En 2003, par exemple, les sables bitumineux canadiens sont passés au rang des gisements conventionnels. Du coup, les réserves mondiales de pétrole conventionnel ont été augmentées de 17% (les deux tiers des réserves de l'Arabie Saoudite).

Il est vrai que la part des pays riches dans la consommation totale d'énergie sera inférieure de 50% pour la première fois au cours de l'ère industrielle. Mais en même temps, le monde dans son ensemble, quel que soit son niveau de développement, continue de diminuer sa dépendance envers le pétrole. En 1980, la part du pétrole dans la consommation d'énergie primaire* mondiale représentait 46,3%; en 2003, elle n'était plus que de 38,5% (graphique 4). Par contre, la part des sources d'énergie à faibles émissions stagne à environ 13%.

GRAPHIQUE 4

Part de marché de la consommation d'énergie primaire, par source

(%)

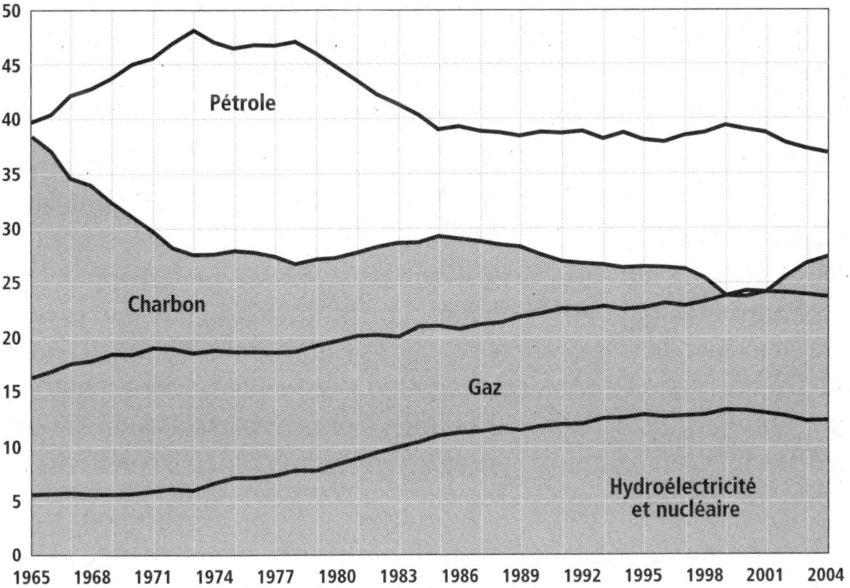

Note: À remarquer la stabilisation du pétrole de 1985 à 2000; la remontée du charbon après 2000; et la stabilisation des formes d'énergie à faible émission de GES.

Source: www.Bp.com

À l'instar des optimistes, force est de constater que, depuis une centaine d'années, on a maintes fois annoncé l'imminence de pénuries de charbon ou de pétrole qui n'ont finalement pas eu lieu. De plus, le rapport entre les réserves de pétrole et la consommation a eu tendance à augmenter depuis 1980; pour le gaz, le chiffre n'a pratiquement pas bougé au cours de la même période.

À l'instar des pessimistes et malheureusement pour les pays industrialisés, il faut dire que les découvertes de nouvelles réserves se font surtout dans des régions politiquement instables. Mais il faut dire aussi que de vastes portions de la planète n'ont pas été prospectées avec la même intensité. Qu'on pense à la Chine, aux régions froides, à l'immensité des mers...

Le débat est donc loin d'être terminé.

Qu'en est-il exactement?

Entendons-nous, il ne manque pas d'énergie sur la planète, et la quantité de combustible fossile reste considérable. Les progrès des techniques de prospection ont certes fait reculer la pénurie et le feront peut-être encore, mais la découverte de pétrole facile à exploiter et abondant appartient désormais au passé. En tout état de cause, la rente pétrolière gratuite ou presque sera bientôt épuisée.

Dans le meilleur des scénarios, tout se passe bien malgré les turbulences attendues. La montée des prix moyens est graduelle et les énergies alternatives, combinées aux gains d'efficacité, prennent leur place au fur et à mesure que les pétroles plus dispendieux arrivent sur le marché. L'espoir de cette transition en douceur repose sur deux facteurs: les sources de pétrole non conventionnelles sont suffisantes pour le prochain siècle, au rythme de la consommation qui diminue; notre système politique et économique mondial est suffisamment vigoureux pour gérer la décroissance du pétrole.

Mais, entre la théorie et la pratique, les possibilités sont multiples. Parmi les embûches, on doit reconnaître qu'une grande partie des ressources pétrolières ne sera jamais exploitée en raison du prix. Alors que la croissance de la demande d'énergie interviendra surtout dans les pays actuellement en développement, les problèmes de transport du gaz et les obstacles au développement des filières alternatives feront des énergies à faible intensité de capital, la biomasse, le charbon et le pétrole lourd, leurs principales options d'approvisionnement. Les ressources en combustibles fossiles sont inégalement réparties dans le monde, ce qui risque d'accroître les tensions à propos de la disponibilité et des prix.

Ceci nous amène à tenter de mieux définir la notion de non-retour appliquée au non-renouvellement des réserves de pétrole conventionnelles. D'un point de vue physique, cela demeure théorique puisque la barrière du «conventionnel» est sans cesse reculée et que les réserves en fin de compte sont encore très importantes.

Pour le pétrole comme pour tout autre minerai, la définition d'un gisement n'est pas que géologique. Ainsi, la notion de «réserve» correspond aux quantités déterminées et récupérables d'un point de vue technique et économique. Les réserves évoluent donc dans le temps, selon la conjoncture et l'évolution des connaissances.

À l'inverse, la notion de «ressources» tend à demeurer fixe, puisqu'elle correspond au concept purement géologique désignant les quantités totales en place. Or, cette donnée est relativement connue. En d'autres mots, la science actuelle nous dit qu'il n'y aura plus vraiment de surprises pour ce qui est de la découverte de nouveaux grands gisements. La grande crise ne viendra donc pas d'un manque de ressources, mais de la perception du marché qu'il est impossible de remplacer à temps une source tarie.

En résumé, sur la base du seul critère «réserve de pétrole conventionnel», aucun sentiment d'urgence n'incite vraiment à remplacer complètement le pétrole. Pendant de nombreuses décennies et peut-être pour plus longtemps encore, le monde dépendra nécessairement des combustibles fossiles pour l'essentiel de ses besoins en énergie, qu'il y ait crise ou pas. Les contraintes de capital ajoutées à l'inertie face au changement font que l'humanité doit assumer les conséquences des choix du passé.

Par la suite, nous disposerons encore pendant longtemps de combustible, mais son exploitation sera de plus en plus coûteuse. Le plus grand danger ne viendra pas du manque d'énergie temporaire, ni des limites d'adaptation aux crises et aux turbulences boursières, mais plutôt, paradoxalement, de l'attitude de l'humanité elle-même, que ce soit en période de crise ou d'accalmie.

En période d'accalmie, à cause de notre indifférence, de notre ignorance, de notre irresponsabilité, la pénurie ne figure pas au nombre des problèmes que le monde doit affronter dans le siècle à venir. L'idée que notre société puisse se trouver à court de pétrole «bon marché» est inimaginable et ne suscite qu'incrédulité. Cette insouciance peut être compréhensible de la part de la population en général. Il est rare que la société humaine prévoie les changements censés transformer ses conditions de vie. Mais lorsque les dirigeants entretiennent la confusion quant au véritable destin de l'ère du pétrole, la nonchalance devient collective et peut mener au désastre.

Dans la pratique, il est aussi très difficile de tracer une ligne correspond à la brisure du système économique et social que l'on connaît, brisure liée à un poids trop lourd du prix de l'énergie. Encore une fois, c'est plutôt la subjectivité qui devrait précipiter les choses, et non une analyse rigoureuse de l'impact d'un dépassement des standards observés dans le passé. C'est le sujet du prochain chapitre.

Un pic de production mondiale : sommaire

Quelle estimation semble la plus pertinente pour un pic de production mondiale? Par élimination, on peut mettre de côté tout ce qui a été proposé pour avant 2010. Du côté des pessimistes, on peut considérer la plage 2015-2025 comme l'horizon plausible d'un point d'inflexion dans la production mondiale. Dans le groupe des optimistes, plusieurs cultivent l'art de ne pas passer aux aveux. Ils évitent de donner une date et de faire des pronostics sur la distribution à venir. Dans la foulée de ces optimistes, nos scénarios ne se prononcent pas non plus sur la date ultime. Par contre, nous mettons une contrainte basée sur les réserves globales. Au bout du compte, l'important, c'est l'intégral, le cumul de la consommation en fonction du renouvellement des réserves, la gestion du patrimoine pétrolier. Comme le débit variera en fonction des conjonctures et des scénarios de développement des divers blocs économiques, la distribution de la production variera en conséquence. À l'évidence, la forme de cette courbe n'est pas une gaussienne, et les soubresauts sont toujours possibles. Comme le montre le graphique 5, une bonne gestion des réserves nous permet de passer le siècle. À l'inverse, la nonchalance peut mener à la catastrophe.

GRAPHIQUE 5

Pic de la production mondiale de pétrole:
deux cas fictifs basés sur 3000 milliards de barils de réserves ultimes

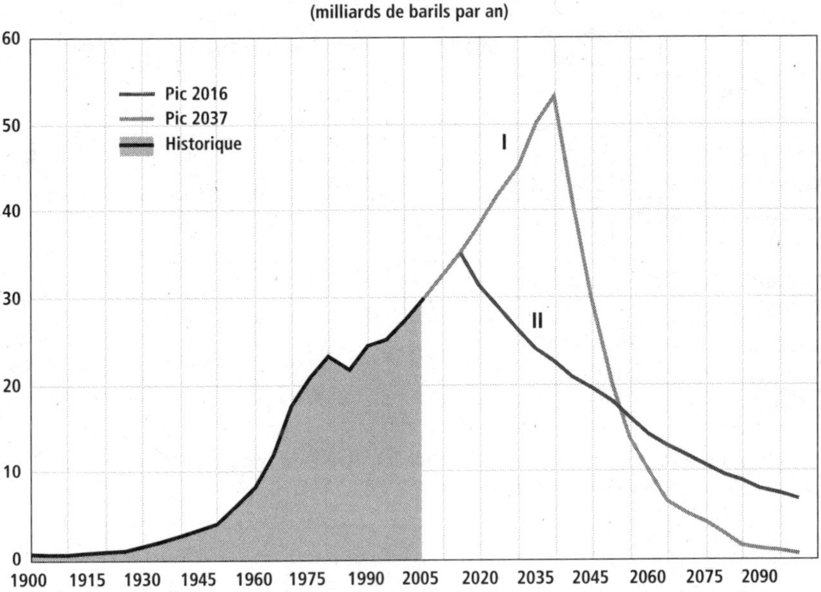

Cas I: croissance tendancielle jusqu'en 2037, puis cassure du système d'approvisionnement de pétrole.
Cas II: pic de production vers 2015, puis bonne gestion de la décroissance.

L'approche de ce document ressemble à celle proposée par le GIEC. La contrainte de la réserve de pétrole doit être couplée à la disponibilité des autres combustibles et à la mise en place de sources alternatives, renouvelables et nucléaires. Pour le GIEC, le sommet de la production de pétrole n'interviendra pas avant 2020 et pourrait aller jusqu'en 2050. C'est fonction du scénario.

Il est donc prématuré de vouloir préciser les dates des pics de production mondiale puisque dans nos scénarios il s'agit d'un résultat. Par contre, le tableau 1 rappelle les faits concernant le cumul des consommations par source. Il présente également les diverses estimations de réserves ultimes.

TABLEAU 1

Réserves ultimes et cumulées

	Pétrole	Pétrole	Gaz	Charbon	Hydrate de méthane
	Milliards de barils	Zjoules[2]	Zjoules	Zjoules	Zjoules
Production cumulée[1]	800	5,0	2,7	6,3	
Réserves prouvées[3]	1 188	7,4	6,0	23,0	
Conventionnel à venir[4]	1 012	6,3	7,1	0,0	
Conventionnel ultime[5]	3 000	18,6	15,8	29,3	
Autre[6]	>2 400	>15	>32	>150	>800
Scénarios réserves[7]	2 200	13,6	13,1	14,0	

1. L'année de référence est 2000-2001. Pour le pétrole, la production cumulée se situe entre 900 et 1 000 milliards de barils en 2006, si on se fie aux diverses sources.
2. 10 ** 21 joules.
3. Source: BP Statistical Review (2004).
4. Total conventionnel – réserves prouvées.
5. Source: USGS pour pétrole et gaz conventionnels, GIEC (2001) pour les autres sources.
6. Possibilités additionnelles, GIEC (2001).
7. Il s'agit de quantités à consommer dans le XXIe siècle. Par rapport à la littérature, c'est un scénario qui se situe dans la moyenne.

Carburant synthétique

Peut-être un jour la nanoscience va-t-elle permettre de reconstituer des chaînes de carbone et d'hydrogène, mais pour le moment, le terme «carburant synthétique» fait plutôt référence au procédé de liquéfaction de gaz (GPL) ou de combustibles solides, comme le charbon. La fabrication de carburants synthétiques* ne change donc pas la donne des réserves ultimes, ni ne résout d'ailleurs la question des émissions de gaz à effet de serre.

Dans une étude publiée en mai 2006, les auteurs Klaus Lackner et Jeffrey Sachs, chercheurs au Earth Institute de la Columbia University à New York, jugent que la production de carburant à partir du charbon américain est déjà rentable. Ils évaluent le coût de ces carburants synthétiques à moins de 30 dollars le baril. Comme les États-Unis possèdent le quart des réserves mondiales de charbon, l'autosuffisance énergétique serait assurée pour le siècle.

3. Dans l'œil du cyclone

Le flou artistique du système économique

Le leadership des grandes puissances et le contrôle géopolitique des réserves de pétrole basé sur un consensus mondial minimal sont des facteurs déterminants pour assurer une transition sans trop de heurts vers un autre âge énergétique. Mais le politique n'est qu'un des mécanismes d'action de notre civilisation. On ne peut oublier que le système économique actuel est étroitement lié au système d'approvisionnement énergétique et inversement. Le mode de production capitaliste combiné à des modèles de démocratie a permis l'instauration progressive de ce système d'approvisionnement énergétique mondial, à la fois diversifié, fiable et équitable. Mais en même temps, la mondialisation a été inventée par les patrons de l'industrie pétrolière. Ouverture des marchés, mobilité transnationale, standardisation des produits, les multinationales, dans les secteurs reliés de près ou de loin à l'énergie, au transport et à l'industrie lourde, en avaient déjà établi les règles dans la première moitié du XXe siècle.

Dans le sillage de Rockefeller, le contrôle exercé par un petit nombre d'acteurs sur la production, le raffinage et la distribution et sur le prix du pétrole a créé une disproportion substantielle entre capital et revenu, entre les géants du pétrole, enrichis d'une façon disproportionnée, et les autres. En revanche, ce quasi-monopole a stabilisé les prix à un niveau très bas et permis à un plus grand nombre de consommateurs d'avoir accès à l'énergie du pétrole. Mais pour écouler le pétrole, il fallait créer un marché. On venait de lancer un slogan.

L'industrie pétrolière a réinventé l'économie. Elle l'a assujettie pour mieux ouvrir de nouveaux créneaux, assurant ainsi sa progression. Au début, la machine n'était pas sans bogues. La grande dépression de 1929 a montré que le cycle infernal croissance-consommation n'était pas toujours facile à gérer. Mais de grandes théories seront élaborées pour expliquer, prévoir, changer les relations offre-demande. Les nouveaux gourous de l'économie sont venus dire aux chefs d'États que désormais, pour le bien-être d'un pays, il fallait consommer plus. Dans sa *Théorie générale de l'emploi, de l'intérêt et de la monnaie*, John Maynard Keynes expliquait, en 1936, le sous-emploi par l'insuffisance de la consommation. Le discours sera de toutes les campagnes électorales qui suivront. Plus tard, John Kenneth Galbraith théorisait la croyance en une croissance soutenue et maîtrisée. En récession, l'État dépense, en période de prospérité, il encaisse.

Certes, le système a eu des ratés, présentant une sorte de comportement maniaco-dépressif – une récession correspondant à un *down* et une période de croissance à un *high*. Mais depuis l'apparition des baby-boomers, ces maladies de riches passent sans grandes conséquences.

La domination et la vision de quelques grandes compagnies ont créé une paix énergétique durable qui est devenue un terreau fertile pour engendrer toutes sortes d'évolutions. Certains vont plus loin en affirmant que le développement économique de l'après-guerre n'est autre que le développement de méthodes d'exploitation de l'environnement naturel toujours plus intensives. Le mode de vie qui a résulté en est donc fortement imprégné.

Pour l'avenir, le marché apparaît comme le moins mauvais des systèmes connus. Mais ce système économique, testé dans des conditions faciles, basé sur une rente pétrolière pratiquement gratuite, tiendra-t-il le coup dans les périodes de turbulence qui s'annoncent? D'emblée, il est vrai de dire que le monde actuel est mieux préparé, car pour ce qui est de maîtriser la nature et de trouver les solutions pour le mieux-être de l'humanité, toute comparaison est à l'avantage de notre civilisation. Il faut reconnaître que l'ordre mondial actuel, basé en grande partie sur un système démocratique, a atteint un niveau de connaissance qui devrait permettre l'avancement technologique nécessaire pour la transition vers un autre système énergétique, moins dépendant des combustibles fossiles.

L'obsession de la croissance, l'ordre pétrolier et Stéphane Dion

L'ordre pétrolier a été indissociable de la recherche du marché de consommation. Cette étroite association a amené l'obsession de la croissance. Tout politicien qui a le moindre instinct de survie ne peut se permettre de faire une campagne électorale ayant pour thème la décroissance temporaire pour un mieux-être environnemental. Quel pays dans le monde pourrait le faire sans trop de casse? «Le Canada parce qu'il a à la fois les ressources et qu'il est riche», a affirmé Stéphane Dion, alors ministre, dans une émission spéciale de Radio-Canada ayant pour thème la Conférence mondiale sur le changement climatique, le samedi 15 octobre 2005.

Comme le Canada n'est pas d'ambition de sainteté, cette simple affirmation suscite une grande réflexion pour l'avenir. Vraisemblablement, l'équation croissance et ordre pétrolier ne sera pas cassée par une volonté politique, mais par le sort.

On ne s'en sortira pas. L'échéance approche. Il faudra passer à un autre système énergétique où le prix de l'énergie reflétera la rareté et la turbulence. Dans cette période de transition, on peut imaginer le meilleur et le pire. Dans notre société industrielle fortement structurée, chaque sous-système dépend entièrement d'un apport continuel d'énergie – non renouvelable dans le contexte actuel. De la même façon qu'un organisme vivant a besoin d'un renouvellement constant de ses cellules sanguines, notre monde semble entièrement dépendant de ce flux énergétique. C'est ce qui fait dire aux alarmistes que la saga du pétrole est aussi l'histoire de la construction progressive d'un régime énergétique d'une complexité et d'une fragilité sans précédent, dont la structure hiérarchique et les mécanismes de contrôle sont si centralisés qu'il est plus exposé que tout autre aux dysfonctionnements, voire à l'explosion.

Même en période d'abondance de ressources, notre système économique a de la difficulté à assurer l'équité à l'échelle planétaire. Qu'arriverait-il si une pénurie de pétrole bon marché survenait à cette échelle? Est-ce que les plus riches iraient au secours des plus pauvres? Et les plus pauvres souscriraient-ils aux règles environnementales des premiers, si leur seul choix de développement se limitait aux combustibles lourds? Déjà, toute analyse du futur, dans le domaine de l'énergie et de l'environnement, doit se référer à deux systèmes de décision: celui des pays industrialisés et celui des autres pays.

Notre organisation politico-économico-sociale est-elle suffisamment robuste pour faire face à un changement de paradigme dans la gestion planétaire des ressources et de l'énergie en particulier? Les économistes nous disent que l'économie des années 2000 dépend moins du pétrole que lors des chocs pétroliers des années 1970. Cela est vrai si on se reporte à la valeur relative des biens et services transigés dans le monde. Mais pour faire s'écrouler un château de cartes, il suffit d'en enlever une à la base.

La théorie économique demeure une théorie, justement, et toute théorie s'appuie sur des conditions stables, sans grandes turbulences ni chocs brusques. Mais l'humanité ne s'est pas faite que par le calcul de l'équilibre offre-demande et du retour sur investissement. Pour reprendre l'expression de Serge Bouchard dans ses *Chemins de travers*[1], l'humanité est aussi l'étoffe de ses rêves les plus fous, et j'ajouterais de sa subjectivité. C'est en examinant l'impact d'un seul cyclone, Katrina, fin août 2005, par exemple, que l'on peut juger de la robustesse de la théorie comptable. Rappelons-nous, la simple annonce de cet ouragan a enflammé le cours du pétrole à plus de 70 $US. Et le mouvement est parti d'Asie, là où jamais ne coule une goutte de pétrole du golfe du Mexique!

L'événement spontané est toujours une occasion pour appliquer avec dextérité la batterie impressionnante de l'analyse économique formelle. Mais pour le «cas» du pétrole, l'explication tient jusqu'à la tombée du prochain quotidien. Comment expliquer que toutes les équations des traités d'économie aboutissent à des résultats qui sont de plus en plus désincarnés et éloignés des coûts marginaux de production et de distribution? La raison est simple: aucun système d'équations n'explique l'apocalypse imaginaire qui enfièvre de manière impromptue la tête de ceux qui décident en notre nom de la valeur réelle du pétrole.

1. Émission estivale, les dimanches soir, à la radio de Radio-Canada.

Qu'on le veuille ou non, le cours du pétrole et la relation énergie-économie reposent bien souvent sur un flou artistique et non sur une analyse rigoureuse de la situation.

Le pétrole n'est pas une marchandise comme les autres

Tout serait si simple si la demande mondiale de pétrole, les capacités de raffinage et la découverte de nouvelles ressources répondaient instantanément au signal des prix. Beaucoup de tenants de l'approche économique ne peuvent s'empêcher de noter que le prix de vente du pétrole est loin de refléter le coût de production et de distribution. Pire les raffineurs s'approvisionnent souvent dans des pays qui offrent un coût de production plus élevé. Le prix du pétrole venant des sables bitumineux canadiens est dix fois plus cher à produire que celui de l'Arabie Saoudite, pourtant il trouve preneur.

En termes plus quotidiens, comment expliquer que le prix du pétrole à la pompe subisse des variations aussi brusques. La revue des ouvrages couvrant la période 2004-2005 est assez édifiante sur le sujet. Les prix pétroliers sont passés de 30 $US en moyenne en 2003 à 45 $US en 2004. Ils ont gagné un autre 50 % dans la première moitié de 2005. Certains prévoyaient des prix à 100 $US, dix fois le prix plancher transigé en 1998.

Qui peut croire les experts qui indiquent qu'il s'agit de corrections économiques normales, quand le prix du litre d'essence à Montréal peut passer, en quatre jours, de 1,07 $ à 1,47 $. En une seule journée, après le passage de Katrina, le prix à la pompe, dans la région montréalaise, a augmenté de plus de 20%. Quelle est l'explication de telles variations quand on sait que le Québec est autosuffisant, en termes de capacité de raffinage?

Dans l'imaginaire collectif – et probablement dans celui des spéculateurs –, la demande augmente en fin de semaine et en périodes de vacances, même si on annonce un temps exécrable. Et pourquoi, au Québec, le prix du distillat léger augmente fortement à l'approche de l'hiver, alors que le chauffage est électrique et qu'en hiver on se déplace moins qu'en été (voir graphique 6)? Pourquoi toutes les compagnies semblent-elles hausser leur prix à 9h32 le jeudi matin? Les vases sont-ils si communicants entre les diverses régions de raffinage? Celles-ci dépendent-elles toutes du pétrole du golfe du Mexique, là où l'ouragan s'annonce?

GRAPHIQUE 6

Demande mensuelle de carburants au Québec (1990-2004)

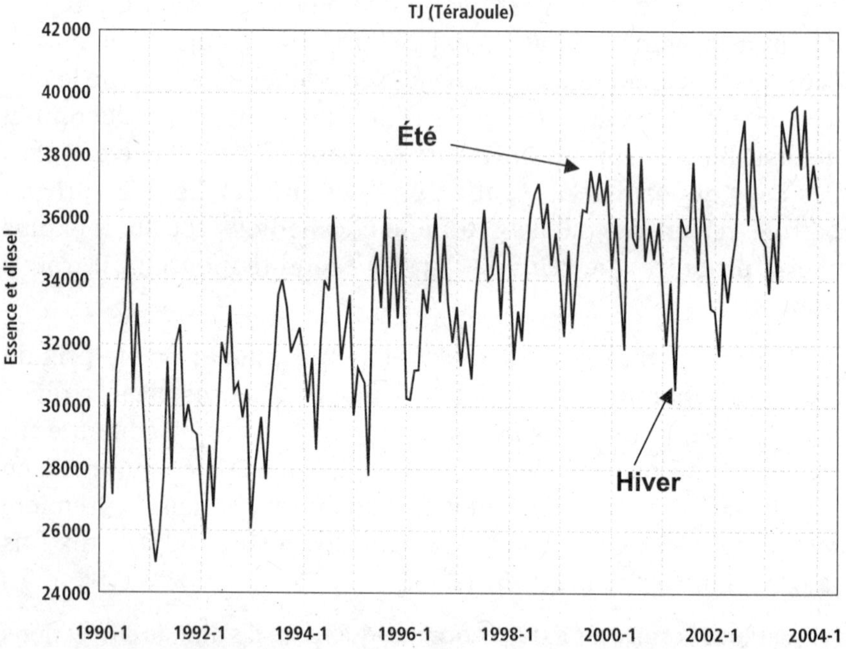

À remarquer la demande plus forte en été et l'augmentation continue de la demande.
Source: Ministère des Ressources naturelles du Québec.

Pour ce qui est de la variation du prix du brut, une bande de joyeux buveurs rendrait un diagnostic plus rigolo. En 2003, la hausse était expliquée en partie par le contexte politique au Venezuela et le conflit irakien qui persistait. En 2004, la crise de la pétrolière Yucos en Russie avait de quoi inquiéter. En 2006, la crise nigérienne et le bras de fer avec l'Iran faisait réfléchir. Ce sont des pays producteurs. Leur production, même marginale, est importante dans un contexte où la croissance mondiale de la demande est forte. En même temps, les capacités excédentaires de l'OPEP sont passées d'une moyenne de 3 millions de bpj à 1 million de bpj, entre 2003 et 2004.

Que l'on invoque, pour spéculer à la hausse sur le prix du brut, des facteurs ponctuels, par exemple une série de perturbations de l'offre, une demande subite comme celle de la Chine, une instabilité politique chez un producteur important, soit! Ce sont des contraintes sur la production. Mais en quoi la faiblesse des investissements alloués à la remise à niveau du réseau des raffineries américaines influe-t-il sur le prix du brut mondial? Les raffineurs ne sont-ils pas des demandeurs de brut? Si la capacité de raffinage est insuffisante, le prix du brut devrait baisser puisque l'offre est plus grande que la demande.

Et ainsi de suite.

Raffinerie et profit

En 2004, en raison de la montée du prix du pétrole, le profit cumulé des trois plus grandes compagnies américaines de pétrole s'est chiffré à 64 milliards de dollars. En 2005, c'était plus encore. Où investir tous ces profits, voilà la question de l'heure? Une semaine après le passage de Katrina, cinq raffineries américaines (sur 65) étaient encore en arrêt. Ce seul événement a fait croître la marge bénéficiaire à la pompe de 7¢ à 47¢ pendant des semaines, augmentant encore plus le *cash flow* des compagnies.

Reconstruire une raffinerie dernier cri, qui réduit au minimum les rejets de lourd, comme l'usine d'Ultramar à Québec, coûte tout au plus de 1,5 à 2 milliards de dollars. Soyons généreux et supposons que le coût d'investissement pour cinq nouvelles raffineries ou l'équivalent en ajout de capacité est de 10 milliards de dollars. Cela représente un sixième des profits de nos trois compagnies américaines!

Évidemment le fonctionnement de l'industrie pétrolière est complexe, et tous ces arguments, y compris la menace d'un cyclone, peuvent avoir du mérite pour justifier un emballement temporaire du cours du pétrole. Ce serait correct si le citoyen ordinaire pouvait y voir une certaine logique et assurer une certaine planification. Mais comment ne pas compatir avec lui quand il crie à la fumisterie et à l'arnaque. «Nous prend-on pour des imbéciles?» se sont écriés les uns. Les pillards ne sont pas que dans les rues de la Nouvelle-Orléans, ont accusé les autres.

Cette discussion amène toutefois à quelques constats positifs.

- Le brut se transige au même prix partout dans le monde. Peu de produits commerciaux présentent cet avantage. Certes, la logique de la concurrence semble faire défaut, mais l'histoire a montré que le prix est resté stable pendant de longues périodes, faisant du pétrole un patrimoine mondial partagé par tous les habitants de la planète, qu'ils soient riches ou pauvres.
- Selon l'analyse formelle, le prix du brut devrait refléter le coût marginal de remplacement pour la production du pétrole non conventionnel, principalement les sables bitumineux et les sites en mer plus profonds. Et ce prix devraït être de 15 $US à 20 $US par baril. En ajoutant les autres facteurs de distribution et une prime de risque de tension offre-demande, le prix marginal ne devrait pas dépasser les 40 $US. Le reste, c'est de la spéculation basée sur n'importe quoi. À moyen terme, donc, l'analyse formelle permet de planifier un prix moyen.

Par contre, les événements récents ont fait ressortir une variable très importante dans l'équation qui détermine la valeur du pétrole: l'emballement boursier. Le phénomène n'est pas si nouveau, puisque le démantèlement de la Standard Oil en 1911, les chocs pétroliers de 1973 et 1979 ainsi que les épisodes de turbulences dans d'autres secteurs de l'économie tel celui des «technos», ont eu leur lot d'incohérences boursières (revoir le graphique 2). Mais en ce début de siècle, la variable spéculation semble avoir sur le cours du pétrole une influence plus prononcée que par le passé.

On peut toujours dire qu'elle découle essentiellement de l'instabilité géopolitique qui règne actuellement au Moyen-Orient, mais la variation en dents de scie du cours du pétrole observée depuis 2004 présente un caractère fortement subjectif et imprévisible. À l'été 2005, on calculait que cette variable comptait pour 40% du coût du pétrole, soit 30 $US par baril. Il y a de quoi s'alarmer, quand on sait que le changement climatique va augmenter la fréquence des cyclones, des typhons et autres catastrophes naturelles.

Imaginons un vrai problème, une crise d'approvisionnement qui durerait plusieurs années, suivie de rationnements et d'embargos.

Quel serait alors le cours du pétrole? C'est ce qui fait dire à des alarmistes comme Jeremy Rifkin[2] que le décrochage de la spéculation est toujours possible. À force de voir du noir, la folie boursière finirait par scier la branche sur laquelle on est assis. Personne ne veut croire à un avenir si pessimiste. Par contre, les flambées récentes du prix du pétrole laissent plusieurs questions sans réponses: a) Qui mène la barque? b) Comment répartir toute cette richesse concentrée chez les pétrolières et leurs actionnaires.

De Jean Charest à G.W. Bush, de l'éditorial le plus à gauche au plus réactionnaire, le même mot d'ordre a été donné lors de la flambée des prix du pétrole: le problème est mondial, on n'y peut rien. Faisons confiance au marché. Il serait inutile de vouloir contrôler les prix, le problème empirerait. Le passé est garant de l'avenir, et l'équilibre offre-demande a déjà fait ses preuves.

Autrement dit, personne n'est à la barre de la barque planétaire. Le capitaine, c'est la théorie économique du très court terme. Sans garde-fou d'aucune sorte, en clamant sur tous les toits que le politique est impuissant, n'ouvre-t-on pas grande la porte au terrorisme économique? Qui s'occupe de la transition vers un nouvel âge de l'énergie? Peut-on confier notre destinée, sans conditions, à des individus non élus, sans responsabilités civiles, fortement impulsifs et subjectifs, parfois hystériques, qui n'ont qu'un but, le profit immédiat?

Comme tout le monde, la réponse à ces questions m'échappe. Naïvement, je souhaiterais une démocratie internationale ayant pour mandat la gestion des ressources mondiales et des surplus de profits. L'objectif d'un tel organisme serait double: réduire les inconvénients d'une spéculation incontrôlée dans les régions les plus pauvres et assurer qu'une partie des profits aille au développement durable. Étant donné les tendances politiques très individualistes de chaque bloc économique mondial et le fait que l'idéologie l'emporte toujours sur la rationalité collective, il faut bien admettre que le village global demeure une utopie.

---

2. *L'Économie Hydrogène*, Éditions La Découverte, 2002.

Sommes-nous prêts à abdiquer toute responsabilité devant les exagérations boursières? Et à qui appartiennent ces profits faramineux? Comment en disposer pour assurer aux générations futures un avenir durable? D'où viendra le besoin colossal de capitaux pour corriger nos erreurs du passé, effacer l'héritage entropique de cette rente pétrolière gratuite et passer sans trop de heurts à un nouvel âge énergétique?

Selon la tendance des dernières années, une partie des profits ira dans l'exploration pétrolière, qui deviendra de plus en plus onéreuse. Bien. Mais le plus préoccupant de ce nouveau mouvement de profits aléatoires et exorbitants est qu'une partie importante des revenus ira à d'autres fins que le développement durable. Dans les pays du golfe Persique, dans les pays africains riches en pétrole, est-ce que la manne servira à l'évolution de la connaissance ou au renforcement des dictatures militaires? Maintenant que l'industrie du pétrole se tourne vers l'offshore, en eaux internationales, est-ce que la richesse va rester offshore? Les tendances historiques n'annoncent rien de bon pour le futur. En général, plus la population est pauvre, moins elle tire avantage de l'exploitation «confisquée[3]» des ressources naturelles par les multinationales.

Peut-on croire que le cartel des grandes compagnies pétrolières va changer d'avis sur la date estimée du pic de production mondial de pétrole et consacrer la plus grande partie de ses profits à la promotion des énergies renouvelables? L'exemple de l'investissement de la compagnie Shell dans le solaire souvent cité n'est qu'une goutte d'eau en comparaison de ce que la compagnie investit dans ses activités traditionnelles.

Pour cette période de transition vers une économie moins dépendante envers le pétrole, il faudra donc s'en remettre en grande partie au marché en espérant qu'il tiendra la route dans les périodes de turbulences accrues. Mais il faudra aussi compter sur des protections internationales et nationales, d'une part, pour empêcher l'exagération, d'autre part, pour assurer une répartition de la richesse.

Il ne faut pas se montrer trop pessimiste. Le Congrès américain a pensé légiférer pour imposer une taxe sur les profits des grandes

3. Expression de Jean-Marie Chevalier dans *Les batailles de l'énergie*, 2004.

pétrolières en 2005. Dans la foulée, la sénatrice Hilary Clinton a proposé un fonds énergétique à partir d'une taxe sur les profits. Plus près de nous, suite à la nouvelle flambée des prix en avril 2006, le chef du Bloc québécois demandait à Ottawa de s'attaquer aux pétrolières en leur imposant une surtaxe de 500 millions sur leurs imposants profits. «*Nous assistons à un transfert de richesses sans précédent au profit des pétrolières, au détriment de la population*», déplorait alors Gilles Duceppe. Même G.W. Bush s'est énervé, au printemps 2006, devant la nouvelle flambée des prix. Avertissant les pétrolières de possibles représailles, il lançait une enquête publique sur leur comportement. Il reste bien sûr les taxes à la consommation qui peuvent servir à la R-D et à la promotion de solutions de rechange écologiques. Bref, l'espoir de dompter le marché n'est pas mort.

La notion de choc pétrolier

Les chocs pétroliers de 1973 et 1979 font référence à de fortes secousses qui ont affecté durablement les plans économique et monétaire. Le choc, défini comme quelque chose de brusque, de subit et de violent, impose de nouveaux paradigmes. Deux récessions ont suivi, et l'inflation a été galopante. Conséquence, le monde industrialisé a réduit sa dépendance envers le pétrole dans les secteurs de la production d'électricité et du chauffage. Mais le contre-choc pétrolier de 1985 a ramené le gaspillage dans le secteur du transport. Une autre caractéristique des chocs pétroliers des années 1970, c'est qu'ils ont été occasionnés par le syndicat des producteurs, l'OPEP.

La première flambée des prix de 2005 a créé la surprise par son ampleur, mais l'événement ne correspondait pas tout à fait à la définition de choc pétrolier. L'inflation semblait jugulée, l'économie dépendait pas mal moins du pétrole que dans les années 1970, les producteurs et les distributeurs n'avaient pas d'actions concertées pour créer une rareté artificielle. La consommation n'a pas été jugulée. Le risque de dérapage du système d'approvisionnement ne semblait donc pas de la même ampleur que dans les années 1970. Il est rapidement apparu que le phénomène ne reposait pas de façon durable sur la relation énergie-économie, mais sur deux autres facteurs: le risque géopolitique et surtout l'arrivée en masse de spéculateurs de tout acabit. Si ces deux facteurs ne sont pas contrôlés dans des délais raisonnables, il faudra alors parler de choc pétrolier.

Scénarios et hypothèses

Dans le scénario du chacun-pour-soi, les flambées du prix du pétrole ne font pas comprendre aux décideurs l'ampleur du danger. La demande de pétrole continuera d'augmenter indûment pendant un quart de siècle. Une fois le pic de production de pétrole atteint, la cigale s'en trouvera désemparée. Contrairement à la fourmi, elle ne s'y sera pas préparée. Ce sera la cassure.

Dans le scénario de la solidarité, l'hypothèse retenue pour l'évolution des prix du pétrole peut sembler forte : aucun décrochage n'est prévu puisque les turbulences restent dans le domaine de l'acceptable et l'autorité publique veille au grain. Le prix du brut reflète le coût marginal de remplacement. Mais une prime à la spéculation sera ajoutée. Périodiquement, les profits seront exorbitants, ce qui sera en partie justifié, compte tenu des coûts d'exploration inflationnistes. Mais les États resteront responsables en arbitrant correctement le transfert des profits pétroliers. Reste la question du besoin en capitaux pour un changement de paradigme dans l'approvisionnement énergétique de la planète. Historiquement, les profits allaient au développement de l'offre. Désormais, une grande partie de l'augmentation de la richesse devra aller à l'efficacité pour se soustraire à la dépendance envers les combustibles. Le chapitre suivant développe ce point.

4. L'héritage entropique de l'âge du pétrole

L'industrialisation à base d'énergie fossile a transformé les consommateurs des pays industrialisés en rentiers du charbon, du gaz et du pétrole, en rentiers du «travail» de la nature. Quel que soit le chiffre utilisé, on s'entend tous sur le fait que l'humanité a consommé une quantité considérable de pétrole, de gaz et de charbon piégés dans le sous-sol planétaire. Le prélèvement de cette rente, non renouvelable puisqu'il faut des centaines de millions d'années pour la produire, a modifié le cours naturel de la planète. La manifestation la plus évidente en est le réchauffement climatique. Une autre grande réalisation de notre civilisation, c'est d'avoir modifié le visage planétaire. Les forêts ont régressé, les villes ont occupé des terrains fertiles, les cours d'eau sont devenus insalubres, des espèces ont disparu, la biodiversité est atteinte.

Bernard Arcand et Serge Bouchard, dans une émission de septembre 2005 à Radio-Canada[1], faisaient remarquer que le monde du pétrole a une senteur, un bruit caractéristique. Certains «boomers» aiment la senteur de l'essence que l'on met dans leur véhicule. C'est le cas de Serge Bouchard, qui a passé son enfance à l'ombre des raffineries de l'est de Montréal qui présentaient des odeurs spécifiques le dimanche, le lundi, etc. La moitié de l'humanité vit dans un milieu urbain, soit dans un univers de combustion. Même dans les heures calmes de la nuit, on entend venir de loin un véhicule. Il n'y a plus un endroit sur terre où on peut échapper au bruit du pétrole: les banlieues ont leurs tondeuses à gazon, les Airbus envahissent le ciel, même les voiliers ont des moteurs! Au bord de l'eau, un plaisancier vous fait partager bruyamment son plaisir de la navigation, ajoutait Pierre Légaré, également invité à l'émission. Sans cette senteur et ce bruit, on serait désorienté. Pour beaucoup, c'est le seul monde connu.

1. Émission *Pensée libre* du 20 septembre 2005, Première Chaîne, Radio-Canada.

Le pétrole a changé l'environnement visuel, sonore et olfactif. Pour bien percevoir le changement, il suffit de rappeler que le monde que j'ai connu sur ma ferme natale, sans électricité, était tout autrement. Les sons caractéristiques étaient le cocorico du coq le matin et le beuglement des vaches le soir. L'épandage du fumier caractérisait l'automne. Le crépitement du bois dans le poêle ne pouvait faire croire à des légumes frais dans son assiette; l'hiver était synonyme de conserves.

L'unification des systèmes énergétiques est allée de pair avec la centralisation inouïe des surplus d'énergie vers les pôles dominants de l'économie, entraînant trop souvent un gaspillage odieux. Le mode de vie qui en a résulté en est donc fortement imprégné. L'étalement urbain et le choix du mode de transport, pour ne prendre que ces deux aspects, sont des biais dus à cette myopie quant à la valeur réelle de l'énergie.

En termes scientifiques, ce désordre s'appelle entropie*. Les écologistes qualifient le phénomène de développement non durable. Les économistes parlent de disponibilité de capitaux considérables pour réparer les torts. Quelle que soit l'école de pensée, il est facile de voir que les moyens à mettre en place pour passer à un autre système énergétique, plus écologique et moins pénalisant pour les générations futures, dépassent l'imagination. Pire, pour passer à autre chose, il faut dépenser plus d'énergie encore. C'est une des lois incontournables de l'entropie.

Passer à une économie de l'hydrogène, substituer aux thermiques actuelles des centrales «propres», refaire les villes pour favoriser le transport en commun, rendre les bâtiments efficaces sur le plan énergétique, produire localement pour réduire le transport par camion, ce ne sont là que quelques exemples d'actions que l'humanité doit mener pour se soustraire à sa dépendance envers les combustibles fossiles. Et ça peut faire mal. Avoir des fruits et légumes frais tous les jours de l'année, cela comporte un prix énergétique. Est-ce que les générations du quatrième âge de l'énergie pourront se payer ce luxe?

Notre système d'organisation humaine est-il capable de gérer parfaitement les conséquences à long terme d'une telle transition, sans planification particulière, en se basant essentiellement sur les mécanismes du marché? Plusieurs auteurs[2] restent sceptiques. Leur thèse alarmiste repose sur les arguments suivants.

La grandeur d'une civilisation se mesure entre autres par la quantité d'énergie qu'elle est en mesure de traiter. Le degré de développement des civilisations est directement proportionnel à la quantité d'énergie consommée par habitant. Ce n'est pas un hasard si les États-Unis sont à la fois la première puissance mondiale et le pays qui consomme le plus d'énergie par habitant. Si cette relation économie-énergie ne dit rien sur l'efficacité énergétique des habitants, on peut au moins en déduire que le niveau de consommation énergétique est certainement un indicateur de la richesse d'une nation. Il est donc clair que la disponibilité des ressources bon marché constitue une incitation économique importante et une condition nécessaire de progrès. Ce sont les fondements mêmes de cet âge du pétrole.

L'énergie est à la fois la force élémentaire de toutes les civilisations et le socle sur lequel elles ont été bâties. Mais le degré de civilisation d'une époque, d'un peuple ou d'un groupe se mesure aussi par la capacité à mettre l'énergie au service du progrès et du développement durable. Sous cet angle, l'Europe serait donc plus riche que les États-Unis, si on calcule la richesse collective: réseau ferroviaire, contrat social, densification des villes, etc.

Si l'on se reporte aux lois de la thermodynamique, le futur immédiat serait déjà écrit et le rapport des puissances, connu. La première et la deuxième loi de la thermodynamique stipulent en effet que la quantité d'énergie totale contenue dans l'univers est constante et que l'entropie ne cesse d'augmenter. À chaque transformation de l'énergie, une certaine quantité d'énergie utile* est perdue, une autre quantité est dégradée au point de ne plus être utile. Cette deuxième loi nous enseigne donc que la transformation de l'énergie se fait toujours dans le même sens, de la chaleur vers le froid, de la concentration vers la dispersion, de l'ordre vers le désordre. Il est possible d'inverser l'entropie localement, mais uniquement au prix d'une consommation supplémentaire d'énergie

2. Jeremy Rifkin fait une description du phénomène entropique des civilisations dans le chapitre 2 de son livre *L'économie hydrogène*, 2002.

qui à son tour contribue à augmenter l'entropie générale. Pensons par exemple au recyclage des déchets, à la reconstruction d'une ville, à la rénovation d'un bâtiment mal isolé, au remplacement de milliers de centrales au charbon par des centrales plus efficaces.

Chaque être vivant est une sorte d'impérialiste cherchant à s'approprier une part aussi grande que possible de son environnement. L'évolution est moins un progrès régulier et ininterrompu qu'un équilibre constamment renégocié entre une utilisation d'énergie toujours plus importante et la dissipation d'énergie croissante qui en résulte.

Étendu à la communauté capitaliste, ce concept conduit à l'impasse. Sous l'angle de la thermodynamique, la théorie capitaliste classique est étroitement liée à l'idée que l'activité économique donne de la valeur à ce qui n'en a pas. Le hic, c'est que la valeur de l'énergie n'a jamais été comptabilisée. On considérait que les ressources étaient inépuisables et toujours disponibles à temps et au juste prix. La théorie économique capitaliste n'a jamais assimilé les lois de la thermodynamique. Elle parle de création de richesse, alors que tout ce que l'humanité a fait, c'est de la puiser et de la transformer... avec intelligence, bien sûr. Au bout du compte chaque civilisation finit inévitablement par puiser dans l'environnement plus d'ordre qu'elle n'est en mesure d'en créer, laissant derrière elle une planète appauvrie.

La civilisation des hydrocarbures serait donc en état de siège. Notre capacité à réagir dépend en partie de la vulnérabilité de nos infrastructures aux attaques, aux dysfonctionnements et à la décrépitude. De ce point de vue, les perspectives ne sont pas très encourageantes. Les infrastructures complexes et centralisées qui sous-tendent une économie à haute teneur en énergies fossiles seraient aujourd'hui en passe de devenir notre plus grand handicap.

Vie et mort des civilisations

Pourquoi l'humanité a-t-elle connu si peu de grandes civilisations? Et pourquoi ces civilisations connaissent-elles un déclin suivi de la mort, alors que leur énorme puissance semble inébranlable?

Chaque civilisation traverserait les différents âges de la vie. Chacune connaîtrait l'enfance, la jeunesse, l'âge adulte et la vieillesse. L'analogie entre les saisons humaines et la montée en importance du pétrole est facile à faire. L'enfance correspond à la période de Rockefeller. La jeunesse peut être associée à la recherche d'un marché par les *majors*. L'âge adulte est celui de la productivité de la période du baby-boom. Est-ce déjà la vieillesse, le déclin? À quand la mort?

Une civilisation pleinement développée serait au bord de l'effondrement lorsqu'elle atteint un seuil au-delà duquel le simple maintien en état de ses structures requiert une dépense énergétique croissante, tandis que la quantité d'énergie disponible par habitant ne cesse de diminuer. Encore ici, l'analogie avec l'âge du pétrole est facile. Par exemple, l'exploitation des sables bitumineux et la recherche de pétrole en mer profonde demandent de plus en plus d'énergie pour produire un baril. Les opérations exigent toujours plus de capitaux et de soutien militaire. Après avoir vécu dans l'abondance, notre monde sera sous peu en recherche d'identité. Trop d'acquis deviendront inabordables, exorbitants. L'effondrement qui s'ensuivra sera dû à un défaut de vitalité, à une incapacité à mobiliser l'énergie humaine suffisante pour surmonter les obstacles qui menacent de saper les fondations de la société.

Dans l'antiquité, les réserves énergétiques d'une civilisation servaient à lever des armées et à produire des armements afin de conquérir d'autres territoires et de soumettre d'autres peuples. Mesuré en nombre d'esclaves, le butin représentait un apport énergétique plus important que la dépense d'énergie nécessaire pour se l'approprier. Un jour, la défense du territoire contre l'envahisseur obligea l'État à puiser dans ses propres ressources, ce qui ne se reflétait plus en profits, mais en pertes. Confrontés à des troubles sociaux, les gouvernants devaient alors dépenser les derniers surplus pour maintenir un semblant de loi et d'ordre.

Entre autres, sous Jules César, près du tiers des citoyens romains[3] recevaient, sous une forme ou une autre, une assistance publique, par exemple du blé. Or, à l'époque romaine, la vraie réserve de ressource était l'agriculture; l'État tirait 90% de ses revenus de la

3. Jeremy Rifkin, *L'économie hydrogène*, page 80.

production agricole. L'extension progressive du rendement agricole a causé en partie l'effondrement de l'empire. L'entretien d'une classe urbaine non productive en pleine expansion représentait un lourd fardeau pour les petites exploitations. Au Ve siècle, la taille des gouvernements et des administrations avait doublé.

Voilà un exemple qui nous invite à méditer sur notre propre cas au moment où les réserves abondantes de combustibles fossiles conventionnels risquent de se tarir. Pour ce qui est de la taille de l'État, toute cette discussion risque de réjouir les ultralibéraux. Conserver l'État providence, trop endetté et obligé de soutenir une population de moins en moins productive et de plus en plus malade, mènerait nos sociétés tout droit au précipice, n'en déplaise aux tenants de la social-démocratie.

Sans verser dans la paranoïa et l'idéologie, voilà des faits qui invitent à la réflexion.

Un prodigieux cueilleur

Force est d'admettre que les différences entre les époques sont tout de même énormes: un Américain consomme en moyenne 7,5 tep par an. (Une tonne équivalent pétrole est égale à 10^7 kcal.) C'est près de 100 fois plus que ce que l'homme primitif tirait de la terre pour survivre. L'homme moderne est donc devenu un prodigieux cueilleur, puisque lui aussi trouve dans la planète les ressources nécessaires à son bien-être.

En pratique, jusqu'à l'arrivée du couple charbon-vapeur, l'homme a continué d'être un cueilleur pour ce qui est de l'énergie thermique, le bois. Et cela a mené à une impasse: on ne pouvait pas mettre plus d'hommes sur la planète sans une révolution. Malheureusement ou heureusement, selon le point de vue adopté, l'homme n'a jamais abandonné son idée fixe de soumettre la nature.

Sans mesurer toute l'ampleur de ses gestes, l'homme s'est toujours donné des servitudes accrues, notamment celle de travailler de plus en plus pour assurer des services désormais jugés essentiels. Depuis les premières grandes civilisations, il est entré dans un cycle infernal où, d'un côté, le secteur de production doit s'ajuster toujours plus rapidement au rythme de vie des grandes civilisations et où, de l'autre, la nécessité de trouver les ressources et de faire évoluer la technologie deviennent de plus en plus des contraintes de développement. C'est sans compter que la population grandissante est une charge qui s'alourdit constamment pour la communauté.

Le XXe siècle n'y a pas échappé. Mais le passage de 1,6 à 6 milliards d'humains en un siècle ne s'est pas fait sans heurts. Plusieurs espèces végétales et animales ont dû laisser leur place à d'autres, plus appropriées pour les besoins d'une seule espèce, la nôtre. Le paysage planétaire a forcément changé. Et c'est loin d'être terminé, si l'on en croit les promesses de la science génétique. Dans le fond, ce n'est pas nouveau. On tente de rendre notre planète encore plus productive. En reprenant le concept de l'entropie, la matière est devenue «être humain». Nous avons détourné à notre profit exclusif une part grandissante de la productivité de la biosphère tout en puisant dans ses entrailles une partie de l'énergie stockée. Une façon simple de se représenter cela, c'est d'examiner la relation entre consommation d'énergie et évolution de la population planétaire présentée dans le graphique 7. En se basant sur cette relation mathématique, la déduction de la quantité d'humains possible sur cette Terre apparaît banale. Peut-être serons-nous neuf milliards et plus encore mais pendant combien de temps?

Valeur du pétrole en équivalent esclaves

En termes plus concrets, le régime énergétique de l'Américain moyen (7,5 tep, tonne équivalent pétrole par an) équivaut au labeur d'environ 300 esclaves travaillant 8 heures par jour (100 W en moyenne chacun), 365 jours par année. Dans une société évoluée, on peut ajouter un autre travailleur pour chaque esclave, dont la tâche est de gérer, de communiquer, de penser, d'offrir des services d'éducation et de santé... et de faire de la politique. Si nous devions payer l'énergie que renferme un baril de pétrole au prix auquel nous rémunérons le travail humain aujourd'hui, combien coûterait ce baril en dollars? Quel que soit le salaire horaire accordé, le coût équivalent par baril de pétrole représente plusieurs millions de dollars en main-d'œuvre!

GRAPHIQUE 7

La relation population-énergie primaire consommée au fil du temps

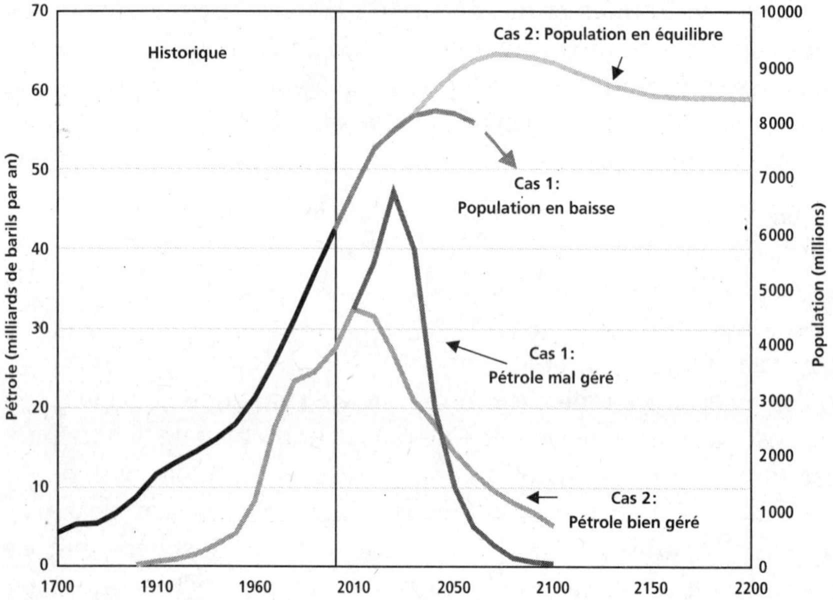

En se basant sur le passé, la relation entre la population et la disponibilité d'énergie bon marché est très claire. Si on gère bien la décroissance des combustibles, la population reste en équilibre. Sinon, on peut s'attendre au pire.

Scénarios : synthèse pour le pétrole

Comment extrapoler la période faste des 50 dernières années? La distribution d'hypothèses est aussi large qu'il y a d'écoles de pensée.

Un scénario tendanciel fait d'abord référence à une foule d'ouvrages alarmistes qui prédisent la fin de l'humanité. Le pic de production du pétrole serait atteint tôt dans ce siècle. Le golfe Persique deviendra une poudrière incontrôlable. L'économie mondiale ne se remettra pas d'un krach boursier «pétrolier». La famine sera galopante et plusieurs populations seront décimées.

Pour les autres, au contraire, la fuite en avant des pétrolières est bénéfique. En se basant sur 150 ans d'histoire, elles consacreront l'essentiel de leurs profits à de nouvelles explorations, continuant de créer de la richesse. Cette paix relative de l'énergie, combinée à des prix de plus en plus élevés, va favoriser l'émergence d'un autre système d'approvisionnement énergétique, plus écologique. Les crises, temporaires, seront des occasions de prise de conscience et donc de correction de la trajectoire. Le dieu marché est infaillible, faisons-lui confiance.

L'histoire – et le débat – se répète. Aucun de nos scénarios n'est aussi pessimiste ni aussi angélique.

Le scénario du chacun-pour-soi

Le premier scénario est relativement optimiste quant au climat pacifique qui règne dans le secteur énergétique pendant le premier demi-siècle. L'impasse observée pour la seconde moitié n'est pas insurmontable ni à ce point catastrophique. L'humanité aura continué à s'enrichir. Elle aura en principe plus de moyens pour réagir. Il est vrai par contre que le manque de prévoyance qui se prolonge sur plusieurs décennies aura des conséquences fâcheuses pour les générations qui suivront : la diminution de la production de pétrole sera très brusque, occasionnant une période de turbulence sévère. En termes quantitatifs, un tel scénario est viable pour la première moitié du siècle, puisque les gains d'efficacité sont tendanciels et viennent compenser l'augmentation de la demande, mais par la suite, c'est l'impasse. Saura-t-on y faire face ?

Le scénario de la solidarité, du compromis et de l'équité

La concurrence reste une force. Les puissants de ce monde ont toujours autant d'ambition. Les pétrolières continuent d'abaisser les coûts et d'assurer la sécurité d'approvisionnement. Avec de la chance, le rapport réserves-consommation demeurera favorable pendant une grande partie du siècle. La grande différence par rapport au premier type de scénario se situe dans la répartition des profits et dans l'attitude même des pétrolières, qui assument une partie des responsabilités en faveur d'un développement planétaire plus durable. Partie par partie, nous verrons plus précisément ce que suppose une telle hypothèse, en termes d'effort monétaire et de réglementation. Bien entendu, nous nous souhaitons tous mutuellement bonne chance dans les actions audacieuses à entreprendre, espérant que les probabilités joueront en notre faveur.

En termes quantitatifs, la partie sur le transport montrera qu'il est possible d'imaginer un scénario de demande de pétrole très réduit. Si le mouvement se fait dans les décennies qui viennent, la durée des réserves prouvées, au rythme de la consommation actuelle, passera de 40 à 80 ans. Cela repoussera au prochain siècle la pénurie grave de pétrole. Bien entendu, un tel scénario n'est possible que si les décideurs publics s'assurent que le signal du prix soit clair, en taxant davantage s'il le faut. Car les spéculateurs ne manqueront pas de ramener le prix du brut à des prix planchers défiant toute concurrence.

Deuxième partie

Électrochocs en perspectives

5. Vers un âge de l'électricité ? Les enjeux

L'âge du pétrole nous a habitués à plus de confort et à moins de travail. Mais on oublie trop souvent que notre monde est aussi dépendant de l'électricité que du pétrole. Ces deux formes d'énergie ont une caractéristique commune : elles ont des marchés pratiquement captifs. Chacune dans leur domaine, elles offrent des valeurs intrinsèques qui déclassent leurs concurrents. Le pétrole domine outrageusement le transport. L'électricité est pratiquement irremplaçable pour l'éclairage, les moteurs stationnaires, l'électronique et bien d'autres procédés et usages typiques de notre époque.

Un service essentiel et hautement technique

Peut-on concevoir une société moderne sans électricité ? Bien sûr que non. Par rapport aux technologies de production d'énergie lourdes, encombrantes et très nuisibles pour l'environnement, l'électricité présente des avantages primordiaux dans des domaines aussi divers que l'éducation, la santé, les communications, la sécurité publique et l'industrie. Que seraient les villes sans électricité pour actionner les multiples pompes ? La dévastation de la Nouvelle-Orléans par l'ouragan Katrina illustre, à elle seule, l'aspect essentiel de l'électricité. Au bureau, une panne, même temporaire, crée le désarroi. Imaginez la vie urbaine sans électricité, et par conséquent sans eau courante. Sans courant électrique, même l'industrie du pétrole est impuissante. Les rares stations d'essence en service doivent se replier sur les génératrices d'urgence, tout comme les hôpitaux. Sans électricité, la ville est en état de siège, elle est dans la grande noirceur.

Sans éclairage et sans communication, les voyous s'en donnent à cœur joie. C'est le chaos en puissance, même dans une ville moderne comme la Nouvelle-Orléans. Trop préoccupé par le pétrole, G.W. Bush, président de la plus grande puissance mondiale, n'avait pas prévu la catastrophe. Pourquoi investir dans un plan ordonné de sécurité publique? L'électricité, c'est de l'acquis. Quelqu'un, quelque part, s'en occupe. Un réseau électrique est supposé fonctionner beau temps, mauvais temps. On ne peut manquer le dernier épisode de son téléroman préféré.

C'est ce que pensaient les économistes, à la fin des années 1990, quand ils ont convaincu les autorités d'ouvrir la concurrence au marché de détail en Californie. Mais aussitôt le mouvement entamé, les réseaux furent en proie à de multiples pannes d'électricité. Se succédèrent alors les flambées des prix sur les marchés de gros, les faillites retentissantes et la remise en cause de cette fameuse déréglementation à l'échelle du consommateur. Peu après, le gouverneur décrétait l'état d'urgence. Les gestionnaires des réseaux de transport ordonnèrent des délestages périodiques, une pratique que l'on ne retrouve habituellement que dans les pays les plus pauvres du monde. Comme dans ces pays en quête constante de capitaux, l'offre ne suivait plus la demande.

L'électricité est le symbole de notre monde virtuel. Un seul fil dont le diamètre ne dépasse pas un centimètre suffit à satisfaire les besoins annuels d'une famille (plus de 25000 kWh pour un ménage qui se chauffe à l'électricité au Québec). Dans son cinéma maison, tout peut être programmé, mais lorsque survient la panne imprévue, on se retrouve à l'âge de pierre. Plusieurs Québécois l'ont vécu lors de la grande tempête de verglas de janvier 1998. Ceux qui vivaient dans le «triangle de glace», au sud de Montréal, ont dû attendre trois semaines pour retrouver l'usage de leur système de chauffage principal, sans distinction de la forme d'énergie utilisée. Ceux qui ont vécu l'expérience, dont ma famille, savent désormais ce que signifie le mot solidarité. Dans le reste du Québec aussi l'événement a fait réfléchir, au point de voir créer une commission nationale sur la sécurité publique.

En août 2003, un seul défaut dans un poste de transmission en Ohio a fait tomber tous les réseaux autour des Grands Lacs, privant d'électricité pendant plusieurs jours 50 millions d'habitants.

Le président G.W. Bush demanda une enquête qui a conclu au manque chronique d'investissement dans la distribution, le transport et le contrôle centralisé. Devant l'ampleur de l'événement et ayant en mémoire les problèmes californiens, le Congrès a mis en attente la proposition d'imposer quatre *Independant System Operators* (ISO) pour l'ensemble de l'Amérique, un autre rêve des tenants du tout économique.

Ces quelques exemples illustrent en partie notre attitude inconsciente et conflictuelle envers l'électricité. On a tendance à l'oublier, à la considérer comme un produit du marché, comme les pommes et les oranges. On oublie la complexité de sa gestion. L'industrie électrique fait pourtant appel à l'ensemble des compétences d'une société. Dans les pays en développement, c'est à la compagnie d'électricité qu'on accorde en premier lieu sa confiance pour l'acquisition des capitaux d'infrastructure. Les premiers ingénieurs que l'on envoie étudier à l'étranger sont en génie électrique. On sait à quel point Hydro-Québec a été un puissant incubateur de professionnels modernes du Québec. Qui sait qu'en cas de panne majeure, les spécialistes capables de remonter le réseau se comptent sur les doigts de la main? En termes plus crus, leurs grands patrons dépendent autant d'eux que le reste de la population.

Bref, l'électricité ne se gère pas à la légère. Sans réduire la complexité des industries du gaz et du pétrole, il faut bien admettre que la gestion et la planification du système électrique, c'est plus que de la haute plomberie. Des spécialistes doivent modéliser précisément l'offre et la demande pour tous les horizons, du temps réel au très long terme. L'analyse de risque doit tenir compte des multiples aléas : les pannes, les bris au niveau de la distribution et du transport, la variation de la demande, les risques financiers et bien sûr les aléas politiques et sociaux qui du jour au lendemain peuvent défaire un projet que l'on croyait imbattable. On n'a qu'à penser aux déboires de l'industrie nucléaire et à ceux de la grande hydraulique pour mesurer l'importance de ce dernier point.

Il faut reconnaître que la gestion en temps réel des opérations d'un réseau électrique comporte son lot de contraintes qui impose des choix stratégiques complexes. Par exemple, dans un système hydraulique du type que l'on rencontre dans le monde, la gestion des apports doit se faire pour tous les horizons (court, moyen et long terme) afin d'assurer la sécurité d'approvisionnement en tout temps. L'exploitation du système est optimisée à tous les niveaux, de la turbine au poste de distribution. La gestion de la réserve impose une capacité de réaction pratiquement instantanée. Dans un réseau thermique, les aléas sont différents, mais tout aussi cruciaux pour assurer un service fiable, sans interruption et à un coût acceptable.

L'électrification est une tendance lourde

Est-ce de la fiction de penser qu'un jour notre monde sera tout électrique? Après tout, la gestion de l'électron est universelle. C'est peut-être même la seule porte de salut pour l'humanité, lorsque le pétrole conventionnel et le gaz bon marché seront épuisés, ne nous laissant que les combustibles lourds. C'est en tout cas une bonne façon de démocratiser l'énergie.

Et c'est d'ailleurs en partie déjà commencé. La part de l'électricité gagne sans cesse sur celle des autres formes d'énergie, dans toutes les économies et dans tous les secteurs de consommation autres que le transport. La consommation d'électricité par région, riche ou pauvre, augmente sans cesse (graphiques 8 et 9). Trois facteurs contribuent à cette électrification de fond: l'augmentation de la richesse, le progrès technologique et bien sûr la croissance du taux de desserte dans les pays pauvres. Dans un contexte où ces facteurs continueront de croître, la demande électrique ne peut qu'augmenter aussi.

D'abord, personne ne doute que l'industrie saura nous vendre de nouveaux services essentiels. Les années 1980 nous ont amené le micro-ondes. Dans les années 1990, ce fut l'ordinateur personnel. Dans les années 2000, on devine déjà l'empressement de l'industrie des communications à nous vendre des *packages* multiservices et la télévision à haute définition. Par ailleurs, il faut savoir que l'on ne peut dissocier taux de croissance économique (*dPIB*) et taux de croissance de la demande électrique (*dElec*). Dans un pays industrialisé le rapport *dElec-dPIB* se situe à environ 0,5. Dans des économies émergentes, il peut dépasser 1.

GRAPHIQUE 8

Consommation d'électricité par région (1980-2004)

(TWh)

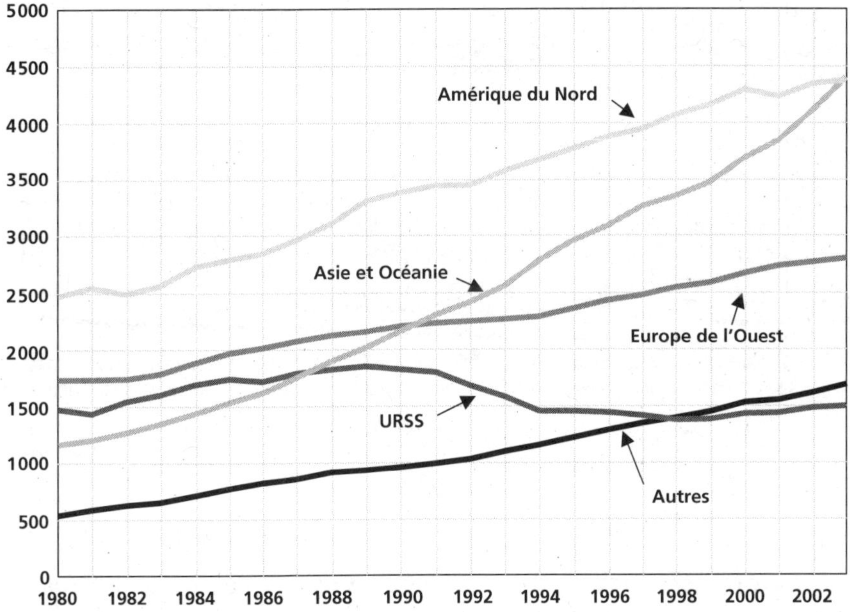

Note: À remarquer la forte progression de l'Asie.
Source: www.eia.doe.gov

Ce phénomène d'électrification sera également amplifié par le changement climatique et le resserrement probable des normes environnementales. Dans le bâtiment, par exemple, moins de chauffage et plus de climatisation supposent plus d'électricité. Dans le secteur de la production d'énergie et dans le secteur industriel, un contrôle plus sévère de la pollution suppose plus de ventilateurs et plus de moteurs.

Voilà pour les tendances. Mais peut-on penser à une révolution de l'électricité?

GRAPHIQUE 9

Consommation d'électricité par habitant (1980-2004)

(kWh/an)

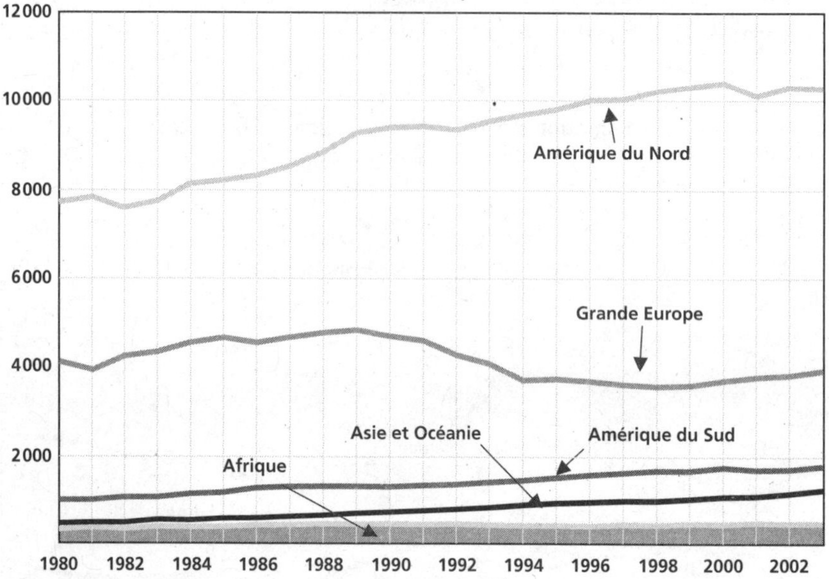

Note: Malgré la forte croissance de la demande dans certaines régions, comme l'Asie, le rattrapage à effectuer par habitant reste très important. La consommation d'électricité par habitant d'un Nord-Américain est 20 fois plus grande que celle d'un Africain.
Source: www.eia.doe.gov

La première révolution qui nous vient à l'esprit est dans le transport individuel. Tous les grands fabricants mondiaux de véhicules routiers ont d'importants programmes de recherche visant à mettre au point des véhicules entièrement électriques ou à l'hydrogène. Mais les accumulateurs et les piles à combustible sont encore au stade du perfectionnement et du développement. Plusieurs manufacturiers font plutôt miroiter la possibilité d'envoyer sur les routes urbaines des véhicules hybrides moins polluants qui combinent intelligemment les avantages indéniables du réservoir d'essence en termes d'autonomie et l'utilisation de l'électricité en milieu urbain. Par contre, cette tendance vers l'hybride démontre l'intérêt que représente l'électricité pour réduire les impacts de notre trop grande dépendance envers le pétrole.

Dans le transport, rien n'est encore gagné, mais dans les autres secteurs de consommation, l'électricité peut-elle faire des gains majeurs? Après tout, l'électricité s'adapte à tous les concepts. L'électricité suscite l'imagination. L'électricité ouvre la porte à la science et à la fiction.

L'électricité a notamment de l'avenir dans les procédés industriels. Plasma*, induction, infrarouge, membrane ou simple résistance, les électrotechonologies pourraient remplacer adéquatement et même avantageusement le chauffage traditionnel à base de combustible, dans des secteurs aussi divers que la première transformation des métaux, la fabrication de papiers et l'alimentation. Sur le plan des procédés, non seulement le rendement de l'électricité est supérieur, mais son utilisation permet un meilleur contrôle de la qualité de la production, et donc une valeur ajoutée supérieure.

Tous ces procédés sont du domaine du connu. Une autre révolution possible de l'électricité, moins documentée, est structurelle. C'est la place accrue des communications dans la vie de tous les jours. Le télétravail, les conférences vidéo, Internet et bien d'autres innovations des technologies de l'information vont permettre, à terme, de réduire les besoins en transport et le besoin de papier.

Bref, un monde tout électrique ou presque est tout à fait imaginable. C'est une des perspectives que les scientifiques aiment bien faire valoir pour justifier leurs recherches dans les domaines de l'hydrogène ou de la fusion, pour ne citer que ceux-là. Et pourquoi pas? En 2100 et plus loin, la fiction pourrait devenir réalité. L'hydrogène servant de carburant et la production d'électricité assurée par les énergies renouvelables et la fusion, voilà un scénario possible et définitif. Les combustibles fossiles seraient essentiellement utilisés comme matières premières dans les produits chimiques et pour des niches très particulières.

Mais entre-temps, le chemin risque d'être tortueux. Il faut admettre que les combustibles ont des avantages indéniables dans tous les secteurs. Dans le transport individuel, rien n'a encore remplacé la compacité et l'autonomie du réservoir d'essence. Et refaire le réseau de distribution du pétrole, c'est écrire une nouvelle page de l'histoire de l'humanité.

Dans le secteur industriel, les programmes successifs d'implantation des électrotechnologies n'ont pas eu le succès attendu pour plusieurs raisons techniques et économiques. Parmi ces raisons figure le conservatisme chronique des gestionnaires. Dans le secteur manufacturier, on retrouve encore beaucoup de procédés qui pour l'essentiel ont été pensés il y a plus de cinquante ans, voire un siècle. Pour ce qui est de l'utilisation des communications pour déplacer des usages courants, comme le transport et les besoins en papier, là aussi les résultats restent décevants.

Quelle est la part maximale que peut atteindre l'électricité dans la demande par secteur? Cette question sera discutée dans la quatrième partie.

La mise à niveau des politiques et la diffusion de l'électricité ne sont pas les seuls obstacles sur le chemin vers un âge tout électrique. Cette transition se fait attendre pour des raisons fondamentales d'équité et de comportement. Si l'électrification continue correspond à la modernité, notre monde est confronté à un problème majeur: l'électrification reste un privilège des pays riches. Environ 50% de la consommation d'électricité mondiale se fait en Amérique du Nord et dans les pays d'Europe de l'Ouest (respectivement 29,6% et 19% en 2003). Ce fait est lourd de conséquences quand on connaît l'importance de l'électricité dans le développement primaire des sociétés. L'accès à Internet ou à une simple lampe pour étudier le soir suffit à démontrer que l'électricité est le premier vecteur de croissance et de démocratisation pour toute société moderne.

Heureusement, même si l'industrie électrique exige de forts capitaux pour se développer et malgré le manque de volonté claire de la communauté internationale de remédier au problème, l'électricité est tout de même appelée à croître partout dans le monde. En soi, c'est une bonne nouvelle. Pas à pas, on s'orienterait donc vers cet âge de l'électricité pour tous. À tout le moins, même si l'électricité ne déplace pas tous les usages primaires et secondaires, la part grandissante de l'électricité dans le bilan énergétique planétaire laisse entrevoir une dépendance réduite envers le pétrole.

Un bilan environnemental loin d'être toujours positif

Si l'électrification est symbole de modernité, elle ne règle en rien les problèmes de fond liés à l'approvisionnement énergétique et à l'impact environnemental de technologies peu efficaces. Le problème est d'abord local. Comme l'électricité a la particularité d'être difficile à stocker, on doit l'utiliser au moment où elle est produite. La distribution de l'électricité présente aussi l'inconvénient d'être visible. Il est donc souhaitable de la produire le plus près possible des zones de consommation. Ces exigences ne sont malheureusement pas toujours conciliables avec la protection de l'environnement, ce qui suscite parfois de vives oppositions de la part des groupes de pression.

Par rapport à l'industrie du pétrole, qui est mondiale, et à celle du gaz qui tente d'être continentale, l'industrie électrique est régionale. C'est à la fois une force et une faiblesse. D'un côté, l'électrification permet la démocratisation de l'utilisation de l'énergie, dans le sens que chaque pays peut favoriser le développement de ses ressources locales. Cela peut favoriser les énergies renouvelables. Mais plus souvent qu'autrement, ce sont les combustibles qui sortent gagnants, grâce à leur plus faible investissement initial. Malheureusement, les technologies, autant de production que de gestion de charge, n'ont pas toujours répondu aux attentes.

Le développement de l'industrie électrique engendre localement un problème politique de taille mais gérable. Sur le plan international, le problème est plus complexe. En effet, un accroissement de la part de l'électricité peut mener à des distorsions qui ne seront pas toujours en accord avec les objectifs mondiaux en matière d'environnement. Par exemple, l'électrification va occasionner une charge de pollution supplémentaire du fait que 65% de la production électrique est assurée par les combustibles fossiles (graphique 10).

GRAPHIQUE 10

Part des formes d'énergie dans la production d'électricité (1973 et 2003) (%)

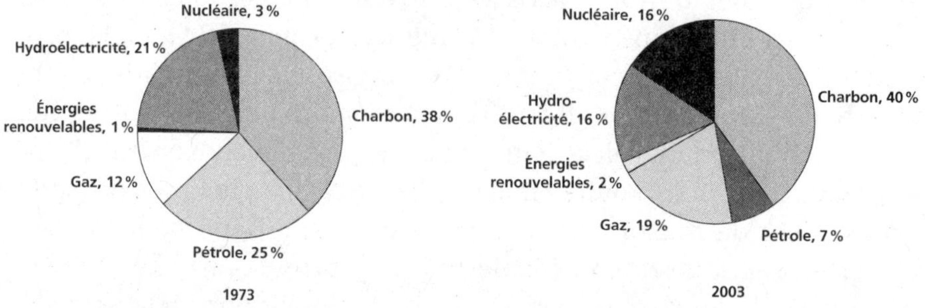

Source: www.Eia.doe.gov

Malheureusement, partout dans le monde, l'électrification est conflictuelle. D'un côté, elle est nécessaire, de l'autre, elle est la principale responsable de l'augmentation des gaz à effet de serre, souvent devant les secteurs des transports et de l'industrie manufacturière. En se basant sur l'histoire des cinquante dernières années, le prix de l'énergie a été le principal facteur de décision dans le choix des moyens de production d'électricité. C'est ce qui explique que les centrales classiques au charbon représentent toujours 56% de la production d'électricité aux États-Unis et plus de 80% en Chine. À long terme, les prévisionnistes conservent cette part de marché au charbon en raison de son prix et de sa disponibilité. Alors, réduira-t-on ses inconvénients sur l'environnement? Le charbon propre, est-ce une utopie? Le nucléaire et l'hydroélectricité sont en procès depuis plusieurs années. À quand leur relance, si relance il doit y avoir? Et que penser du gaz naturel, le sauveur apparent de l'environnement? Est-ce une illusion?

Comme nous pouvons le voir, pour comprendre l'industrie électrique, il faut prendre en compte un grand nombre de dimensions qui sont techniques, environnementales, sociales et politiques.

L'électricité et la politique sont intimement liées

Dans tous les pays du monde, le secteur électrique est un terrain d'entraînement pour plusieurs politiciens et source de fréquentes questions pour les partis d'opposition. Ainsi, Hydro-Québec fait régulièrement la manchette, mais les médias font peu de cas des pratiques des producteurs gaziers ou pétroliers, à moins que le scandale soit majeur. Le développement électrique est souvent le porte-étendard de la politique de développement régional et industriel. Les appels d'offres, au Québec, pour l'intégration de 3000 MW d'éoliennes sont accompagnés d'une condition de retombées régionales en Gaspésie. L'électricité est un germe pour l'élaboration de politiques protectionnistes. Toutes nos discussions sur l'hydroélectricité en montreront l'ampleur.

Les raisons qui ont poussé le pouvoir public à intervenir dans le secteur électrique sont nombreuses et diverses. Qu'on le veuille ou non, assurer la sécurité d'approvisionnement est toujours une préoccupation. L'électricité est un bien stratégique pour l'industrie et un service essentiel pour le consommateur. Conserver la compétitivité économique représente une autre raison d'intervention. D'une part, la croissance économique est indissociable du besoin accru d'électricité. D'autre part, pour beaucoup de pays, l'énergie est un facteur important dans la balance des paiements. Comme le secteur de la production d'électricité est souvent le poste le plus énergivore, cela oblige les autorités à réduire autant que possible la dépendance énergétique nationale de l'étranger. Pour des pays comme le Canada ou la Norvège, conserver la compétitivité économique a signifié la mise en valeur de leurs ressources naturelles, comme l'hydroélectricité. La France a mis tous ses efforts dans le nucléaire. Le Danemark a misé sur l'éolien, et ainsi de suite. L'électricité crée de l'emploi.

Maximiser les impacts sociaux entre également en ligne de compte, tout comme favoriser le développement régional ou assurer l'équité sociale. Par exemple, dans plusieurs régions du monde, dont le Québec, le prix de l'électricité est uniforme sur tout le territoire. Au-delà de ces considérations économiques et sociales, il faut aussi penser que la production, la transformation et l'utilisation de l'énergie ont des impacts sur le milieu. L'énergie demeure la principale cause de la pollution de l'air et a des conséquences directes et indirectes très importantes sur le sol et les milieux aquatiques. Les politiques ont donc suivi, de plus en plus nombreuses, pour réglementer et orienter le développement électrique.

Les moyens pour mettre en œuvre ces politiques peuvent être très variés. Ils dépendent fortement du système de valeurs de chaque nation. Le contrôle des prix par la taxation, la négociation de contrats à long terme ou les politiques de tarification, sont autant de moyens qui visent à modifier le comportement des consommateurs. Au Japon et en France, la politique prend l'allure d'une taxe élevée. Les Américains font confiance au marché. Par contre, les mesures incitatives financières et la réglementation sont amplement utilisées.

Comme on vient de le voir, l'intervention publique est différente selon la source de production d'énergie considérée et selon le pouvoir de chaque pays. Mais à ces constatations évidentes il faut ajouter que la manifestation des pouvoirs publics est différente selon les cultures et selon les époques. En d'autres mots, les décisions en matière d'énergie sont corrélées directement aux slogans du moment. L'étatisation dans les années 1960 et 1970 correspondait à l'idée que l'on se faisait de l'État providence. Étant donné l'importance stratégique de l'énergie, les États se devaient d'assurer la sécurité d'approvisionnement et de promouvoir l'utilisation rationnelle de l'énergie. Le long terme ne faisait pas peur. C'est ainsi que sont nés les grands ouvrages comme la Baie James. C'étaient des politiques axées sur le long terme.

Au moment où l'État prenait de plus en plus de place dans le quotidien des citoyens, des groupes se sont mobilisés pour dénoncer l'omniprésence des pouvoirs publics dans la gestion de l'énergie. Concrètement, le Public Utility Regulatory Policy Act (PURPA), aux États-Unis, en 1978, fut une première brèche dans les conceptions traditionnelles de l'industrie électrique, fortement réglementée. Cette loi obligeait les grands producteurs d'électricité à acheter l'énergie produite par les petits producteurs privés à un prix équivalent au coût évité, c'est-à-dire au prix qu'il leur en aurait coûté pour produire cette même électricité avec de nouveaux équipements. Elle permettait donc une concurrence limitée pour la production d'énergie. Ainsi, les grands clients industriels pouvaient espérer réduire leur dépendance vis-à-vis des grands producteurs en installant des cogénérateurs[1] ou simplement des petites centrales thermiques.

1. Voir la description dans le chapitre correspondant.

Presque au même moment, les politiques ultralibérales de Reagan et Thatcher servirent de prélude à la déréglementation et à la privatisation du secteur de l'énergie. La déréglementation du gaz en Amérique du Nord a occasionné des changements profonds dans la politique gazière canadienne, en particulier par rapport à la politique nationale de l'énergie (PNE) du gouvernement de Pierre E. Trudeau. La PNE était axée sur l'autosuffisance et l'équité pancanadienne dans l'utilisation de la ressource. Les réserves de gaz devaient être gérées en fonction des besoins à long terme des Canadiens. La déréglementation du gaz visait, au contraire, le développement d'une industrie continentale où les réserves canadiennes et américaines seraient réunies pour satisfaire les besoins futurs des deux nations. Dans un tel contexte, seul un marché libre était acceptable.

Le PURPA et la déréglementation du gaz ont déplacé la notion de risque du long terme vers le court terme. On a également vu naître un mouvement de méfiance extrême envers les monopoles de service public d'électricité et les mégaprojets. Enfin, les erreurs de prévision de la demande trop optimiste de la fin des années 1970, combinées aux accidents de Three Mile Island et Tchernobyl, ont eu raison de l'industrie nucléaire, du moins en Amérique du Nord.

La prise de conscience des questions environnementales, découlant notamment du rapport Brundtland en 1987, a permis la promotion du développement durable et de la planification intégrée des ressources, ce qui a mené à de grandes conférences internationales, telles que Rio en 1992 et Kyoto en 1997. Ce retour au long terme a fait contre-poids au tout économique pendant un temps. On doit à ces épisodes écologiques les débuts de la réflexion sur le réchauffement climatique et sur l'intérêt d'investir dans les programmes d'efficacité. Mais dans les années 1990, le mouvement écologiste a connu un succès mitigé face à la montée de l'ultralibéralisme et à l'ouverture des marchés. La déréglementation du secteur électrique, entreprise en 1989 en Angleterre par Margaret Thatcher pour se poursuivre aux États-Unis et dans plusieurs pays du monde, est à nouveau une profession de foi à l'égard des vertus du libre marché pour assurer les meilleurs prix au consommateur.

On met là le doigt sur un problème fondamental susceptible de freiner le développement harmonieux du secteur électrique: la relation conflictuelle entre deux écoles de pensée qui bien souvent sont comparables en termes de naïveté. Ces constats historiques sur les politiques énergétiques nous amènent aux premières conclusions. L'élaboration de politiques dans le secteur électrique est indissociable du contexte régional où le tout économique finit toujours par réoccuper le haut du pavé. L'environnement passe souvent en second lieu. Même le Québec n'a pas de leçon à donner sur le sujet. Robert Bourassa, bien que visionnaire, a lancé le projet de la Baie James pour une raison principale: à long terme il croyait que l'hydroélectricité offrait les retombées les plus intéressantes par rapport aux autres filières disponibles, notamment le nucléaire et les combustibles fossiles. La planification énergétique est à l'image des peuples qui la font mais aussi de la richesse et des ressources qu'ils possèdent. La figure 1 illustre bien cette situation pour l'Amérique du Nord.

FIGURE 1

Répartition des centrales électriques par forme d'énergie en Amérique du Nord

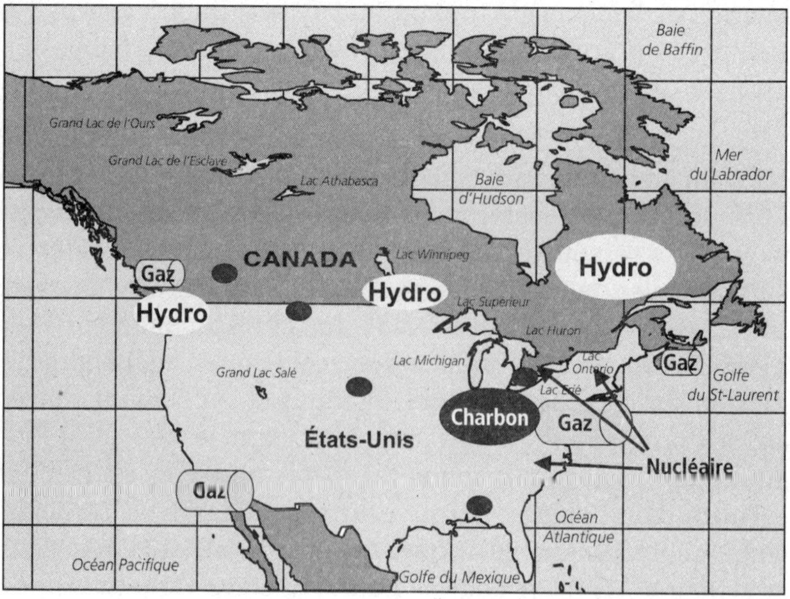

Note:
- 62 % des réservoirs canadiens gérables sur une base multiannuelle.
- En 2004, le charbon représentait 56 % des ressources de production électrique aux États-Unis.
- Le nucléaire est concentré dans l'est des États-Unis et en Ontario.

Ce portrait du secteur de la production nord-américain est en quelque sorte l'héritage historique des plans stratégiques régionaux de cent ans d'histoire que tout modèle futur doit prendre en compte. Le premier élément est bien sûr technique : les systèmes de production sont très différents. Par ailleurs, la mise en parallèle des situations canadienne et américaine permet de comprendre les différentes approches de gestion dans le monde. Historiquement, le prix de l'électricité a été en général plus bas au Canada qu'aux États-Unis. Le Canada étant un exportateur net d'électricité vers le sud, et les États-Unis, acheteurs, les choix stratégiques en ont été teintés. L'industrie électrique canadienne a été fortement réglementée. Jusqu'à récemment, elle a été contrôlée par une entreprise d'État intégrée verticalement. Aux États-Unis, les réseaux sont plus petits et fortement maillés. Bien souvent, les industriels développent des spécialisations : production, transport, distribution et courtage d'énergie. Bien que réglementée, l'industrie électrique américaine est gérée par le privé.

Cette discussion nous amène à définir deux types de plans stratégiques :

1. Le premier est celui qui prévaut depuis une centaine d'années. Le choix des filières de production a pour objectif unique de satisfaire une demande locale. Au Québec, par exemple, l'exportation a été un instrument pour devancer les barrages et profiter des surplus sur le marché américain. Mais l'exportation d'électricité sur une base permanente n'a pas été une finalité comme l'a envisagé l'industrie du gaz naturel en Alberta, par exemple.
2. Le deuxième type de plan stratégique correspond à la réalité du XXIe siècle et table sur la complémentarité des systèmes. On parle également de système distribué de cogénération* et de planification intégrée des ressources.

Avant de réfléchir aux modèles de gestion possibles dans le futur, il faut d'abord présenter le modèle monopolistique qui a prévalu pendant une grande partie du XXe siècle.

6. Ça tient à un fil

Pour la plupart des humains, qui ne sont pas impliqués dans la gestion temporelle d'un système électrique, l'électricité tient du miracle. Ce n'est pas pour rien qu'on la qualifie d'énergie tertiaire. Un simple fil, dont le diamètre est inférieur à un centimètre, fournit l'énergie instantanée pour les besoins d'un ménage. Plusieurs gros équipements ménagers peuvent fonctionner en même temps que le climatiseur ou le chauffage électrique. La nouvelle aluminerie Alouette, sur la Côte-Nord, demande autant d'énergie que la ville de Laval. Pourtant, les installations pour l'approvisionnement en énergie électrique ne sont pas si volumineuses. Les fours à arc de l'aciérie de Sidbec atteignent des températures de 5000°C, ce qui est supérieur à un four à réverbère alimenté par des combustibles. Le rendement thermodynamique s'en trouve augmenté d'autant.

Jamais l'homme ne s'est autant soustrait à sa servitude envers la puissance. Et quel que soit l'horizon examiné, on convient que l'électricité est un aboutissement, une solution finale. Mais en même temps, on a tendance à banaliser la gestion d'un système électrique. Pour démystifier le domaine, il est utile d'établir quelques prémisses techniques.

Le plan stratégique : l'approche classique

Dans le monde simple des anciens monopoles, l'entreprise établissait d'abord les scénarios de demande, allant du très court terme (quelques heures) au très long terme (plusieurs décennies). Le choix stratégique des investissements était relativement banal puisqu'il devait se conformer aux politiques locales et que le nombre d'options était assez limité : hydroélectricité ou centrale à flamme. Rappelons que les grands programmes d'équipements se sont élaborés dans des conditions de forte croissance de la demande. Ces politiques stratégiques d'envergure s'accompagnaient d'un consensus social fort. Les Québécois étaient fiers d'Hydro-Québec, tout comme les Français l'étaient d'Électricité de France (EDF).

Bien sûr, le contexte a changé dans la plupart des pays industrialisés, mais cette situation se répète désormais dans les pays à forte croissance économique, comme en Chine actuellement. Il est donc utile de revoir la planification classique, d'une part pour comprendre la problématique d'électrification intensive, d'autre part pour tracer les nouvelles pistes de planification stratégique d'une économie dont la demande augmente plus lentement que par le passé.

La prévision de la demande

La demande d'électricité est l'ensemble des besoins pour lesquels l'entreprise a des engagements. Comme le montre le graphique 11, qui présente le cas du Québec, cette demande varie au cours de l'année. La demande varie également selon les cycles journaliers et hebdomadaires, selon les régions et les secteurs de consommation. Dans son cycle hebdomadaire, la demande est plus forte les jours ouvrables qu'en fin de semaine. Il ressort de l'analyse du comportement de la demande que l'énergie est consommée avec des intensités variables au cours d'une année, d'une semaine et d'une journée.

GRAPHIQUE 11

Courbe de charge typique par secteur

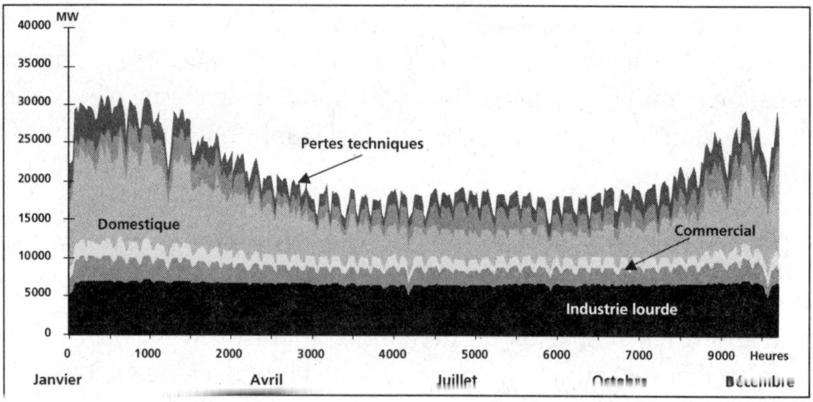

Note: À remarquer les divers profils de consommation: demande très stable pour les industries fortes consommatrices, demande qui varie selon les horaires de travail dans le secteur commercial, grande variation de la demande en fonction des conditions climatiques dans le résidentiel, etc.

Source: Hydro-Québec.

Cette fluctuation continuelle de la demande d'électricité est le reflet des habitudes de vie de la population (heures de repas, de travail, de sommeil, vacances, etc.) et des phénomènes géoclimatiques (température, luminosité). La structure de l'économie influe également sur le profil de charge d'un réseau. Selon l'importance de chaque secteur de consommation, le profil global de la charge se modifiera dans le temps.

Pour des régions nordiques, la demande atteint un maximum en décembre-janvier et un minimum en période estivale. Mais, dans une région où le chauffage est moins important, une demande de pointe sera observée en saison chaude, là où la climatisation prend plus de place. C'est le cas du sud de l'Ontario et de la plupart des régions aux États-Unis. Qui ne se rappelle pas la grande panne du 14 août 2003, en Ontario et dans les États voisins, causée en partie par une trop forte demande de climatisation? C'est aussi le cas d'autres régions du monde, notamment l'Afrique de l'Ouest, où la pointe annuelle se situe dans les mois les plus chauds, soit en avril et mai.

La demande varie également selon les cycles journaliers et hebdomadaires. Au cours du cycle journalier, elle atteint généralement son maximum le matin, à l'heure du lunch et en début de soirée. Ce profil de la demande journalière est pratiquement universel, car il est étroitement lié aux habitudes normales de travail et de repos. Pour la pointe de soirée, en particulier, c'est le secteur domestique qui contribue le plus à l'augmentation de la demande. Et c'est souvent à ce moment que la pointe est la plus forte, été comme hiver.

En prenant le Québec comme exemple, on observe que la demande du secteur domestique présente un comportement très aléatoire, ce qui est lié, il faut le dire, à la grande quantité de clients et à l'importance du chauffage électrique. La demande domestique est donc fortement dépendante des conditions climatiques. En comparaison, le profil de la demande industrielle est plus linéaire, ce qui s'explique par l'importance de l'industrie lourde. Quelques centaines d'entreprises fortes consommatrices d'électricité, principalement les entreprises de première transformation des métaux et les papetières, fonctionnent 24 heures sur 24 et représentent 80% de la demande industrielle. Le profil de la charge du secteur commercial reflète bien les habitudes de travail journalières, hebdomadaires et saisonnières. La courbe de charge montre bien que la demande est plus faible la nuit et en fin de semaine.

Dans la pratique, les planificateurs suivent les étapes suivantes.

- Ils prévoient d'abord la demande à long terme: un horizon de 10 à 20 ans pour les grands ouvrages, pas de temps annuel. Cette prévision se fait par secteur, résidentiel, commercial et industriel. L'unité est un multiple du kilowattheure (kWh).
- Une courbe de charge typique, comme celle du graphique 11, est déduite en tenant compte des demandes horaires par secteur. L'unité est un multiple du kilowatt (kW).
- Un facteur de sécurité ou de réserve est ajouté pour tenir compte des divers aléas: variation de la demande, panne, pertes techniques, etc.
- La demande de puissance résultante est ensuite ordonnée de la demande maximale à la demande minimale pour les 8760 heures de l'année. Cette courbe est nommée courbe de puissance classée (graphique 12).

GRAPHIQUE 12

Courbe de puissance classée (Hydro-Québec) (années 2006, 2010, 2014)

(profil horaire des besoins)

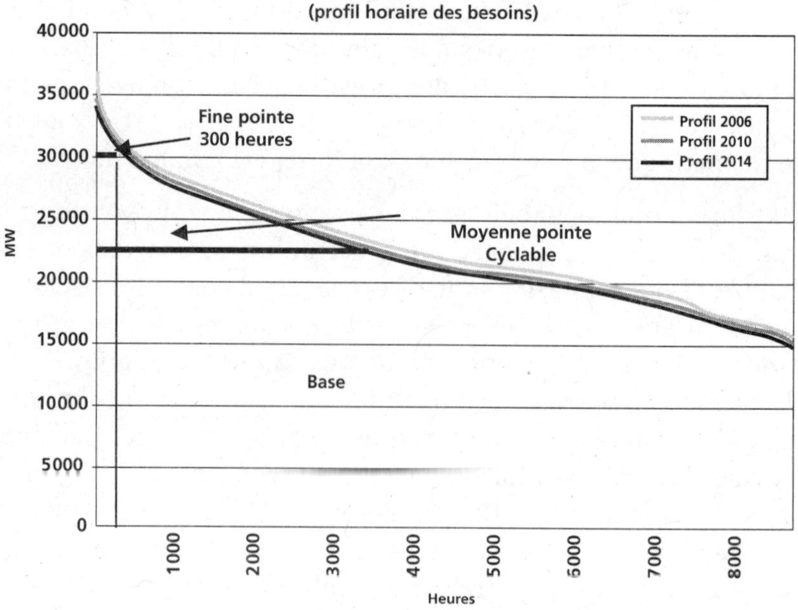

Note: La courbe de puissance classée est la demande heure par heure, classée par ordre décroissant. Cette demande est généralement séparée en trois classes: fine pointe, moyenne pointe et base. Cela permet de planifier les équipements de production selon leur spécification.

Source: HQ, plan de 2014.

En général, on divise cette demande en trois classes spécifiques: la demande de fine pointe (les trois cents premières heures), la demande de moyenne pointe (dimension variable selon les réseaux) et enfin la demande de base.

En résumé, dans l'approche classique, la très grande partie du travail et du risque devait être assumée par les prévisionnistes. La suite des choses était presque banale pour établir le plan d'équipement.

Le choix du portefeuille de production

Historiquement, les gestionnaires de réseau avaient comme stratégie l'«autonomie totale», c'est-à-dire que l'offre devait égaler la demande. La capacité de production était donc composée d'équipements spécialisés selon les classes de demande.

- Les *équipements de base* qui fournissent l'énergie pour la demande de base peuvent se classer en deux catégories. Dans la première catégorie se retrouvent les systèmes hydroélectriques. L'énergie de base est stockée dans des réservoirs gérables sur une base annuelle ou multiannuelle (cas des réservoirs canadiens). La deuxième catégorie est celle des systèmes thermiques. L'énergie de base est fournie par des centrales thermiques (combustibles) et/ou des centrales nucléaires. Bien que l'entretien périodique soit nécessaire, le taux d'utilisation de tous ces équipements est maximal, de l'ordre de 60% pour une centrale hydraulique et plus de 75% pour les centrales thermiques à flamme ou nucléaires.
- Les *équipements de moyenne pointe* correspondent souvent aux mêmes formes d'énergie que celles utilisées pour les équipements de base. Dans un système hydraulique, on peut ajouter des turbines supplémentaires dans les barrages. Dans un système thermique, on ajoute des centrales d'appoint qui sont généralement de plus petite capacité en comparaison des centrales de base.
- Le choix des *équipements de fine pointe* est d'abord basé sur leur capacité de répondre rapidement à des augmentations de

demande. Les turbines à gaz et les centrales diesel ont cette caractéristique. Toutes les compagnies utilisent aussi la gestion de charge comme moyen complémentaire pour assurer la sécurité du réseau.

Cette présentation des équipements de production selon trois classes de demande est bien sûr sommaire et omet plusieurs cas particuliers. Ainsi, au Canada, la capacité des réservoirs a été déterminée pour faire face aux aléas des apports d'eau d'une année à l'autre. En termes plus techniques, ces réservoirs sont gérables sur une base multiannuelle. Ce point est important pour la suite de notre présentation. Au Canada, et pour le système Québec-Labrador en particulier, les bassins hydrauliques ont été surdimensionnés pour faire face au risque de faible hydraulicité (cycle de cinq ans environ). Nous verrons que cette caractéristique donne un avantage considérable sur le marché spot, puisque ces réservoirs peuvent constituer une fabuleuse réserve énergétique pour la pointe des réseaux voisins. À quelques exceptions près, cette caractéristique est absente aux États-Unis.

Il faut également préciser que ce ne sont pas tous les pays qui ont favorisé l'approche monopolistique. Nous reviendrons sur ce sujet, mais pour l'instant, retenons que dans l'approche classique, le gestionnaire de réseau intégré doit concilier deux contraintes: fournir un service fiable au client et fournir les kilowattheures au plus bas coût possible. Cette logique est dictée par celle du consommateur qui, lui, est intraitable quant à la fiabilité de son système et au prix qu'il paie.

Jusqu'à récemment, l'intégration verticale des compagnies permettait une planification à long terme. La clientèle étant acquise, l'horizon de planification était établi en fonction de l'amortissement des capacités de production et de leur coût d'exploitation. Sur la base du coût minimum, il importait peu qu'un moyen de production soit à faible ou à forte capitalisation. Bien entendu, la durée de vie d'une centrale faisait partie de l'équation. Mais encore là, l'analyse à long terme permettait de justifier la construction de barrages au lieu de centrales thermiques. Étant assuré d'une croissance continue de la demande, on pouvait aussi proposer

Le caractère autonome de l'hydroélectricité

Une nuance s'impose quant au caractère autonome de l'hydroélectricité. Cette énergie est autonome pour autant que les installations permettent une gestion annuelle de l'eau. Or, dans beaucoup de pays, l'énergie n'est souvent gérée que sur une base saisonnière ou au fil de l'eau. Cette distinction est importante pour comprendre le bilan «vert» proposé par les pays. Par exemple, en Europe et aux États-Unis, la nouvelle hydroélectricité est constituée de centrales au fil de l'eau, de faible capacité (moins de 10 MW), souvent sans aucune retenue d'eau.

En pratique, le Canada produit environ 50% de la production hydraulique totale de l'Amérique du Nord (338 TWh en 2003). Et 75% de cette production se retrouve dans deux grandes régions : a) 44% dans le bouclier canadien, borné au nord par la baie James, au sud par les Grands Lacs, à l'est par la vallée et le golfe du Saint-Laurent ; les provinces productrices sont le Manitoba, l'Ontario, le Québec et Terre-Neuve (le Labrador en particulier) ; b) 31% dans l'ouest du continent, notamment en Colombie-Britannique, en Orégon et dans l'État de Washington ; dans la zone Pacifique, on pourrait également ajouter la Californie, qui représente 6,2% de la production hydroélectrique du continent.

Ces deux grandes régions hydrauliques ont également la particularité de contenir la plus grande partie du potentiel hydraulique non développé. Le Québec, à lui seul, aurait encore un potentiel théorique de 66286 MW supplémentaire d'hydroélectricité à développer. En Colombie-Britannique, ce serait 33137 MW. Ces deux régions, à elles seules, représentent 54% du potentiel hydraulique canadien (183622 MW).

Autres caractéristiques intéressantes, les réseaux électriques de ces régions sont déjà interconnectés et les échanges d'énergie de chaque côté de la frontière ont cours depuis longtemps. Bref, il existe en pratique deux grands réservoirs d'énergie en Amérique du Nord qui peuvent être gérés sur une base multiannuelle : le plus important est celui du Québec et du Labrador, le deuxième se situe en Colombie-Britannique. Ailleurs, ce sont surtout des centrales au fil de l'eau à faible stockage.

un système centralisé de grande taille sans trop de risques. Pour justifier ses choix, il suffisait de calculer le coût marginal sur une longue période.

Le réseau de distribution et de transport

Dans une approche à long terme et à contestation sociale limitée, les grandes compagnies d'électricité n'ont pas hésité à investir massivement dans les lignes de transport de grande capacité. Au Québec, par exemple, l'énergie produite par le complexe La Grande (16 GW) peut être acheminée vers les grands centres par plusieurs lignes de 735 kV. Une ligne en courant continu permet également d'exporter de l'énergie vers Boston.

Pour favoriser le devancement de barrages, plusieurs lignes de transport ont ainsi été construites vers les États-Unis. Résultat, les réseaux canadiens ont une capacité d'exportation qui équivaut à environ 10% de leur production annuelle. Ce contexte historique est donc un atout supplémentaire pour les échanges entre le Canada et les États-Unis. En particulier, les grands réseaux hydrauliques canadiens peuvent compter sur plusieurs lignes de transport de grande capacité vers les réseaux thermiques voisins. En combinant les qualités de stockage des réservoirs, on devine rapidement l'avantage considérable qu'on peut tirer des marchés externes, grâce à ces réseaux hydrauliques.

Il faut bien se rendre compte cependant que toutes les régions du monde n'ont pas encore de liens interréseaux forts, ce qui handicape fortement les échanges massifs d'énergie entre les régions. En outre, les investissements dans l'amélioration du réseau ne se font pas toujours avec la même rigueur d'un réseau à l'autre. Le cas de la panne d'août 2003, déjà cité, montre que la fiabilité d'un réseau est directement fonction de son maillon le plus faible. Celui-ci peut être le système de contrôle, qui a d'ailleurs été pointé du doigt dans cette histoire, mais la désuétude du réseau de l'Ohio a également été jugée responsable[1].

1. Hydro-Québec investit, bon an mal an, plus de 0,5 milliard de dollars pour l'entretien de son réseau de distribution.

Entre parenthèses, il est assez intéressant de noter qu'il n'existe que deux grands réseaux isolés électriquement en Amérique du Nord, soit ceux du Texas et du Québec, alors que le Québec et le Texas représentent les deux systèmes de valeurs qui sont le plus opposés. En fait, les Américains avaient exigé du Québec de s'isoler électriquement des réseaux voisins afin de leur éviter les désagréments de la panne d'une grande ligne de transport. Cet isolement électrique consiste tout simplement à mettre une barrière en courant continu avant de retransformer l'énergie en courant alternatif pour un autre réseau.

Cette discussion sur les acquis historiques dans les domaines de la distribution et du transport sera déterminante pour l'ouverture complète du marché à l'échelle d'un continent. La saga de la ligne des Cantons, suite au verglas de 1998 au Québec, montre que l'opposition de la population est féroce quand il s'agit de faire passer de nouvelles lignes de transport sur son territoire. C'est la même situation partout en Occident.

Sans lien de transport, pas d'ouverture de marché. Autre contrainte de taille, comment assurer une sécurité d'approvisionnement à l'ensemble des consommateurs de marché ouvert ? Doit-on imposer des normes et des standards minimaux à tous les joueurs ? Est-il possible d'avoir une sécurité minimale sans aucune réglementation ? Voilà de nouveaux enjeux qui sont en discussion et qui risquent de l'être pendant longtemps. En comparaison, l'approche autonomiste passée semble d'une simplicité désarmante : la compagnie d'électricité qui n'investissait pas dans son réseau de transport et de distribution ne risquait que des réprimandes de son actionnaire, le gouvernement. Seule la sanction des électeurs permettait de corriger la situation.

Les lacunes de l'approche classique

L'approche classique a été à la base de l'électrification de l'Occident. La remise en question des approches monopolistique et étatique pour les pays en développement, comme ceux de l'Afrique, semble avoir été catastrophique dans les années 1990. Comment le marché pourrait-il assumer l'électrification de base sans aucun appui de l'État? L'histoire, en tout cas, fournit peu d'exemples. Les pays en forte croissance, comme la Chine et l'Inde, vont donc réfléchir sérieusement avant de passer à un marché libre de l'échange d'électrons. L'approche classique de l'équilibre entre offre et demande pour un groupe de clients captifs a le grand avantage de dégager rapidement les priorités d'investissement, surtout dans ces pays en forte croissance où la demande dépasse l'offre.

Plusieurs économies matures continueront également d'appliquer l'approche autonomiste, pour la raison très simple que les autres options sont limitées. Mais pour plusieurs autres régions, l'approche classique peut être source d'inconvénients. Les économistes purs et durs diront que le principal défaut de ces systèmes est de ne pas offrir le juste prix. Mais sans discréditer leur théorie, comment expliquer que les prix les plus bas du monde se trouvent au Québec et en France, sièges de deux des grandes *majors* mondiales, Hydro-Québec et EDF? Dans le secteur électrique, rien n'est jamais simple.

En fait, dans le cas du Québec et de la France, les raisons de s'intéresser à un autre modèle de gestion sont tout autres. D'une part, le contexte commercial a changé. Pourquoi ne pas en profiter? D'autre part, ces deux réseaux sont fortement monoénergétiques: hydroélectricité au Québec, nucléaire en France. L'analyse de risque rigoureuse impose d'examiner les autres modèles de gestion. Cet examen s'avère notamment nécessaire pour optimiser l'intégration des énergies renouvelables, comme l'éolien.

Si on examine le taux de croissance de la demande électrique dans les pays industrialisés, on voit qu'il aura tendance à plafonner à long terme. Deux raisons fondamentales l'expliquent: la croissance démographique plafonne et des changements structurels de l'économie mondiale sont à prévoir. Comme conséquence, on observe déjà que la production industrielle passe graduellement des économies matures aux pays en développement. D'un point de vue plus technique, cela conduit à un premier constat:

Une plus faible croissance de la demande électrique a des conséquences sur la taille des projets proposés pour l'approvisionnement et sur leur spécialisation. Par exemple, un projet hydraulique de la taille de Grande-Baleine (3 000 MW) s'en trouve défavorisé par rapport à des centrales de plus petite capacité, notamment des turbines à gaz.

Dans l'approche classique, tout investissement est assumé par une clientèle captive. Résultat, plusieurs équipements sont sous-utilisés. La gestion de pointe est en général coûteuse. Pourquoi ne pas profiter de la complémentarité interréseau? Et c'est notre second constat:

Comme la demande est complémentaire d'un réseau à l'autre, il est en général avantageux pour les deux systèmes de coupler leurs efforts d'approvisionnement. À long terme, une telle approche offre des avantages certains, parce qu'elle permet d'une part de maximiser les actifs, d'autre part de justifier de plus grands projets.

Ces deux constats sont importants pour comprendre la dynamique des choix respectifs des économies matures et des pays en développement. En d'autres mots, la planification du secteur électrique dans les pays occidentaux risque d'être pas mal différente de celle des pays émergents, surtout pour ce qui a trait au choix des filières.

Mais bien que ce concept d'optimisation globale des échanges soit attrayant comme modèle de gestion futur, nous verrons qu'il n'est pas toujours facile à appliquer dans la réalité et que des biais indésirables sont toujours possibles, notamment dans le choix de filières de production. Mais quels sont les choix, de ce côté? Commençons par les plus importantes, les filières thermiques.

7. Les centrales thermiques classiques

Pour offrir un service fiable et bon marché, les producteurs d'électricité sont limités dans leur choix pour diverses raisons, la première étant la taille des besoins à combler selon la période de l'année. La disponibilité de la source d'énergie est un autre facteur. Par exemple, le gaz naturel n'est pas distribué également sur la planète et les territoires. Il en est de même pour les énergies renouvelables. Enfin, la disponibilité commerciale des technologies est un facteur tout aussi important. On doit distinguer ici les filières classiques des filières émergentes. Mais il faut également déterminer la taille adéquate des centrales pour satisfaire la nouvelle demande. Certaines technologies, comme les turbines à gaz, sont offertes pour répondre à une gamme variée de besoins. Ce n'est pas le cas des centrales nucléaires ou au charbon assignées à des besoins minimums de 500 à 1 000 MW.

Après le pétrole, le gaz et finalement le charbon, il faudra songer à d'autres sources d'énergie pour satisfaire les besoins en électricité de la planète. Parmi ces sources alternatives se trouvent les énergies renouvelables et l'énergie atomique. Mais le remplacement de la production actuelle d'électricité, qui est en grande partie thermique, ne se fera pas du jour au lendemain. Afin d'avoir un aperçu de l'ampleur des changements, il faut donc examiner un peu mieux l'intérêt des centrales thermiques.

Les types de centrales thermiques

Clarifions d'abord les concepts. Une grande confusion règne en effet quant à la vocation des centrales thermiques, qui sont en gros de deux ordres: celles qui produisent strictement de l'électricité et celles qui produisent de l'électricité et de la vapeur à des fins industrielles ou de chauffage. Pour la stricte production d'électricité, quatre catégories principales de technologies sont envisageables:

- La centrale thermique classique à flammes;
- Les turbines à gaz à un ou à deux cycles;
- Les moteurs à combustion classiques, dont font partie les groupes diesel.
- Les nouvelles centrales thermiques, comme celles que l'on qualifie de centrales à «charbon propre» ou les plus «exotiques», comme les centrales géothermiques.

Il faut savoir cependant que ces technologies ne produisent pas toutes de la chaleur récupérable sur une base commerciale. Voyons les possibilités par type de technologie.

La centrale thermique classique à flamme

Le principe de la centrale thermique classique à flamme date du début de l'électrification. La turbine est actionnée par de la vapeur à haute pression produite à partir de la combustion du charbon, du mazout, du gaz naturel, de la biomasse ou de tout autre combustible, qu'il soit liquide, solide ou gazeux (figure 2). Le rendement électrique de ce type de centrale classique est donc invariable pour ce qui est de la turbine à vapeur, mais le rendement calorifique varie au niveau de la combustion. Ainsi, le rendement d'une centrale au charbon est en général moins élevé que celui d'une centrale au gaz pour la simple raison que le charbon est un combustible de moindre qualité.

Tous les combustibles sont composés de carbone et d'hydrogène. Le méthane par exemple ne comporte qu'un atome de carbone pour quatre d'hydrogène. C'est l'hydrocarbure le plus léger qui puisse exister. Mais les combustibles solides contiennent beaucoup plus de carbone et sont plus ou moins contaminés par d'autres éléments néfastes, comme le soufre. Non seulement, leur rendement à la combustion est moins bon, mais il faut en plus consacrer une partie des investissements – et de l'énergie – au contrôle de la pollution. Les centrales à charbon en particulier ont mauvaise réputation à cause de l'émission d'acide sulfurique, principale cause de ce que l'on appelle les pluies acides. C'est sans compter les émissions de polluants de toutes sortes qui, sans contrôle, créent des smogs urbains dommageables pour la santé humaine.

FIGURE 2

Centrale thermique classique à flamme

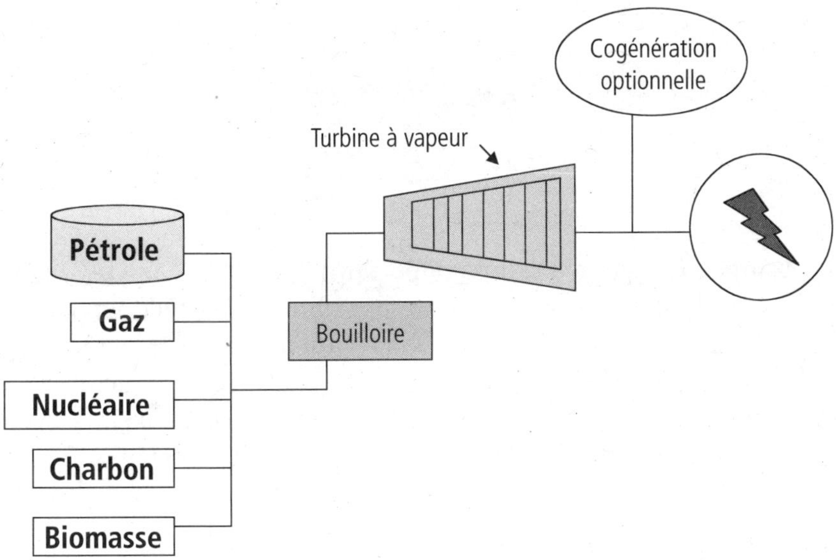

Dans un réseau électrique, une centrale thermique à flamme est généralement utilisée pour satisfaire la demande de base. Une telle technologie est mal adaptée à la demande de pointe, puisque la période de démarrage peut durer plusieurs jours. Depuis plusieurs décennies, les gestionnaires de réseau électrique se sont tournés vers les turbines à gaz, beaucoup plus pratiques.

Les turbines à gaz

La figure 3 montre que la turbine à gaz à simple cycle est actionnée directement par la combustion du gaz naturel, du mazout léger (n° 2), du gaz de pétrole liquéfié (GPL) ou de carburant de diverses sources. Le principe étant dérivé du moteur d'avion, la période de démarrage est courte. Il n'est donc pas surprenant de voir se généraliser la turbine à gaz pour satisfaire la production hors base.

FIGURE 3

Turbine à gaz à simple cycle

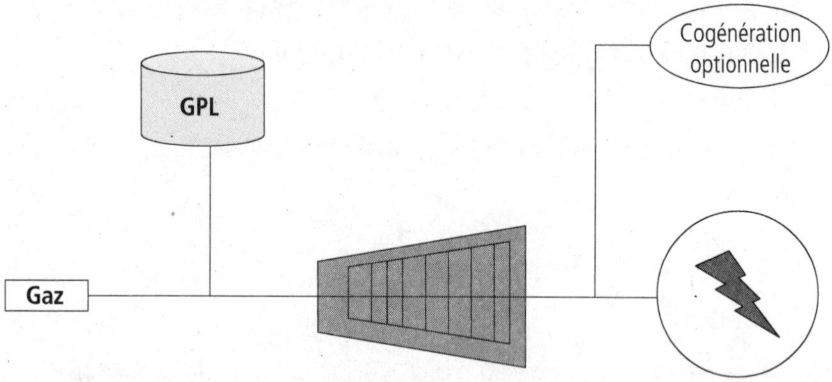

Comme les gaz d'échappement d'une turbine à gaz (TAG) sont très chauds (800 à 1000°C), il est possible de les récupérer dans une chaudière pour produire de la vapeur, laquelle actionne à son tour une turbine. C'est le concept de la turbine à gaz à cycle combiné présenté dans la figure 4. L'ajout de ce deuxième cycle permet d'augmenter l'efficacité énergétique du système par un facteur d'environ 50%.

FIGURE 4

Turbine à gaz à double cycle

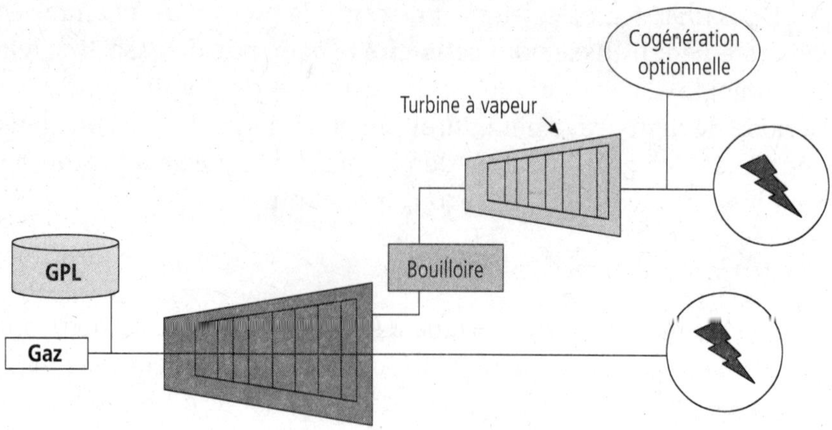

Les groupes diesel

Pour ce qui est des centrales de type diesel, il suffit de dire que leur application est limitée à des petits réseaux ou pour des puissances qui se situent sous les 10 MW. Il s'agit d'un moteur à combustion traditionnel dont le rendement ne dépasse guère 25% dans les meilleures conditions. Par contre, il ne faut pas négliger leur importance dans un contexte de décentralisation des décisions. Sur les 314 unités prévues pour la période 1999-2003 aux États-Unis, 124 étaient des groupes diesel.

Le charbon propre: ça existe?

Est-il possible de produire de l'électricité à partir d'une centrale à charbon «propre»? *A priori*, cela semble une hérésie. Comment oublier ces images sombres d'usines qui obscurcissent le ciel ou les sinistres coups de grisou, symboles de la vie misérable de mineurs qui ne voient pas souvent le soleil? Qui ne se rappelle le procès des pluies acides accusées de tuer les érables? Le grand coupable: le charbon. On dit «Non, merci!» au nucléaire et à l'hydroélectricité, mais qui voudrait d'une centrale thermique à charbon près de chez lui?

C'est un passé industriel révolu, dit le puissant lobby du charbon, ajoutant que le charbon est abondant et omniprésent, qu'il est une bouée de sauvetage pour l'électrification, qu'il est indispensable dans certains procédés industriels, qu'on ne peut s'en passer... Mais il est difficile d'effacer la mauvaise réputation de ce combustible lourd et encombrant qui rejette encore des poussières, des cendres, de l'oxyde d'azote (NO_x), de l'oxyde de soufre (SO_2) responsable des pluies acides, et bien entendu du CO_2 en plus grande quantité que les autres combustibles fossiles. L'utilisation du charbon pour la production d'électricité peut être dommageable pour l'environnement et la santé humaine à tous les niveaux, lors de son exploitation, de son transport et de sa combustion. Bref, c'est une saleté qu'on aimerait bien éviter.

Heureusement, les effets négatifs de l'utilisation du charbon peuvent être réduits de beaucoup. Voici quelques suggestions souvent citées.

L'exploitation

Même si la ressource est bien répartie dans le monde, les types de charbon sont nombreux et de différentes qualités. Pour rendre «propre» le charbon, il faut tenir compte de diverses caractéristiques. S'agit-il d'anthracite ou de lignite? Quelle est sa teneur en soufre? Est-il humide ou sec? Est-il exploité à ciel ouvert ou souterrain? Et ainsi de suite. La première précaution à prendre est donc de choisir les meilleurs charbons. C'est ce que fait l'Alberta, qui exporte déjà son charbon en Asie.

Dans les mines souterraines, la mesure la plus importante est de récupérer le méthane, un gaz qui a deux effets extrêmement dommageables: a) il cause les fameux coups de grisou; b) il est 21 fois plus nocif, en termes d'effet de serre, que la combustion d'un carburant léger. Parmi les avenues prometteuses, il faut citer le procédé chimique mis au point par le laboratoire fédéral de Ressources naturelles Canada, à Varennes[1], dans les mines fermées. Ce procédé produit de la chaleur pour des usages à basse température. Malheureusement, le meilleur des procédés ne peut empêcher l'émission de CO_2.

La production d'électricité

Les progrès techniques permettent aujourd'hui de remplacer les centrales à flamme par des centrales qui rejettent moins de polluants et qui sont plus efficaces. Plusieurs de ces procédés ont été mis au point pour des applications industrielles, notamment dans la première transformation des métaux. À l'instar de ce qui se passe dans les usines de cuivre et de nickel, la récupération des acides sulfuriques provenant des centrales à flamme est maintenant une norme envisagée ou en vigueur dans toutes les régions du monde. Comme dans les fours industriels, le charbon pulvérisé est également une technique qui permet de plus hautes températures et donc un meilleur rendement.

1. www.RNCan.gc.ca.

Le lit fluidisé sous pression et les cycles combinés avec gazéification du charbon sont plus coûteux à mettre en marche et plus complexes parce que la décontamination se fait en partie lors de la combustion. Pour la technique du lit fluidisé, le charbon est en effet injecté dans le foyer après mélange avec un additif de désulfuration, le calcaire. Un fort débit d'air permet à la fois d'augmenter les rendements de combustion et de mieux récupérer les poussières et les fumées. Le lit fluidisé peut fonctionner avec et sans pression. On comprend que plus la technique sera sophistiquée – genre dépoussiérage à chaud des gaz, pression élevée, filtres de grande qualité – plus le coût sera élevé. Il n'est donc pas surprenant que ces centrales à charbon propre, qui promettent un rendement pouvant atteindre 50%, en soient encore au stade de prototype. Elles ne sont pas compétitives par rapport aux autres centrales thermiques, gaz naturel et nucléaire compris.

Sans une réglementation plus sévère et sans une forte augmentation des prix du gaz, les techniques à flamme devraient donc composer pendant un moment encore le parc mondial des centrales à charbon.

La récupération des polluants

Les centrales à charbon propre doivent inclure dans leur procédé la récupération d'une grande partie des polluants. Reste la séquestration du CO_2, ce qui sera discuté dans la cinquième partie.

Les rendements des centrales thermiques

Plusieurs chiffres véhiculés dans les publications quant aux performances des unités de production électrique méritent d'être discutés. Certaines hypothèses avancées de rendements de 60%, voire 70% défient les lois de la thermodynamique et relèvent carrément de la publicité frauduleuse. En fait, les rendements des centrales classiques relèvent de quatre facteurs principaux, soit le niveau de température, l'utilisation, le rendement à la combustion et la valorisation des énergies perdues.

Le niveau de température

Sans entrer trop dans les détails techniques, retenons que le rendement maximal d'une centrale thermique à flamme et d'une turbine à gaz à simple cycle dépasse rarement 33%. Celui de la turbine à cycle combiné peut aller jusqu'à 50%. Selon les lois de la thermodynamique, on pourrait augmenter ces rendements en augmentant la température du caloporteur. Or, le passage du cycle de vapeur à un autre procédé, à plus haute température, n'est pas envisagé dans l'avenir prévisible.

L'utilisation

Le rendement d'une machine est fonction de son inertie thermique et de son taux d'utilisation. Ainsi, une petite machine a une masse relative plus importante par kilowatt qu'une machine plus grande, ce qui réduit le rendement global, car une partie de l'énergie sert à réchauffer les matériaux. Si on ajoute le fait que les minicentrales peuvent avoir une fréquence d'utilisation plus saccadée, le rendement global en est d'autant affecté. Par exemple, on estime qu'une minicentrale de type classique a un rendement moyen inférieur à 25%, alors que celui d'une centrale plus grande se situe plutôt à 33%.

Les installations proposées pour les applications décentralisées ont en général une durée de vie inférieure à celles qui sont utilisées de façon continue sur le réseau. La raison est bien sûr liée au besoin de réduire au minimum les investissements initiaux.

Le type de combustible

Ce point a été discuté dans la partie précédente. Le rendement à la combustion varie selon la qualité du combustible. Le tableau 2 indique quelques-uns de ces rendements. Il faut savoir également que pour un même type de combustible, la qualité varie selon sa provenance. Il est admis, par exemple, que le charbon produit en Alberta est de très bonne qualité.

TABLEAU 2

Rendement des centrales thermiques sans cogénération

Type de technologie	Grande centrale	Minicentrale
Centrale à flamme	30% à 34%	–
Turbine à gaz à simple cycle	30% à 38%	< 25%
Turbine à gaz à double cycle	45% à 55%	< 40%
Charbon propre	45% à 50%	
Centrale diesel	–	< 25%
Pile à combustible	–	45%-55%

Sources: Plusieurs estimations, dont celles d'Hydro-Québec (1993), et Hamwey (1998).

La valorisation de la chaleur perdue

Par ailleurs, le rendement global peut être augmenté de façon importante si la chaleur perdue est récupérée et valorisée. On entre alors dans le domaine de la cogénération et de la production décentralisée*. En sachant que pour chaque unité de combustible achetée, environ les deux tiers de l'énergie sont perdus pour la centrale à flamme, et environ la moitié, pour la meilleure turbine à gaz, il suffit de récupérer et de valoriser la vapeur inutilisée pour augmenter le rendement global du système. Mais encore faut-il trouver une utilisation à basse température pour cette source de vapeur dégradée.

Pourquoi la cogénération, et par ricochet la production décentralisée, a-t-elle tant intéressé les acteurs de la scène publique, au point d'y voir une solution de remplacement à tout ce que le passé avait proposé? Est-ce que la production décentralisée et la cogénération sont des mirages ou des concepts d'avenir? Nous en discutons dans cette partie, mais auparavant il est utile de revenir sur le nouveau contexte commercial de la déréglementation.

8. Les systèmes électriques : les modèles du futur

L'homme a horreur de la monotonie. Même quand tout va bien, il n'hésite pas à discuter, à critiquer, quitte parfois à tout recommencer pour essayer d'améliorer les choses. C'est ce qui s'est passé un peu partout dans le monde, au cours de la décennie 1990, dans l'industrie de l'électricité. Plus aucune prémisse de gestion établie dans le passé n'était valable. De l'Angleterre à la Nouvelle-Zélande, en passant par la très socialiste Norvège, tout était remis en question. À l'époque, même le Japon parlait d'ouvrir la concurrence aux producteurs étrangers. L'imagination était sans bornes. Par exemple, on pourrait construire un réacteur CANDU pour offrir de l'électricité à la ville de Tokyo, le tout géré par Hydro-Québec.

Pour plusieurs régions du monde, l'abolition des entreprises de services publics, l'ouverture des frontières et l'intégration des marchés nationaux n'étaient que l'amorce d'une segmentation des grandes infrastructures énergétiques, une première étape qui allait mener à une réorganisation en profondeur du secteur électrique. En comparaison, les anciennes querelles de clocher sur le plan stratégique d'Hydro-Québec apparaissaient désormais insignifiantes.

Dans la même foulée, politiciens, écologistes, économistes, scientifiques et bien entendu producteurs gaziers chantaient à l'unisson les vertus de la production décentralisée et de la cogénération. Avec le recul, que penser des déclarations[1] à l'emporte-pièce comme : « Retard prononcé du Québec dans le gaz naturel » ou : « Nos entreprises ont besoin de gaz naturel pour rester concurrentielles... Nous misons trop sur l'hydroélectricité, qui ne représente plus un avantage concurrentiel pour le Québec – pire,

1. Cahier spécial du journal *Les Affaires*, compte rendu du Forum de l'industrie du gaz naturel, septembre 1993.

elle est en voie de devenir un fardeau...» Dans le même ordre d'idée, Hydro-Québec, le roi contesté, bloquerait le développement de la cogénération, essentielle à la survie des pâtes et papiers.

Pour les uns, l'objectif était de favoriser les technologies émergentes, comme le solaire et l'éolien. D'autres voulaient tout simplement vendre du gaz ou investir dans des minicentrales. Pour la majorité, l'objectif était de favoriser le juste prix à tout instant, selon l'équilibre offre-demande, grâce aux vertus de la libre concurrence. Cette concurrence sans précédent assurerait, selon ses promoteurs, le prix le plus bas. Et le signal de prix ne risquerait pas d'être faussé puisque le marché se chargerait de le fixer à sa juste valeur, selon la demande du jour, comme pour le pétrole. Les éternels débats sur le bien-fondé du tarif moyen ou du coût marginal, toutes ces discussions sans fin deviendraient alors futiles.

Présentés de cette façon, ces concepts ont un avenir mitigé, si on se fie à leur histoire cahoteuse des dix dernières années. Pourtant, ce sont des modèles d'avenir.

Déréglementation, électrons, pommes et oranges

Pour les tenants du marché pur, l'approche étatique et réglementée faisait désormais partie du passé. L'idée de mettre en place un marché de l'électricité a déclenché des passions. Pour les économistes, l'industrie électrique était très proche des conditions de la concurrence pure, parfaite, telle qu'on l'explique dans les traités d'économie. Le produit est homogène, les acteurs sont connus, l'information peut être transparente, chacun peut décider de participer selon ses compétences et ses moyens. Bien appliqué, le système serait ainsi équitable et assurerait l'équilibre offre-demande. Comme on l'avait fait pour les autres secteurs d'activité économique, du transport aux télécommunications en passant par le gaz naturel, il était temps de passer le flambeau au secteur privé qui saurait améliorer la productivité.

Attention! Un électron, ce n'est pas une orange, ont simplement averti les sceptiques, pour la plupart des experts de la planification et du contrôle de réseau. Construire une centrale nucléaire et un barrage hydroélectrique ne se fait pas dans les délais imposés par les spéculateurs boursiers. Et à ceux qui rêvaient de distinguer les types de production selon leur valeur intrinsèque, les ingénieurs ont répondu: Comment allez-vous tracer le chemin d'un électron et savoir si le kilowattheure consommé est d'origine hydraulique, nucléaire ou éolienne?

Les sceptiques n'ont pas arrêté le progrès. Avaient-ils raison ou tort? Revenons au concept de base proposé par la théorie marchande. En général, la déréglementation d'un secteur d'activité économique vise à permettre la concurrence à toutes les étapes de la production primaire, de la transformation, du transport et de la distribution d'un bien. Dans une économie moderne, ce sont les conditions de marché pour la plupart des produits que nous consommons: café, orange, voiture, etc. La concurrence se fait évidemment dans le choix du fournisseur d'un produit. Par exemple, on choisira entre les oranges de la Floride et celles du Maroc, selon les disponibilités et les prix. Mais la concurrence se fait également pour les produits de substitution. Le consommateur peut choisir d'acheter des pommes plutôt que des oranges, si le prix de ces dernières est trop élevé. En principe, le libre marché n'interdit aucunement l'intégration verticale de plusieurs, voire de la totalité de ces segments de production. Les fusions et les prises de contrôle sont permises, à condition que les règles de concurrence soient respectées.

En opposition à ce libre marché se situent les industries complètement contrôlées par l'État. Dans les années 1960 et 1970, plusieurs sociétés occidentales, dont le Canada, nationalisèrent plusieurs secteurs d'activité économique en raison de leur caractère stratégique pour le bien-être du citoyen. Les secteurs des télécommunications, du transport aérien et évidemment de l'énergie furent les premiers concernés. Dans ce cas, la fixation des tarifs était strictement sous contrôle gouvernemental. Les intermédiaires étaient pratiquement absents, les clients, captifs.

Dans le domaine de l'énergie, il faut cependant savoir que toutes les industries ne se prêtent pas aussi bien à l'ouverture complète du marché, comme dans le commerce des oranges, et cela, indépendamment du débat d'idées sur leur caractère stratégique par rapport à d'autres biens disponibles auprès des consommateurs. D'une part, des contraintes techniques rendent plus compliquée la concurrence pour certains segments de production. D'autre part, les choix du consommateur sont limités pour ce qui est de la quantité de produits de substitution. L'électricité est un marché captif pour beaucoup d'usages: éclairage, équipements ménagers, moteurs fixes. Mais surtout l'électricité est essentielle pour le fonctionnement de la société. On ne peut s'en passer, même pour quelques jours. La mégapanne du mois d'août 2003 a démontré qu'il s'agit parfois de vie et de mort.

Parmi les industries de l'énergie, celle du pétrole se compare le mieux aux autres secteurs d'activité économique. L'industrie du pétrole est mondiale et la concurrence peut se faire à tous les niveaux. Par rapport au gaz et à l'électricité, la gestion du pétrole comporte des avantages: son stockage est facile et son transport est organisé à l'échelle de la planète.

Par contre, le gaz et l'électricité sont reliés à des cordons ombilicaux malcommodes: le gazoduc et le fil électrique. De plus, leur stockage cause problème, notamment pour affronter les pointes. Ces contraintes techniques, ajoutées au fait que les formes d'énergie ne jouissent pas de la même perception «sociale» et politique, expliquent que le niveau de profondeur proposée, en matière de déréglementation, peut s'avérer bien différent selon la forme d'énergie considérée et selon le système de valeurs des sociétés.

La comparaison avec notre commerce des oranges peut nous aider à comprendre les enjeux de la déréglementation. Le producteur d'oranges de la Floride peut emprunter divers moyens de transport pour acheminer son produit vers New York ou Montréal: le train, le bateau, l'avion ou le camion. Les autoroutes peuvent être utilisées par tout le monde. Dans le cas du gaz et de l'électricité, une seule voie de transport est possible: le gazoduc ou les lignes haute tension, selon le cas. Jusqu'à récemment, ces moyens de transport étaient contrôlés par le producteur d'énergie, qui gardait jalousement sa clientèle.

Pour permettre la concurrence, la première mesure consiste donc à ouvrir l'accès de ces voies de transport à tous les producteurs d'électricité et de gaz. Le sens des nouvelles législations nord-américaines des années 1990 était donc de créer des «autoroutes énergétiques payantes», accessibles à tous ceux qui voulaient s'en servir. Évidemment, ce secteur du transport devait rester réglementé pour assurer un accès équitable à tous.

On peut aller plus – ou moins loin – dans l'ouverture de ces voies de transport. On peut se limiter à libéraliser le marché de gros (*wholesale wheeling*) ou permettre l'ouverture complète des marchés (*retail wheeling*). Autrement dit, on peut limiter l'intervention de l'État aux autoroutes ou bien légiférer aussi sur les petites routes, soit les lignes de distribution qui mènent aux consommateurs.

Première phase bâclée et mal rodée

En première analyse, le processus d'ouverture des marchés a eu des conséquences permanentes sur les pratiques de gestion et de planification des compagnies œuvrant dans le secteur de la production, du transport et de la distribution de l'électricité. Mais la première phase a occasionné plus d'expériences malheureuses que de réussites. Le cas de la Californie est le plus médiatisé. Les premiers cas documentés, comme celui de l'Angleterre (1989), ont montré aussi que la théorie est parfois bien loin de la pratique. Basée sur une approche très «livresque», l'expérimentation de ces nouveaux modèles a fait surgir des problèmes qui avaient été mal identifiés ou que l'on ne voulait pas voir au départ. Dans plusieurs discours enflammés et partisans, l'idéologie n'était jamais bien loin.

Les premières expériences de libéralisation des marchés (Angleterre, Californie) étaient fondées sur la notion de marché unique et obligatoire. Tous les producteurs (y compris d'énergies renouvelables) devaient vendre leur énergie à un *pool*. Tous les consommateurs et distributeurs autorisés devaient acheter obligatoirement de ce pool. Cette conception reflétait bien sûr le vieux rêve de la concurrence pure et parfaite en temps réel.

Premier problème, les ajustements de capacités ne peuvent se faire instantanément. L'équilibre offre-demande ne peut être complètement assuré dans les délais requis par les mécanismes de marché. Le caractère non stockable de l'électricité et l'inertie face au changement rendent l'industrie vulnérable à tout événement brusque. S'ensuit une volatilité des prix sans commune mesure avec les autres commodités.

Deuxième problème, la congestion des grandes lignes de transport ne peut se résoudre par les mécanismes de marché. D'abord, le transport est un monopole naturel. Ensuite, il est visible. Il est beaucoup plus facile d'investir dans la production que dans les grandes lignes de transport. Enfin, les gestionnaires de réseaux de transport, sans réglementation, peuvent fausser les règles du jeu. Ce sont les dieux du système, puisqu'ils décident des quantités d'énergie transportables.

Troisième problème, dans le secteur électrique, aucun modèle d'organisation ne peut être généralisé. Cette constatation, qui peut sembler évidente après coup, résulte du simple fait que chaque réseau a des caractéristiques différentes. Pour plusieurs de ces systèmes, on a rapidement constaté des phénomènes de distorsion de la concurrence. Au lieu de baisser, les prix se sont mis à monter. Le déséquilibre offre-demande ne s'est pas résorbé au rythme désiré. En certains endroits, le mécanisme de marché n'a tout simplement pas joué, faute de concurrence.

Le cas du Brésil illustre bien la naïveté des premières propositions d'ouverture des marchés. Sous recommandation de la Banque mondiale[2], le gouvernement brésilien décida d'ouvrir son marché dans l'espoir d'obtenir des capitaux privés pour l'expansion de son système de production. Dans sa mire, il voyait les systèmes de production distribuée. L'opération fut lamentable. Les seuls intervenants qui en profitèrent furent les spéculateurs. Pourquoi la concurrence était-elle condamnée d'avance au Brésil? D'abord, l'opération était prématurée. L'électrification, loin d'être terminée demandait encore le soutien de l'État. Ensuite, le réseau brésilien a une architecture qui défavorise la concurrence: pour l'essentiel, ce réseau est hydraulique et les liens de transport sont peu diversifiés. Les liens interréseaux sont inexistants. En d'autres termes, même en privatisant la société d'État, on ne faisait que créer des monopoles de production et de transport assignés à un monopole de distribution.

2. Banque mondiale, Conférence IAEE, Mexico, 2003.

Que ce soit au Brésil ou dans d'autres régions du monde, surgissent ensuite les problèmes de la garde des centrales nucléaires, des rentes acquises et des investissements futurs. En période de déficit de l'offre, c'est le coût marginal à court terme qui domine, soit les centrales thermiques à faible capitalisation. En période de surplus, alors que les prix sont extrêmement volatils, il n'y a pas de place non plus pour l'investissement à long terme, celui qui concerne les centrales à forte capitalisation, comme le nucléaire et l'hydroélectricité. Inutile de préciser qu'il y a peu de place pour l'innovation et la R-D dans un tel contexte d'incertitude.

Bref, aucun des modèles essayés n'a encore démontré qu'il était l'arrangement idéal. Malgré ses défauts, la déréglementation a cependant forcé l'apprentissage et l'adaptation. Pour certains groupes, comme Hydro-Québec, l'opération a été très avantageuse et éloquente. Comme la société d'État pouvait profiter de ses immenses réservoirs, gérables sur une base annuelle, plusieurs économistes[3] ont commencé à parler de concurrence déloyale. Rien n'est parfait.

Perspectives pour la déréglementation

À l'image de la situation qui a prévalu aux États-Unis et dans certaines provinces canadiennes au début des années 2000, on peut d'ores et déjà dire que la première phase de la déréglementation – marché de gros principalement – en est une de transition qui n'a pas favorisé la pensée à long terme. Parmi les causes, il faut ajouter au contexte d'incertitude la création d'unités commerciales indépendantes ou, si l'on veut, l'absence de vision centralisatrice et coopérative.

La deuxième phase, soit l'ouverture complète du marché de détail, s'est avérée plus désastreuse encore. L'exemple californien est assez éloquent. Aussitôt que la déréglementation est entrée en vigueur, dès la première pointe d'été, les prix se sont enflammés. À certains moments, les consommateurs ont connu des délestages, du jamais vu depuis l'électrification de la région, 60 ans auparavant. La grande panne d'août 2003 est une autre manifestation des dangers d'un système ouvert, sans réglementation précise pour assurer la sécurité d'approvisionnement.

3. Mitch Rothman, Conférence IAEE, 2003.

En Amérique du Nord et en Europe, malgré les ratés du début, il est maintenant admis que le modèle monopolistique et fermé aux échanges extérieurs ne reviendra pas. Dans un avenir prévisible, même dans les châteaux forts des sociétés d'État, l'ouverture vers de nouveaux modèles de gestion est résolument engagée. Cela ne veut pas dire que la signature de contrats à long terme est exclue. La nouvelle stratégie énergétique[4] du gouvernement du Québec, lancée en avril 2006, laisse une place pour les contrats d'énergie ferme avec l'Ontario, si les projets hydroélectriques du Grand Nord sont réalisés. Le premier ministre de Terre-Neuve faisait une proposition semblable pour le développement du bas Churchill. Tout le problème, encore une fois, est le transport de cette nouvelle énergie. Les Québécois accepteront-ils de construire de nouvelles lignes de transport dédiées en grande partie à leur voisin du Sud.

Est-ce que la déréglementation est un modèle d'avenir? Oui, mais exclusivement pour les marchés matures et pour les systèmes qui offrent une concurrence loyale. Toujours elle supposera de profonds changements de mentalité et une vigilance de tous les instants de la part des législateurs. De nouvelles gaffes sont à prévoir. En revanche, les avantages sont certains pour ceux qui peuvent y jouer.

Par exemple, le nouveau contexte commercial a mis en évidence les grandes qualités de certains systèmes, comme celui du Québec-Labrador, pour profiter du marché à court terme des échanges énergétiques. Ce jeu d'achat-rachat selon les occasions de pointe et hors pointe a confirmé les avantages énormes de la gestion de réservoirs conçus pour stocker de vastes réserves énergétiques. De surcroît, les turbines hydrauliques présentent l'immense avantage de pouvoir être démarrées en peu de temps par rapport à des turbines thermiques classiques. Ces qualités peuvent être profitables à l'ensemble de la communauté nord américaine. D'une part, en augmentant le taux d'utilisation des équipements en place, les coûts d'exploitation sont abaissés. D'autre part, l'échange d'énergie interréseau est une condition nécessaire à l'intégration optimale des énergies renouvelables, comme l'éolien.

4. www.mrnf.gouv.qc.ca

Il y a des nuances à apporter, bien sûr, mais l'ouverture des marchés et la libre circulation des électrons constituent un contexte à encourager, même si les investissements à long terme s'en trouvent parfois pénalisés. Pour éviter les abus, l'État doit donc veiller au grain. Comme on laisse ainsi moins de prise aux considérations politiques locales, le marché impose le meilleur prix et les énergies renouvelables s'en trouvent favorisées. L'intégration des réseaux électriques en Amérique du Nord est d'ailleurs inévitable pour assurer la sécurité d'approvisionnement à long terme et créer un portefeuille plus «vert».

Le cœur du problème, en résumé, c'est d'établir un compromis entre concurrence et réglementation responsable, cela à l'échelle d'un continent, voire de la planète. Le passage en douceur à un âge énergétique électrique en dépend. Par ailleurs, la flexibilité du marché favorise un autre modèle d'avenir, la production décentralisée.

Être son propre producteur: le rêve américain

Le processus d'ouverture des marchés suppose des changements de mentalité profonds. Rien n'indique cependant que ce bouleversement du marché aura des répercussions semblables sur l'ensemble d'un territoire donné. Par contre, l'ouverture progressive du marché pourrait bien donner un élan à d'autres modèles de fourniture d'énergie, qui à l'avenir pourraient influer sur l'ensemble des réseaux et favoriser d'autres investisseurs, dont les communautés?

Ce sont là des éléments déclencheurs de la réflexion sur la production décentralisée qui a fait rage vers la fin des années 1990. La tendance au plus petit est-elle à ce point durable pour que les structures traditionnelles de production d'électricité, centralisées et agencées autour de mégaprojets (barrages, centrales thermiques de grande capacité) pourraient un jour disparaître? Les grands réseaux pourraient-ils faire place à la miniaturisation et à la décentralisation? À l'heure où il est devenu extrêmement difficile de construire une nouvelle ligne de transport, l'avenir électrique est-il à l'autoproduction? Est-ce qu'Hydro-Québec assistera sous peu à une sous-utilisation de ses lignes de transport parce qu'un nombre croissant de consommateurs voudront vivre en autarcie, en autosuffisance énergétique complète? Ne pas dépendre des autres? N'est-ce pas là le rêve individualiste américain?

Small is beautiful

On aurait tort d'attribuer au seul phénomène de la déréglementation du secteur électrique la tendance au plus petit pour les capacités de production dans le secteur électrique. La perte de vitesse des mégaprojets est observée depuis une vingtaine d'années. La perte de popularité du nucléaire et de l'hydroélectricité, par exemple, a démarré bien avant le début de l'ouverture des marchés. C'est un phénomène qui a commencé à la fin des années 1970. Et l'engouement pour le gaz naturel, à la fin du XXe siècle, prend son origine, dans la déréglementation de l'industrie du gaz, en 1985.

Grâce à la disponibilité accrue du gaz mais aussi au développement d'une technologie compétitive, l'industrie gazière a changé la donne. Les unités prévues ou construites entre 1999 et 2003 ont une capacité moyenne de 90 MW. Cependant, si on enlève les centrales diesel, la capacité moyenne des unités au gaz naturel est de l'ordre de 165 MW.

C'est un renversement de tendance par rapport à celle des années 1970. À cette époque, la tendance était au toujours plus gros. À titre de comparaison, Grande-Baleine ou le détournement de rivières pour le projet des chutes Churchill visent des capacités de l'ordre de 3000 MW. Et une tranche nucléaire de la taille d'un CANDU canadien est quatre fois supérieure en moyenne aux projets gaziers actuels.

Cette tendance en faveur des petites centrales est liée à quatre phénomènes.

- La demande d'électricité croît moins rapidement que par le passé, ce qui rend plus risquée la construction de mégaprojets. Aux États-Unis, en particulier, la croissance de la demande prévue se situe à environ 1%.
- La disponibilité accrue du gaz naturel, combinée au progrès technologique des turbines, a augmenté considérablement la compétitivité des centrales de plus petite dimension.

- Cette tendance au plus petit n'est pas étrangère, non plus, aux législations successives dont l'objectif était justement de favoriser la production locale, notamment la cogénération.
- S'ajoute à cela l'impact non négligeable du syndrome du pas-dans-ma-cour qui empêche, à toutes fins utiles, la construction de nouvelles lignes de transport et qui freine le développement de toute nouvelle capacité de production demandant des études environnementales lourdes. Le procès de la grande hydro illustre bien la problématique.

La tendance au plus petit découle donc d'une série de causes. Est-ce que la déréglementation va accentuer le phénomène? C'est en tout cas le rêve des promoteurs de la production décentralisée et des filières alternatives.

Les technologies considérées

En principe, toutes les technologies de production peuvent être utilisées dans un système de production décentralisé. Mais comme le concept de production décentralisée est souvent associé à de petites capacités de production, la gamme des produits discutés dans les publications n'inclut pas les grands projets. Parmi les technologies de production en fonction, les plus connues sont les turbines à gaz, les groupes diesel, les centrales classiques à base de biomasse comprenant le biogaz* et les déchets domestiques et enfin les systèmes de cogénération. Le concept est souvent utilisé pour vendre les mérites de certaines technologies émergentes: éolien-diesel et solaire en région éloignée, pile à combustible stationnaire pour le secteur industriel. La minicentrale hydraulique au fil de l'eau et les barrages à faible rétention font également partie de la famille des concepts de production décentralisée.

Les avantages de chacun de ces concepts seront discutés dans les parties respectives. Pour l'instant, retenons que plusieurs combinaisons sont possibles selon la disponibilité et les prix des ressources locales. Le concept de *village power**, par exemple, revient à optimiser la production d'un ensemble de technologies afin de satisfaire les besoins énergétiques d'une communauté isolée. Le couple éolien-diesel est le plus connu, mais pour l'avenir, on peut imaginer d'autres combinaisons, comme l'éolien-hydrogène ou un système plus complexe qui utiliserait le solaire et la biomasse. Beaucoup de ces systèmes dépendent du stockage. Les principales possibilités sont les accumulateurs, le stockage chimique et les systèmes à hydrogène.

On pourrait aussi aborder le domaine de la gestion de charge. On peut alors imaginer une foule de moyens pour aplanir les différences entre demande de pointe et demande de base. Mais avant d'aller vers ces concepts plus audacieux, revenons à un système autonome qui fait souvent la manchette, la cogénération.

GRAPHIQUE 13

Exportation d'électricité du Québec selon le type de contrat

(en GWh)

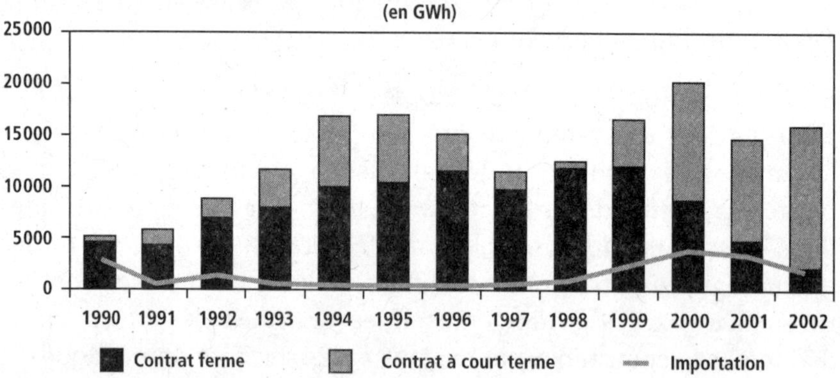

Note: La déréglementation a été très favorable pour Hydro-Québec. En favorisant les échanges à court terme plutôt que les contrats d'énergie ferme, la société d'État a multiplié par six ses profits d'exportation, en quelques années seulement.

Source: NEB.

La cogénération: les fausses promesses

À la différence d'une petite centrale thermique dont la seule vocation est la production d'électricité, le fondement même de la cogénération réside dans la récupération d'une partie de l'énergie rejetée sous forme de vapeur lors de la production d'électricité. Pourquoi en effet ne pas récupérer tout excédant de chaleur d'un générateur d'électricité? Voilà un rêve louable.

Mais selon les lois de la thermodynamique et en considérant les pertes thermiques, il est impossible de récupérer la totalité de l'énergie de base d'un générateur d'électricité. En pratique, le rendement du meilleur système [(électricité + vapeur récupérée)/(énergie de base)] ne peut guère dépasser 80%.

On vient de toucher là un point important: une centrale de cogénération n'atteindra son rendement maximal que si le ratio besoin d'électricité/besoin de vapeur est adéquat. En plus, la température et la pression de la vapeur dégradée doivent correspondre aux besoins de chauffage visés. Or, en pratique de telles conditions sont rarement réunies.

Pour la production d'aluminium, par exemple, le besoin de vapeur est minime en proportion des besoins d'électricité pour le procédé d'électrolyse. Des applications sont par ailleurs possibles pour les papetières qui ont besoin à la fois de beaucoup de vapeur à haute pression dans leurs procédés et de beaucoup d'électricité pour la force mécanique. D'un côté, l'usine doit produire sa vapeur avec une bouilloire dont le rendement peut varier de 75% à 85%. De l'autre, l'électricité est achetée d'un producteur externe. En produisant l'électricité sur place, on récupère ainsi la vapeur dégradée pour des fins industrielles. Et comme les papetières fonctionnent en continu, les conditions sont réunies pour rentabiliser les installations.

C'est une contrainte supplémentaire pour les applications dans les secteurs commercial et résidentiel. Le besoin de chaleur ne suit pas parfaitement le besoin d'électricité. D'abord, le besoin de vapeur est saisonnier, ce qui réduit le rendement du système. Puis le ratio demande d'électricité/demande de chauffage varie continuellement selon l'heure et la journée, et ce, même en hiver.

En règle générale, une centrale de cogénération produit donc plus d'énergie que pour les besoins du client, occasionnant ainsi une perte de rendement pour le système. Pour qu'il soit rentable, le mécanisme doit reposer sur la collaboration du distributeur d'électricité pour acheter le surplus d'électricité. L'État doit donc légiférer en conséquence.

Un dernier point freine le développement de la cogénération: le financement et le coût d'entretien du système. Le cas des pâtes et papiers au Québec illustre bien la difficulté du concept. Un propriétaire d'usine a comme premier mandat de battre la concurrence dans son domaine. Or, investir dans un cogénérateur et assurer sa bonne marche suppose qu'il disperse ses investissements et ses efforts. Il peut toujours se fier à une firme externe pour s'occuper de lui fournir l'électricité et la vapeur nécessaires, mais quand une grande société comme Hydro-Québec lui propose un tarif parmi les plus bas du monde, sans risque au niveau de l'approvisionnement, pourquoi se fierait-il à un producteur privé?

Aujourd'hui, la cogénération est loin d'être la panacée que l'on annonçait. Les prévisions américaines (*Outlook* 2005 www.doe.eia.gov) restent conservatrices pour la cogénération aux États-Unis: de 2002 à 2025, la capacité de cogénération passerait de 40,6 à 45 GW. Cela signifie une baisse de la part de la cogénération de 4,6% en 2002 à 3,9% en 2025.

Est-ce dire que la cogénération n'a pas d'avenir? Bien au contraire. Dans un contexte de rareté accrue des combustibles fossiles, il est absurde de laisser se perdre la plus grande partie de l'énergie utilisée dans les centrales thermiques. Pour la plupart des situations, en milieu urbain, par exemple, la production combinée de chaleur et d'électricité apparaît comme un concept d'avenir qui comble les lacunes d'un système dédié à un seul client. Les besoins d'énergie sont variés et mieux dispersés dans le temps, la problématique du promoteur est mieux gérée.

En fait, il faut distinguer deux périodes d'intérêt pour la cogénération. Tant que les combustibles seront en abondance, la cogénération restera limitée. Mais à partir du moment où la rareté se fera sentir ou que les coûts de production de l'électricité seront inflationnistes, plusieurs sociétés examineront la possibilité de récupérer la chaleur perdue. Cependant, pour que les conditions soient avantageuses, il faudra mettre en place une politique sévère d'aménagement des systèmes de production et de vente de chaleur. En ce sens, nous verrons, dans la quatrième partie, que la cogénération fait partie des solutions essentielles pour réduire notre dépendance envers les combustibles.

FIGURE 5a

Système conventionnel de fourniture d'électricité et de vapeur

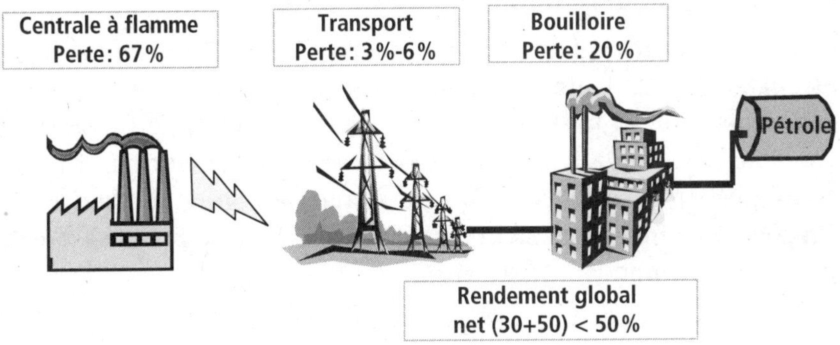

FIGURE 5b

Système de cogénération

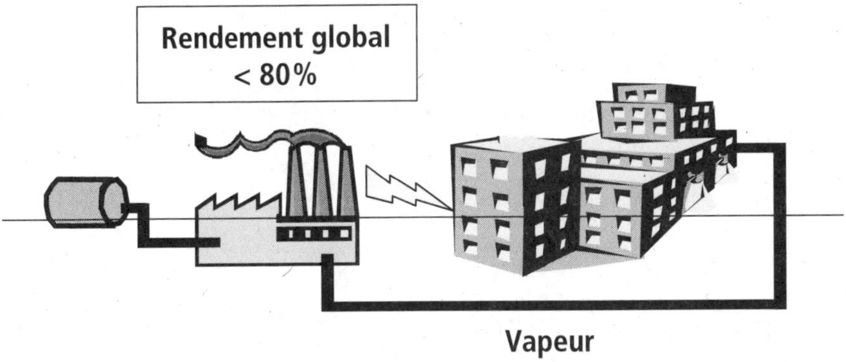

Perspectives

Réseau centralisé ou décentralisé, lequel offre le plus d'avantages pour réduire notre dépendance envers l'énergie? Qui doit contrôler la production: un groupe privé ou une grande société? De quelle façon doit intervenir l'État pour atténuer les effets négatifs de la multipropriété? Chose certaine, l'avenir comportera plusieurs modèles, et la réglementation devra être imaginative.

Force est d'admettre que les leçons du passé ne jouent pas en faveur de l'autarcie et des microsystèmes de production gérés par le privé. Par contre, à plus long terme, les nouveaux modèles décentralisés et interconnectés, où sont gérées toutes les formes d'énergie, font partie des solutions essentielles. *Village power*, chauffage urbain et centralisation ciblée des moyens de production sont tous des concepts qui vont amener des nouveaux modèles d'approvisionnement en énergie : électricité, combustible et chaleur. Il faut être conscient, cependant, que ces centrales d'énergie, situées près des grandes villes du monde, assurant le contrôle des polluants, ne correspondent absolument pas au rêve bucolique de la *self-production*, de l'autarcie (figure 6, chapitre 9). On parle ici d'investissements majeurs que seuls de grands groupes peuvent assumer.

9. La production d'électricité : première synthèse

Les tendances sont claires : les combustibles vont représenter longtemps encore la plus grande partie de la production d'électricité mondiale. Plusieurs raisons expliquent cette situation. Les ressources sont disponibles en quantité suffisante et à prix raisonnable pour un moment encore. Les technologies sont matures et la façon de les rendre plus efficaces est connue. Les industries gazière et du charbon offrent ensemble, à prix raisonnable, une gamme complète de capacités pouvant s'adapter aux divers profils de demande. On ne sent pas d'urgence pour développer des technologies plus performantes. Ajoutons à cela que l'industrie nucléaire bat de l'aile et que l'hydroélectricité est toujours en procès. Enfin, l'ouverture des marchés favorise les projets à faible capitalisation, dont les filières thermiques classiques à base de combustibles fossiles.

À moins de changements spectaculaires dans les politiques ou dans le contexte énergétique, on s'entend pour dire que l'industrie des combustibles fossiles dominera les marchés du secteur électrique à l'échelle mondiale pendant une grande partie du siècle. Qui dit hausse de la part des combustibles, dit hausse des impacts environnementaux, si aucun effort n'est fait pour la contrer. Voilà un premier écueil de taille. Quel que soit le scénario de concurrence adopté pour les combustibles fossiles, l'émergence de ce nouveau monde électrique à long terme, que l'on espère écologique, est donc loin d'être acquise parce qu'il est soumis à plusieurs contraintes d'inertie qui lui sont propres. Cela nous amène aux contraintes lourdes sous-jacentes au passage à un monde de plus en plus électrique. La disponibilité du capital pour le développement technologique, l'acceptabilité sociale et le modèle de gestion que l'on se donnera sont autant de contraintes d'inertie à considérer.

Comme l'électrification va se poursuivre, il faut espérer que son impact sur l'environnement et sur la disponibilité des combustibles fossiles conventionnels soit atténué. Plusieurs mesures devront être prévues, par exemple susciter des économies d'électricité au niveau de la demande, imposer les centrales thermiques les plus efficaces – turbine à gaz à double cycle, centrales à charbon propre, turbines fonctionnant à plus haute température – et adopter une approche régionale pour optimiser l'ensemble des systèmes interconnectés.

Sans avoir discuté encore de la place des filières émergentes et alternatives, la définition des scénarios est assez évidente si on examine l'aspect technologique du problème et la coopération intersystème. Essentiellement, la différence technologique entre les deux types de scénarios se situe dans l'efficacité des systèmes de production. Voici l'éventail de possibilités.

Les scénarios du chacun-pour-soi

Si on s'en tient aux systèmes classiques de production d'électricité, le *business as usual* et le «Non, merci!» l'emportent sur la conscience continentale et planétaire. Dans le secteur électrique, même le marché manque de prise devant la force des lobbies locaux et les groupes d'intérêt de toutes sortes. Imaginez l'attitude des politiciens devant imposer des réglementations sévères. Un tel scénario ne veut pas dire qu'il n'y a aucun progrès possible en faveur de filières thermiques plus «propres». Ces dernières années, on a vu apparaître les turbines à gaz efficaces et il est prévu que la performance des systèmes de production s'améliorera, pas à pas, en particulier dans les pays en développement (tableau 3).

En termes quantitatifs, si on se limite à la production thermique d'électricité, ce type de scénario signifie que les combustibles lourds augmenteront leur part de marche. Dans plusieurs régions du monde, le rendement moyen du système de production ne dépassera pas 35%, augmentant du coup le problème des gaz à effet de serre.

TABLEAU 3

Prévision des rendements des systèmes de production électrique

Pays ou région	2002	2025	2050	2100
États-Unis	30,9	33,3	–	–
Japon	33,7	35,8	–	–
Europe de l'Ouest	31,6	35,4	–	–
Chine	28,3	32,7	–	–
Inde	24,2	32,9	–	–
Monde Scénario 1	30	33	37	40
Scénario 2	30	37	45	50

Note: Comprend les pertes sur les lignes.

Source: www.eia.doe.gov, Outlook 2005

Les scénarios de la solidarité, du compromis et de l'équité

Si on s'en tient aux filières classiques, la principale différence, par rapport à la première classe de scénarios, se situe dans la réglementation plus sévère en faveur de filières moins dommageables pour l'environnement. Du moins, une certaine mise à niveau se fait du local au continental, puis à l'international. La communauté internationale s'implique également dans l'électrification régionale des pays en développement. En échange du financement, on assure un développement durable.

En termes quantitatifs, un scénario optimiste suppose que les rendements moyens de combustion pour les centrales thermiques passeront progressivement de 30% à 50%, y compris pour les centrales à charbon. Pour atténuer les impacts négatifs sur l'environnement, la cogénération et les systèmes de distribution de chaleur se répandent. La séquestration des gaz polluants, y compris du CO_2, est considérée autant que faire se peut. Le problème n'est ni technique, ni financier. Il est vrai que les centrales au charbon efficaces sont plus coûteuses (environ le double par kilowattheure produit), mais les avantages en termes d'impact environnemental compensent amplement l'investissement supplémentaire.

FIGURE 6

Vision bucolique des centrales énergétiques du futur

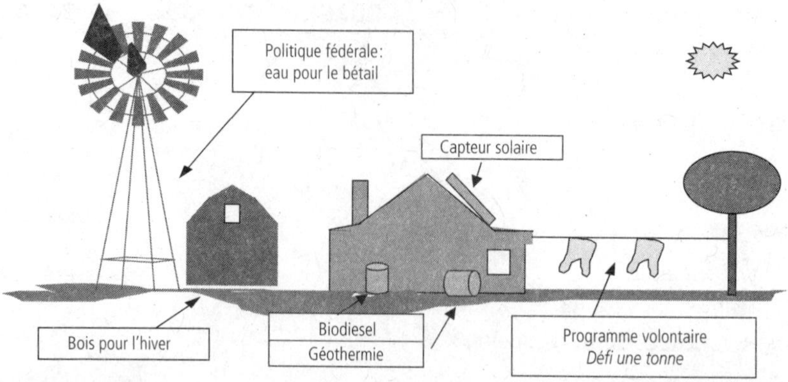

Être autonome, le rêve bucolique version 1970: capteur solaire, bois de chauffage, corde à linge, éolienne, et maintenant biodiesel et géothermie. À grands renforts de publicité médiatique, le chemin vers la maturité pour les énergies renouvelables passait d'abord et avant tout par le consommateur domestique. Cette vision a également été fortement appuyée par le gouvernement canadien qui a subventionné divers programmes ciblés au niveau du consommateur. Le Défi une tonne est le dernier en liste. Mais pendant que d'une main on laissait tomber les milliards pour l'industrie du pétrole et du gaz, qui réfléchissait à l'impact réel d'une publicité ou d'une déduction d'impôt pour le fermier de l'Ouest susceptible d'acheter une éolienne pour le pompage de l'eau? Comment se surprendre que le Canada tente de rattraper le peloton de tête de l'énergie éolienne? Et qu'il est le seul pays du groupe «industrialisé et émergent» à ne pas participer au programme de fusion international ITER?

Les modèles de gestion seront variés. Ainsi la déréglementation n'est pas un dogme. Elle est un instrument qui sert la complémentarité et les énergies à faible émission. La cogénération et les systèmes décentralisés sont également essentiels pour établir des modèles régionaux et urbains, pour établir le multiservice énergétique, pour récupérer la chaleur perdue et pour contrôler efficacement la pollution des centrales thermiques.

Dans tous les cas de figure, cette discussion nous amène à réfléchir sur l'évolution à moyen terme des filières alternatives. C'est le sujet de la prochaine partie.

Troisième partie

Les énergies du Soleil

10. Comment définir les énergies renouvelables?

Comment qualifier ces filières énergétiques que sont l'hydroélectricité, l'énergie éolienne, l'énergie solaire, la biomasse, l'énergie marémotrice ou la géothermie*? Sont-elles renouvelables, nouvelles, douces, alternatives ou autres?

Elles ne sont pas complètement douces si on calcule leur impact environnemental et social. Toute production d'énergie a un impact sur le milieu physique et sur les populations. Le principal défaut des énergies renouvelables, c'est qu'elles occupent beaucoup d'espace, et ça dérange. Pour chaque TWh produit, la biomasse[1] occupe 530 km^2. Dans les meilleures conditions, le solaire et l'hydraulique avec réservoir exigent environ 130 km^2. Même l'énergie éolienne ne s'en tire pas à si bon compte avec 15 ou 20 km^2 par TWh. Un rotor de plus de 100 m de hauteur, ça se voit de très loin. Nous sommes tous favorables aux énergies renouvelables... mais pas dans notre cour. Et il ne faut pas non plus qu'on puisse voir les lignes de transmission alentour.

Par contre, tous les discours font la promotion de l'utilisation rationnelle des énergies renouvelables, car, contrairement aux combustibles qui sont limités en quantité, elles ne mettent pas en péril le patrimoine mondial. Du moins, en général, car il arrive que leur utilisation soit également dommageable pour la planète. On pense, par exemple, à l'utilisation abusive du bois dans les pays en développement ou aux énergies qui ont un cycle de vie* défavorable, comme certains biocarburants*.

Ces filières sont évidemment renouvelables, du fait qu'elles peuvent être gérées selon un cycle de remplacement périodique. Elles ne sont pas foncièrement nouvelles. Certaines sont même aussi

1. Sources: Luc Gagnon, Hydro-Québec, pour l'hydroélectricité et la biomasse. Calcul de l'auteur pour les autres formes.

vieilles que le monde. Il faut certainement distinguer l'hydroélectricité et la biomasse des autres formes d'énergie, comme le solaire et l'éolien, à plus d'un titre. Les premières sont des énergies autonomes, en ce sens qu'elles permettent le stockage ou la mise en réserve pour assurer la sécurité d'approvisionnement aux clients. L'intermittence des rayonnements solaires et des courants éoliens demande plus d'ingéniosité dans la gestion de ces formes d'énergie.

Les premières correspondent à des industries matures: la biomasse existe depuis toujours, l'hydroélectricité, depuis plus d'un siècle. Bien que des progrès considérables aient été accomplis dans les dernières années, les industries éolienne et solaire restent fragiles dans plusieurs pays du monde.

C'est sans doute le qualificatif d'alternatives qui convient le mieux à ces formes d'énergie qui ne sont pas encore significatives. Elles constituent effectivement une solution de rechange aux combustibles fossiles ou aux systèmes énergétiques conventionnels fortement appuyés par l'ensemble des décideurs publics ou privés, qui ne se préoccupent pas toujours de la problématique plus large de l'ensemble de la chaîne énergétique.

La contrepartie de cette définition tient au fait que les formes d'énergie qui nous intéressent se définissent en termes de solution de rechange par rapport à des filières énergétiques dominantes. Elles risquent ainsi d'être étiquetées d'éternels «partis d'opposition» n'ayant aucune véritable chance d'occuper un jour une place prépondérante dans l'édifice énergétique. Ne devraient-elles pas, au contraire, aspirer à cesser un jour d'être alternatives? Nous verrons plus loin que l'énergie éolienne est sans doute celle qui est le plus susceptible de satisfaire, à terme, à cette ambition. Par contre, il n'est pas dit qu'elle deviendra universelle au même titre que le pétrole ou le charbon.

Il est important de préciser que ce livre discute de technologies qui auront un impact chiffrable sur le bilan énergétique mondial. Les technologies exotiques au niveau du consommateur, comme une pompe à eau solaire, font souvent la manchette, mais dans un contexte où l'urbanisation continuera sa poussée, il apparaît plus approprié de renseigner les gens sur les options de masse.

Pendant longtemps, on a cru que l'avenir du solaire, de l'éolien et même de la petite hydroélectricité passait par le consommateur, et non le producteur. Or il apparaît aujourd'hui que cette façon de penser a nui considérablement au développement et à la diffusion de ces technologies. On a aussi toujours mis ces sources d'énergie en concurrence avec les systèmes de production classiques : elles devaient fournir la même qualité de service et à un coût de revient inférieur pour être choisies.

Mais l'évolution récente de l'industrie éolienne a changé cette façon de voir. On sait maintenant que le développement des industries renouvelables en général passe par le soutien de l'État dans un premier temps, suivi de près par l'implication des entreprises. Pour les technologies de production d'électricité, il apparaît indispensable que les grands producteurs s'engagent dans l'évolution de la connaissance.

Un bilan vert fixe

La part des énergies renouvelables dans le bilan primaire est faible – environ 14% à l'échelle mondiale et elle a tendance à se détériorer (tableau 4). Essentiellement, deux formes d'énergie composent toujours le bilan vert des pays : l'hydroélectricité et la combustion de la biomasse. À moyen terme, les prévisions ne sont pas très optimistes non plus. Au mieux, les énergies renouvelables vont conserver leur part de marché. C'est ce qu'indique la prévision américaine pour l'horizon 2025 (tableaux 5 et 6). Les énergies renouvelables pour la production d'électricité restent le poste le plus important. Mais on voit monter la part des biocarburants, l'éthanol* en particulier.

À l'avenir, même si d'autres énergies alternatives, comme le solaire, sont en forte progression, les pays devront d'abord miser sur l'hydroélectricité, la biomasse et l'éolien pour limiter leur dépendance envers les combustibles. La raison de ces choix est simple : l'hydroélectricité et la combustion de la biomasse sont des techniques connues, autonomes et peu coûteuses. Nous verrons que l'éolien est en voie de se donner les mêmes caractéristiques. Cela nous amène à mieux définir la maturité d'une technologie.

TABLEAU 4

Croissance annuelle des énergies renouvelables, par période, dans le monde (%)

	1970-1980	1980-1990	1990-2001
Biomasse	3,5	3,0	1,6
Hydroélectricité	2,6	0,7	0,4
Géothermie	8,3	9,4	0,4
Éolien/solaire	6,4	23,5	23,1

Source: Rick Sellers, IEA, 2005.

TABLEAU 5

Énergies renouvelables: prévisions aux États-Unis (PJ)

Sources	2003	2025	2003-2025 (% annuel)
Électricité	3,8	5,4	1,6
Éthanol	0,2	0,4	2,2
Biomasse (autre qu'électrique)	2,4	3,1	1,2

Source: DOE-EIA, Outlook 2005.

TABLEAU 6

Énergies renouvelables: production d'électricité aux États-Unis (TWh)

Sources	2003	2025	2003-2025 (% annuel)
Hydroélectricité conventionnelle	269,3	301,1	0,5
Géothermie	13,1	32,8	4,2
Déchets municipaux	20,3	26,5	1,2
Biomasse	9,4	37,4	6,5
Solaire thermique	0,5	1,0	2,9
Solaire photovoltaïque[1]	0,0	1,0	30,0
Éolien	10,7	34,5	5,5

1. Intégration sur réseau.
Source: DOE-EIA, Outlook 2005.

Maturité des nouvelles technologies

Une technologie devient mature quand elle satisfait un certain nombre de conditions: la fiabilité, un réseau de vente qui assure la livraison et le service, un groupe qui assure le financement et le développement. Pour que ces conditions soient remplies, il faut aussi qu'elles soient compétitives et sérieuses par rapport aux technologies classiques. En ce sens, il faut distinguer les types de technologies selon leur état d'avancement. La grande hydroélectricité et sous peu l'industrie éolienne remplissent l'ensemble de ces conditions.

Atteindre la maturité ne signifie pas qu'il faut abandonner l'évolution de la connaissance. La recherche doit continuer, mais plus au niveau de l'augmentation de la performance et de l'analyse de risque. Par exemple, pour les gestionnaires de système hydraulique, l'hydrologie et la climatologie sont des domaines d'analyse qu'il faut soutenir dans un contexte de changement climatique. Le solaire n'a pas atteint la même maturité et pour plusieurs raisons. Que la technologie soit de type thermique ou de type photovoltaïque, la conversion du rayonnement solaire en énergie utile n'est pas toujours rentable. Cette situation invite une recherche plus fondamentale.

Pour comprendre ces phénomènes d'évolution des nouvelles technologies et leur état actuel, le développement de la filière éolienne est intéressant à analyser parce qu'il est en cours de réalisation. Plusieurs parallèles peuvent être faits avec d'autres technologies qui dans leur développement ont connu l'enfance, l'adolescence, puis la maturité. En général quand tout se passe bien, deux ou trois décennies suffisent pour rendre mature une technologie. Ce fut le cas pour l'hydroélectricité et le nucléaire. Mais l'enthousiasme des premiers temps n'est pas garant de l'avenir. L'économie n'a pas de modèle pour revaloriser une technologie déchue. Nous en discuterons dans le chapitre sur l'hydroélectricité.

Pour le moment, revenons à l'énergie éolienne pour comprendre les divers facteurs qui jouent dans l'évolution d'une nouvelle technologie énergétique.

11. En vent et contre tous

Le problème, avec l'éolien, c'est le vent.
Lionel Boulet, fondateur de l'IREQ

La progression de l'industrie éolienne dans la dernière décennie a de quoi faire rêver n'importe quel investisseur. Pour la période 1990-1997, l'industrie éolienne a connu la plus forte croissance parmi les systèmes de production d'électricité : 25,7% contre 2,1% pour l'industrie du gaz naturel, pourtant l'industrie montante des filières classiques de production d'électricité. Depuis 1997, la progression de l'industrie est encore plus extraordinaire puisque le taux de croissance annuel dépasse les 35% dans le monde. En Europe, la capacité a doublé.

Parmi les technologies émergentes, l'énergie éolienne est sans aucun doute celle dont l'avancement technologique et la rentabilité se rapprochent le plus de celles des filières classiques. Est-ce que l'industrie éolienne peut vraiment espérer devenir un joueur mondial d'importance? Il y a tout lieu de le croire, si on se fie aux prévisions de l'industrie. Alors qu'il y a quelques années à peine, on l'écoutait d'une oreille distraite énoncer ses objectifs, jugés trop ambitieux, la perception change à la lecture des derniers chiffres. On commence à considérer avec plus de sérieux l'objectif de 10% de la capacité électrique mondiale, fixé pour l'an 2020.

C'est qu'en fonction des projets annoncés sur tous les continents du monde, on est bien obligé d'admettre que l'industrie remplit ses promesses. Les joueurs se précisent. La technologie semble de plus en plus fiable. Les innovations à faire sont connues. Les coûts continuent de baisser. Et comme ceux des énergies concurrentes sont à la hausse, on peut penser que d'ici quelques années, l'énergie éolienne sera l'option à battre dans la plupart des pays du monde.

Il y a à peine quelques années, l'industrie éolienne semblait encore fragile et avait toujours besoin d'un soutien public important. Même en Allemagne, pourtant chef de file mondial, la déréglementation du secteur électrique rendait problématiques les nouveaux projets éoliens dans des régions où le vent soufflait environ à 6 m/sec en moyenne. Les grands producteurs, Électricité de France (EDF) et Hydro-Québec en tête, refusaient toujours de participer directement aux efforts de développement de cette industrie.

Sans faire de bruit, et souvent dans l'adversité, l'éolien est devenu une solution de rechange aux qualités économiques et techniques reconnues. Les contraintes environnementales, entre autres liées au réchauffement climatique et au respect du protocole de Kyoto, la perception positive de la filière, la flambée des prix du gaz et du pétrole, et surtout la réalisation des objectifs de la part de l'industrie éolienne elle-même se sont combinées pour rendre cette dernière incontournable. Pour preuve, le graphique 14 sur l'évolution de la puissance éolienne installée dans le monde montre une croissance exponentielle depuis plus d'une décennie. Et les prévisions sont sans cesse revues à la hausse.

GRAPHIQUE 14

Évolution de la puissance éolienne installée annuellement et cumulée dans le monde

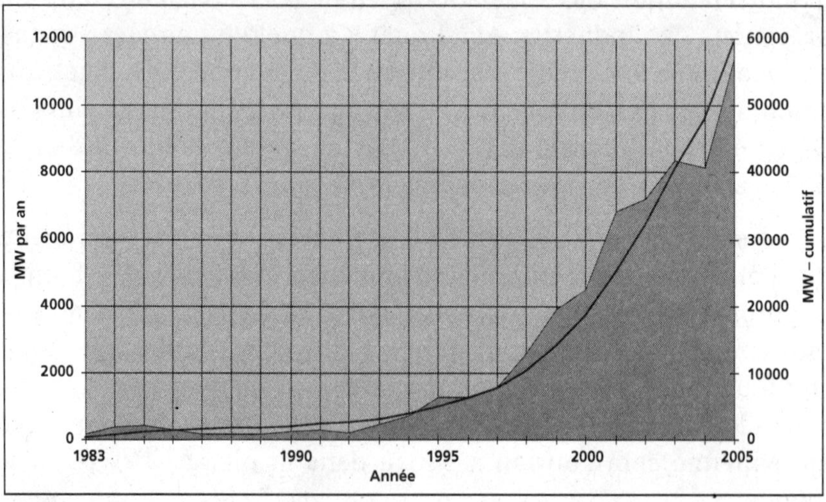

Source: BTM Consult ApS, mars 2006.

Ce succès s'explique d'abord par les efforts soutenus des pays investisseurs, qui sont principalement européens (73% de la capacité installée dans le monde). En 2005, les trois leaders mondiaux, en termes de capacité installée, étaient l'Allemagne (14609 MW), les États-Unis (6352 MW) et l'Espagne (6202 MW). Le Danemark (3000 MW), qui fut un pionnier dans la relance de l'industrie éolienne des années 1990, reste un moteur important de la filière éolienne, à la fois en termes de R-D et de production industrielle.

Par effet d'entraînement, de nouveaux joueurs sont apparus aux quatre coins de la planète. Après l'Europe, l'attention se tourne maintenant vers l'Amérique du Nord, qui tente de combler son retard. Dans les pays en développement, il faut suivre de près la progression notamment de l'Inde. Dans la plupart des pays du monde, les objectifs proposés sont désormais ambitieux, en termes tant de quantité d'énergie éolienne installée que de délais de livraison des projets acceptés.

Même le Canada, qui a toujours rechigné à participer au développement de l'industrie éolienne, affiche une progression impressionnante des projets proposés. Pourquoi ce pays a-t-il été un si petit joueur dans le développement de l'éolien? Au début des années 2000, la capacité installée au Canada n'était que de 124 MW, dont 100 MW en Gaspésie. Est-ce à dire que la ressource éolienne n'était pas de qualité? Non, bien sûr. Un si vaste territoire, baigné de lacs immenses, entouré de trois océans, recèle nécessairement un grand potentiel éolien. On sait depuis toujours qu'il y a au Canada des vents de qualité le long des côtes, dans certaines régions des Prairies et dans la toundra arctique.

Deux autres caractéristiques avantagent le Québec et le Canada: la place de l'hydroélectricité dans le bilan de la production électrique et le maillage de leurs réseaux avec ceux des voisins. Pourtant, malgré ces avantages, le Canada s'est contenté trop longtemps de promouvoir les filières traditionnelles de production d'énergie, dont les gestionnaires ont plus souvent qu'autrement été des empêcheurs de tourner en rond pour ceux qui tentaient la conquête du vent. Mais les choses ont changé en quelques années seulement.

Parmi les coups de théâtre, il faut certainement citer la volte-face d'Hydro-Québec, en juin 2005. À peine un an après le débat houleux sur la centrale thermique du Suroît, la nouvelle a surpris tout le monde. Conscients d'être portés par un consensus rarement observé dans l'histoire récente du Québec, le premier ministre Jean Charest et le nouveau PDG d'Hydro-Québec, Thierry Vandal, *«visaient haut et ambitionnaient de faire d'Hydro-Québec la référence mondiale en matière d'intégration de l'éolien au réseau de distribution de l'électricité*[1] ». Ils annonçaient alors que le thermique était éliminé de la carte énergétique future du Québec. En remplacement, une capacité de 2000 MW d'énergie éolienne supplémentaire serait installée. Au total, on atteindrait 3500 MW vers 2014, ce qui est tout près de l'objectif minimal de 10% de la capacité de production du Québec-Labrador que plusieurs intervenants avaient suggéré, lors de la dernière commission parlementaire sur la sécurité énergétique[2].

Hydro-Québec a compris son erreur lors du premier appel d'offres de 1000 MW imposé par le gouvernement en 2004. Le dévoilement des soumissionnaires retenus a réservé plusieurs surprises de taille. Au total, l'arrivée en masse de 1000 MW d'éoliennes, en Gaspésie, allait contribuer à défaire le mythe selon lequel l'éolien est cher et ingérable. Le prix moyen proposé, à l'exclusion du coût d'équilibrage*, se situait à 6,5 ¢/kWh. Ce prix dépassait déjà la concurrence. Le prix du kWh d'une centrale de cogénération se situait à 9,2 ¢/kWh et celui des grandes centrales hydroélectriques prévues pour l'horizon 2010 dépassait 8 ¢/kWh.

Écologistes, chercheurs, journalistes et intervenants de toutes sortes, tous ceux qui ont contribué à défaire les mythes, ont été surpris par l'ampleur de l'annonce. Comme dans une course de relais, la mission semblait accomplie, le témoin venait d'être passé aux grands. Que s'est-il passé pour qu'enfin l'éolien soit reconnu comme une solution d'avenir? Retournons un peu en arrière.

---

1. G. Lafrance, «Devenir une référence mondiale en éolien, quel plan suivre?» *Revue Choc*, vol. 24, nº 2, octobre 2006.
2. Voir mémoires de la commission parlementaire de 2005 [www.mrnf.qc.gouv.ca], dont celui de l'auteur.

Le chemin de Damas

Il y a bien longtemps que les hommes ont imaginé des moyens pour exploiter les vents. La voile, bien sûr, a permis aux sociétés de pallier les problèmes de transport de marchandises, la voie terrestre étant improductive. Pendant des millénaires, jusqu'à la fin du XIXe siècle en fait, le voilier a été un élément essentiel du développement des grandes civilisations. Mais le vent comme support mécanique dans les travaux industriels ou domestiques n'a pas connu le même succès que sa rivale, la force hydraulique. On a trouvé, chez les Perses, des roues à aubes que le vent faisait tourner. Mais la productivité de ces machines était loin d'être satisfaisante. Pendant longtemps encore, les civilisations se sont appuyées sur la force musculaire de l'homme ou de l'animal pour satisfaire leurs besoins de force mécanique.

C'est vers le XIIe siècle qu'apparaissent en Europe les premiers moulins à vent sur une base industrielle. En pleine époque féodale, les seigneurs contrôlaient l'utilisation des rivières, et donc la force hydraulique. Vint alors l'idée d'utiliser le vent et d'échapper ainsi au joug et aux impôts des princes. Pour les marchands, en particulier, le moulin à vent apparut rapidement comme un instrument de démocratisation de l'énergie. Avec la force hydraulique, ces étranges machines tournantes ont ainsi contribué à l'essor de la première révolution industrielle, remplaçant en partie les animaux pour les travaux harassants, comme pomper l'eau ou moudre le grain.

Les premiers moulins étaient constitués d'une solide tour ronde, et les ailes ressemblaient à des échelles sur lesquelles on fixait des toiles. Le meunier mettait beaucoup de voile par petit vent, et réduisait la quantité de toile lorsque le vent était fort. C'était déjà ingénieux. Puis on a amélioré les mécanismes, par exemple en permettant au chapeau du moulin de tourner afin d'orienter les pales vers le vent.

Apparaît ensuite le moulin pivot, un défi technique considérable : tout le bâtiment est suspendu sur un axe central et peut s'orienter dans la direction du vent. Vers 1845, les meuniers en eurent assez de monter dans les ailes pour installer ou enlever les toiles en fonction des vents. C'est Berton, un inventeur français, qui mit au point une aile constituée de planches mobiles rétractables. Nos hélices modernes à pas variable ne constituent finalement qu'une modeste amélioration de ces ingénieux mécanismes.

À l'aube de l'ère du pétrole, il existait encore beaucoup de moulins à vent en Europe. Mais le Danemark et les Pays-Bas étaient les seuls pays qui avaient véritablement maintenu vivante la culture de la technologie éolienne. Pas étonnant, donc, que la relance moderne de l'industrie éolienne soit partie de cette région du globe. Il faut dire que le pompage de l'eau hors des polders, en Hollande, était une question de survie et, jusqu'à récemment, ce sont les moulins à vent qui se sont acquittés de cette tâche.

En Amérique, le moulin à vent a aussi contribué au tissu industriel, comme en font foi certaines belles machines à moudre, par exemple celle de l'île Perrot, tout près de Montréal, ou ce moulin de l'île aux Coudres, construit en 1826, toujours en activité pour les touristes. Mais ce sont sans doute les westerns qui nous ont fait découvrir une autre utilité répandue des éoliennes. Grinçantes, perdues au milieu des champs, dans la ferme américaine traditionnelle, ces pompes à eau tournant au gré du vent ont fait partie du paysage rural des grandes prairies américaines jusqu'à tout récemment. Pour augmenter le rendement, on a vu apparaître l'aileron, qui sert à orienter la tête de l'éolienne dans l'axe du vent mais aussi qui permet de la freiner lorsque les vents sont trop forts et menacent d'abîmer la machine.

Les éoliennes peuplent donc, sous une forme ou sous une autre, le paysage planétaire depuis près d'un millénaire. Mais au début des années 1970, les moulins hollandais et les pompes à eau des grandes prairies américaines étaient relégués au folklore mondial. Tout au plus serviraient-ils aujourd'hui à faire de belles cartes postales. Personne ne prenait au sérieux les rares alarmistes qui disaient qu'un jour l'énergie du vent occuperait une part non négligeable du bilan de la production énergétique mondiale. Le premier choc pétrolier de 1973 allait changer les perceptions. Mais le chemin de Damas était loin d'être terminé. Plusieurs mythes devaient être défaits les uns après les autres pour qu'enfin l'énergie éolienne soit prise au sérieux.

Une forme d'énergie du passé?

Comment penser sérieusement que dans ce processus continuel de densification des formes d'énergie, on retourne à une énergie aussi ancienne? Du couple charbon-vapeur, le monde était passé à l'ère du pétrole. Du coup, par unité de volume, la quantité d'énergie calorifique produite par un pétrole raffiné, par rapport à un charbon de qualité moyenne, avait été multipliée par deux. Et c'était sans compter que l'économie du pétrole offrait des avantages incomparables, en termes d'impacts technologiques, environnementaux, sociaux et économiques.

À peine cette économie du pétrole avait-elle atteint sa pleine maturité, que l'on pensait déjà à la suite des choses. Le développement récent de l'énergie nucléaire faisait miroiter un monde futur fortement technologique et sans contrainte d'approvisionnement énergétique. Même le Québec de 1970 a hésité avant de se lancer dans l'aventure de la Baie James. Le recours massif à l'hydroélectricité apparaissait aussi comme un retour en arrière, comme un refus de participer à l'évolution. La maîtrise de l'énergie de l'atome, sous forme de fission d'abord et de fusion par la suite, ne laissait-elle pas présager un monde équitable pour tous? Et les nations qui n'avaient pas axé leur développement sur cette nouvelle forme d'énergie prendraient-elles un retard considérable dans la nouvelle économie technologique?

C'est dans ce contexte que les premiers efforts de développement de l'énergie éolienne sont apparus. Dans les premiers temps, on ne peut pas dire que c'est grâce à la vision des décideurs politiques que les premiers groupes de recherche sont apparus dans les pays occidentaux. À cette époque, il faut bien le dire, une grande partie des subventions allait au nucléaire. Et le deuxième choc pétrolier de 1979 a fini de convaincre les gouvernements de financer fortement l'industrie pétrolière et gazière. Au Canada, par exemple, le gros des fonds de la Politique nationale de l'énergie (PNE)[3] et les mesures incitatives de toutes sortes qui ont suivi sont allés

3. La PNE, instaurée par Pierre Eliott Trudeau, pendant les années 1970, avait pour principal objectif de préconiser un nationalisme énergétique, à la fois pour les générations présentes et futures. La maîtrise de la production des combustibles nationaux figurait en tête de liste.

à l'exploration pétrolière, au développement de l'offshore et des sables bitumineux, à l'expansion des gazoducs et au repositionnement de l'industrie pétrochimique.

Heureusement, le souci de se soustraire de la dépendance à l'égard des pays de l'OPEP était tellement présent que tout ce qui permettait d'augmenter l'autosuffisance énergétique d'un pays était subventionné. Au Canada, par exemple, la recherche en énergie éolienne et solaire a été en grande partie justifiée par le fait qu'on y voyait des applications potentielles dans les régions éloignées du nord ou dans les réseaux autonomes. Ces régions dépendent en général fortement du mazout pour satisfaire tous leurs besoins énergétiques.

Dans le domaine éolien, la recherche canadienne et celle de bien d'autres groupes nationaux se sont donc limitées en grande partie au développement de microsystèmes et de petits systèmes, le concept éolien-diesel en particulier. Au moment où le monde entier se tourne vers les grands parcs éoliens, il n'est donc pas surprenant que les Canadiens dépendent grandement de l'industrie étrangère, cela malgré les avantages considérables qu'offrent leur territoire et leur réseau hydraulique.

Suite au premier choc pétrolier de 1973, avec des moyens réduits par rapport à d'autres formes d'énergie, chercheurs et industriels qui croyaient à un avenir plus glorieux pour l'éolien se sont donc mis à l'ouvrage. Mais par quel bout commencer?

Dans les premiers temps, le développement technique des éoliennes modernes emprunte beaucoup à l'aviation. Les tours en treillis tendent à disparaître. À la façon des avions à hélice, les pales tournent rapidement, au gré du vent. Mais cette pratique contribuera à créer la mauvaise réputation de la filière. Bruyantes, alignées en rangs d'oignons, coûteuses et peu fiables, les éoliennes des premiers grands champs, comme celui de la Californie (2000 éoliennes de 100 kW par unité) étaient loin de faire l'unanimité.

Après avoir réalisé des prouesses techniques avec les éoliennes à axe vertical, les inventeurs continuent d'explorer des machines à vent parfois étonnantes, comme les turbines Darrius à axe horizontal (de type «batteur à œuf»). Au Québec, les chercheurs de l'IREQ, en collaboration avec le secteur privé, font progresser l'idée de façon remarquable, au point de convaincre les décideurs d'aller de l'avant dans la construction de deux grandes éoliennes, l'une aux îles de la Madeleine, l'autre à Cap-Chat en Gaspésie.

Les deux connaîtront un triste sort. La première tombera sous des vents forts à peine un mois après sa mise en exploitation. La seconde, que l'on peut toujours visiter sur le site Le Nordais, à Cap-Chat, fonctionnera pendant plus d'un an. Cette grande éolienne de 4 MW est la plus puissante du monde. Mais l'usure prématurée des mécanismes de roulement montre rapidement l'un des défauts inhérents de la technologie : le poids de la machine par unité de surface exige des réparations périodiques très coûteuses du roulement à billes, car il faut soulever toute l'éolienne pour effectuer l'opération. De plus, le système de haubans occupe beaucoup d'espace au sol et engendre des résonances bruyantes, inacceptables dans un environnement habité.

FIGURE 7

Une technologie de musée?

Dans les années 1960, au moment où l'homme mettait les pieds sur la Lune et que les chercheurs n'en avaient que pour le nucléaire, rares étaient ceux qui prévoyaient un avenir pour l'éolien.

Source : Jean-Philippe Lafrance, Village ethnographique de Pyrohovo (à 150 km de Tchernobyl), Ukraine, 2006.

Beaucoup d'argent investi pour rien! se sont empressés de souligner les détracteurs de l'éolien. Et, comble de malheur, quelques années auparavant, les pales d'une éolienne en démonstration sur le toit de l'IREQ avaient échoué devant l'entrée de l'édifice, en pleine heure de lunch, devant des visiteurs plutôt portés à rire qu'à pleurer. Lionel Boulet, directeur fondateur de l'IREQ, connu pour son sens de l'humour, avait lancé spontanément: «Le problème, avec l'éolien, c'est le vent!»

Pour les chercheurs, il s'agissait d'une étape normale d'apprentissage. Le bris mécanique de la transmission venait de montrer que les forces en jeu étaient loin d'être négligeables. Il fallait emprunter les idées à l'industrie lourde plutôt qu'à l'aviation. Mais l'expérience ratée, une de plus dans le monde, n'était pas pour convaincre des investisseurs déjà sceptiques. Boudés par la communauté scientifique elle-même, qui préférait travailler dans la vraie science et les défis fondamentaux que soulevaient la fusion, la fission et le solaire, les pionniers de l'éolien avaient fort à faire pour se chercher des fonds de recherche.

Pendant longtemps encore, l'éolien suscitera le sarcasme plutôt que le respect et l'appui. Les quolibets pleuvront, tous plus méchants les uns que les autres. Ainsi la bouade: on n'est pas pour mettre des ventilateurs de Montréal à Gaspé pour faire plaisir aux écologistes. Force était de constater qu'au début des années 1990, la quantité d'éoliennes nécessaires pour éviter la construction d'une centrale classique comme Grande-Baleine (3000 MW) était gigantesque. Même en étant optimiste sur le taux d'utilisation des éoliennes offertes sur le marché (au mieux 20%), il aurait fallu intégrer 45000 éoliennes de 200 kW pour faire le compte!

Quinze ans plus tard, malheureusement, les perceptions négatives n'avaient pas encore changé. Tout récemment[4], le directeur général d'EDF y allait aussi de son hypothèse: «En installant des centrales éoliennes le long de tout le littoral français, de Dunkerque à Nice, et en espaçant de 300 mètres chaque unité, la production totale serait inférieure à celle réalisée par quatre centrales nucléaires.»

4. «Brise légère sur l'éolien français», *Science et vie* (2003), p. 137.

En 2004, en plein débat sur la centrale thermique à gaz naturel du Suroît, le PDG d'Hydro-Québec est allé dire dans une entrevue: «Au Québec, il vente trop fort. L'éolien, ça marche pas.» Même si la déclaration exploitait le même filon que celle de Lionel Boulet, elle n'était pas drôle. Plusieurs intervenants n'ont pu s'empêcher d'y voir un dénigrement non fondé. Cette déclaration sous-entendait deux vérités. D'abord, elle faisait référence aux déboires du projet Le Nordais. Les rendements des éoliennes de 750 kW n'avaient pas atteint les objectifs initiaux: 16% à 18%, au lieu des 25% annoncés. En ce sens, le gestionnaire d'Hydro-Québec avait raison de ne pas encore faire confiance à la technologie.

Mais sa déclaration cachait une autre réalité: Hydro-Québec refusait toujours de participer activement au développement de l'éolien. Son plan stratégique était très clair: la priorité allait à l'hydroélectricité et aux centrales thermiques efficaces. Pas un mot sur l'éolien, même si en 2004, la démonstration avait été faite que le Québec présentait un avantage considérable pour le couplage hydro-éolien.

Heureusement, depuis un bout de temps déjà la démonstration anti-éolienne ne tenait plus la route. La technologie offerte sur le marché n'avait plus rien à voir avec celle produite à peine cinq ans auparavant. Les performances avaient été multipliées par deux et le coût avait baissé d'autant.

En fait, dans tous les pays du monde, y compris au Danemark, les grands producteurs d'électricité ont été absents du développement initial de l'éolien. Dans certaines régions, le manque de collaboration obstiné des grandes sociétés d'État a même constitué une nuisance. Les attaques envers l'énergie éolienne relevaient plus souvent qu'autrement d'une approche politicienne en faveur de l'acquis, l'hydroélectricité au Québec, le nucléaire en France, le gaz naturel ailleurs. Bien souvent, la comparaison des prix de l'éolien avec ceux des énergies en place relevait carrément de l'aveuglement et d'un manque d'objectivité total des gestionnaires locaux.

Au Québec, jusqu'en octobre 2004, Hydro-Québec a toujours soutenu que le prix de l'éolien était environ deux fois plus élevé que celui d'une centrale à gaz naturel ou hydroélectrique. En France, on continuait d'affirmer que le kWh éolien coûtait 33 centimes contre 20 à 21 centimes pour le kWh nucléaire[5]. Dans tous les cas, on faisait les mêmes erreurs grossières. D'abord, pour l'éolien, on prenait le coût de l'heure, alors que pour les formes classiques, on choisissait le coût marginal de la dernière centrale en construction. On omettait ainsi deux réalités du contexte énergétique contemporain : l'éolien est une technologie émergente dont le coût baisse de façon continue. Pour les formes classiques de production d'électricité, les perspectives sont inverses.

En Amérique du Nord, la flambée des prix du gaz naturel a remis certaines pendules à l'heure. Au Québec, le manque de contrôle des coûts pour les nouvelles centrales hydroélectriques, combiné à une opposition soutenue de plusieurs groupes de pression, a également mis un bémol sur le tout hydroélectrique. Alors que dans tous les autres pays du monde, la filière nucléaire est en difficulté, peut-on penser que la France remplacera ses centrales existantes par de nouvelles centrales sans opposition et à des coûts réels comparables?

L'opposition, parfois féroce, envers l'éolien s'est vérifiée partout. Tout était bon pour se soustraire à l'action. On vient de citer le bras de fer avec Hydro-Québec, mais en France, l'absence d'une industrie éolienne forte n'est pas étrangère au manque d'intérêt d'EDF, voire à son dénigrement continuel de la filière. Et quelles sont ces critiques? Toujours les mêmes depuis 25 ans, le coût d'abord, ensuite les désagréments pour les populations habitant près des sites, et enfin les innombrables problèmes techniques. Bien que toujours présents, on oubliait trop souvent que plusieurs de ces problèmes avaient fortement été atténués avec le temps.

Dans une réunion Québec-État de New York, tenue en 2004 et organisée par la fédération des chambres de commerce de chaque État, alors que les experts du domaine éolien auraient voulu discuter des véritables enjeux de l'industrie éolienne régionale, dont la complémentarité des réseaux, quelle ne fut pas leur surprise d'entendre un représentant d'Hydro-Québec affirmer le plus sérieusement du monde que les principaux enjeux de l'énergie

5. *Idem.*

éolienne étaient l'intensité sonore, le danger pour les oiseaux, l'impact visuel, l'incapacité de gérer l'intermittence, un signal imparfait, un coût non compétitif, etc. Rien de constructif. Cette présentation de la société d'État montrait encore une fois la connaissance livresque de compagnies qui n'avaient pas contribué directement à l'évolution de la connaissance dans le domaine éolien.

Il faut dire qu'au début des années 1980, la technologie n'avait pas rempli ses promesses et que sa mauvaise réputation lui a collé à la peau jusqu'au début des années 2000. À quelques exceptions près, la conquête du vent s'est donc faite dans l'adversité plutôt que dans la collaboration et l'harmonie. Le développement de l'industrie en a souffert dans plusieurs pays. Aux États-Unis, malgré un départ fracassant en Californie, l'industrie, laissée seule face aux lois du marché, n'a pas survécu. Au Canada, sans l'intervention du Québec et de l'Alberta, on en serait encore à promouvoir l'éolien-diesel pour les villages autochtones.

Malgré que l'industrie soit en voie de conquérir le monde, il existe encore des poches de résistance. En France, si on se fie aux déclarations médiatiques de divers groupes, y compris écologiques, la brise sera légère pendant encore un bout de temps. Encore aujourd'hui, dans la pensée de plusieurs gestionnaires de l'énergie, on reste prudent; l'éolien ne fait pas sérieux. Heureusement, grâce à l'intervention de certains États, comme le Danemark, l'Allemagne et l'Espagne, l'industrie éolienne a émergé. En quelques décennies, une poignée de croyants tout au plus a fait passer la technologie du stade de la curiosité à une affaire sérieuse. «Quand les hommes cravatés avec boutons de manchettes s'emparent des congrès, ce n'est plus une affaire de broche à foin.» Cette boutade venue d'un collègue en dit long quand elle est lancée spontanément par un expert du domaine qui a fait ses classes comme tout le monde dans des colloques mal financés, boudés par les «vrais scientifiques», occupés par les écologistes purs et durs.

Le développement de l'industrie éolienne aura finalement suivi le parcours traditionnel des formes d'énergie classiques, observé depuis 140 ans. Vingt ans après l'intervention de Rockefeller, l'industrie pétrolière avait défini ses bases. Au début du XXe siècle, le développement de l'hydroélectricité mettra de 20 à 30 ans pour arriver à maturité. Pendant ce temps, les propriétaires des centrales thermiques classiques feront le même cheminement. Quinze ans après l'apparition du premier réacteur nucléaire commercial, en 1956, les gestionnaires de l'énergie avaient acquis la confiance envers la filière au point d'en faire une politique d'innovation technologique.

L'intérêt de l'éolien, c'est que nous avons vécu l'histoire. Bien sûr, les décisions des politiques et l'appui des populations ont été importants. Mais pour bien comprendre comment l'industrie a réussi à convaincre les uns et les autres, il faut consacrer un peu de temps aux concepts techniques qui ont été proposés.

12. Le vent de l'avenir : les concepts

Pour comprendre le cheminement historique, présent et futur des développeurs, il est utile de rappeler quelques considérations générales sur les aspects technologiques et la gestion de l'énergie éolienne.

Les enjeux technologiques

La puissance théorique extraite du vent dépend de la densité de l'air, de la surface balayée par les pales et de la vitesse du vent. Un calcul simple de cette puissance utilise l'expression de l'énergie cinétique du vent, soit :

$$E_c = \frac{1}{2} mV^2,$$

m étant la masse de l'air et V, la vitesse du vent à la hauteur de l'éolienne. Or, la masse d'air m correspondante est celle brassée par les pales de l'éolienne :

$$m = \rho(\pi R^2 Vt),$$

R étant la longueur d'une pale, t, l'unité de temps et ρ, la masse volumique de l'air.

Comme la puissance P est l'énergie par unité de temps, on obtient :

$$P = \frac{E_c}{t} = \frac{1}{2} \rho \pi R^2 V^3.$$

Cette valeur doit ensuite être ramenée à la capacité de l'éolienne, c'est-à-dire à un coefficient d'efficacité fonction de la conversion de l'énergie mécanique en énergie électrique.

Plusieurs facteurs doivent donc être pris en compte pour exprimer correctement le rendement d'une éolienne, dont les conditions météorologiques. Le physicien allemand Betz a notamment démontré, en 1919, que toute l'énergie ne pouvait pas être récupérée, le vent n'étant pas nul après avoir traversé l'éolienne. Il avait fixé le rendement théorique à 59%.

Pour s'approcher de ce rendement théorique, il faut optimiser l'écoulement sur les pales et réduire les pertes mécaniques. De ce côté, l'industrie a fait de grands pas. Mais pour avoir une estimation de la qualité d'un site, le paramètre le plus important reste la dépendance à l'égard de la puissance au cube de la vitesse du vent, ce qui nécessite une connaissance de la distribution de la vitesse du vent et non pas seulement de la vitesse moyenne. La densité de l'air ρ peut, surtout en climat froid, influer sur la puissance disponible, puisque cette valeur varie en fonction de la température de l'air (en °C) et de la pression atmosphérique.

Ceci veut dire que pour une région froide comme le Québec (avec des températures variant entre −30 °C et +30 °C), les variations de la densité de l'air peuvent atteindre 20% et se répercutent directement sur l'énergie produite par une éolienne. L'acclimatation à un climat nordique, aux conditions parfois extrêmes, représente donc un des enjeux technologiques pour l'industrie.

«Au Québec, il vente trop fort. L'éolien, ça marche pas!»

Dans une région nordique, le paramètre densité de l'air est de première importance pour le design d'une éolienne. Et ce fut une des causes des malheurs du projet Le Nordais au Québec. Les éoliennes NEC Micon, mises au point au milieu des années 1990 pour les conditions plus clémentes du Danemark et de l'Allemagne, ne pouvaient supporter le stress supplémentaire de 15% à 20% que présentaient les vents froids de la Gaspésie. Au lieu de les arrêter à des vents de 25 m/sec comme c'est la norme, il fallait les stopper à 20 m/sec. L'entreprise Axor perdait du coup le bénéfice de vents plus forts. Bien entendu, l'industrie a résolu ces problèmes d'adaptation à toutes les conditions climatiques, notamment en proposant des turbines à vitesse variable et des pales à pas variable. Une autre variable explique les mauvaises performances du projet Le Nordais: l'estimation un peu trop rapide de la qualité du site[1].

1. L'analyse régionale des vents (thèse de J. Choisnard, INRS-EMT, 2005) a montré qu'il y avait un trou de vent dans la région de Cap-Chat à cause de la turbulence générée par les monts Chic-Chocs.

Dans la recherche des bons sites, la première condition est bien sûr la qualité des vents. Où sont ces bons vents? En général, un vent moyen annuel de moins de 6 m/sec ne permet pas d'atteindre la rentabilité. Les sites du sud de l'Allemagne étaient dans cette situation pour les technologies de 750 kW à 1 MW. Les industriels ont donc décidé de construire des éoliennes de plus grande taille. Ils gagnaient ainsi sur deux tableaux: la taille[2] permettait des économies d'échelle sur le coût d'installation et, en doublant le diamètre de l'espace balayée par les pales, on quadruplait la puissance.

Pour tirer parti au mieux du vent, le gain en hauteur permettait d'aller chercher des vents de meilleure qualité. Près du sol, le vent est en effet influencé par la topographie et la rugosité. C'est ce qui explique que les vents sont en général de meilleure qualité en milieu côtier, en pleine mer ou dans des endroits plats et sans grande végétation, comme c'est le cas, au Canada, au nord du 55e parallèle. L'atlas éolien (www.atlaséolien.ca) du Canada illustre parfaitement ces caractéristiques du vent.

Mais attention, avoir du vent ce n'est pas tout. Il faut encore le transformer en énergie avec le maximum de rendement. La puissance d'une machine est fonction de la vitesse au cube. Les vents faibles et variables se situant sous les 3 m/sec, voire 5 m/sec, ne sont pas très utiles. Ceux de plus de 25 m/sec (90 km/h) non plus, car ils mettent en péril l'installation en place.

Cette discussion nous amène à définir un deuxième élément technique: la courbe de performance. Si le vent s'annonce prometteur, une éolienne moderne démarre à 3 m/sec (environ 10 km/h) et atteint son rendement maximum à 12 m/sec environ. Le défi technique consiste ensuite à fournir une puissance constante pour les vents qui se situent entre 12 m/sec et 25 m/sec. Les premières éoliennes à pas fixe et à vitesse fixe comme celles qui ont été installées dans la décennie 1990 ne remplissaient pas bien ces exigences. En outre, la qualité du signal laissait à désirer. Afin de pallier ces problèmes, les constructeurs ont proposé de nouveaux moyens

2. Pour plus de détails techniques sur le facteur de cisaillement ou d'autres considérations plus techniques, plusieurs sources d'information donnent d'excellentes explications, dont www.windpower.org

pour mieux coller à la courbe de performance. Comme première solution, les pales à pas variable se sont imposées d'emblée. La deuxième solution, soit la vitesse variable, a pris plus de temps à s'imposer à cause du coût plus élevé du convertisseur de courant alternatif en courant continu, puis à nouveau en courant alternatif (AC-DC-AC). Mais pour les grandes éoliennes et celles installées en mer, le surcoût est amplement compensé par le contrôle électronique fin qui assure un signal de sortie de grande qualité.

Certes, l'industrie éolienne éprouve encore des problèmes de compétitivité parmi les technologies de production d'électricité. Jusqu'à tout récemment, il faut l'admettre, les performances étaient peu convaincantes et le prix de revient, peu concurrentiel. Toutefois, les progrès se sont concrétisés rapidement. D'ici une dizaine d'années tout au plus, la technologie sera au point et l'industrie, mature. Le recours à des génératrices plus puissantes et plus fiables, l'utilisation de nouveaux matériaux, le système du pas variable automatique sont déjà planifiés.

Du moulin massif et trapu, nous sommes passés à une structure légère, aérienne et élégante. Si les éoliennes modernes apparaissent si frêles, malgré leur puissance de plus en plus considérable, c'est qu'il s'agit en fait simplement d'une hélice branchée sur un alternateur, et que ce système de production électrique occupe peu d'espace.

Une autre explication de l'augmentation des performances se situe dans la taille proposée pour les machines. Par exemple, la performance moyenne du modèle danois de 450 kW du début 1990 était deux fois supérieure à celle du premier modèle de 55 kW. Au Québec, les éoliennes de 1,5 MW installées au mont Copper en 2004 produisent quatre fois plus d'énergie dans une année que les éoliennes de 750 kW du projet Le Nordais. À peine cinq années s'étaient écoulées entre l'installation des deux technologies. Les éoliennes qui seront installées au Québec à l'horizon 2008 auront une capacité minimale de 2 MW. Et ainsi de suite. Résultat: une éolienne moderne installée dans un bon site comme le mont Copper fonctionne 40% du temps à puissance maximum. C'est deux fois plus que les éoliennes de Cap-Chat.

Où cela va-t-il s'arrêter?

Pour des raisons de disponibilité de bons sites, on sait déjà que la course aux éoliennes toujours plus grandes n'est pas terminée. Les constructeurs planchent en effet sur la construction d'immenses éoliennes pouvant atteindre 3 à 5 MW sur terre et 5 à 7 MW en mer. En 20 ans, la hauteur moyenne est passée de 18 m à 50 m. Sous peu, les tours atteindront 100 m, puis 150 m, la moitié de la hauteur de la tour Effel.

FIGURE 8

Évolution de la puissance et de la taille des éoliennes

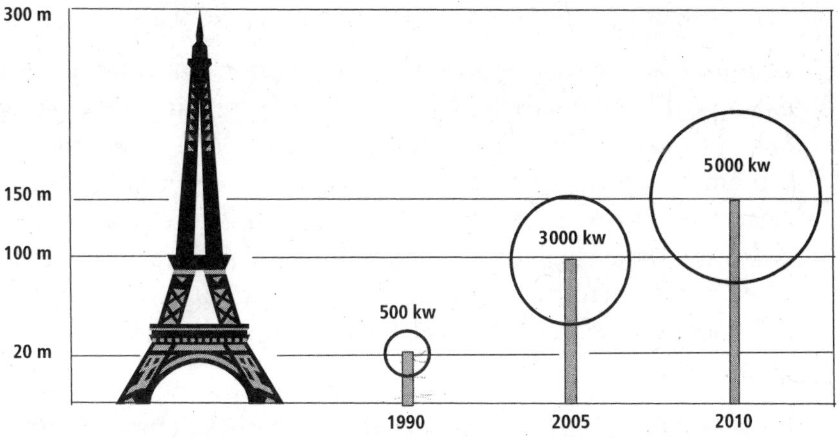

La taille des éoliennes permet de gagner sur deux tableaux: le vent est plus fort en altitude et la puissance est proportionnelle à la surface balayée.

Par ailleurs, on pourrait s'attendre à ce que l'utilisation d'éoliennes dans des régions froides amène *a priori* d'autres difficultés technologiques. Si on se fie aux projets existants, tel Le Nordais, en Gaspésie, le dégivrage des pales, par exemple, semble peu affecter la disponibilité de l'éolienne. Dans des conditions de froid intense (–30°C et moins), les éoliennes sont également arrêtées. Mais ces périodes sont relativement courtes dans une année. Reste que l'adaptation à des conditions climatiques difficiles constitue un tout nouveau domaine de recherche qu'il convient d'explorer. Cela fait partie des nouveaux efforts qui aideront à l'amélioration de la performance des éoliennes.

L'intégration optimale

Les dénigreurs de la filière éolienne ont toujours prétendu qu'elle était ingérable, qu'elle offrait un piètre service et qu'elle ne pouvait occuper qu'une part marginale dans un portefeuille de production d'électricité. Personne ne pouvait les contredire jusqu'à récemment. La progression rapide de l'éolien dans certains réseaux, dont ceux du Danemark et de l'Allemagne, ainsi que les simulations scientifiques ont montré la fausseté de cette thèse. Par contre, la généralisation ne s'applique pas.

Pour la première question, soit l'intégration technique maximale dans un réseau donné, on peut déjà conclure ce qui suit:

- Le potentiel technique maximal est fonction du système. Par exemple, l'étude du cas du Vermont[3] a montré que pour chaque MW installé on pouvait ajouter un MW d'éolien. L'exemple du Danemark montre aussi que l'on peut mettre une capacité relativement importante d'énergie éolienne sur le réseau (20% en 2005). Dans les deux cas, il faut ajouter qu'il s'agit de petits réseaux bien maillés à des systèmes de forte capacité. En outre, les règles du marché permettent de combler les déficits de puissance.
- Dans un système hydraulique comme celui du Québec-Labrador, nos premières études[4] montraient que, sur une base techno-économique, l'énergie éolienne pouvait représenter au moins 10% de la capacité du système, à l'horizon 2014, si certaines conditions étaient respectées. Cet objectif sera atteint. C'est plus de 4000 MW d'énergie éolienne. Est-ce la limite technique? Non. Dans la pratique, ce qui peut empêcher une diffusion accrue, c'est la demande locale et régionale et la position concurrentielle de la filière. On vient d'introduire ici un troisième élément, soit la possibilité d'exporter l'énergie éolienne.

Les études du Québec et du Vermont nous permettent de distinguer trois situations: a) le réseau peut compter sur une part

3. Lafrance, Krau et coll., *Étude du Vermont*, 2002, www.emt.inrs.ca.
4. Voir notamment Lafrance, G., *Mémoire d'expert*, www.mrnf.gouv.qc.ca, décembre 2004.

importante d'hydroélectricité; b) la production d'électricité est en grande partie thermique; c) le réseau est fortement maillé avec ceux qui l'entourent.

Le couplage hydro-éolien: un mariage naturel

La première situation renvoie au cas où le réseau peut compter sur une part raisonnable d'hydroélectricité comme mode de production. Au Canada et dans plusieurs pays du monde, notamment en Amérique du Sud, les barrages sont de grande taille. Ayant à leur disposition d'immenses réservoirs, les trois grands réseaux canadiens, soit ceux du Québec-Labrador, du Manitoba et de la Colombie-Britannique, peuvent être gérés sur une base multiannuelle[5], c'est-à-dire que la capacité des réservoirs permet de stocker de l'énergie pour plusieurs années. À l'inverse, les centrales au fil de l'eau offrent peu de flexibilité parce que la retenue d'eau est faible.

Dans un système intégré hydro-éolien, l'énergie produite lorsque le vent est propice permet de réduire le débit dans les turbines et donc d'économiser de l'eau qui pourra alors être exploitée au moment opportun. L'intégration de parcs éoliens à un réseau hydroélectrique est également appropriée en raison de la complémentarité des formes d'énergie: la distribution de l'apport énergétique éolien est mieux répartie dans le temps que celle des apports hydrauliques[6]. De plus, la variabilité saisonnière du vent semble globalement inférieure à celle de l'apport hydraulique[7].

---

5. À titre de référence, les plus grands complexes hydroélectriques du monde sont: les Trois Gorges (Chine, 17000 MW), le complexe La Grande, Québec, 15237 MW), le barrage Itaipú (Brésil, 12600 MW) et celui du lac Guri (Venezuela, 10300 MW). On retrouve également de grands complexes de l'ordre de 6000 MW en Russie et le complexe de Grande Coulée aux États-Unis. Mais tous ces barrages ne sont pas gérables sur une base multiannuelle. Ainsi, malgré que les États-Unis soient le deuxième producteur d'hydroélectricité mondial en importance, la capacité de gestion des réservoirs reste limitée. C'est en soi un défaut qui profite aux réseaux canadiens.
6. C'est un sujet d'actualité et plusieurs équipes se penchent sur la question. Cette corrélation est fonction du pas de temps choisi: horaire, hebdomadaire, mensuel.
7. Peu d'études ont été faites sur le sujet. Le groupe Ouranos (ouranos.ca) vient de lancer un programme de recherche sur le sujet.

Les réseaux éolien-thermique

Dans le cas d'un réseau thermique, le potentiel d'intégration d'un parc d'éoliennes dépendra de la flexibilité d'exploitation des équipements de production qui composent le système. Sachant que le réseau doit s'adapter rapidement à une baisse ou à une hausse de vent, les grandes centrales thermiques classiques à base de nucléaire ou de charbon ont moins de flexibilité que les centrales diesel ou les turbines à gaz. Pour les centrales de base, le temps de démarrage se compte en jours, voire en semaines. Par contre, les gestionnaires de réseau peuvent utiliser des équipements de moindre capacité et plus rapides à démarrer pour moduler la demande. Du coup, compte tenu de leur rapidité de mise en marche, la turbine à gaz et la centrale diesel sont toutes désignées pour assurer un approvisionnement sûr en tout temps.

L'avantage des réseaux maillés

En réseau fermé, qu'il soit hydraulique ou thermique, l'intermittence de l'éolien peut être très pénalisante. Il faut en effet pouvoir compter sur une puissance de pointe disponible en tout temps. D'où l'intérêt d'avoir des interconnexions avec les réseaux voisins. L'ouverture des marchés donne lieu à une flexibilité accrue qui permet d'atténuer le problème. D'un point de vue statistique, on peut en effet jouer sur la complémentarité des demandes pour assurer le service d'un réseau à l'autre en cas de manque de vent. Sur une base horaire ou hebdomadaire, un organisme central comme celui de l'ISO de la Nouvelle-Angleterre peut aider l'adéquation entre la demande et les équipements de production disponibles et permettre ainsi de prendre les décisions qui assurent en tout temps la sécurité d'approvisionnement.

La qualité de l'interconnexion avec les réseaux voisins est donc un facteur déterminant pour augmenter la flexibilité des réseaux à l'échelle régionale et ainsi permettre une meilleure gestion de l'intermittence de l'éolien. Par contre, certaines conditions de planification s'appliquent. Les études des cas du Québec-Labrador et du Vermont ont montré que tout le système doit être géré de manière optimale et que les priorités sont déterminées en fonction de l'intermittence de la ressource: l'énergie de source éolienne a toujours priorité sur les autres formes. Cela signifie une coopération totale des joueurs.

Pour un emplacement optimal des sites éoliens, il faut adopter une approche systémique qui tienne compte de la demande de charge par région, des contraintes de transport, des facilités de production selon leur qualité (pointe et hors pointe), du coût d'exploitation en temps réel, des capacités du marché à réagir et, bien entendu, de la qualité de la ressource éolienne. Ce dernier point, à l'évidence, signifie que la distribution des parcs sur le territoire diminue statistiquement la variabilité de l'énergie fournie au réseau.

Cette discussion sur les conditions optimales d'intégration de l'éolien dans le réseau conduit aux conclusions suivantes.

- Plus la part de l'éolien sera importante dans le réseau, plus le choix de l'emplacement optimal des parcs éoliens imposera une étape initiale d'analyse systémique globale.
- Du strict point de vue statistique, les parcs doivent être répartis sur tout le territoire pour réduire la variabilité des vents en moyenne.

Bien entendu, le risque associé à la gestion de l'éolien est aussi fonction de la quantité installée. En général, la borne de 10% ne cause pas problème. Mais d'un point de vue technique, peut-on dépasser 10%, puis 20%, 30%, 40% et plus? Sans aucun doute. Rien n'empêche un volume plus grand, en termes de pourcentage de la capacité totale du système, si le choix des prochaines filières (thermique ou autre) se fait en conséquence et si l'éolien est utilisé dans une stratégie globale d'échange avec les réseaux voisins. C'est une question de coûts comparatifs. Mais surtout il faut user d'intelligence. Il faut exercer une culture de l'innovation dont nos gestionnaires modernes semblent manquer. Soyons ambitieux comme le fut Robert Bourassa. Pourquoi pas une immense centrale hydroéolienne aménagée dans le Grand Nord et destinée à l'exportation?

Contribution optimale de l'éolien

La contribution optimale de l'éolien dépend de plusieurs facteurs et contraintes d'ordre physique (qualité du site), technique (possibilité d'intégration dans le réseau), environnemental, juridique et économique. À long terme, l'éolien représente une possibilité intéressante, si les coûts de production et de gérance demeurent compétitifs par rapport aux autres solutions. Cela suppose donc que l'on tienne compte du coût des autres possibilités avant de choisir l'éolien.

Si l'on se base sur les tendances de gain de productivité de l'industrie éolienne et sur les prix soumis récemment en réponse aux appels d'offres, on peut tenir pour acquis que l'éolien est en voie de devenir compétitif à peu près partout dans le monde. Quelle est la contribution maximale de l'éolien? La question ne se pose plus à partir du moment où les conditions optimales de concurrence sont réunies. Par contre, il ne faut pas penser que cette filière va déplacer toutes les autres. Les meilleurs sites vont être exploités en premier lieu, comme au Danemark et en Allemagne, mais rapidement l'industrie sera confrontée à la nécessité de développer des sites plus coûteux. Cette problématique est inhérente à toute filière renouvelable. Pour avoir une idée de l'impact possible, il faut se reporter aux prévisions de l'industrie: la cible pour 2020 est 10% de la capacité électrique mondiale; en 2040, on espère 20% de la capacité mondiale. Compte tenu qu'un MW d'éolien produit environ deux fois moins d'électricité que celui d'une centrale classique[8], il est clair que l'énergie éolienne demeurera marginale dans la production mondiale d'électricité pendant un moment encore, et ce, à condition que tout aille comme prévu.

À long terme, donc, ce n'est pas gagné pour l'éolien. Après la «ruée vers l'or» actuelle, la lassitude des populations et des investisseurs pourrait ralentir sa progression. Tout dépendra alors du contexte énergétique mondial et de la volonté des pays de réduire

8. Le facteur de capacité (FC) pour les meilleurs sites éoliens est autour de 40%. Pour une centrale hydroélectrique typique du Québec le FC est à 60% environ, et celui d'une centrale thermique peut atteindre 80%.

leur dépendance à l'égard des combustibles fossiles. Mais surtout, il ne faudrait pas négliger le «Non, merci!» des populations. Comme toute énergie renouvelable, l'énergie éolienne comporte des aspects négatifs liés entre autres à l'impact visuel. Comme il s'agit en plus d'une énergie plus diffuse, l'occupation au sol n'est pas à négliger. Il n'est donc pas exclu que cette forme d'énergie, après avoir connu la popularité, passe par une période de dénigrement de la part des populations environnantes.

L'impact visuel est la critique la plus fréquente. Il est vrai qu'avec ses 100 mètres de haut, une éolienne est facilement repérable, d'autant plus que les parcs se situent en général sur des crêtes ou le sommet des collines. Sur la côte est américaine, par exemple, la logique voudrait que les parcs d'éoliennes soient installés en mer, tout près des grandes villes, de Boston à Miami. Les avantages sont doubles: le vent est meilleur et sans turbulence et le coût de transport est réduit.

Mais le premier parc offshore proposé en Nouvelle-Angleterre[9] a été très mal accueilli. Le clan Kennedy le premier s'y est opposé. Pas question d'installer à la vue des résidences des aristocrates de l'endroit ces objets tournants, même si on les distingue à peine à des dizaines de kilomètres de la côte. Impossible à contrer, l'impact visuel peut cependant être minimisé par un design amélioré des éoliennes et par le respect de certaines règles, comme l'enfouissement des lignes à haute tension et l'utilisation de tours tubulaires plutôt qu'en treillis. Les efforts doivent aboutir à une harmonisation visuelle afin d'emporter l'adhésion.

Par contre, beaucoup de critiques face aux éoliennes ne sont pas fondées. Contrairement à une idée parfois répandue, une éolienne moderne ne produit pas plus de bruit que le vent dans un grand pylône électrique. Une étude faite en Alberta[10] montre qu'à un kilomètre, le bruit des éoliennes se perd dans celui causé par le vent lui-même dans la nature. En d'autres mots, quand il

9. Lire *L'actualité* de mai 2006. Mots clés: éolien et Nantucket, Cape Cod et Edward Kennedy.
10. Étude de Pencheer Creek, présentée par Jason Asworthy, CANWEA, 2005.

«vente à écorner les bœufs», personne ne peut percevoir le bruit des éoliennes modernes. C'est le bruit des arbres qui craquent que l'on entend alors.

C'est en Europe, où la densité de population est forte, qu'est née cette préoccupation. Les fabricants ont maintenant considérablement réduit cette nuisance potentielle en améliorant l'aérodynamisme, en réduisant le nombre de tours par minute (de l'ordre de 24) et en cherchant à diminuer le bruit des engrenages dans la nacelle. Le bruit d'une éolienne récente est sous les 50 dB.

Pour ce qui est des oiseaux, le risque pour eux de se faire frapper par une pale d'éolienne est maintenant de beaucoup réduit, puisque la vitesse de rotation du rotor a été fortement diminuée. Il est néanmoins essentiel de s'assurer que le lieu d'implantation de nouvelles éoliennes ne se situe pas dans un couloir de migration d'oiseaux ni à proximité d'un site de reproduction. Il n'est pas opportun, par exemple, de planter des éoliennes dans un marais : de nombreuses espèces d'oiseaux aquatiques pourraient en souffrir.

Les projets en cours ont déjà donné lieu à de nombreuses suggestions pour faciliter l'implantation de parcs d'éoliennes. L'une des plus importantes est de sensibiliser la population locale avant, pendant et après le projet. L'intégration d'une activité de production d'énergie éolienne doit se faire en respectant les populations concernées. C'est en soi un délai et un travail important dont il faut tenir compte pour éviter les expériences malheureuses. L'information, la sensibilisation, les projets pilotes sont des étapes essentielles[11].

Les scénarios de l'évolution de l'éolien sont présentés en fin de partie. Qu'il suffise de dire pour l'instant que, par rapport aux autres formes d'énergie renouvelable, la croissance de l'éolien est assurée, quel que soit le scénario, du moins pour un bon moment.

11. Sur ce sujet, voir les travaux de E. Lyrette et M. Trépanier, *Vertigo*, juin 2004.

Prix orange et prix citron

L'histoire de l'éolien est belle. En douce, avec relativement peu de financement, et grâce à quelques visionnaires, l'industrie éolienne est devenue incontournable. Si on avait des prix orange à décerner, le Danemark, l'Allemagne et l'Espagne figureraient en tête de liste. Au Canada, il faut certainement souligner la vision et la persistance du gouvernement du Québec (tous partis confondus), des groupes écologistes, de certains médias et de quelques grands obstinés qui ont su vaincre l'adversité.

Pour le prix citron, la palme revient d'abord à l'Amérique du Nord, particulièrement les États-Unis et le Canada. Bien que leader mondial au début des années 1980, l'industrie éolienne américaine s'est effondrée par manque d'appui public. «Nous sommes le pire exemple à donner», a dit le président de l'Association américaine de l'industrie éolienne à un colloque de l'Association canadienne (2001). En fait, le cas de l'éolien illustre le manque de vision de l'Amérique dans le domaine de l'énergie. On y reviendra.

Le deuxième prix citron revient aux grands producteurs d'électricité, en particulier les sociétés d'État qui contrôlent l'ensemble du système électrique d'une région. Le jugement est sévère, mais leurs dirigeants ont manqué à leur devoir d'être aux aguets de l'innovation dans ce domaine. Ils ont préféré défendre le passé. Pire, ces grandes sociétés ont été – et certaines le sont toujours – des empêcheurs de tourner en rond. En tout état de cause, cela dénote le climat de conservatisme de l'époque.

Un troisième prix citron revient au milieu de la R-D. Les communautés scientifiques du monde entier ont boudé l'énergie éolienne. Au Canada, les premières subventions stratégiques dans le domaine de l'éolien viennent tout juste d'apparaître, alors que tout est déjà sur les rails. La dernière partie de l'ouvrage fait état de ce problème sérieux qui afflige la science nouvelle: dans le secteur de l'énergie, loin de savoir prévoir le train qui s'en vient, elle demeure aveugle quand il passe. Les rares chercheurs qui ont contribué savent à quel point l'entreprise a été ingrate[12] et, dans certains cas, pénalisante pour l'évolution de leur carrière. Merci à ces chercheurs de l'IREQ ou d'ailleurs qui ont su tracer le chemin avec des moyens extrêmement réduits. Avec le recul, ils peuvent cependant se consoler d'avoir mis l'épaule à la roue pour une «vraie» cause.

Vers 2010 environ, on peut penser que la technologie aura connu l'essentiel de son développement pour les éoliennes terrestres. Il faudra encore un peu de temps pour s'adapter à l'offshore, mais on peut prévoir que la technologie sera mature tôt dans ce siècle. Est-ce à dire que le développement technologique et la recherche sont désormais du domaine industriel? En grande partie, oui. Mais il faut savoir que l'industrie éolienne est encore fragile. On estime que l'État aura un rôle à jouer pendant une dizaine d'années encore. Force est d'admettre aussi que la compétitivité de l'industrie éolienne est loin d'être assurée dans plusieurs régions du monde.

Pour les aspects techniques, la performance de l'industrie éolienne dépend de plusieurs facteurs de développement que l'on peut séparer en quatre grandes catégories: a) le perfectionnement de la machine; b) la réduction de l'incertitude quant à la ressource; c) l'intégration des grands parcs d'éoliennes dans les réseaux; d) l'harmonisation de l'implantation de l'éolien dans le milieu, ce qui pose des problèmes environnementaux et sociaux.

12. Prouver aux dirigeants d'Hydro-Québec l'intérêt du couplage hydro-éolien a pris dix ans. Tous les fonds de recherche sont venus d'ailleurs.

13. Le solaire : à la recherche d'une éclaircie

Collaborateur : Paul Ndione[1]

L'énergie du soleil est à la base, directement ou indirectement, de toutes les grandes filières énergétiques utilisées sur terre. Les seules grandes exceptions sont l'énergie atomique et l'énergie géothermique profonde. Le solaire passif est exploité depuis toujours par les humains. Dans les régions chaudes, le solaire sert toujours à sécher les aliments. Dans les régions froides, les cuisines d'été, les « couches chaudes » et la localisation des maisons élaborées par nos ancêtres n'avaient pas beaucoup à envier aux serres actuelles ou aux techniques de solaire passif moderne.

Mais alors, si le soleil est à la base des énergies renouvelables et du vivant qui nous entoure, pourquoi n'est-il pas plus présent dans le bilan énergétique de la planète ? Après tout, son apport énergétique[2] représente 15 000 fois la consommation annuelle mondiale ! Le soleil ne fournit-il pas une énergie moyenne de 1 000 watts par mètre carré de surface éclairée au sol, ce qui, dans l'espace, s'élève à 1 358 W/m^2 ? Comme cette énergie est gratuite et intarissable, n'y a-t-il pas de quoi faire rêver les plus ardents défenseurs des filières classiques, un peu bousculés par la volatilité des prix et la folie boursière ?

Parmi les avantages, ajoutons encore que le soleil le plus intéressant se trouve au Sud, dans des pays populeux et pauvres, ainsi que dans des pays où la demande de pointe annuelle est liée au besoin de fraîcheur, sans compter que le changement climatique accentuera le problème ? Dans les mégalopoles, les îlots de chaleur tueront si

1. Ce chapitre s'inspire en partie d'une recherche de Paul Ndione sur les PV dans le cadre du cours Énergie 2005.
2. Lire l'article de Sylvain Le Gall, « Le solaire en quête d'éclaircie », *Science et vie* (2002). Ses propos confirment plusieurs thèses de cette partie.

rien n'est fait pour protéger la population. Les gestionnaires de systèmes électriques revivront d'autres «blackaoût» 2003[3], si les canicules se multiplient. Pourquoi ne pas se servir du coupable lui-même, le soleil, pour solutionner le problème?

Les arguments en faveur du solaire s'accumulent depuis plus de trois décennies. Toujours défendu avec un inébranlable optimisme, le solaire est d'ailleurs un concept aimé de tous. Même les compagnies de pétrole, Shell[4] en tête, s'y sont intéressées. Souvent présentés comme la solution d'avenir, le solaire passif, le solaire thermique et les cellules photovoltaïques se sont vu attribuer, par les prévisionnistes de «scénarios verts», une place de choix pour remplir les besoins à long terme de l'humanité. C'est tout le contraire de l'éolien, auquel on prédisait un avenir moins glorieux. Il suffit de relire les prévisions de l'Agence internationale de l'énergie des décennies précédentes pour constater l'enthousiasme débordant envers cette forme de production d'énergie. À croire les prédictions, dont plusieurs ne sont pas si vieilles, les centrales à base de photopiles seraient déjà en service et un grand nombre de bâtiments seraient déjà équipés de systèmes de chauffage solaire. Et certains scénarios n'excluaient pas que le solaire devienne, d'ici un siècle tout au plus, la principale source d'énergie de l'humanité. Hubert Reeves[5] en fait une condition *sine qua non* de la survie de l'humanité.

Le ciel s'obscurcit lorsqu'on examine les faits. Par exemple, le voyageur observe rapidement que là où la chaleur est accablante, au cœur de l'Afrique de l'Ouest notamment, les gîtes, grands hôtels y compris, se servent toujours du réseau électrique standard pour chauffer l'eau! C'est décourageant, quand on songe qu'en raison des chocs pétroliers et afin de protéger l'environnement, cela fait des décennies que l'on cherche à exploiter l'énergie solaire pour produire l'électricité. L'idée est loin d'être nouvelle. La conversion de la lumière en électricité, appelée effet photovoltaïque, a même valu à Einstein – ce n'était pas le moindre – un prix Nobel en 1921. La première photopile a été mise au point par les laboratoires Bell en 1954.

3. Sur le sujet, lire le numéro spécial de la revue *Choc*, vol. 21, n° 3, février 2004.
4. Voir programme Shell Solar sur le site www.shell.com.
5. *Mal de terre*, Seuil, 2004.

Cinquante ans plus tard, force est de constater que le rêve du « solaire pour tous » ne s'est pas encore concrétisé. Certes, les taux de croissance exponentiels des ventes de cellules photovoltaïques semblent aussi impressionnants que ce qu'a connu l'éolien. En gros, dans les dix dernières années, on a multiplié par dix la puissance installée dans le monde. Mais reconnaissons que ces capteurs solaires installés dans les bornes téléphoniques, les stations spatiales, les cockpits des bateaux de plaisance et sur les toits de maisons prototypes, n'encombrent pas encore le paysage planétaire et que, par rapport à l'éolien, on se trouve à deux ordres de grandeurs inférieurs en termes de capacité installée. Pourquoi donc en est-il ainsi ?

Comme l'industrie éolienne il y a quinze ou vingt ans, l'industrie solaire en est encore à se chercher des créneaux. On attend encore l'éclaircie qui fera de l'énergie solaire un classique. Examinons les nuages qui obscurcissent encore l'horizon.

Le solaire passif

Afin de pouvoir déplacer les combustibles à l'avenir, trois types de technologies doivent être envisagés : le solaire passif, le solaire thermique et le solaire photovoltaïque.

Même si elle n'est pas comptabilisée dans les bilans énergétiques commerciaux, l'énergie solaire passive peut offrir un apport énergétique non négligeable pour le chauffage. En contrepartie, les techniques du solaire passif sont également considérées pour réduire la consommation d'énergie pendant les périodes chaudes. Une utilisation bien connue du solaire passif est celle, par exemple, de la toile solaire qui recouvre les piscines. Plusieurs travaux de recherche sont en cours pour accroître encore la contribution du solaire passif : optimisation du design architectural et de l'orientation des immeubles, mise au point de fenêtres « intelligentes », murs solaires, panneaux à changement de phase sont autant de techniques qui optimisent l'apport solaire dans les bâtiments.

Mais ces mesures sont difficiles à intégrer dans les parcs existants pour la raison évidente qu'elles supposent des modifications coûteuses. Elles sont aussi difficiles à appliquer aux édifices neufs parce qu'elles demandent des investissements initiaux supérieurs et supposent un changement de mentalité important de la part des constructeurs. La seule mesure généralisée à ce jour est le dépôt d'un film réfléchissant sur les fenêtres exposées au soleil. Peu coûteuse, cette mesure s'applique facilement à tous les types de bâtiments, anciens comme nouveaux, tout en permettant une réduction des besoins de climatisation. Mais le passage aux fenêtres «intelligentes» est sujet à la même problématique que pour les autres techniques solaires. La fenêtre électrochrome et/ou ventilée qui s'adapte à l'ensoleillement suppose des investissements majeurs et une connaissance nouvelle que les constructeurs ne sont pas prêts à assumer.

Jusqu'à maintenant, le solaire passif a surtout été étudié pour la réduction du chauffage des locaux. Mais le solaire passif a beaucoup plus d'avenir dans les régions chaudes. Des techniques de refroidissement passif ont aussi été mises au point, au cours des dernières années, et contribuent à réduire la demande d'installations de climatisation. Le revêtement réfléchissant sur les fenêtres et l'électrochromie sont deux de ces techniques. Mais pour plus d'impact, les pays ensoleillés doivent examiner les mesures appliquées dans le Nord pour se protéger du froid. Par exemple, l'installation de fenêtres plus étanches devrait être une norme universelle, dans les régions chaudes comme dans les régions nordiques.

Le solaire thermique

Les systèmes solaires actifs dédiés au chauffage de l'eau et des locaux ont connu une certaine vogue au cours des années 1970 et 1980. Leur popularité a cependant décliné, par la suite, à cause notamment de leurs exigences, en termes d'entretien, et de la dégradation progressive de leur performance. La baisse relative du prix des autres sources de chaleur a également rendu ces systèmes moins attrayants pour les consommateurs individuels. Les efforts de recherche dans ce domaine sont donc orientés vers une simplification des systèmes, une plus grande fiabilité à long terme et une réduction des coûts. On s'applique également à mettre au point des petits systèmes solaires actifs autonomes qui peuvent être utilisés sur des sites isolés. De tels systèmes, qu'il s'agisse de fours ou de chauffe-eau solaires ou même de systèmes de désinfection de l'eau, sont parfaitement adaptés aux besoins de certains pays en développement. Ils peuvent d'autre part être utiles sur des sites isolés ou encore pendant des mises hors service majeures des systèmes énergétiques conventionnels.

Par ailleurs, il faut distinguer deux philosophies de développement pour les capteurs.

- La première est sophistiquée et mise sur de très hauts rendements. La technologie des capteurs à vide, mise au point d'abord par Philipps, puis reprise par plusieurs autres groupes[6] par la suite, est un exemple de telles technologies. Éprouvés, ces systèmes en général conçus pour les climats froids pourraient remplacer une partie du chauffage traditionnel des locaux, si les mesures incitatives et les prix de l'énergie le justifiaient.
- La deuxième philosophie mise sur la simplicité et le bas coût des systèmes de chauffage. Les réservoirs noirs ou les capteurs faits de matériaux bon marché et légers offrent des rendements énergétiques assez faibles ; par contre, ils peuvent concurrencer le chauffage électrique de l'eau, là où le soleil est abondant. Au Québec, ces capteurs ont eu un certain succès pour le chauffage des piscines, au début des années 1980, mais avec le temps, les consommateurs ont préféré la toile solaire, qui est en partie une technique de solaire passif. Tout en évitant l'évaporation et en réduisant l'émission d'infrarouges, cette toile permet de transmettre les rayons lumineux de façon plus efficace.

En première analyse, le principal créneau du solaire thermique est le chauffage de l'eau. La généralisation de techniques aussi simples que les réservoirs noirs, dans les régions chaudes, aurait déjà un

6. Les travaux de l'équipe de Fernand Rheault à l'INRS de 1978 à 1981.

impact majeur sur la consommation d'énergie de ces pays. Pour l'avenir, un autre mode d'utilisation rationnelle du solaire thermique est la construction de vastes parcs de capteurs pour les systèmes de chauffage urbain. Comme énergie d'appoint, le solaire permet de hausser la température du caloporteur en première étape.

Reste le four solaire. Bien concentrés par un système sophistiqué de miroirs, les rayons solaires permettent d'atteindre des températures élevées au centre du système. Transmise à un système à vapeur pressurisée, l'énergie actionne une turbine classique. L'idée n'est pas nouvelle; une telle centrale a été mise en service dans le sud de la France, le four solaire d'Odeillo, à la fin des années 1970, et elle fonctionne toujours. Est-ce qu'un tel système peut concurrencer une centrale photovoltaïque? Tout dépend de l'horizon que l'on examine, comme nous le verrons dans la partie qui suit.

Le solaire thermique pourrait représenter une part importante de la production d'énergie. Il faut cependant distinguer les applications. Pour la production d'électricité, les centrales solaires thermiques sont moins dispendieuses que le photovoltaïque et elles sont déjà en service. Le problème principal n'est plus technologique ni même économique. Les coûts de production semblent compétitifs dans certaines régions ensoleillées, comme l'Espagne, qui va de l'avant avec des centrales de production d'électricité solaires. Il suffit de peu, par exemple une volonté politique, pour que le solaire thermique prenne sa place.

Du côté du chauffage, la technologie du capteur thermique de pointe a été éprouvée mais demeure, pour le moment, trop coûteuse dans les régions à faible ensoleillement. Il est tout à fait pensable que le solaire thermique devienne rentable d'ici quelques décennies. Tout le problème est de savoir si les consommateurs s'embarrasseront d'un second système, exigeant par ailleurs pas mal d'entretien. Car le solaire thermique pour le chauffage demeure une source d'appoint. D'autre part, bien qu'il soit assez bien adapté pour le chauffage de l'eau et que la technologie soit peu coûteuse, il faut bien admettre que cette application particulière ne pèse pas lourd dans le bilan énergétique global d'un pays.

Le photovoltaïque[7]

Même par rapport aux systèmes solaires thermiques, le photovoltaïque reste difficile à diffuser et ne parvient pas à avoir un impact énergétique significatif. Pourtant, cette technologie semble offrir plus d'avantages. Un système de cellules photovoltaïques ne comporte aucune pièce mobile et peut fonctionner sans entretien pendant plusieurs années. Mais surtout, ces cellules convertissent l'énergie solaire en électricité. Du coup, leur utilisation s'ouvre à de multiples usages. Elles conviennent ainsi parfaitement à l'alimentation électrique de sites isolés, comme les relais de télécommunications, les phares et les bouées marines, les équipements de surveillance contre le feu, etc. On les a utilisées dans des systèmes de plus grande envergure pour le pompage de l'eau, pour la réfrigération de médicaments ou même pour l'éclairage.

Dans les sites isolés, les systèmes photovoltaïques sont souvent aussi économiques que les petites génératrices, tout en demandant beaucoup moins d'attention. Dans les environnements nordiques, il est cependant essentiel d'empêcher toute accumulation de neige sur les cellules et de protéger les accumulateurs contre des conditions météorologiques extrêmes. Certaines solutions sont toutefois disponibles pour pallier ces problèmes, et la filière solaire photovoltaïque est certainement fonctionnelle dans un environnement nordique.

En dépit de ces applications, pourtant, l'industrie photovoltaïque mondiale demeurait marginale par rapport aux autres filières d'énergie renouvelable. Les choses ont commencé à changer depuis une décennie. Les estimations de divers organismes (graphique 15) montrent que cette industrie énergétique croît plus vite que ses concurrents, y compris l'éolien. Depuis 1995, les ventes ont été multipliées par cinq. Cette augmentation est liée aux nouvelles politiques du Japon, de l'Allemagne et des États-Unis qui ont électrifié ainsi des milliers de maisons.

7. À lire Yves Poissant, «Perspectives d'avenir pour l'énergie solaire photovoltaïque au Canada», *Revue Choc*, vol. 24, n° 2, octobre 2006.

GRAPHIQUE 15

Évolution du photovoltaïque et de l'éolien dans le monde

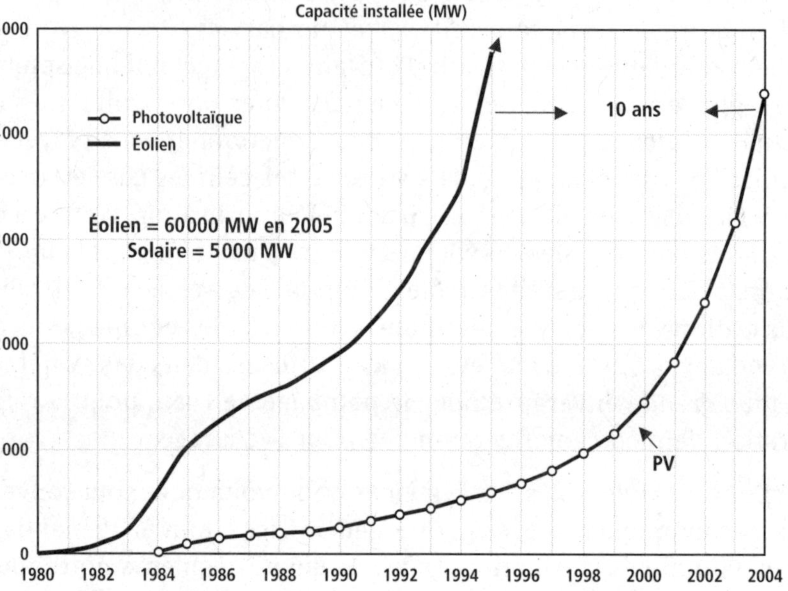

Note: Selon ce graphique, le photovoltaïque aurait environ 10 ans de retard sur l'éolien. Il faut cependant considérer que les rendements de l'éolien n'ont jamais cessé d'augmenter, rendant cette filière de plus en plus économique par rapport au solaire.

Source: Vital Sign, 2005.

L'industrie européenne occupe une position dominante dans le secteur de l'intégration des modules photovoltaïques aux bâtiments. L'Europe domine également en ce qui concerne les applications du solaire photovoltaïque dans les pays en développement. Enfin, si on combine le fait que le programme européen pour faire avancer l'industrie du photovoltaïque d'ici 2010 est très ambitieux et que la recherche pour améliorer les matériaux est bien vivante, on peut penser que l'espoir de créer une industrie mondiale pour ces technologies solaires reposera en grande partie sur l'Europe, un peu comme pour l'éolien. La stratégie mise sur des taux de croissance de 25% par an d'ici 2010.

Bref, on pourrait penser que l'industrie du photovoltaïque a toutes les chances de devenir universelle, du fait que les trois blocs industrialisés (États-Unis, Europe et Japon) ont des stratégies semblables. Mais, malgré certains objectifs ambitieux en termes d'installations solaires, il est à prévoir que l'impact sur le bilan énergétique mondial demeurera négligeable, du moins pendant une bonne partie de ce siècle. D'abord, le graphique 15 montre que le solaire a au moins dix ans de retard sur l'éolien, en termes de capacité installée, et le solaire compte encore beaucoup sur l'État pour survivre.

Quelles sont les raisons de ces promesses non tenues? Le fait d'être rattrapé par la réalité économique n'est pas seul en cause. À preuve, l'éolien s'est adapté à la nouvelle donne économique, et cela, souvent dans l'adversité, comme nous l'avons montré dans le chapitre précédent.

La première raison de la lente évolution du solaire est liée au fait qu'il est confiné à des usages particuliers et ne vise pas encore le remplacement des grandes centrales de production d'électricité. Le principal créneau reste le bâtiment. Or, ce secteur ne représente pas un débouché très important, en termes de consommation énergétique, par rapport aux autres secteurs (voir chapitre 18 pour les chiffres).

Il y a fort à parier également que l'énergie photovoltaïque vendue sur le réseau ne sera pas encore compétitive, par rapport aux autres filières de production d'électricité, avant plusieurs décennies. Après une baisse importante du coût par kilowattheure, lors des chocs pétroliers, on assiste à une stabilisation des coûts en termes réels depuis 1985. Pour l'Ontario, par exemple, le coût du kilowattheure solaire est dix fois supérieur à celui de l'éolien[8]. Pour que cette forme d'énergie progresse à nouveau, il faut que les États investissent encore plus en recherche et développement.

Cette technologie se bute toujours à plusieurs problèmes majeurs. D'abord, un système autonome s'appuie sur un ensemble de batteries, coûteuses et peu durables. L'intégration, dans le réseau, de la production des capteurs installés chez le consommateur n'est pas gagnée à cause des investissements supplémentaires que le producteur et le consommateur doivent assumer, tout en continuant à soutenir les systèmes en place. Enfin, il faut bien admettre que la technologie du photovoltaïque n'est pas encore au point.

8. Paul Gipe, Conférence Canwea, octobre 2005.

Un peu de technique pour comprendre

Revenons sur l'effet photoélectrique. Suivant la première loi qu'en donne Einstein, un photon peut arracher un électron à un atome, si son énergie est suffisante. Tel est le principe de base de l'exploitation du rayonnement électromagnétique. C'est donc la mécanique quantique qui a permis cette exploitation du solaire. Mais connu pour bien d'autres découvertes, il reste à mettre en forme et à optimiser la performance du procédé. C'est toujours le plus ardu. Et pour la majorité des idées émises, l'aboutissement est presque toujours décevant. C'est un peu ce qui s'est passé dans le cas du photovoltaïque jusqu'à maintenant.

Comment résoudre le problème?

La cellule photovoltaïque est un composant électronique à base de matériaux semi-conducteurs. Jusqu'à maintenant, le matériau le plus utilisé pour les usages terrestres (par opposition au spatial) est le silicium. Il existe trois grands types de silicium: l'amorphe, le monocristallin et le polycristallin. Les deux derniers ont un rendement énergétique et des durées de vie d'environ deux fois supérieurs à ceux du silicium amorphe mais coûtent nettement plus cher. Dans la pratique, on choisit le silicium amorphe pour les applications de faible puissance, alors que les applications d'envergure privilégient le silicium cristallin.

La production d'un bloc de silicium cristallin n'est pas en soi un problème technique. La difficulté est économique et réside dans la production et la mise en forme de cellules. La façon la plus courante consiste à couper le bloc de silicium en couches minces. L'étape suivante est celle du dopage. Enfin, la mise en forme comprend plusieurs étapes pour garantir la fiabilité de long terme. Tout le défi, depuis 20 ans, a été d'assurer la qualité, la régularité et l'accroissement de la vitesse de production.

Malheureusement, la reproductibilité industrielle et le contrôle de qualité dans la chaîne de production restent à venir. Et surtout les rendements demeurent décevants: de 15% à 20% en moyenne pour le monocristallin, de 2% à 3% pour l'amorphe et moins de

2% pour les polymères. Le grand problème de la filière silicium actuelle est le suivant: d'un côté, le monocristallin donne des rendements acceptables et une durabilité satisfaisante, mais il est trop coûteux; de l'autre, le silicium amorphe est moins coûteux, par contre son rendement est inacceptable et sa durabilité reste limitée (quelques années).

On annonce une troisième voie[9] pour le photovoltaïque. L'idée vient de la très populaire nanoscience, nouvel éden pour les scientifiques. La production de nanocristaux de silicium ou autre serait susceptible d'abaisser les coûts, tout en permettant des rendements supérieurs. Parmi les belles idées qui ont émergé dernièrement, il faut certainement citer le concentrateur photovoltaïque de SolFocus[10]. L'idée est simple en théorie: concentrer les rayons solaires, grâce à plusieurs miroirs et lentilles de la grosseur d'une pièce de monnaie. Au centre du focus, on dépose une cellule photovoltaïque de la taille du millimètre carré ou moins. En combinant les technologies des miroirs et du photovoltaïque, les avantages seraient doubles: on contourne le problème de la production de silicium en grande masse, le prix de fabrication devrait décroître. Mais pour l'instant, les expériences de laboratoire sur la durabilité et la résistance aux conditions de chaleur ne sont pas terminées. Pour ce qui est de la filière nano, le rêve est encore loin de la réalité. Compte tenu que la communauté de la nanoscience ne s'intéresse guère au solaire, il faudra encore beaucoup de thèses de doctorat avant que ne se mette en marche la révolution solaire.

La problématique générale du solaire

À prime abord, en se basant sur le fait que la ressource est disponible en grande quantité là où la population est nombreuse, le solaire semble avoir plus d'avenir que l'éolien pour satisfaire les besoins énergétiques des humains. Toutes les études prospectives depuis 30 ans annoncent un avenir «radieux» pour l'énergie solaire. Avec l'énergie de l'atome, ce serait même la seule énergie capable de remplacer les combustibles à très long terme.

9. En juillet 2005, dans le volume 309 de la revue *Science*, l'article «Is it time to shoot for the sun?» donne une bonne idée des dernières tendances.

10. *Enjeux-énergie*, vol. 5, n° 10, 15 septembre 2006.

Pourtant, l'industrie de l'énergie éolienne va de loin dépasser celle de l'énergie solaire, du moins à moyen terme. Pour l'Europe, par exemple, les objectifs de production électrique de la filière éolienne, à l'horizon 2010, sont de 80 TWh, alors que pour le solaire photovoltaïque, l'objectif est de 3 TWh. Et cet objectif demeure plus ambitieux que celui de l'éolien du fait que le solaire dépend fortement du soutien de l'État. Il est vrai que la filière éolienne a l'avantage d'être basée sur une technologie simple. Mais, mis à part les problèmes technologiques inhérents au développement du solaire, d'autres problèmes freinent le développement de l'industrie.

D'abord, l'énergie solaire thermique s'applique à des usages de basse température. Dans ce domaine, la concurrence des combustibles et même des autres énergies alternatives est grande. Par ailleurs, et malheureusement, on ne voit pas encore le jour où le solaire présentera un intérêt pour la production d'électricité, le transport et les procédés industriels. Ce n'est pas une énergie aussi polyvalente que ses concurrentes. En outre, les technologies solaires s'adressent en général aux consommateurs, pas aux producteurs. Du coup, leur diffusion est plus difficile.

Mais surtout, la ressource n'est pas au bon endroit. Dans les régions tempérées, l'ensoleillement n'est pas suffisant pour rentabiliser la technologie. Dans les régions chaudes, l'utilisation du solaire le jour n'aide en rien à résoudre le problème de la pointe de soirée. Le problème d'Électricité du Mali (EDM), pour prendre un exemple que j'ai étudié, est lié au manque de puissance chronique pour les pointes de jour et de soirée. Pour que le solaire soit utile, il faut qu'il soit couplé à un système d'appoint de puissance, ce qui augmente d'autant la non-rentabilité de la technologie par rapport aux centrales classiques.

Cela ne veut pas dire que le consommateur n'est pas sensibilisé au problème énergétique. La facture d'électricité représente une très grande partie de la dépense du ménage. Pour des technologies efficaces peu coûteuses, comme l'éclairage efficace, le consommateur participe. Il n'est pas exclu que quelques consommateurs investissent dans le chauffage de l'eau par des unités de toit simples, mais encore une fois, il s'agit d'impacts mineurs sur la demande totale.

Cela nous amène à un commentaire sur les systèmes autonomes. Pour les pays en développement, on considère souvent le solaire comme une solution idéale pour les réseaux isolés ou pour des usages particuliers, comme le pompage de l'eau. Dans la pratique, la technologie actuelle n'est pas plus appropriée pour ces communautés que pour les réseaux interconnectés. Et même si la technologie était rentable, il faut bien voir que tous les pays pauvres ont comme ambition d'électrifier la totalité du territoire. Les systèmes autonomes sont des systèmes de transition temporaires, qui représentent peu d'énergie dans le bilan énergétique du pays.

La seule vraie possibilité pour le photovoltaïque est donc l'intégration de systèmes de capteurs dans le réseau de la compagnie d'électricité locale. Deux contraintes se présentent alors. Aucune industrie mondiale n'offre encore la technologie sur une base commerciale et à coût acceptable. Or, les choses changent lentement, comme on l'a souligné précédemment. Où trouver les capitaux? Tout développement, dans ces pays, est conditionnel à l'accord des grands organismes de financement internationaux. Il faut reconnaître que dans un contexte d'électrification, le solaire arrive bien loin dans les priorités.

Personne ne remet en question l'intérêt du solaire pour l'avenir de l'humanité. Le potentiel de cette énergie est immense. De plus, le solaire est souvent la seule énergie renouvelable disponible pour les pays en développement. C'est peut-être un défaut, justement. L'histoire de l'énergie a fait la démonstration continuelle que la mise en valeur d'une forme d'énergie était loin de dépendre de l'unique facteur disponibilité. L'abondance de ressources ne crée pas automatiquement un eldorado. Malheureusement, le soleil du Sahara et les grandes réserves d'eau potable du Canada (3% des réserves mondiales), pour ne prendre que ces deux exemples, ne représentent pas encore un attrait économique pour les pays du Sahel, qui pourtant manquent d'énergie et d'eau.

Cela dit, il ne faut pas conclure qu'il est inutile d'appuyer les programmes solaires dans les pays en développement. Bien au contraire, c'est souvent la première étape d'électrification des régions éloignées, et même si la technologie est chère, elle demeure rentable par rapport aux groupes diesels, par exemple. Au Sahel, entre autres, ces systèmes sont d'abord justifiés par le besoin d'eau, mais du coup, ils serviront à donner un peu de service aux écoles et aux dispensaires.

Par rapport à l'énergie éolienne, le chemin à parcourir pour le solaire est encore long. La trajectoire dépend de plusieurs facteurs, notamment l'engagement des pays industrialisés dans la construction d'une industrie mondiale. L'Allemagne et l'Espagne – encore eux –, le Japon et les États-Unis donnent l'exemple. Mais les investissements consentis pour le développement du solaire sont dérisoires comparativement à ceux attribués aux filières classiques.

Malgré ces efforts louables, sans un changement de contexte énergétique majeur, force est de reconnaître que l'industrie solaire aura plus de difficulté à percer que l'éolienne. Il y a à cela deux raisons: un rendement par mètre carré plus faible et un développement technologique inachevé. Un changement de contexte énergétique pour cette filière ne signifie pas seulement une hausse significative des prix des combustibles, mais également une volonté politique d'assurer son émergence. En ce sens, pourquoi ne pas constituer un «task force» mondial qui aurait pour but de faire avancer la technologie et établir les conditions propices à sa diffusion? On l'a bien fait pour la fission nucléaire, pourquoi pas pour une énergie incontournable pour la survie de l'humanité?

14. Pas dans ma cour, encore moins dans la tienne

Dans le secteur de l'hydroélectricité, la science est sans cesse évoquée. Mais dans ce dossier, aucun intervenant ne regarde les choses froidement. Je ne fais pas exception.

Enfant, le long de la rivière des Outaouais, je me souviens qu'avec mes amis je construisais des détournements en roche pour capturer des perchaudes. Je ne faisais que reproduire un geste intelligent de mes semblables, acquis depuis des millénaires. Un geste sans conséquence d'ailleurs, car le printemps suivant tout était à recommencer. Une digue est éphémère : on peut toujours revenir en arrière. Rien à voir avec les combustibles ou le nucléaire. Katrina l'a montré avec fracas en Nouvelle-Orléans.

Depuis toujours, hommes, femmes et enfants détournent les cours d'eau pour se faire des réserves d'eau potable, faciliter la lessive, abreuver le bétail. Le dragage a permis de transporter des biens dans des lieux inaccessibles autrement. Il y a 7000 ans, les Égyptiens bâtirent le premier grand barrage pour contrer les grandes inondations et gérer toute cette eau qui autrement aurait été perdue. Posséder un terrain en bordure d'une rivière garantissait la prospérité au fermier propriétaire. Être éloigné d'un cours d'eau rendait l'éleveur trop dépendant des humeurs des propriétaires riverains. Plusieurs auteurs de westerns en ont fait leur thème favori.

Plus tard, le moulin hydraulique est apparu comme un des symboles de la première révolution industrielle. Au Moyen Âge, il a permis de multiplier la force mécanique par 1000. Jusqu'alors limités par la force musculaire de l'homme ou de l'animal, les seigneurs profitèrent des moulins à eau pour augmenter leur pouvoir en accélérant l'industrialisation dans plusieurs secteurs.

Ainsi, les soufflets mécaniques améliorèrent les rendements des fours sidérurgiques. S'ensuivirent des produits ferreux de meilleure qualité qui permirent la révolution agraire.

Depuis toujours, les humains considèrent les rivières comme un symbole de survie et de pouvoir, comme des alliées qu'il faut d'abord domestiquer. Au XXe siècle, les rivières furent plus utiles encore. Aménagées, elles permirent l'essor de l'électricité. En construisant son propre barrage hydroélectrique, Alcan put établir sa première usine d'électrolyse en 1902, à Shawinigan, entraînant par la suite une série de développements qui feront du Québec un leader mondial dans le domaine de l'aluminium.

Partout dans le monde où c'était possible, les grands groupes industriels préféraient l'hydroélectricité aux autres filières, parce qu'elle garantissait la stabilité des prix. Ils voyaient loin, comme tous les René Lévesque et Robert Bourassa du monde entier. Résultat, pendant plus de 50 ans, l'hydroélectricité a été l'une des deux principales sources de production d'électricité dans le monde, l'autre étant le charbon.

L'énergie hydraulique est en général plus facile à gérer que l'éolienne et le solaire, pour la simple raison qu'il est possible de constituer une réserve énergétique dans un réservoir. Elle relève également d'une technologie éprouvée, parvenue à maturité très tôt au XXe siècle et dont l'optimisation était déjà excellente: dès les années 1920, on avait obtenu une efficacité de plus de 90% pour les turbines. La mise au point récente de nouveaux outils de conception informatique a permis de réduire les coûts d'exploitation de ces équipements et donc d'améliorer encore leur compétitivité. Aujourd'hui, une centrale hydraulique est contrôlée à distance, sans personnel sur place. Aucune autre filière ne présente ces caractéristiques.

D'un point de vue économique, l'hydroélectricité offre beaucoup d'avantages à long terme pour les pays qui en profitent. Les prix de l'électricité les plus bas du monde sont offerts par les pays qui jouissent de systèmes hydrauliques, Norvège et Canada en tête. La rente dépasse les générations. La dépendance énergétique est réduite. Et comme la technologie est simple et connue, la sécurité d'approvisionnement est assurée. C'est pourquoi les organismes mondiaux de financement, dont la Banque mondiale, ont longtemps recommandé la construction d'ouvrages hydroélectriques pour les pays en développement.

Pour toutes ces raisons, juste avant le premier choc pétrolier de 1973, l'hydroélectricité assurait encore un confortable 21% de la production mondiale d'électricité. Avec la montée brusque du prix du pétrole, et malgré la popularité naissante du nucléaire, tous les analystes prévoyaient de nouvelles heures de gloire pour l'hydroélectricité. Selon leurs estimations, on était bien loin d'avoir développé tout le potentiel de cette ressource. Encore récemment, on estimait que seulement 20% du potentiel hydroélectrique[1] avait été développé. Au Canada seulement, le rapport[2] de la table de discussion sur le changement climatique avançait un potentiel de plus de 183 GW, soit environ trois fois la capacité exploitée.

Mais malgré les professions de foi répétées des divers décideurs en faveur du développement hydroélectrique, les prédictions ne se sont pas réalisées. En 2003, prise de conscience du changement climatique ou pas, l'hydroélectricité n'occupait plus que 15,9% de la production mondiale d'électricité. Toutes les prévisions pour l'horizon 2025 vont dans le même sens: la part de l'hydroélectricité va continuer de décliner. Que s'est-il passé?

Les raisons sont économiques, selon les uns: les meilleurs sites sont exploités. Ceux qui restent sont beaucoup plus coûteux à développer à cause de divers facteurs, dont leur éloignement des grands centres. Les autres s'empressent de rétorquer que, si l'analyse financière se fait sur un horizon de 50 ans, plusieurs ouvrages hydrauliques restent imbattables par rapport aux filières thermiques classiques ou au nucléaire, qui devront compter sur l'inflation du prix des combustibles. Pour ce qui est de l'argument de l'éloignement, ils rappellent qu'en 1970 ce facteur n'a pas découragé Robert Bourassa de lancer le projet La Grande, à plus de 1500 km de Montréal.

1. Hydropower & Dam Association.
2. Mich Rothman, Ressources naturelles Canada, 1999.

En fait, le problème de l'hydroélectricité est d'un tout autre ordre. Alors qu'elle fait partie intégrante du développement de l'humanité jusqu'en 1980 environ, la maîtrise des rivières est soudainement tombée en disgrâce. Pourquoi l'aménagement de rivières est-il devenu péché? L'homme aurait-il appris de ses erreurs? Les trois histoires suivantes ne tranchent pas ce débat épineux. Elles suscitent cependant des réflexions sur les diverses raisons invoquées pour s'opposer au développement des rivières, quelle que soit la taille du projet d'ailleurs, minicentrale de 1 MW (première histoire), projet de moins de 50 MW (deuxième histoire) ou centrale de grande taille (troisième histoire). Elles aideront également à mieux comprendre les scénarios retenus pour la part future de l'hydroélectricité.

TABLEAU 7

Producteurs d'hydroélectricité dans le monde (2003)

Pays	TWH	% de la production mondiale	% de la production nationale
Canada	338	12,4	57,5
Brésil	306	11,2	83,8
États-Unis	306	11,2	7,5
Chine	284	10,4	14,9
Russie	158	5,8	17,2
Norvège	106	3,9	98,9
Japon	104	3,8	9,9
Inde	75	2,8	11,9
France	64	2,3	11,4
Venezuela	61	2,2	66,0
Reste du monde	924	34,0	15,2
Monde	**2726**	**100,0**	**16,3**

Source: Key Words Energy Statistics IEA (2005).

Micro ou macrodémocratie: le cas de la Trois-Pistoles

L'événement est spectaculaire. Quand il s'agit de minicentrale, on sait toujours attirer l'attention. Après avoir parcouru le monde en aventurier, un jeune homme revient chez lui pour empêcher l'erreur, pour dénoncer la malveillance. Rapidement, il fera figure de héros. Sa bataille est simple. Depuis plusieurs jours, installé dans un hamac, il loge dans le vide au-dessus de la chute de la rivière Trois-Pistoles. L'audace et l'originalité de l'action porteront fruit.

La Fondation Rivières, mise sur pied notamment par des artistes connus, et bien d'autres mouvements écologiques organisés viendront prêter main-forte. Non, scandent-ils à l'unisson, défaire une rivière pour des raisons économiques est sacrilège. Regardez ce que l'on perd pour quelques mégawatts qui de toute façon ne changeront rien au bilan global d'Hydro-Québec. Par rapport à 43 000 MW, quelle est l'urgence de développer toutes les petites rivières du Québec qui tout au plus ajouteront quelques centaines de mégawatts? La rivière Trois-Pistoles produira moins de 1 MW. Quel sens a l'opération?

Le dernier argument est très fort. Je l'avais d'ailleurs moi-même utilisé à Boston dix ans auparavant pour contrer le projet de loi proposé par Robert Kennedy fils. En général, le coût moyen du kilowattheure produit par une minicentrale est plus élevé que celui d'un grand barrage. C'est la règle de l'économie d'échelle. Dans le même ordre d'idées, la somme de ces petits barrages a plus d'impacts physiques, sociaux et biologiques qu'un seul barrage qui produirait la même quantité de kilowattheures. C'est mathématique. Pourquoi défaire une rivière comme la Trois-Pistoles quand une seule éolienne moderne peut produire plus d'énergie?

C'est ce que répétaient les opposants. Peut-on aider les régions à se développer autrement? Avons-nous fait tous les efforts nécessaires du côté de l'efficacité énergétique et des autres sources d'énergie? Pourquoi confier au privé des projets rentables, alors que la ressource hydraulique a été nationalisée au Québec? Comme souvent en pareille circonstance, à l'argumentation rationnelle s'ajoutaient l'émotivité et l'accusation. Pour de petits profils, va-t-on empêcher les générations futures d'admirer une merveille de la nature? Une rivière appartient aux pêcheurs et aux kayakistes, pas aux développeurs sans scrupules.

Les mêmes arguments avaient été invoqués lors de la fameuse Commission Doyon, en 1995, qui avait conduit à la politique de l'énergie en 1996. En 1992, le gouvernement libéral de Robert Bourassa, sous la pression du parti d'opposition d'ailleurs, avait décidé de confier à des producteurs privés la construction des petites centrales de moins de 50 MW. On jugeait à l'époque que ce type de projet ne pouvait pas atteindre la rentabilité si Hydro-Québec en assumait la gestion. Et surtout, les déboires de la société d'État dans le développement de mégaprojets comme Grande-Baleine laissaient peu de marge de manœuvre pour la construction de nouveaux projets hydroélectriques d'envergure, du moins à court terme. Enfin, l'opinion internationale influencée par les grands groupes écologistes, comme le Sierra Club, dictait expressément au Québec de se mettre aux minicentrales et à la cogénération, jugées beaucoup moins néfastes pour l'environnement.

Mais rapidement ce programme frappa un nœud. Dès le départ, on mit au jour le caractère nébuleux des contrats accordés. Suite à la Commission Doyon, chargée de tirer tout cela au clair, un moratoire fut décrété et respecté jusqu'en 2001. Puis le Parti québécois établit une nouvelle politique en matière de développement des rivières. En gros, cette politique jetait deux bases pour le développement de minicentrales hydroélectriques: a) les rivières classées patrimoniales étaient à l'abri des développements; b) les projets sur des rivières non classées et dont la capacité faisait moins que 50 MW pouvaient être développés par des producteurs privés. Le moratoire fut levé à l'égard de 36 projets.

La nouvelle politique mettait un point final à une situation fortement controversée. Du moins le croyait-on. La saga des petits barrages était loin d'être finie, et c'est ce jeune héros de Trois-Pistoles qui relançait le débat avec fracas. La Trois-Pistoles ne faisait pas partie du groupe «patrimonial», ni bien d'autres petites rivières du Québec.

Devant l'ampleur de la contestation, le gouvernement du Parti québécois, celui-là même qui avait mis en place la politique de l'énergie de 1996 et la Commission Doyon, recula finalement. Désormais, plus aucune minicentrale ne serait construite au Québec. Et le projet de la Trois-Pistoles ne se ferait pas non plus. Les promoteurs avaient accepté de mettre fin à leur projet dans une entente confidentielle avec Québec en échange de 3,3 millions de dollars. Nouveau point final? Eh bien non. Le gouvernement libéral élu en 2003 ne voit pas les choses du même œil. Certaines rivières pourront être aménagées, dont la Trois-Pistoles, la Batiscan en Mauricie et la Magpie sur la côte nord.

Inquiétudes, suspicions, comme en pleine Commission Doyon, la question est posée: serait-on en train de contenter les amis du parti? Serait-on en train de bafouer la démocratie? Bien au contraire, rétorquent les représentants de conseil de la municipalité régionale de comté Les Basques. Dans une lettre au journal *Le Devoir* publiée le 14 juin 2004, ils rappellent le processus, qui à leurs yeux est fortement démocratique.

La MRC gagne son pari. Le dimanche 13 juin 2004, le controversé projet de minicentrale privée l'emporte par 59% des voix exprimées. La participation au référendum atteint 36%. Mais les défenseurs de la rivière Trois-Pistoles et de sa chute n'acceptent pas ce résultat. On va poursuivre notre travail pour sauver la rivière, clament-ils. Nous entendons poursuivre la bataille par tous les moyens, jugeant légitime d'attaquer ce scrutin que nous qualifions d'antidémocratique.

Le point est intéressant. Qu'est-ce que la démocratie? Thomas Mulcair, alors ministre de l'Environnement, avait lancé en chambre: «Est-ce au Plateau-Mont-Royal à décider pour les gens de Trois-Pistoles?» Parce que le référendum est positif, on doute de la bonne foi des promoteurs. S'il avait été négatif, aurait-on loué la démocratie? Mais au-delà des envolées oratoires, une question fondamentale se pose: le sort des petites rivières appartient-il aux régions ou est-il de juridiction provinciale? Est-ce si vrai que les élus locaux n'ont aucune vision des choses, en termes de développement durable, ayant le nez trop collé sur leurs problèmes locaux? Encore une fois, rappelons-le, ces gens sont élus en bonne et due forme.

Extrapolons un peu: le Québec est-il assez adulte pour décider du sort de ses rivières? La deuxième histoire permet d'y réfléchir un peu plus.

Quand les princes se cherchent des combats: le cas de la Magpie (40 MW)

Neveu de l'ancien président des États-Unis, John F. Kennedy, fils de Robert Kennedy, Robert fils est un de ceux qui ont convaincu l'État de New York d'annuler son contrat d'électricité de 12 milliards de dollars avec Hydro-Québec, au début des années 1990. Quelque temps avant ce coup d'éclat, il avait entraîné dans une expédition plusieurs législateurs new-yorkais. C'était la première descente de la Grande Rivière de la Baleine. «Nos hôtes étaient les Cris, mais nous avions fourni la logistique», avait-il avoué. Son but, cette fois-là, était de sauver la culture des Cris.

Parmi les arguments invoqués, la construction de mégabarrages était néfaste pour l'environnement. Le Québec devait plutôt développer des minicentrales qui ne dépassaient pas 100 MW de capacité. Dix ans plus tard, ses arguments anti-hydroélectricité n'avaient pas changé, mais un élément nouveau était apparu: les projets de moins de 100 MW étaient aussi dans la mire.

Pour la Magpie, en 2004, un projet de 40 MW, l'enjeu était moins considérable que pour la Grande Rivière de la Baleine (3 000 MW). Pourquoi le «prince» du Massachusetts s'en inquiétait-il? Pourquoi à nouveau sortir le grand jeu médiatique? Cette fois-ci, les autochtones et les populations locales n'étaient pas de son côté. À qui voulait-il fournir la logistique? En fait, son combat n'était pas social, mais tout autre.

En ce jeudi 5 août, à 150 km à l'est de Sept-Îles, le célèbre Américain faisait à nouveau office de *front* médiatique pour la descente de la Magpie. À ses côtés, une dizaine de groupes participaient à l'activité, dont les grandes multinationales de la cause écologique, le Sierra Club, Greenpeace et l'International Rivers Network, qui avaient jugé l'événement suffisamment visible pour y faire acte de présence. Plusieurs journalistes, en effet, avaient été invités à participer à la descente de rivières. L'événement fut évidemment bien médiatisé[3] et les déclarations à l'emporte-pièce, bien transmises.

3. Voir notamment la série d'articles de Charles Côté dans *La Presse* et de Louis-Gilles Francœur dans *Le Devoir*, et l'article de Malorie Beauchemin, dans *Le Devoir*, 10 août 2004, «Bouillons d'affrontement sur la rivière Magpie».

«C'est le seul endroit à l'est du Mississipi où l'on peut faire un voyage de rafting en classe mondiale», lança ainsi Robert, nommé d'office porte-parole de l'expédition. «Si on en faisait un parc national, ce serait aussi grandiose que les autres grands parcs américains. Ce n'est pas quelques mégawatts de plus qui vont transformer l'économie de la région...» Les Québécois allaient commettre une incomparable stupidité, équivalent à faire une vente-débarras sur la pelouse pour disposer de *La Joconde*!

Devant un tel déploiement, les chances de gagner la bataille, pour le promoteur du projet, la firme québécoise Hydroméga, paraissaient plutôt minces, et cela, malgré l'appui des autorités locales, comme la MRC, qui était associée dans l'affaire. Face à des prévisions de retombées de 10000 touristes par an faites par un spécialiste américain qui avait survolé les rivières sur trois continents, qui allait croire le président de la petite firme québécoise quand il estimait que le projet de la Magpie n'affecterait que 5% du parcours de rafting et que l'impact sur cette activité serait minime? Qui aurait parié sur une petite firme privée quand on sait que dix ans auparavant le même groupe de pression avait fait mordre la poussière au géant Hydro-Québec pour le projet Grande-Baleine et les exportations d'électricité?

Cette fois-ci, cependant, le double langage du dénonciateur et ses attentes fantaisistes eurent plus d'impact que le fameux massacre des caribous par Hydro-Québec. Il apparut assez rapidement que Kennedy exagérait fortement les retombées en termes de visiteurs. Connaissant bien les contraintes de l'hydraulicité (trop d'eau) et du climat (trop froid), cette société se limitait à une seule excursion par an, au mois d'août, pour environ 25 personnes.

Quant à la dernière chute de classe 5, élément clé de la société Earth River pour contrer le projet d'Hydroméga, elle n'a que très rarement été franchie à cause des dangers qu'elle représente. Earth River indiquait d'ailleurs à ses clients éventuels qu'elle pouvait être évitée en empruntant une route forestière de contournement. De toute façon, la chute en question aboutirait dans la propriété actuelle d'Hydro-Québec, ceinturée d'une clôture que les randonneurs de 2004 durent escalader!

Ces faits indiquaient donc qu'une fois le projet hydroélectrique terminé, les kayakistes «normaux» pouvaient s'offrir les 275 km de la rivière Magpie et Earth River, continuer de fonctionner normalement. Mine de rien, Robert Kennedy fils venait de réussir un beau coup de publicité ayant comme trame de fond la cause environnementale. De nos jours, l'environnement a le dos large.

Le cas de la Magpie a fait couler beaucoup d'encre. Cette rivière est en fait un cas d'espèce. D'abord, il pose la question sur la micro et la macrodémocratie, comme dans le cas de la rivière Trois-Pistoles. Le projet la Magpie avait l'avantage de jouer de l'appui de toutes les communautés locales, y compris les autochtones. Au Canada, sans l'appui de ces derniers, aucun projet n'a franchi la rampe depuis 35 ans. Hydroméga a donc profité de cet avantage. Bien entendu, le cas de la Magpie nous interpelle quant aux motivations profondes de certains opposants et à la cohérence à long terme de leur militantisme. Il met en question également le rôle que se donnent les médias, comme le montrera le cas de la rivière Ruppert.

Mais le cas de la Magpie fait école parce que depuis 25 ans seul Hydroméga a eu gain de cause. Tous les autres projets d'aménagement de rivière ont échoué ou presque. Pour une seule chute que quelques rares experts peuvent franchir, le projet de la Magpie a bien failli avorter. Certes, la préservation d'un espace naturel doit toujours être évoquée. Mais c'est un critère parmi d'autres, dont celui du rôle de l'hydroélectricité dans la réduction des gaz à effet de serre. Comme pour les chutes du Niagara pourquoi ne pas accepter que l'énergie soit soutirée à l'insu des observateurs, quand les kayakistes digèrent leur mélange de nourriture sèche ou au moment où ils repassent les photos de leur exploit en cinéma maison dernier cri. Car la Magpie coule onze mois sur douze pratiquement à l'abri de tout regard humain.

Que vaut la dernière chute de classe 5 en nombre de 4 × 4?

Parmi les coups intelligents qui ont frappé l'imaginaire collectif et qui ont eu raison du projet de la centrale à gaz Le Suroît, il faut certainement citer l'intervention de Greenpeace Québec qui a chiffré la consommation de cette centrale en nombre de voitures. Sans entrer dans la guerre de chiffres qui a suivi, la population a retenu que l'augmentation des émissions de gaz à effet de serre liée à la combustion du gaz naturel équivalait à plusieurs centaines de milliers de voitures-années roulant selon les caractéristiques de l'heure, soit la distance moyenne parcourue par conducteur et l'efficacité moyenne des véhicules.

Dans le même ordre d'idées, en supposant que la centrale de 40 MW de la Magpie aurait été abandonnée à cause de cette fameuse chute de classe 5, faisons le même calcul du nombre équivalent de 4 × 4 qui roulent 20000 km par année avec une consommation moyenne de 15 litres par 100 km? Eh bien, pour le plaisir des rares experts qui peuvent franchir la chute (soyons optimistes et supposons une centaine de kayakistes par année), il faut compter 4000 véhicules-années par passage de cinq minutes environ.

Comme quoi, dans le dossier planétaire des énergies renouvelables, la décision locale de ne rien faire n'est pas toujours aussi pure qu'on voudrait bien nous le faire croire. Certes, il existe d'autres options pour éviter l'aménagement de rivières, mais à plus long terme, l'absence de compromis a un coût environnemental qu'on ne peut cacher sous le tapis de l'écologie.

Qu'est-ce qu'une énergie verte?

Le coup de maître de Robert Kennedy fils et de ses collègues anti-barrages a été de convaincre les autorités américaines de définir une catégorie d'énergie «verte». Sont considérés comme «énergies vertes» la petite hydroélectricité de moins de 20 MW, l'éolien, le solaire, la géothermie et la biomasse. Du coup, les grands ouvrages hydroélectriques cessaient d'être écologiques.

Aux États-Unis, par exemple, plusieurs projets de loi sont allés dans ce sens. Par effet d'entraînement, le mouvement s'est étendu à la communauté internationale. Ainsi, la bourse d'énergie verte proposée par l'État de New York en 2005 prend soin de préciser que la grande hydro est exclue. Toujours en 2005, lors de la Conférence des Nations

Unies sur les changements climatiques, à Montréal, la communauté internationale est restée sur ses positions : la grande hydroélectricité est indésirable.

L'établissement d'une telle catégorie comportait d'immenses avantages. D'abord, on évitait ainsi le débat technique sur le terme «renouvelable». Bien entendu, cette vision reflétait une certaine école de pensée selon laquelle *small is beautiful* et automatiquement respectueux de l'environnement, alors que les grands projets sont suspects parce qu'ils sont gérés par de grands intérêts financiers.

L'autre confusion concerne la définition d'«impact environnemental». À chaque contestation, il est remarquable de constater qu'au bout du compte ce n'est ni la biodiversité que l'on invoque, ni l'impact sur le changement climatique, mais l'impact sur les populations locales, autochtones ou autres, sans distinction. Il s'agit donc d'impacts sociaux.

Enfin, éliminer la grande hydro est sans conséquences pour ceux qui le proposent. Les États-Unis et la majorité des pays de l'OCDE n'ont aucun potentiel, de ce côté.

Le détournement de la rivière Rupert : la guerre fratricide reprend

Cette fois-ci, Hydro-Québec pensait bien avoir réussi à inverser la tendance. Grâce à une entente toute neuve entre le gouvernement du Québec et les Cris, le développement de l'hydroélectricité pouvait être envisagé pour le nord-ouest du Québec. Depuis la mésaventure de Grande-Baleine, l'association avec les principaux opposants apparaissait comme une bouffée d'air frais. Et, qui sait, les mégaprojets au nord de la baie James seraient peut-être développés un jour.

Mais en attendant, le projet de dérivation de la rivière Rupert apparaissait beaucoup plus modeste. Et surtout, il ne heurtait pas de plein fouet la susceptibilité de ceux qui s'objectaient férocement à l'ennoiement des territoires ancestraux. Les travaux consistaient simplement à détourner une partie de la rivière Rupert vers la rivière Eastmain, qui elle-même coule en partie vers le nord depuis les années 1970.

Tout semblait se dérouler comme prévu. Le porte-parole de la communauté autochtone était d'accord, celui-là même qui avait signé l'entente de collaboration avec Québec. Mais personne n'avait prévu que ce chef à qui on avait accordé toute sa confiance perdrait ses élections en 2005. Celui qui l'a battu et qui le remplaçait donc était celui qui avait fait compagne contre Hydro-Québec. Du coup, les Québécois ont appris que la fameuse entente n'avait pas tout prévu. Tout était à recommencer.

Le propriétaire d'un grand quotidien montréalais a rapidement flairé la bonne affaire. Il a payé à des écologistes et à des journalistes intéressés un beau séjour en terre crie, pour mieux examiner la situation et bien sûr assurer l'équilibre des opinions. Et c'était reparti.

Dans le coin gauche[4], le nouveau chef voulait faire de l'éolien[5], pas de l'hydroélectricité. Les interventions n'ont guère été édifiantes. Que du ressassé. Rien n'empêche le Québec de faire plus d'économies d'énergie et plus d'éolien, ont affirmé les opposants au détournement de la rivière Rupert. Le noir et le blanc se sont à nouveau affrontés, toujours au nom de l'environnement. Dans le coin droit, plusieurs défenseurs de la Rupert ramenaient aussi les éternels arguments : le Québec avait besoin de nouvelles productions électriques. Ce qui était vrai. Mais les autres arguments de la défense étaient dépassés. À l'heure même où le gouvernement du Québec lançait le programme de 3 500 MW d'éolien et se préparait à faire d'autres annonces, ils sont venus dire que l'éolien, bien que souhaitable dans un portefeuille diversifié de ressources, ne pouvait remplir les besoins en période de pointe et que la borne supérieure pour l'éolien était de 10 %. Ce qui est faux, bien sûr.

Et comme la Rupert est un fleuve, donc de compétence fédérale, le comité d'évaluation du gouvernement du Canada s'est mis de la partie. Plus de 380 questions supplémentaires ont été adressées à

4. Dans le milieu de l'énergie, s'afficher contre est trop souvent associé à la gauche, même si en pratique c'est souvent anti-innovation, anti-curiosité, anti-compromis, bref le conservatisme à l'état pur. En fait, on affiche la même intransigeance que ceux que l'on dénonce, les ultralibéraux.

5. Voir l'article de Hugo Joncas dans le journal *Les Affaires*, semaine du 21 janvier 2006.

Hydro-Québec. On se serait cru en plein débat sur le projet Grande-Baleine, quand en 1994 un comité conjoint fédéral-provincial-autochtone avait renvoyé Hydro-Québec faire ses devoirs. Résultat, le 19 novembre 1994, Jacques Parizeau, alors premier ministre du Québec, mettait fin à une saga qui avait coûté un quart de million de dollars aux clients d'Hydro-Québec. Mario Dumont, chef de l'ADQ, un parti fédéraliste, avait pourtant invité le premier ministre à faire fi d'Ottawa[6]. Selon le chef adéquiste, le gouvernement fédéral « *utilise la question environnementale pour jouer un "agenda politique" qui est totalement défavorable au développement hydroélectrique du Québec* ». Peu importe la raison du zèle fédéral ou des autres intervenants, le résultat est le même.

Dans le dossier Rupert comme dans le cas de Grande-Baleine, on retrouve les mêmes problèmes de fond qui empêchent le débat serein. On y décèle d'abord une confusion concernant l'évaluation environnementale d'un projet. Chaque partie veut discuter de ce qui l'intéresse. Ainsi, M. Dumont avait noté que plusieurs des questions d'Ottawa portaient sur des sujets qui n'étaient pas de compétence fédérale: la santé et sécurité au travail, la sécurité publique, les exportations d'électricité, notamment.

De part et d'autre, on décèle aussi un accent dogmatique qui relève trop souvent du débat de société et de la défense de groupes particuliers. En d'autres termes, chaque projet hydroélectrique est une nouvelle occasion pour reprendre les mémoires présentés périodiquement lors des débats en commission parlementaire ou à la Régie de l'énergie. Or, le mécanisme d'évaluation environnementale en cours s'intéresse à un projet en particulier.

Chaque groupe se cantonne dans sa position. Le pro-éolien est anti-hydroélectricité. Le pro-hydroélectricité ramène le spectre de la puissance de pointe pour atténuer l'intérêt grandissant en faveur de l'éolien. Et chacun invoque des études d'experts. Mais de quelles études s'agit-il? On oublie trop souvent que sur le terrain des impacts environnementaux, l'éolien et l'hydroélectricité sont des filières à entropie presque nulle et dont le cycle de vie est semblable.

---

6. Benoit Dutrisac, «Projet Eastmain 1-A: Dumont invite Charest à faire fi d'Ottawa», *Le Devoir*, 4 octobre 2005.

Le plus déplorable, dans cette histoire, c'est d'assister, encore une fois, à une guerre fratricide éolien-hydro. Attaquer l'un, c'est nuire à l'autre. Une société comme le Québec, qui a la chance de pouvoir compter sur l'éolien et l'hydro, devrait favoriser l'un et l'autre selon leur mérite. Le sort de l'éolien est étroitement lié à celui de la grande hydroélectricité, et vice-versa. Vouloir être tout l'un ou tout l'autre, c'est ajouter à la confusion. Pourtant, les conséquences de l'abandon du projet Grande-Baleine devraient être encore présentes dans notre mémoire collective. À force de disputes, il s'en est fallu de peu pour que le Québec passe au gaz.

Présumé coupable

Dans le domaine de l'hydroélectricité, il ne faut jamais vendre la peau de l'ours avant de l'avoir tué. Les longues délibérations sont de mauvais augure. En général, un seul critère suffit pour mettre au rancart un projet hydroélectrique. Sur la rivière Richelieu, la remise en état d'un ancien barrage était trop risquée pour la survie du chevalier cuivré. Pourtant, le barrage a bel et bien existé, et ce poisson est toujours là. Dans le cas d'autres rivières, il a suffi de prononcer le mot «saumon» ou d'évoquer le potentiel touristique ou l'impact social pour les rendre intouchables. Alcan l'a appris à ses dépens en Colombie-Britannique, dans les années 1980, se voyant refuser le développement d'un projet hydroélectrique, pourtant un droit acquis. Depuis ce temps, BC Hydro s'est tournée vers le gaz.

La Magpie, la Trois-Pistoles et la Ruppert sont devenues des exceptions à la règle, parce que la grande majorité des petites et moyennes rivières que l'on jugeait exploitables il y a à peine deux décennies ne le sont plus. Cette observation sera utile pour établir nos scénarios d'avenir et pour juger du réalisme de certains programmes nationaux qui proposent des objectifs ambitieux pour le développement de minicentrales hydroélectriques.

Depuis 25 ans, Hydro-Québec a retiré de son carnet de propositions hydroélectriques l'équivalent de 15000 MW, des projets que l'on jugeait pourtant économiquement rentables et respectueux de l'environnement. C'est le cas du projet Archipel qui avait pour but d'harnacher les rapides de Lachine à Montréal. Quand en 2005 un groupe de promoteurs est venu proposer un projet hydroélectrique réduit par rapport à celui de 1981 (375 MW au lieu de 1 000 MW), Hydro-Québec a précisé que c'était loin d'être une priorité. En d'autres mots, bonne chance messieurs. Ces promoteurs n'avaient aucune chance. C'était, une nouvelle fois, la chronique d'une mort annoncée.

En une semaine, deux manchettes, un rapport de trois biologistes et un ultimatum d'un groupe de défenseurs de rivières ont convaincu Thomas Mulcair de mettre fin définitivement à toute réflexion sur le sujet. Pourtant, son gouvernement venait tout juste de réitérer sa profession de foi à l'égard de l'hydroélectricité. Jacques Côté[7], président de la société du Havre, est venu rappeler avec raison, qu'il est un peu frustrant qu'un des partenaires, le gouvernement, n'attende même pas la conclusion du mandat pour tuer dans l'œuf un plan d'aménagement de territoire intégré, le développement électrique n'étant qu'une facette.

À la place d'Hydro-Québec quelle aurait été votre réaction à la lecture d'un premier article intitulé: «*Les kilowatts du Saint-Laurent: un projet de centrale hydroélectrique à Montréal soulève la grogne des écologistes*[8]», ou bien: «*Un rapport (de biologistes) condamne le barrage fluvial*[9]». Qui peut contester en public la catastrophe annoncée, quand des «experts» affirment, sans le moindre doute, «*qu'une hausse d'un mètre d'eau fera disparaître des herbiers et par conséquent des canards et beaucoup d'autres espèces d'animaux*» ou quand ils invoquent des études américaines et européennes pour «*annoncer une véritable catastrophe environnementale, faisant disparaître des dizaines d'espèces, impossible à atténuer peu importe le prix, dont les impacts seraient mesurables à des milliers de kilomètres...*»? Pourtant, l'Europe et les États-Unis ne construisent plus de grands barrages depuis un demi-siècle.

7. «Le sort du bassin nautique en est jeté», «Opinions», *Le Devoir*, 8 février 2006.
8. Daniel Chrétien, «Les kilowatts du Saint-Laurent, un projet de centrale hydroélectrique à Montréal soulève la grogne des écologistes», *L'actualité*, janvier 2006.
9. L.-G. Francœur, «Un rapport condamne le barrage fluvial», *Le Devoir* et Radio-Canada, 31 janvier 2006.

Pas plus que les grandes sociétés, la science et l'humanisme ne sont préparés pour ces combats de rue. Est-ce que l'hydroélectricité a encore un avenir? Il y a lieu d'être pessimiste. À la lumière des quatre cas illustrés dans ce chapitre, on peut tirer les tendances par région.

Les pays développés

À long terme, selon la tendance actuelle, la part de l'hydroélectricité dans les pays industrialisés, y compris au Canada, tendra à diminuer, pour plusieurs raisons. En premier lieu, il faut douter de l'impact des objectifs nationaux concernant le développement des minicentrales. Le livre blanc de la Communauté européenne (1997) estimait que seulement 20% du potentiel économique des petites centrales hydroélectriques avait été exploité jusque-là (9,3 GW ou 10% de la capacité installée en 1995). Selon ses auteurs, bon nombre des petites centrales existantes étaient hors service. Leur remise en état ne demandait souvent que des investissements relativement modestes, surtout dans le cas de petites installations typiquement rurales et isolées.

Le diagnostic est vrai. Dans tous les pays, le potentiel restant de la petite hydroélectricité est important. Le Québec y a cru, en 1992, quand il a lancé son programme de minicentrales. Plusieurs États américains ont fait le même pari. Que s'est-il passé? Aux États-Unis, au lieu de démarrer de nouveaux projets, d'anciens barrages ont été défaits. Au Québec, les cas de la Trois-Pistoles et de la Magpie parlent d'eux-mêmes. Tout au plus, le programme de minicentrales aura permis le développement de 50 MW, une misère, par rapport au potentiel envisagé.

Mais surtout, l'aventure a été douloureuse pour les deux gouvernements successifs. Il est assez clair que la leçon a porté et que ce n'est pas demain qu'un nouveau programme de minicentrales sera lancé.

Pour ce qui est des grands ouvrages, il faut distinguer les continents. En Europe de l'Ouest, le potentiel est inexistant. En Amérique du Nord, le potentiel restant se trouve au Canada. Mais les professions de foi répétées des politiciens canadiens ne suffisent plus. Comme pour les petites rivières, le potentiel des grands ouvrages que l'on juge encore réalisables diminue comme peau de chagrin. Et si jamais un projet réussit à passer les nombreux obstacles, la capacité installée sera fortement réduite par rapport à la vision initiale. La Rupert est un bon exemple.

Est-ce qu'un jour le développement de grands ouvrages comme Grande-Baleine, l'aménagement des rapides de Lachine, le détournement des rivières du Labrador et bien d'autres sera parachevé? Bien sûr, les gouvernements du Québec et de Terre-Neuve ont encore relancé la discussion au printemps 2006. La Stratégie énergétique du Québec lancée en avril fixe un objectif de 4 500 MW pour l'hydroélectricité. Et le premier ministre de Terre-Neuve espère lancer son projet des chutes Churchill avant la fin de la décennie.

Mais rien ne permet de penser que cette fois-ci est la bonne. Il est même possible que ces projets ne soient jamais réalisés, tant les écueils semblent insurmontables. Le premier écueil a trait à l'attitude des populations de chaque côté de la frontière. D'un côté, les populations canadiennes ne veulent pas sacrifier des rivières pour les Américains. De l'autre, le mode de décision de nos voisins du Sud rend risqués de tels investissements. À tout moment, une poursuite judiciaire engagée par un lobby ou le changement d'une loi peuvent invalider les ententes initiales. Or, dans le domaine de l'hydroélectricité, les délais de récupération du capital investi sont de l'ordre de plusieurs décennies. Quel investisseur serait prêt à prendre un tel risque?

Pays émergents et en développement

Cette analyse peut être étendue au reste du monde. En prenant l'exemple de l'Amérique du Nord, force est de constater que le potentiel hydraulique est mal réparti et pas toujours exploitable comme source de stockage annuel. Par contre, beaucoup de pays en développement ont encore un potentiel hydroélectrique considérable à développer. Les augmentations de capacité sont toujours très fortes en Chine ainsi que dans certains pays d'Afrique et d'Amérique du Sud.

Mais encore là, il ne faut pas trop rêver. La construction de grands barrages façon XXe siècle, avec leurs vastes territoires inondés, offre de sombres perspectives même dans les pays en développement. Les barrages du complexe des Trois Gorges, par exemple, sont de faible retenue. À la façon du barrage de Beauharnois sur le Saint-Laurent, la Chine a préféré miser sur les grands débits de fleuve Chang Jiang ou Yangtsé, plutôt que d'inonder un nombre encore plus grand de villes. Pourtant, les médias occidentaux rappellent régulièrement que deux millions de personnes ont été touchées, comme si c'était une catastrophe, omettant bien sûr de dire que cette énergie permettra à la Chine de se soustraire aux centrales au charbon polluantes et nuisibles pour la santé.

Plus on attendra pour relancer l'hydroélectricité, plus il sera difficile de renverser la vapeur. Il faut bien se rendre compte qu'en 2050, selon notre scénario de base, il y aura trois fois plus d'habitants qu'en 1950, et cette population de mieux en mieux informée sera aussi de plus en plus critique envers les projets qui affectent l'espace visible. Même dans les territoires encore inoccupés, il est peu probable que les ennoiements massifs seront tolérés. Et que dire du barrage d'Assouan, en Égypte, qui a forcé le déplacement de monuments historiques et qui a fait disparaître un pays tout entier, la Nubie ? Il suffit d'imaginer la levée de boucliers mondiale si le Chili et l'Argentine décidaient d'aménager les rivières et les lacs de la région de Puerto Montt, de la Patagonie et de la Terre de Feu pour les besoins électriques des villes du nord. Une partie de ce potentiel hydroélectrique se situe déjà dans des parcs nationaux créés il y a plus de 75 ans.

La proposition selon laquelle le potentiel hydraulique restant est quatre fois plus grand que le potentiel développé est une vue de l'esprit qui n'a rien à voir avec la réalité. Ces estimations sont aussi exagérées que les affirmations selon lesquelles le solaire ou l'éolien peuvent assumer seuls les besoins futurs d'électricité. À moins d'une révolution de la pensée collective planétaire, l'avenir de l'hydroélectricité est tout autre.

FIGURE 9

Le volcan Osorno, dans le parc national Vincente Perez Rosales près de Puerto Montt, au Chili

Le célèbre volcan Osorno fait partie du plus vieux parc national du Chili. Parmi les autres particularités, le site constitue un endroit superbe pour construire un ouvrage hydroélectrique. Mais qui s'y risquerait?

Seule consolation, l'histoire récente a fait émerger de nouvelles vocations pour l'hydroélectricité. Pour les régions qui en sont bien dotées, l'hydroélectricité apparaît désormais comme un eldorado à deux titres: a) comme source de régulation de la pointe au niveau régional, une affaire très lucrative; b) comme faire-valoir potentiel des énergies renouvelables, tels l'éolien et le solaire. Du coup, la région productrice augmente son bilan vert.

Le sommaire des scénarios

En résumé, l'industrie de l'hydroélectricité a encore un avenir devant elle. Dans les pays développés, l'hydroélectricité a une place de premier plan pour la gestion de charge dans un système ouvert. Certains pays en développement feront fi des critiques fortement médiatisées des pays occidentaux. Mais globalement, si on se fie aux tendances lourdes (graphique 16), l'impact de la nouvelle hydroélectricité sera négligeable, si on examine son potentiel de développement réel. Dans le scénario du chacun-pour-soi, il est même possible que l'immense potentiel hydraulique du Canada ne soit jamais développé. Tout au plus les projets déjà en construction ou prévus pour la prochaine décennie seront-ils menés à terme. La réticence de la population canadienne face à l'exportation, combinée au faible taux de croissance de la demande, sous-tend une telle hypothèse.

GRAPHIQUE 16

Évolution de la production hydroélectrique dans le monde, par région

(TWh)

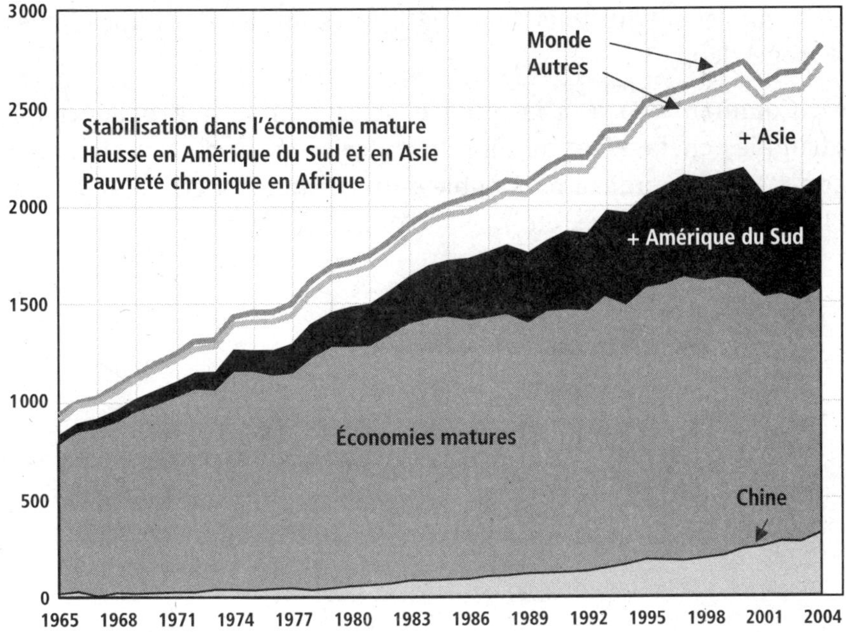

Source : www.bp.com

Le scénario de la solidarité envisage des compromis façon Rupert ou Magpie. Il suppose que le Canada reviendra à de meilleurs sentiments en faveur de l'hydroélectricité. Mais honnêtement, tous ces petits ouvrages ne suffiront pas à garder la part de l'hydroélectricité constante, au fil du temps, dans les pays occidentaux. Dans le reste du monde, les projets sont plus nombreux, et la capacité hydroélectrique mondiale doublera en 100 ans, ce qui est une révolution. Il faudrait mettre en exploitation environ 800 GW, ce qui représente 20 fois le réseau Québec-Labrador, de loin le plus important en Amérique.

Pourtant, bien que cet objectif soit techniquement tout à fait possible, il est difficile de croire en sa réalisation. Selon la tendance, les syndromes NIMBY (*not in my back yard*) et Nimto (*not in my term of office*) ne sont pas appelés à disparaître, et l'énergie la plus vulnérable est l'hydroélectricité. C'est la nature même du système médiatico-politique de décision qui est en cause. Que les groupes d'intérêts s'opposent, cela fait partie du jeu démocratique. Le hic, c'est que les institutions démocratiques sont devenues incapables de jouer leur rôle.

Comment croire à la relance de la grande hydroélectricité, quand les chefs d'État du monde entier refusent de la reconnaître comme une énergie à plus faible entropie que le pétrole, le gaz, le charbon, le nucléaire, etc.?

15. L'énergie côté jardin[1]

Depuis fort longtemps, l'homme sait exploiter les forêts et entretenir son jardin. Bien que pauvre selon les critères modernes, le fermier intelligent prévoyait tout et pouvait vivre en autarcie. Il tirait de la nature son énergie et sa nourriture. Il recyclait les matières organiques. Le troc des surplus lui permettait de se procurer des biens essentiels. Les grandes civilisations ont reposé sur l'utilisation massive du charbon de bois pour transformer le minerai en métaux, puis le forger en divers produits essentiels à leur développement ou à leurs conquêtes. À l'arrivée du couple charbon-vapeur, au XVIIIe siècle, environ 300 millions de personnes comptaient sur la biomasse pour leurs besoins énergétiques essentiels, ce qui rendait inévitable le conflit avec d'autres utilisations du bois et des territoires. L'humanité était arrivée à un cul-de-sac. La biomasse ne pouvait, à elle seule, en assurer la croissance, du moins selon les technologies d'alors. Heureusement que sont apparus les combustibles fossiles.

Mais l'âge de la biomasse n'est pas complètement révolu. L'Agence internationale de l'énergie estime qu'environ 2,4 milliards de personnes utilisent encore la biomasse, sous une forme ou une autre, pour leurs besoins de cuisson ou de chauffage. Le GIEC (2001) considère que la biomasse, y compris la non commerciale, représente environ 11% de la consommation primaire du monde.

Si l'ère des combustibles fossiles est jugée une anomalie dans la vie de l'humanité, se pourrait-il que la nature lui soit à nouveau utile pour satisfaire une partie de ses besoins énergétiques? Après tout, la photosynthèse est un fabuleux procédé de conversion de l'énergie solaire? Et la société moderne ne sait pas toujours quoi faire de ses résidus organiques qui ne cessent de s'accumuler.

1. Merci à Jean-Pierre Tessier, qui a produit un travail sur la biomasse dans le cadre du cours Énergie, à l'automne 2001, ainsi qu'à Carine Rongeat pour son travail sur les biocarburants, cours Énergie, hiver 2003.

Mais qu'en est-il, au juste, de cette forme d'énergie qu'est la biomasse?

La biomasse

La biomasse comprend la matière végétale susceptible d'être utilisée directement ou par transformation à des fins énergétiques. La source la plus connue est bien sûr le bois, mais toute autre plante peut devenir matière énergétique. Leur pouvoir calorifique n'est pas toujours intéressant, mais en revanche, leur transformation en carburant ou en gaz peut être une solution de rechange valable dans un contexte de rareté accrue du pétrole.

FIGURE 10

Valorisation énergétique de la biomasse

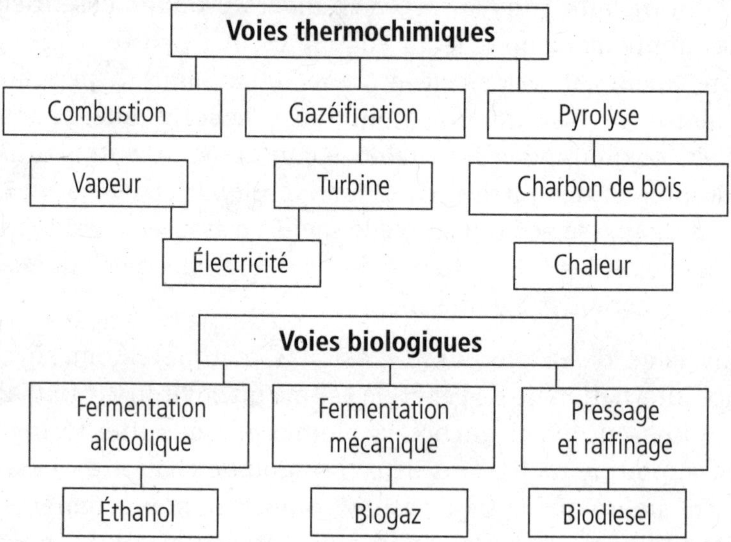

La biomasse et les matières organiques déjà transformées peuvent répondre à divers besoins énergétiques. Les procédés utilisés peuvent se classer en deux grandes catégories: a) la voie thermochimique, qui profite du pouvoir calorifique de la biomasse pour la chauffe ou la production d'électricité; b) la voie biomécanique, qui transforme la biomasse ou la matière organique en carburant ou en biogaz.

La biomasse forestière

L'énergie contenue dans la biomasse forestière peut être extraite à la faveur de plusieurs processus, dont le plus simple est la combustion du bois, qui résulte en une production directe de chaleur. La production de gaz ou de liquides combustibles permet également d'emmagasiner cette énergie sous une forme plus concentrée et de l'utiliser notamment dans le secteur des transports.

Dans les régions froides, le bois, les résidus forestiers et les liqueurs récupérées dans les procédés de fabrication de pâtes de bois constituent les principales sources de biomasse. Au Québec[2], par exemple, on estime à environ 4 millions de tep la quantité totale de biomasse consommée à des fins énergétiques, soit environ 10% du bilan énergétique total. Environ le tiers de cette biomasse est consommé dans le secteur domestique, et les deux tiers, dans le secteur industriel (principalement dans les usines de pâtes et papiers pour la fabrication de vapeur). La crise du verglas, en janvier 1998, a montré à quel point cette ressource constitue toujours une sécurité pour la population.

Au Québec comme dans les pays industrialisés, les filières énergétiques recourant à la biomasse utilisent une biomasse qualifiée de «moderne»: les rendements sont optimisés et les températures obtenues dans les procédés industriels sont élevées. La biomasse peut ainsi concurrencer d'autres formes d'énergie. Aucune subvention particulière ne la favorise.

Par contre, dans les pays en développement, l'utilisation de la biomasse est souvent fondée sur des technologies très anciennes. Celles-ci jouent un rôle important, sinon essentiel, dans l'activité économique. Et plus les pays sont pauvres, plus ils dépendent du bois et de son dérivé, le charbon de bois, pour assurer la cuisson et bien d'autres usages de chauffe. Pourtant, pour le bien de ces pays et de la planète tout entière, il faudrait au contraire réduire cette dépendance envers la biomasse en faveur de sources d'énergie plus modernes. Qui n'a pas entendu parler du problème de déforestration de l'Afrique de l'Ouest ou d'autres régions à risque?

---

2. *L'énergie au Québec*, www.MRNF.qc.ca, annuel.

L'énergie que l'on tire de sa soupe

Outre la biomasse ligneuse et les résidus de la transformation du bois, les cultures énergétiques, les résidus agricoles, les déchets urbains solides, les boues d'épuration sont autant de sources pour la combustion. Mais on peut faire mieux. La voie royale, c'est bien sûr le recyclage, quand c'est possible.

La biomasse est une source d'énergie polyvalente. Elle peut en effet servir à produire de l'électricité, de la chaleur ou du combustible pour le transport, en fonction des besoins, et elle peut, au contraire de l'électricité, être stockée de manière simple et peu coûteuse. De plus, la taille des unités de production peut varier considérablement. On en rencontre de très petites, alors que d'autres atteignent plusieurs centaines de MW. Tous ces avantages expliquent pourquoi la biomasse va continuer de représenter une part importante des énergies renouvelables, à l'avenir. Mais le débat sur la façon de l'utiliser est loin d'être terminé, surtout quand il s'agit de produits de transformation comme les carburants.

Les biodiesels et les alcools

Les procédés sont connus depuis l'apparition des grandes civilisations. La fermentation transforme le sucre en alcool. Le pressage et le raffinage permettent de produire de l'huile végétale. Sous conditions contrôlées, sans grandes modifications au moteur de combustion, ces deux produits deviennent des carburants, l'alcool dans un moteur à essence, le biodiesel dans un moteur diesel. Alors que les réserves de pétrole diminuent et que le réchauffement planétaire nous menace, pourquoi ne pas produire en masse ces carburants dérivés des végétaux? Leur prix devient concurrentiel et ils sont renouvelables, donc moins nocifs en termes d'effet de serre. Que demander de mieux[3]?

Malheureusement, l'appellation «vert» attribuée à ces sources d'énergie est loin de faire l'unanimité. Si la récupération de biomasse résiduelle ou de tout autre déchet organique donne automatiquement un avantage économique à cette filière, la production directe des

3. À lire Valérie Borde, «Le mirage de l'éthanol», *L'actualité*, 1er avril 2005.

carburants organiques se heurte à plusieurs problèmes qui les rendent difficilement acceptables face aux sources conventionnelles d'énergie. Le problème le plus important pour ces filières demeure la contestation organisée des écologistes. La production d'éthanol ou de biocarburant à partir de cultures spécialisées est en effet très controversée.

Ces carburants sont issus de matières organiques par recyclage (biodiesel) ou par procédé biomécanique. Les végétaux considérés sont la canne à sucre, le maïs, la betterave, les résidus de bois et bien d'autres matières organiques disponibles en masse. Par fermentation et raffinage, on en tire un carburant utilisable directement ou par mélange avec un combustible conventionnel. Le rendement de fabrication varie selon la région et le type de plante ou de végétal.

Les opposants s'interrogent sur la pertinence de consacrer les meilleures terres agricoles à des cultures industrielles plutôt qu'alimentaires. Certaines cultures, comme le maïs, épuiseraient les sols et accroîtraient l'érosion. L'usage abusif de fertilisants serait dommageable pour l'environnement. Enfin, le bilan énergétique serait désastreux. Certains auteurs ont avancé que le cycle de vie* de l'éthanol varie de légèrement positif à négatif.

L'ampleur des chiffres a de quoi faire réfléchir. Pour remplacer l'ensemble des pétrocarburants du monde par de l'éthanol fait à partir de céréales, il faudrait monopoliser près de 10% de la surface agricole totale (35% en Amérique du Nord, 50% en Europe). Dans le cas du biodiesel, le rendement agricole est encore pire ; il faudrait doubler la surface agricole dans plusieurs régions du monde. Ce n'est pas impossible, si les céréales cultivées pour engraisser le gros bétail sont désormais attribuées à l'énergie. Les gens seraient tout simplement plus en santé en mangeant davantage végétarien. Mais encore ?

Une politique agricole, plutôt qu'une politique énergique durable ! clament les opposants.

Les proéthanol répondent que les nouveaux procédés sont plus écologiques. L'éthanol cellulosique serait produit à partir de la partie non alimentaire des matières premières, comme la tige de maïs, la paille de blé et les déchets ligneux. Appelé aussi bioéthanol, il s'obtient par fermentation des sucres tirés de la fibre végétale de matières premières renouvelables grâce à des enzymes. Le bioéthanol peut donc s'avérer une solution de rechange intéressante à l'éthanol qui fait l'objet de débats dans les milieux sociaux, environnementaux et agricoles.

À titre d'exemple, si l'on prend le cycle total de production, la nouvelle usine de Varennes[4] va utiliser une unité d'énergie pour produire de 1,7 à 2,3 unités d'énergie utilisable. On serait donc bien loin des déclarations alarmistes qui ont souvent annoncé des bilans énergétiques négatifs pour l'éthanol. La question n'est pas réglée pour autant, car la production d'éthanol entre en conflit avec la production alimentaire et ne sera rentable qu'au prix d'une productivité accrue du sol. En outre, l'énergie utilisée pour l'exploitation des champs n'est pas toujours incluse dans le calcul.

Dans les faits, l'éthanol et les biodiesels présentent un bilan énergétique globalement positif, si on considère que les combustibles utilisés pour le transport et la transformation sont également des carburants organiques. Il faut préciser encore que le rendement n'est pas aussi catastrophique pour certaines essences: celui de la canne à sucre est cinq fois plus élevé que celui du maïs. Certes, leur impact environnemental et social a souvent été critiqué et le sera encore. Le Brésil, par exemple, a souvent été mis en accusation. Nous verrons cependant que ce pays a su tirer parti de cette filière au point de devenir un modèle mondial (voir le chapitre *Transport vers le futur*).

Kyoto a ravivé la flamme du biocarburant. Bien que le cycle de vie soit imparfait, les biocarburants sont en partie renouvelables. Mais surtout, les récentes flambées du prix du pétrole font apparaître à nouveau le spectre de la dépendance énergétique. Même si ces filières organiques restent très controversées, tous les continents du monde s'y intéressent. Les pays du Sud y voient un moyen d'améliorer leur balance des paiements. Les pays du

4. Ulysse Bergeron, «La Suède à l'heure du bioéthanol», *Le Devoir*, 22 avril 2006. Voir également L.-G. Francœur, «L'éthanol, plus mythique que miraculeux», *Le Devoir*, 3 juin 2006.

Nord, dont les États-Unis et le Canada, en font une politique prioritaire pour limiter les gaz à effet de serre. Le 23 mai 2006, le gouvernement Harper s'est donné pour objectif d'intégrer 5% d'éthanol dans toutes les essences au Canada d'ici 2010. Il s'agira essentiellement d'éthanol fait à partir de maïs-grain, filière très contestée. La nouvelle politique énergétique du gouvernement du Québec (2006) prévoit par contre privilégier la production d'éthanol mais à partir de la biomasse forestière, moins polluante et moins énergivore. L'engagement des conservateurs représente une production de 3,1 milliards de litres d'éthanol et aussi de carburants biodiesels faits à partir d'huiles végétales récupérées. Cette production multiplierait par 12 les volumes de biocarburants actuellement produits.

Pour l'essentiel, l'objectif de ces gouvernements est de porter la part de l'éthanol dans les carburants pétroliers légers à 10% à long terme. La Suède et le Brésil vont plus loin et espèrent se soustraire à l'hégémonie du pétrole dans le transport, d'ici 20 ans.

À l'évidence, il faudra s'accommoder des biocarburants.

Les patates frites

Pourquoi ne pas transformer en énergie ce que l'on tire de sa soupe? C'est l'idée du biodiesel, souvent cité comme l'«énergie des patates frites». De nos jours, le biodiesel est produit à partir d'une gamme de graisses animales et d'huiles végétales recyclées. C'est donc un biocarburant qui permet la valorisation des matières résiduelles provenant de l'industrie agroalimentaire, d'où son intérêt pour l'avenir, tant sur le plan environnemental que du point de vue économique. Nous verrons, dans le chapitre sur les transports, que la fabrication du biodiesel est bien entamée.

Tant que le biodiesel proviendra de matières recyclées, il sera accepté d'emblée. Mais le jour où des champs entiers seront consacrés à des plantes pouvant produire de l'huile pour le biodiesel, le soya ou le canola par exemple, la perception populaire risque de changer. Le problème s'apparentera alors à celui de l'éthanol.

Perspectives pour la biomasse

Il est évident que la biomasse a un avenir. À première vue, elle est rétrograde et lourde. Par rapport aux autres formes d'énergie, son rendement par unité de surface est le plus faible. Sur la base du nombre de kilomètres carrés nécessaire, le rendement de la biomasse est plus faible que celui de n'importe quelle autre source d'énergie, autre renouvelable, nucléaire ou fossile. C'est encore pire lorsqu'on veut en tirer du carburant. Pourtant, la biomasse a un avenir.

Pour en estimer les perspectives, il faut distinguer deux grandes catégories: a) la combustion de la biomasse; b) les biogaz et les biocarburants.

La combustion de la biomasse

La combustion de biomasse sous forme de végétaux est une espèce de garde-fou, un peu comme le charbon. Si les prix des grandes énergies s'emballent ou si la pauvreté énergétique s'accentue, la biomasse reste une option pour réguler le marché. Encore ici, il faut séparer le problème en deux: la combustion de la biomasse pour les besoins domestiques et la combustion de biomasse pour les besoins industriels. Malheureusement, encore aujourd'hui, ces deux aspects correspondent à des utilisations *inefficaces* ou *efficaces* de la biomasse.

Dans la plupart des scénarios internationaux, on suppose que la biomasse non commerciale va faire place graduellement à la biomasse «moderne». Par exemple, dans plusieurs de ses scénarios, le GIEC propose 2030 pour la fin de la biomasse non commerciale. Il s'agit, bien entendu, de visions optimistes, car il n'est jamais exclu que les populations pauvres continuent leurs mauvaises habitudes dans l'utilisation du bois.

Malgré tout, les hypothèses du GIEC sont synonymes de progrès et bien sûr souhaitables. Avec la même énergie, il est possible de multiplier le rendement par un facteur de trois ou quatre. L'adéquation avec nos scénarios est assez facile à faire.

- Dans un scénario de type chacun-pour-soi, l'équité planétaire est loin d'être assurée. Cela signifie des écarts de richesse importants, selon les régions, même en 2100. Dans un tel scénario, on ne peut éliminer la combustion traditionnelle de la biomasse.

- Dans un scénario du type solidarité, l'hypothèse de base du GIEC est acceptable. Dans ce cas, la biomasse contribue de façon plus importante au bilan mondial de l'énergie nette à la consommation, même si la quantité de biomasse reste constante dans le temps.

Les biogaz et les biocarburants

Nous reviendrons sur les biocarburants dans le chapitre sur le transport. Qu'il suffise de dire, à ce moment-ci, que la production d'éthanol est un mouvement irréversible parce qu'il présente l'immense avantage de démocratiser la production de carburant. Tous les pays fertiles y trouvent leur compte. Les pays à climat froid tirent du carburant de céréales et de résidus forestiers. Les pays chauds peuvent profiter de la poussée rapide de certaines essences végétales, comme la canne à sucre. Sans surprise, autant la Suède que le Brésil veulent devenir presque complètement indépendants à l'égard du pétrole. À long terme, les biocarburants vont donc occuper une part non négligeable de la consommation énergétique du transport (voir les scénarios explicités dans la quatrième partie).

Pour ce qui est des biogaz susceptibles de produire de l'électricité, si on se reporte au cas des États-Unis (voir tableau 6; moins de 0,5% de la production en 2002), il faut bien se rendre compte que leur contribution va toujours rester marginale. Même si plusieurs programmes sont en cours pour favoriser la récupération de tout résidu gazier, la part de marché des biogaz dans la production d'électricité ne dépassera pas 1%. Par contre, la récupération de ces gaz pour des fins énergétiques a un impact bénéfique pour limiter l'effet de serre: bien souvent, il s'agit de méthane, 21 fois plus nocif que les hydrocarbures.

En combinant les deux objectifs, il est donc souhaitable d'étendre ces pratiques à l'échelle du monde. Dans les économies matures, cela semble acquis, si on se fie aux diverses politiques énoncées.

16. Synthèse des énergies renouvelables

Les scénarios présentés dans cette partie quant à l'évolution des énergies renouvelables d'ici 2100 risquent de décevoir, surtout les tenants du «tout renouvelable». Encore une fois, ce n'est pas mon souhait, mais le résultat d'une analyse pragmatique des tendances.

À ce moment-ci du livre, nous ne traitons que quatre formes d'énergie: l'éolien, le solaire, l'hydroélectricité et la biomasse. En outre, nous ne considérons que le secteur de la production d'électricité. Afin d'avoir un aperçu de la place des énergies renouvelables dans le bilan énergétique mondial, il faut d'abord analyser la demande d'énergie par secteur, ce qui est l'objet de la prochaine partie.

Le scénario du chacun-pour-soi

Le scénario du chacun-pour-soi reflète la tendance des dernières décennies concernant l'évolution des énergies renouvelables (voir tableau 4, troisième partie).

Dans le secteur électrique en particulier, même le marché manque de prise devant la force des lobbies locaux et des groupes d'intérêts de toutes sortes. Un tel scénario ne veut pas dire qu'il n'y a aucun progrès en faveur de filières renouvelables, mais la tendance des dernières décennies laisse peu d'espoir de voir apparaître des changements de tendance radicaux. Plus précisément, nous retenons les hypothèses suivantes:

- L'hydroélectricité stagne rapidement;
- Un point optimiste, l'éolien continue sa poussée et réussit à rejoindre l'hydroélectricité en termes de capacité de production;

- Le solaire continue sa progression à un rythme qui peut paraître impressionnant, mais jamais dans ce siècle, il n'atteindra les niveaux de l'éolien ou de l'hydroélectricité;
- La biomasse sous toutes ses formes garde une part de marché équivalent à environ 1% de la production mondiale d'électricité.

À l'horizon de 2100, l'ensemble de ces contributions permettra de doubler la capacité de production des énergies renouvelables observée en 2002. En étant optimiste quant aux rendements de production, on peut espérer que la production d'électricité par les filières renouvelables doublera pour passer de 300 TWh en 2003 à 600 TWh en 2100.

Scénario de la solidarité, du compromis et de l'équité

Au niveau régional, ce type de scénario s'accompagne de réglementations sévères, d'ententes sociales basées sur le compromis et de mécanismes d'évaluation basés sur la planification intégrée des ressources. Le soutien à la R-D fait partie de l'équation. À l'échelle continentale, le marché permet les échanges d'énergie, mais une réglementation assure la sécurité d'approvisionnement et un libre-échange civilisé[5]. Enfin, la communauté internationale s'engage dans l'électrification régionale des pays en développement. En échange du financement, on assure un développement durable.

Plus précisément, ce scénario de la solidarité suppose ce qui suit.

- Il y a relance de l'hydroélectricité. En se basant sur le fait que d'immenses régions n'ont pas encore profité du développement hydroélectrique, en supposant le développement de l'hydroélectricité pour fins d'exportation et bien sûr en étant un peu rêveur, le doublement des capacités hydroélectriques mondiales est possible. Mais il s'agira d'une révolution.

5. À ce moment-ci de l'histoire, cette hypothèse apparaît comme de la pure fiction, surtout en Amérique du Nord...

- L'éolien suit la révolution hydroélectrique. Dans la pratique, nous verrons qu'il s'agit d'atteindre environ 20% de la production mondiale d'électricité, ce qui est considérable.
- Le solaire débloque grâce à une percée technologique vers 2050. Il suit par la suite le cheminement que l'industrie éolienne a connu. Dans la pratique, en 2100, le solaire a une part d'environ 10% de la production électrique.
- Enfin, les autres énergies renouvelables vont augmenter en importance mais de façon plus marginale.

Nous reviendrons sur les conséquences chiffrées de ce scénario une fois que les scénarios de demande auront été établis. Retenons pour l'instant que les énergies renouvelables occuperaient environ 40% de la production d'électricité en 2100. Pour certains, c'est une limite supérieure encore inimaginable; pour d'autres, c'est trop conservateur. Dans les faits, ce scénario est plausible, techniquement, et satisfait à une adaptation progressive du marché. Mais il faut bien se rendre compte qu'il correspond à une révolution dans les attitudes et à une bonne part de chance. Voilà pourquoi le scénario de la solidarité correspond à une limite supérieure si on s'en tient à une analyse tendancielle optimiste.

Quatrième partie

Et vous, consommateurs ?

17. Une demande tout électrique? Oui, mais...

La discussion sur les réserves de combustibles fossiles dans la première partie de cet ouvrage laisse présager un pic de production pour le pétrole assez tôt dans ce siècle. Celui du gaz devrait suivre rapidement. La transition vers un quatrième âge de l'énergie moins dépendant des combustibles fossiles sera obligatoirement en marche. Quels sont les facteurs qui caractériseront ce nouveau système énergétique? Celui qui vient en tête de liste est bien sûr l'efficacité. Dans un contexte inflationniste des prix de l'énergie et de rareté galopante du pétrole et du gaz conventionnels, le consommateur n'aura pas le choix d'être plus rationnel dans ses choix énergétiques. Nous verrons dans cette partie que le premier poste d'attaque est le secteur des transports, fortement dépendant du pétrole. Dans les économies matures, le scénario solidarité suppose un gain d'efficacité de 55% par habitant par rapport aux habitudes d'aujourd'hui. Les propriétaires de logements, les gestionnaires d'édifice et les décideurs du secteur industriel seront également incités à réduire leur consommation d'énergie. Secteur par secteur, nous tenterons de dégager les principales stratégies pour atteindre des gains d'efficacité de 30% et plus.

Une deuxième conclusion ressort des deux premières parties de l'ouvrage: en plus de l'efficacité, une autre révolution devra se faire, celle du passage vers un âge de l'électricité. Mais une demande tout électrique dans le résidentiel, le commercial, l'industriel et le transport, est-ce possible? Nous verrons que le chemin à parcourir est semé d'embûches. Les déboires répétés de la voiture tout électrique qui ne réussit pas à s'imposer face à la concurrence outrageante de la voiture à essence montrent à quel point l'aventure vers l'âge électrique dépasse l'entendement. Pourtant, il faudra y venir.

Le passage à un âge électrique ayant pour base l'atome, les énergies renouvelables et l'hydrogène prendra plusieurs centaines d'années. Bien que la transition soit déjà entreprise, le monde repose encore fortement sur les combustibles fossiles, à la fois pour ses besoins de transport et de chauffage, et pour la production industrielle. En termes de consommation finale d'énergie, l'électricité représente environ 16% des besoins énergétiques mondiaux (20% dans les pays de l'OCDE, 13% dans le reste du monde). On est donc loin du compte, surtout si on considère qu'une grande partie de la population planétaire n'y a pas encore accès. Les pays riches consomment plus de 8000 kWh par personne sur une base annuelle; dans les pays émergents et pauvres, la consommation est d'environ 1100 kWh par personne.

Pendant une grande partie de ce siècle, si les choses se passent bien, on assistera à un rattrapage de l'électrification, dans les pays émergents d'abord, puis dans ceux en développement. Même dans les pays riches, on est encore loin d'un monde électrifié. L'examen de la demande par secteur, à l'échelle d'un pays évolué comme les États-Unis, par exemple, montre que l'électricité ne représente que 16,5% de l'énergie totale disponible à la consommation (tableau 8). Par contre, l'augmentation de la part de l'électricité au niveau de la consommation est une tendance lourde pour toutes les régions du monde.

Pour se faire une idée plus précise d'un monde «plus électrique», il faut plutôt se reporter à des économies qui ont misé sur l'électricité pour se développer. En tête de liste se trouvent les communautés qui ont la plus haute consommation d'électricité par habitant au monde. Par ordre d'importance, on retrouve le Québec (25400 kWh/hab), suivi de la Norvège (23830 kWh/hab) et de l'Islande (18934 kWh/hab). Les États-Unis (13000 kWh/hab) arrivent au septième rang, derrière le Canada, la Suède et la Finlande. Dans une moindre mesure, le Japon et la France, huitième et neuvième dans cette échelle de consommation, sont également des sociétés qui ont entamé un virage vers l'électricité: le rail y est électrifié et l'électricité représente une part significative des usages de chauffe.

TABLEAU 8

Place de l'électricité (% de l'énergie finale, 2003)

	Résidentiel	Commercial	Industriel	Transport	Total
États-Unis					
2002	38,1	50,0	13,1	0,4	16,5
2025	44,0	57,3	14,3	0,3	18,4
Europe de l'Ouest					
2002	24,3	47,7	13,0	1,2	14,5
2025	28,3	52,0	14,7	1,1	15,9
Japon					
2002	47,4	37,5	13,0	2,4	17,9
2025	52,6	44,0	19,1	2,3	22,0
Chine					
2002	22,9	28,6	18,7	2,4	17,5
2025	36,4	43,3	18,5	0,6	17,7
Inde					
2002	20,0	75,0	16,1	0,0	18,0
2025	35,9	80,0	18,3	2,4	23,1

Source: www.eia.doe.gov, International Outlook, 2005.

Le bilan électrique du Québec donne donc une bonne idée de ce que pourraient être les périodes de transition des diverses économies mondiales vers une économie électrifiée. L'électricité occupe au Québec 42% de l'énergie totale nette disponible à la consommation, et cela, malgré le fait que le transport ne soit pas aussi électrifié qu'en Europe ou au Japon. Si on exclut la biomasse, des records de pénétration de l'électricité s'observent dans les secteurs résidentiel (70%) et industriel (60%). Ce haut taux d'électrification tient à plusieurs facteurs: pénétration du chauffage électrique, importance des industries fortes consommatrices d'électricité et des procédés électriques.

Dans un monde idéal, chaque société aura son identité énergétique. Pendant que certaines, moins choyées, continueront de s'appuyer en partie sur les combustibles pour satisfaire leurs besoins de chauffe et de transport, d'autres, plus chanceuses, pourront compter sur des technologies à faibles émissions pour satisfaire l'ensemble de leurs besoins. Ce sera certainement le cas du

Canada et de la Scandinavie, ainsi que des pays, comme la France et le Japon, qui compteront peut-être encore sur le nucléaire pour satisfaire leur besoin d'électricité.

Un autre indicateur global permet de comprendre l'état d'électrification d'une société industrialisée : le ratio par secteur de la quantité d'émissions de gaz à effet de serre. En général, une économie fortement électrifiée offre un faible bilan d'émissions de gaz à effet de serre par unité, que ce soit par habitant ou par unité de production, parce que la production d'électricité s'appuie sur l'hydroélectricité (cas du Québec) ou sur le nucléaire (cas de la France).

Une comparaison des différentes régions canadiennes permet de comprendre cet énoncé. Le fait que l'Alberta émet six fois plus de dioxyde de carbone que le Québec par habitant est tout à fait compréhensible. La principale explication de cet écart est le système de production d'électricité : l'hydroélectricité au Québec, le thermique en Alberta. Mais la structure économique de chaque province est une autre raison fondamentale qui explique ce bilan négatif de l'Alberta. Dans les deux provinces, les exportations de produits de première transformation sont importantes. Mais alors que le Québec exporte de l'aluminium et du papier, produits par des procédés à faibles émissions de GES, l'Alberta exporte des combustibles fossiles, dont la production repose essentiellement sur la combustion d'énergie fossile. De plus, comme l'Alberta passe graduellement à des techniques d'exploitation plus intensives en termes d'énergie, le bilan ne peut qu'empirer. À titre d'exemple, on peut citer l'exploitation croissante des sables bitumineux.

Cette discussion entraîne un premier constat :

Un monde fortement électrifié ne signifie pas que toutes les économies ont atteint le même niveau d'électrification. Par exemple, étant donné que l'Alberta exploitera ses sables bitumineux pendant très longtemps encore, jamais le Québec et l'Alberta ne pourront se comparer. Étendue au reste du monde, cette hypothèse signifie qu'il faut respecter les divergences d'une région à l'autre, si on ne veut pas mettre en péril l'équilibre économique du monde.

Le type de structure industrielle et la disponibilité de sources d'énergie «propre» sont des contraintes dures pour les régions qui auront à faire la transition vers un monde plus électrique. Mais une autre raison, plus technique, explique l'avance du Québec par rapport à d'autres régions canadiennes: l'électrification permet des gains d'efficacité appréciables dans tous les usages et procédés. L'analyse par secteur des chapitres qui suivent a justement pour but d'illustrer le chemin parcouru et à parcourir pour atteindre des sociétés plus électrifiées et par conséquent plus efficaces.

18. Le chauffage électrique? pas si bête

Dans un monde fortement électrifié, le chauffage dans les logements serait naturellement électrique, du moins dans la plupart des régions du globe. Gaspillage, inefficacité, s'empresseraient de dénoncer les opposants. L'électricité n'a-t-elle pas une valeur supérieure dont il faut profiter? Qui n'a pas entendu le slogan «Chaque forme d'énergie à la bonne place»? N'est-ce pas la base d'un monde efficace? Les électrons[1] produits au Québec ne devraient-ils pas servir à faire fonctionner des moteurs aux États-Unis, et non servir à chauffer des résidences?

Mais on a beau crier au sacrilège, les Québécois continuent d'adopter le chauffage électrique, sous une forme ou une autre, à plus de 95%, quand ils ont le choix. Si la tendance se poursuit et si les prix des combustibles fossiles continuent d'évoluer en montagnes russes, comme ce fut le cas en 2005, on peut envisager que le chauffage électrique déplacera presque totalement le mazout et le gaz naturel, ne laissant qu'un peu de place au bois comme système d'appoint.

Peut-on attribuer à la seule stabilité des prix de la source d'énergie cet engouement pour le chauffage électrique? Non. L'analyse du phénomène depuis 35 ans montre que le chauffage électrique a une valeur intrinsèque supérieure par rapport aux autres systèmes. Cela s'observe partout dans le monde. En Ontario, par exemple, la Politique nationale de l'énergie du début des années 1980 a suscité

1. Sur ce terrain de la philosophie, il faut d'abord reconnaître que la répartition optimale de l'électron pour les seuls «besoins nobles» est une illusion. D'un côté, l'électron n'est pas exportable là où on veut. De l'autre, les populations de chaque côté de la frontière sont bien loin des préoccupations philosophiques quand il s'agit du développement du secteur électrique. L'introduction «Non, merci!» suffit à le démontrer.

la conversion des systèmes à huile vers le chauffage électrique. Ce mouvement a d'ailleurs fortement embêté les gouvernements successifs, qui ont dû durcir la réglementation pour freiner la tendance et pour diminuer la pression sur Hydro-Ontario, déjà en difficulté pour satisfaire la demande.

Pourquoi des Ontariens, des Européens et des Américains choisissent-ils de s'installer des plinthes chauffantes et des pompes à chaleur, alors que leurs systèmes de production d'électricité sont basés sur le thermique? Va pour le Québec, qui peut compter sur un prix de l'électricité très bas et stable, mais ces consommateurs étrangers sont-ils à ce point illogiques?

Cela signifie que le chauffage électrique offre plusieurs avantages. Le premier facteur qui joue en sa faveur est sans contredit son coût d'installation plus faible, surtout dans les logements existants et là où les besoins de chauffage sont peu importants par rapport aux autres besoins énergétiques. Il est alors plus facile d'installer des plinthes que des systèmes centraux. Pensons, par exemple, à un logement bien isolé qui ne consomme que quelques milliers de kWh en chauffage net, le reste provenant des effets croisés de chauffage des équipements électriques de la maison. Plutôt que d'installer un système central à gaz naturel, n'est-il pas plus avantageux pour le propriétaire de choisir une installation électrique, beaucoup moins coûteuse, qui en plus a l'avantage d'un contrôle autonome dans chaque pièce?

TABLEAU 9

Part des sources de chauffage (résidentiel, 2003; %)

	Électricité	Gaz	Bois	Autre
États-Unis	7,0	50,1	7,0	21,9
Canada	33,0	50,0	4,2	12,8
Québec	70,0	4,7	7,7	17,6

Sources: Outlook 2005; L'énergie au Québec (MNRF); Statistique Canada.

On met le doigt ici sur un autre avantage de l'électricité: son contrôle pratique qui permet d'économiser de l'énergie utile. Pour la cuisson et le chauffage de l'eau, l'électricité est souvent incontournable. Comment expliquer, par exemple, que les hôtels de l'Afrique de l'Ouest possèdent des chauffe-eau individuels électriques, et non solaires? C'est qu'en plus de son coût d'installation inférieur, le chauffage électrique présente trois avantages techniques qu'il faut reconnaître : a) le contrôle par pièce le rend plus efficace, b) sa fiabilité est légendaire, c) l'impact environnemental se situe au niveau de la centrale de la production d'électricité, et non dans la communauté ou la ville. Enfin, il ne faut pas oublier que l'électricité n'a pas de concurrent pour les pompes à chaleur, qu'elles soient de type air-air ou de type géothermique.

En résumé, dans un contexte combiné de réchauffement climatique, du durcissement des standards des normes de construction et d'électrification accrue des besoins des ménages, les besoins de chauffage diminueront en importance par rapport aux autres usages électriques, même dans les régions froides. Si on ajoute que les prix des combustibles seront de plus en plus perturbés, les consommateurs du secteur domestique seront naturellement tentés par le chauffage électrique. Mais comment réduire l'impact environnemental de la production d'électricité ? Malheureusement, pendant tout le XXIe siècle et plus encore, le monde devra encore compter sur le charbon comme énergie de transition en attendant un système de production d'électricité sans combustibles. Même en augmentant la performance des centrales à 50%, le bilan environnemental n'est pas encore positif et le problème de l'augmentation des gaz à effets de serre n'est pas pour autant réglé. Cela nous amène à discuter de l'une des grandes stratégies du scénario solidarité, l'instauration des centrales d'énergie efficaces à l'orée des villes ou des complexes industriels.

Oui le chauffage électrique peut avoir un bilan environnemental positif si on considère l'impact sur le milieu de vie. Comme pour les voitures électriques et hybrides, le chauffage électrique a l'avantage de déplacer le problème en dehors des mégapoles fortement polluées. De toute façon, pour la plupart des régions du monde, les besoins électriques liés aux usages domestiques et commerciaux sont de loin plus importants que les besoins de chauffage des locaux et de l'eau. Par exemple, au Québec, un pays nordique, le chauffage électrique des locaux ne dépassent pas 40% des besoins énergétiques d'un ménage : 10000 kWh par an sur un total de 25000 kWh environ. Dans les multilogements et les édifices commerciaux, ce rapport *chauffage sur autres usages* est encore plus faible. C'est sans compter que la demande d'électricité augmente sans cesse pour les procédés industriels, les besoins municipaux (éclairage des rues, épuration des eaux) ainsi que dans le transport urbain. En d'autres termes, que le chauffage soit électrique ou pas, le problème environnemental de la production d'électricité pour les grandes agglomérations est une préoccupation majeure qui s'accentuera.

Le modèle d'approvisionnement électrique de l'avenir devra être respectueux de l'environnement pour les citoyens qui vivent à proximité. Mais si on considère l'ensemble des facteurs qui préoccupent l'humanité, tels le besoin d'eau, la conservation des terres arables, la réduction des gaz à effet de serre, il faudra être plus global encore. Contrairement au passé, les autorités publiques devront être plus interventionnistes pour empêcher le développement sauvage des villes et la localisation aléatoire de la production énergétique et industrielle. Les aberrations existent autant dans les pays riches que dans les pays pauvres.

En Amérique du Nord, qui se préoccupe de la prolifération de ces centres d'achat à l'orée des villes, tous pareils, sans aucune originalité (figure 11), qui ont le défaut de favoriser l'étalement urbain et l'empiétement des terres arables? Mettant en péril l'autosuffisance agricole des générations futures, comment juger les gouvernements de l'Égypte qui ont laissé sans surveillance la construction du Caire dans le fertile delta du Nil, une méga-agglomération de seize millions d'habitants qui aurait pu être installée à quelques kilomètres plus loin, dans le désert? Dans sa hâte de devenir la première puissance mondiale, est-ce que la Chine fait plus attention à l'aménagement de territoire? Vu de loin, si on se fie aux plans quinquennaux, les préoccupations semblent tout autres: après s'être attaqué aux industries dites du secteur mou, l'État s'intéresse désormais à l'implantation de l'industrie lourde. Dans le cas de l'aluminium et du magnésium, c'est une attaque directe au bon sens écologique planétaire[2].

2. Gaëtan Lafrance, «Fermeture de l'usine de magnésium de Bécancour au profit de la Chine, une attaque au bon sens écologique planétaire», *Le Devoir*, 3 novembre 2006.

FIGURE 11

Centre commercial à l'entrée d'une ville

«Le centre d'achat a fait place à la rue principale.» (Les Colocs)

Au Québec, le magasinage représente plus de 16% des déplacements en voiture, selon le MRNF (2001), soit autant que le loisir et à peine moins que les vacances et le travail (24%). Tout l'aspect médiatique se porte sur l'utilisation de l'automobile pour le travail (embouteillages, pollution, etc.). Pourtant, personne ne se préoccupe de cette prolifération des centres commerciaux à l'orée des villes.

Et que dire de ce développement effréné des sables bitumineux en Alberta? Sans contrôle environnemental strict, qu'arrivera-t-il à la nappe phréatique? Qui paiera la facture pour la décontamination de ces montagnes de débris? Comment expliquer que cette si riche industrie refuse de faire sa part dans la stabilisation des émissions de GES? Pire, cette industrie à elle seule, semble avoir réussi à juguler toute action nationale en faveur du respect de Kyoto, comme si le Canada n'avait aucune autre industrie d'importance, comme si la population pourtant favorable à Kyoto n'avait pas un mot à dire.

Bref quel que soit l'endroit dans le monde, le changement de mentalité devra s'opérer en faveur d'un développement plus durable. Et personne n'a de leçons à donner à quiconque. Par où commencer? L'aménagement de territoire est sans contredit l'intervention qui a le plus d'impact à long terme. Au niveau international, cela pourrait se traduire par une gouvernance mondiale qui impose une fiscalité verte à ceux qui font du «dumping environnemental» au niveau industriel. Au niveau régional, l'urbanisme réfléchi et le positionnement intelligent des centrales d'énergie font partie des conditions nécessaires.

Il est très difficile de concevoir la forme idéale de la ville. Mais il est clair que le développement désordonné des espaces urbains pratiqué encore aujourd'hui est un mode de gaspillage de ressources à restreindre dans le futur. Pour le secteur énergétique, tout dépend donc des solutions apportées au niveau du secteur de production et de distribution au niveau du consommateur. Les chapitres précédents ont montré qu'il faut favoriser les renouvelables et les filières thermiques efficaces. Mais d'autres concepts devront être mis de l'avant, d'une part, pour profiter des qualités complémentaires des filières, d'autre part, pour récupérer au maximum les pertes thermiques. Une centrale d'énergie efficace fonctionnera dans un contexte d'ouverture des marchés pour l'électricité; elle comptera sur la cogénération et elle aura divers types de clients. Pour être plus écologique encore, cette centrale pourra séquestrer les éléments polluants adéquatement.

Quelles sont les catégories de clients pour de telles centrales? La première catégorie se réfère aux demandeurs d'électricité dans les secteurs résidentiel, commercial, industriel et transport. Pour les besoins réduits de chauffage, dans le domestique et le petit commercial, le chauffage électrique pourrait occuper une part significative. Un réseau de distribution de vapeur, venant principalement des centrales thermiques, alimenterait les clients qui ont des besoins plus grands de chauffage: gros édifices et petites industries. Il n'est pas exclu que les gestionnaires de la centrale d'énergie assurent l'investissement et l'entretien de systèmes distribués, du solaire par exemple. Pour les gros clients industriels, la cogénération, lorsque cela est possible, semble de mise.

Comme on peut l'imaginer, un tel modèle d'approvisionnement ne présente aucune difficulté technique, ni sociale d'ailleurs. Si le changement est graduel, le consommateur ne devrait pas payer son énergie beaucoup plus cher. Par contre, le changement de contexte organisationnel relève d'une véritable révolution de la mentalité des autorités publiques. La figure 15 (fin du chapitre 22) illustre en partie la conception que nous nous faisons de ces futures centrales d'énergie.

Secteur résidentiel: apport relatif dans la révolution énergétique

Toutes les politiques d'efficacité s'attaquent d'abord au secteur résidentiel pour une raison assez simple, les habitudes de consommation sont relativement connues. Les consommateurs du secteur résidentiel sont également les premiers visés lorsqu'il s'agit de dénoncer le gaspillage d'énergie. Périodiquement, on leur reproche également l'inter-financement trop favorable de la part d'Hydro-Québec. Pourquoi les propriétaires de maisons tout électriques ne paient-ils pas le juste prix? Après tout, ce sont eux qui occasionnent la pointe d'hiver, pas les clients du secteur industriel? Pour contrer la construction de nouvelles centrales hydroélectriques, les écologistes proposent plutôt que les gouvernements subventionnent l'installation de capteurs solaires ou de systèmes géothermiques. Et que penser des accusations périodiques des choix du Québec? Pourquoi l'Alberta et l'Ontario ont-ils choisi le gaz naturel massivement, pas le Québec? Et ainsi de suite.

Bref les consommateurs du secteur résidentiel seraient responsables de tous les maux et la révolution vers un âge de l'énergie plus écologique passerait d'abord et avant tout par eux. Il vaut la peine de mettre les choses en perspective sur deux points: a) quelle est la part relative du résidentiel dans cette révolution énergétique qui s'annonce; b) l'efficacité, le solaire, la géothermie ou autres concepts à faible entropie appliqués au résidentiel vont-ils permettre cette révolution tant attendue?

Première mise au point, le secteur résidentiel n'est pas un point d'achoppement pour le passage à une ère énergétique moins dépendante du gaz et du pétrole pour une première raison: la part du résidentiel dans le bilan global des pays est faible par rapport aux autres secteurs. Aux États-Unis, par exemple, le secteur résidentiel représente 16,2% de l'énergie disponible à la consommation et le commercial 11,5%. Le chauffage des locaux et de l'eau compte pour 65% des besoins domestiques, mais seulement 10% de la consommation totale du pays[3] Le bilan est semblable au Canada et dans la plupart des pays occidentaux. Dans les pays du Sud, la part du chauffage dans le domestique est évidemment plus faible, voire négligeable.

Cela nous amène à la deuxième mise au point: même en étant très optimiste sur leur diffusion dans le secteur résidentiel, le solaire, la géothermie, les gains d'efficacité au niveau du chauffage auront un impact relatif marginal dans cette transition vers un âge moins dépendant du pétrole et du gaz naturel. En revenant à l'exemple des États-Unis, le premier secteur d'importance est le transport (37,7% de la demande énergétique), suivi de près par l'industriel (34,6% des besoins). Le transport et la production industrielle sont les vrais points d'achoppement pour cette révolution énergétique qui s'annonce.

Par quoi remplacer les carburants dans le transport? Comment satisfaire les besoins thermiques de la production industrielle? Quelles filières de production d'électricité choisir pour satisfaire la demande sans cesse croissante de la production industrielle? En Chine, par exemple, la hâte de construire de nouvelles centrales de production électrique est attribuable à un premier facteur, de loin le plus important: le taux de croissance phénoménal et continu de la production industrielle, y compris dans la première transformation des produits primaires.

Dans les pays industrialisés aussi, la part de l'industriel a tendance à augmenter, comme c'est le cas au Québec. À l'inverse, la consommation des ménages se stabilise pour deux raisons principales: les gains d'efficacité sont continus, la population se stabilise. Pourquoi le gouvernement canadien a-t-il tant tergiversé autour de ses engagements envers Kyoto? À cause du résidentiel? En fait, les gouvernements canadiens, qu'ils soient libéraux ou conservateurs, n'ont jamais présenté de plans majeurs pour réduire les émissions de GES pour les grands pollueurs industriels ou pour le transport. En sachant que Kyoto n'est qu'un tout petit pas vers cette révolution inéluctable, cette attitude des autorités

3. Chiffre de 2004, Outlook 2006, www.doe.eia.gov).

canadiennes reproduit l'impasse que l'humanité aura à faire face pour modifier les habitudes de consommation dans ces secteurs.

En comparaison, les objectifs d'efficacité et de faibles émissions de GES dans le domestique correspondent à du gâteau. Nos travaux[4] ont d'ailleurs montré que des normes minimales d'efficacité et un entretien plus régulier des fournaises permettraient de réduire les émissions de GES dans le secteur résidentiel par un facteur de 10 à 20%. En d'autres termes, sans grand investissement, le Canada peut respecter Kyoto dans le secteur résidentiel (réduction de 6% du niveau de 1990) et même en faire plus. Dans le prochain chapitre, nous verrons que la même analyse peut être appliquée au secteur commercial.

Il convient ici de revenir au cas du Québec, souvent accusé d'être un affreux consommateur d'énergie. En fait, le Québec devrait être cité en exemple sur plusieurs points. Le Québec a réalisé des économies importantes de chauffage nettes entre 1979 et 1984, et cela, pour tous les types de chauffage électrique (voir résultats partiels dans le tableau 10). En d'autres mots, cela indique donc que les divers programmes d'efficacité mis en place au Canada et au Québec pendant la période 1979-1984 ont eu un impact réel. En 2006, la nouvelle stratégie énergétique du gouvernement du Québec va exactement dans le même sens et renforce encore les standards d'efficacité (www.mrnf.gouv.qc.ca). En conséquence, cet effort soutenu du Québec a permis d'avoir une certaine avance par rapport aux autres régions du Canada, ce qui explique la consommation moyenne plus basse d'énergie par ménage.

TABLEAU 10

Estimation des consommations de chauffage électrique au Québec Parc existant (kWh par ménage, par an, maison unifamiliale)

	Enquête 1979	**Enquête 1984**	**Enquête 1989**	**Enquête 2002**
Chauffage central	16226	12538	12642	9431
Chauffage par pièce (plinthe)	17528	11265	9873	7985

Source: Rapports périodiques d'analyse ACD: Hydro-Québec.

4. G. Lafrance et collaborateurs, «Le protocole de Kyoto: le cas du résidentiel au Canada», *Revue Vertigo*, UQAM, numéro spécial, juin 2004.

Les Québécois, affreux consommateurs?

Périodiquement, les dérapages argumentaires simplistes pour justifier le fameux juste prix ont abondé dans les médias et dans certaines études économiques un peu trop sectaires. Dans la foulée du débat lucide/solidaire qui a fait rage pendant l'année 2006, le nombre de propositions pour augmenter le prix de l'électricité du Québec au niveau de celui des États-Unis a abondé. En passant au gaz naturel et en permettant des économies d'électricité supplémentaires, les Québécois, ces affreux consommateurs d'électricité, y gagneraient sur deux tableaux: la facture des ménages diminuerait, les profits à l'exportation augmenteraient. Québec grand consommateur d'électricité, oui. Mais gaspilleur d'énergie, nuances. Les habitants du reste du Canada consomment environ 47% plus d'énergie primaire par habitant que ceux du Québec. Ce meilleur comportement des Québécois explique notamment qu'ils sont les plus bas émetteurs de gaz à effet de serre parmi les provinces canadiennes. Ce type de comparaison à l'avantage du Québec peut être étendu à l'échelle de l'Amérique du Nord. Paradoxalement, la consommation moyenne par habitant pour le domestique aux États-Unis est plus élevée qu'au Québec, même si le climat est plus clément. En Nouvelle-Angleterre, c'est plus de 50% pour certains États.

En appliquant les mêmes relations simplistes, l'impact d'une hausse draconienne des prix de l'électricité est donc facile à déduire. Si le Québec réussit son virage vers le modèle de ses voisins – on parle ici de changement structurel majeur dans le secteur industriel en particulier – il devrait consommer plus d'énergie, augmenter sa dépendance énergétique et devenir un plus grand pollueur. La conclusion sur le miracle est-elle trop hâtive?

Est-ce la fin de l'histoire pour les Québécois? Ont-ils atteint les standards d'efficacité ultimes les rassurant à jamais quant à leur conscience écologiste supérieure? Bien sûr que non. Cette consommation moyenne de 25 000 kWh pour les ménages résidents dans des maisons unifamiliales tout électrique peut être réduite de beaucoup. Il faut donc agir au niveau des comportements en termes d'utilisation des divers équipements électriques. Ensuite, il faut adopter des techniques innovatrices pour réduire la consommation d'énergie unitaire de chaque équipement.

C'est le thème du prochain chapitre.

19. Les bâtiments intelligents?

Partout dans le monde, les planificateurs de la demande énergétique distinguent quatre secteurs. Les secteurs du transport et de la grande industrie relèvent de problématiques très différentes, mais les secteurs domestique et commercial présentent des points communs. Dans tous les cas, les principaux usages à considérer, par ordre de priorité, sont directement liés aux conditions climatiques. Dans les régions froides, le chauffage des locaux est l'usage le plus important. À l'opposé, plus on va vers le soleil, plus la climatisation prend de l'importance.

C'est un peu simplifié, mais en général les principes d'efficacité sont semblables pour les deux secteurs considérés, et la plupart du temps, les mesures suggérées pour les régions froides sont également valables pour les régions chaudes. Quelles sont ces mesures qui réduisent la consommation d'énergie dans le bâtiment? Elles sont liées à la qualité de la construction, bien sûr, mais depuis une vingtaine d'années, les gestionnaires de l'énergie du secteur tertiaire ont aussi introduit la notion de «bâtiment intelligent».

Les principes de l'immotique – domotique, dans le secteur domestique –, c'est-à-dire l'adjonction des technologies de l'information à celles de la construction n'ont d'autre but qu'une réduction du facteur d'utilisation des équipements de chauffage et électriques. Par effet direct ou indirect, le terme «intelligent» s'applique également à l'éclairage, à divers équipements électriques ou aux fenêtres, dont l'émissivité varie selon la quantité de radiations que l'on veut faire entrer ou sortir. Ces nouveaux bâtiments certifiés «verts», comme les pavillons Lassonde de l'École polytechnique, concilient l'économie d'énergie avec la gestion des déchets, la récupération de la pluie, l'utilisation de matériaux écologiques, le recours à des moyens de transport alternatifs et bien d'autres concepts qui rejoignent les notions de développement durable. Il suffisait de le vouloir et de faire preuve d'un peu d'imagination.

Comment se gère un bâtiment «intelligent»? Tout simplement par le système de gestion informatique central qui équipe les grands édifices commerciaux depuis plusieurs décennies. D'abord utilisés pour respecter les contrats de puissance souscrite*, notamment en délestant les surplus de charge, ces logiciels peuvent maintenant tout contrôler si, bien sûr, le gestionnaire le juge utile.

L'intégration de ces principes de contrôle central est possible dans le secteur résidentiel. La transition risque cependant d'être plus longue, non pas à cause des systèmes informatiques, mais en raison des coûts importants des systèmes mécaniques de contrôle de chaque équipement.

En résumé, dans le secteur du bâtiment, deux catégories de mesures doivent être retenues pour réduire la consommation d'énergie: les mesures d'ordre technologique et les mesures de contrôle automatique.

Bien entendu, l'utilisation des équipements ainsi que leur diffusion varient. Selon leur vocation, les bâtiments répondent également à des besoins différents. En général, la part de l'électricité est plus importante dans le secteur commercial que dans le secteur résidentiel. C'est le cas pour l'ensemble des États-Unis: 50% des besoins dans le commercial, et 38% dans le résidentiel. Cette différence s'explique par la diffusion et le taux d'utilisation de certains équipements, comme la ventilation, la climatisation, les moteurs, les équipements de bureau, etc. Au Québec, en raison des bas prix de l'électricité, le chauffage électrique reste important dans le secteur commercial, mais pas autant que dans le résidentiel (tableau 11):

TABLEAU 11

Part des usages dans les secteurs commercial et résidentiel (2002; en %)

	Québec		**États-Unis**	
	Résidentiel	Commercial	Résidentiel	Commercial
Chauffage	57,5	47,3	49,3	20,9
Climatisation	1,0	4,0	5,6	5,2
Eau chaude	14,0	5,5	14,7	9,4
Autre	27,5	47,3	30,4	64,5

Source: INRS/HQ, rapport périodique sur la demande.

Le chauffage et la climatisation

Toute innovation ou mesure qui concerne l'étanchéité de l'enveloppe et de la fenestration, par exemple, permet de réduire les transferts de chaleur dans un sens comme dans l'autre. En ce qui concerne le chauffage, le chapitre précédent en a démontré l'importance pour le secteur domestique. Sur ce point précis, il est tout à fait pensable d'établir des normes de construction aussi sévères dans le sud des États-Unis qu'au Canada, l'objectif étant de réduire les besoins de climatisation.

Dans les édifices publics, le chauffage électrique en périphérie et l'utilisation des pompes à chaleur font partie des innovations qui permettent de contrôler finement les besoins de chauffage. Dans les plus petits bâtiments, l'électricité pour le chauffage des locaux et de l'eau fait partie des options considérées en raison du faible coût d'installation. Et, à coût énergétique comparable, l'électricité sera préférée. Le problème n'est donc pas si différent du résidentiel.

Cependant, pour les grands édifices, les combustibles légers sont préférés si le système de chauffage est la bouilloire. Les tarifs des compagnies d'électricité dans le créneau moyenne puissance sont en général moins avantageux. C'est le cas même au Québec. Mais à plus long terme, dans un contexte où la rareté se fera sentir au niveau des combustibles traditionnels, la situation pourrait changer rapidement. Passe encore pour le Québec, où les prix de l'électricité seront toujours relativement bas, mais partout on tentera d'augmenter l'efficacité du système chauffage-climatisation-ventilation (CCV).

La première mesure envisagée se situe dans la catégorie contrôle et gestion des usages. En général, les édifices modernes possèdent déjà des mécanismes de contrôle des divers usages énergétiques, le but premier étant de respecter la puissance souscrite*. Mais avec le temps s'est ajouté le délestage* d'équipements qui n'étaient pas utiles en période d'inoccupation, comme la réduction de la climatisation et de la ventilation la nuit ou la fermeture de l'éclairage. En fait, ces mesures de contrôle, qui valent aussi pour le secteur domestique, sont celles qui ont le plus d'impact sur la consommation d'un édifice à moyen terme.

De façon concrète, une économie de 10% est réaliste à brève échéance si on s'attaque d'abord au contrôle automatisé des systèmes CCV. Appliqué à tous les équipements, celui-ci permet aussi des économies appréciables. Et c'est déjà une réalité. Pensons aux nouveaux écrans d'ordinateur qui s'éteignent après un délai déterminé. Plusieurs hôtels ont rendu courante l'utilisation de luminaires photosensibles dans les lieux publics et de la clé «interruptrice» des fonctions électriques de la chambre. Ce ne sont que quelques exemples, et il suffit d'un peu d'imagination pour trouver d'autres applications.

Les innovations technologiques sont nombreuses, mais souvent leur coût freine leur diffusion. Pour l'étanchéité de l'enveloppe et pour la qualité de la fenestration, le nombre de technologies proposées est imposant. Pour améliorer l'enveloppe, ces mesures sont du plus simple au plus complexe, telle l'utilisation des matériaux à changement de phase. Du côté de la fenestration, l'électrochrome, l'aérogel, la fenêtre «intelligente» et bien d'autres innovations n'ont plus rien à voir avec la classique fenêtre à double vitrage qui empêchait tant bien que mal le passage de la lumière tout en bloquant les transferts de chaleur. Ainsi, selon les analyses de certains experts[1] le bâtiment du futur pourrait consommer 50% moins d'énergie que le bâtiment québécois de 2001. Il s'agit bien entendu d'un scénario exceptionnel qui suppose une forte intervention gouvernementale dans le resserrement des normes.

Reste l'épineux problème de la climatisation. Changement climatique oblige, le besoin de climatisation (de ventilation et de réfrigération) ne peut qu'augmenter, ce qui empire le problème de la pointe d'été. Première solution, rendre plus étanches les bâtiments, ce qui impliquerait des investissements colossaux dans les régions qui n'ont pas prévu le coup lors de la construction. Deuxième solution, imposer des normes plus sévères aux fabricants de climatiseurs. Cette solution est déjà en vigueur aux États-Unis.

C'est l'administration Clinton qui avait exigé une amélioration de 30% des appareils de climatisation dès 2006. Selon l'American Council for an Energy Efficient Economy, le maintien de la norme

1. M. Handfield, IREQ, 2001.

allait réduire la demande de pointe de 20000 MW pour 2030. Cette mesure a été critiquée par plusieurs intervenants, y compris l'administration Bush. Finalement, le gouvernement américain n'en a pas appelé de la décision de faire respecter la nouvelle norme.

Bonne nouvelle des pays émergents

Il faut aux vieux pays industrialisés des politiques d'intervention coûteuses pour augmenter l'efficacité des bâtiments et en réduire la consommation d'énergie. Il est toujours plus facile de travailler avec du neuf. De ce côté, si on se base sur l'évolution récente observée dans plusieurs villes émergentes du monde, par exemple Shanghai, les nouveaux bâtiments correspondent à des normes beaucoup plus sévères. Reste, bien sûr, l'aménagement urbain, qui n'est pas toujours heureux.

La climatisation naturelle

Une autre innovation à surveiller est le développement de la climatisation naturelle, telle celle proposée à Toronto. La Enwave District Energy s'est ainsi lancée, en 2002, dans l'entreprise de recueillir les eaux profondes du lac Ontario pour les utiliser comme agent de refroidissement dans la climatisation d'immeubles du centre-ville de Toronto. Ce projet pourrait produire 52000 tonnes d'agent de refroidissement à l'heure (147 MWh), assez pour climatiser une centaine de tours à bureaux ou une superficie de 20 millions de pieds carrés. Ce système consommerait 75% moins d'énergie.

La climatisation naturelle pourrait certainement s'appliquer aussi au Québec. Pour le moment, cependant, aucun impact significatif n'est retenu. Il faut savoir, par exemple, que les conditions à Montréal sont très différentes de celles de Toronto. Les prises d'eau dans le lac Saint-Louis étant moins profondes que celles du lac Ontario, la rentabilité d'une telle climatisation naturelle, au Québec, semble moins intéressante. Dans le même ordre d'idées, toutefois, les techniques traditionnelles sont parfois à redécouvrir, telle l'utilisation de la glace dans la gestion de la réfrigération[2].

2. Des travaux sont en cours, dans ce domaine, au laboratoire de CANMET, à Varennes (www.rncan.qc.ca).

Mais il y a des ombres aux tableaux, tel l'impact du changement climatique. À Toronto, par exemple, certains scénarios prévoient que l'eau du lac Ontario se réchauffera considérablement, rendant moins intéressante la climatisation naturelle. En fait, la climatisation de type géothermique a probablement plus de potentiel que la climatisation naturelle.

Les équipements électriques

La prévision de la demande à long terme dans les secteurs domestique, agricole, commercial et institutionnel est déjà basée sur une analyse fine des usages énergétiques. Les modèles utilisés par les diverses organisations permettent d'analyser la consommation spécifique des différents équipements ménagers ainsi que des systèmes de chauffage des locaux et de l'eau. Dans chacun de ces modèles, il est possible de simuler diverses tendances en matière d'efficacité énergétique et de resserrement des normes. On sait, par exemple, que depuis une vingtaine d'années, la consommation des réfrigérateurs a été divisée par deux, en raison de normes américaines de plus en plus sévères. Par ailleurs, dans le secteur du bâtiment, l'efficacité croissante de l'éclairage résulte des programmes d'économie d'énergie du début des années 1990.

Il faut savoir que les normes et standards pour les équipements ménagers et les équipements électriques des édifices à bureau sont pratiquement uniformes dans toute l'Amérique du Nord, et ceci, pour une raison fort simple : tous ces équipements sont fabriqués par les mêmes usines. Or, depuis la crise pétrolière de 1979, beaucoup a été accompli pour en augmenter l'efficacité. Pour avoir une idée de l'évolution technologique de ces équipements, il est suggéré de consulter le guide de Ressources naturelles Canada[3].

L'éclairage est un autre usage important qui a fait l'objet de plusieurs analyses. Là aussi, les innovations technologiques envisagées sont importantes. Déjà, les programmes d'efficacité du début des années 1990 ont démontré l'intérêt d'utiliser des tubes fluorescents efficaces, plutôt que la lampe à incandescence qui

3. Programme Énerguide, www.rncan.gc.ca. Voir *Consommation d'énergie des gros appareils ménagers : tendance 1990-2003.*

a fait la renommée d'Edison, à la fin du XIXe siècle. De nouveaux concepts pourraient encore réduire le besoin d'énergie pour produire la même quantité de lumens. On pense déjà aux diodes électroluminescentes (LED) blanches déjà utilisées dans les lampes frontales, aux lampes à induction et autres technologies qui pourraient réduire le besoin d'énergie d'au moins 50%.

Sommaire

Ne nous enthousiasmons pas trop rapidement, cependant, tout n'est pas rose. Ainsi, le bâtiment intelligent et efficace ne se fera pas sans un changement d'attitude majeur. Parfois, l'objectif impose de tout repenser, tout reconstruire. Et il y a cette tendance au «tout pareil». Toutes les villes ont désormais le même visage: de San Diego à Halifax, de Longueuil à Chicoutimi, l'entrée de la ville passe immanquablement par l'enfilade des centres commerciaux, libres-services et autres *fast-foods*, tous arborant la même architecture et les mêmes couleurs. Dans un tel contexte, comment promouvoir des établissements certifiés «verts», quand il faut se rendre dans le Midwest américain ou ailleurs pour tenter de convaincre le patron de la multinationale propriétaire de la chaîne de changer ses pratiques à l'échelle mondiale? À quand l'optimisation de la forme du bâtiment? Selon certains chercheurs[4], un design optionnel permettrait de réduire de 40% la consommation d'énergie par rapport à ces boîtes carrées qui sont nos centres commerciaux?

Dans le secteur commercial plus que dans le secteur résidentiel, l'inertie face au changement est due à l'influence conservatrice des grands promoteurs. Dans le secteur institutionnel, ce n'est guère plus réjouissant. Les budgets étant annuels, l'investissement planifié sur plusieurs années dans des modèles plus efficaces est éliminé d'office. En d'autres mots, les pavillons Lassonde de l'École polytechnique risquent de demeurer l'exception plutôt que de devenir la règle.

Heureusement, on peut prévoir que le parc sera en grande partie renouvelé d'ici 50 ans. Pour certaines vocations commerciales, tel le commerce de détail, le rythme de remplacement est inférieur à

4. «Vers des bâtiments plus écologiques», revue *Découvrir*, mai-juin 2006.

quelques dizaines d'années. Autant se préparer dès maintenant et prévoir les conditions qui assureront la transition vers l'efficacité.

Qu'en est-il du chauffage électrique? Comme dans le secteur résidentiel, l'électricité comporte des avantages supérieurs pour les petits bâtiments commerciaux. Pour les systèmes centralisés, toutefois, l'électricité n'offre pas d'avantages techniques. Dans un réseau thermique, le chauffage de la vapeur par une bouilloire électrique est nettement à déconseiller: la perte de rendement est de plus de 50%. Une solution future élégante et intelligente est le passage au chauffage urbain intégré à la production d'électricité, discuté dans le chapitre précédent. Un tel système existe à Charlottetown, à l'Île-du-Prince-Édouard.

20. L'industrie, une contrainte lourde pour toujours

En général, pour un pays industrialisé, l'examen de la consommation d'énergie finale* par secteur de consommation place en tête de liste le transport et le secteur industriel. C'est le cas des États-Unis, par exemple. En 2002, la demande d'énergie dans le transport représentait 37,6% du total, et celle de l'industriel, 35,2%. Dans un pays exportateur de produits de première transformation comme le Canada, la part relative de l'industrie est encore plus importante (près de 50%). Il en est de même dans les pays en forte croissance comme la Chine et l'Inde. Au fur et à mesure que ces pays émergeront de la pauvreté, la part du secteur industriel baissera au profit du secteur des services, notamment. En d'autres mots, leur économie tendra à se tertiariser, le Japon étant un bon exemple de l'équilibre entre secteurs. C'est ce qu'indiquent le tableau 12 et le graphique 17, en termes de tendance.

Après la production d'énergie, le transport et l'industrie sont donc les plus grands responsables des émissions de gaz à effet de serre pour la simple raison que chaque secteur utilise abondamment les combustibles. Dans le transport, le principal usage est l'énergie mécanique. Dans le secteur industriel, les combustibles servent à produire de la chaleur, mais ils sont également utilisés comme matière première dans plusieurs procédés. Alors que le transport dépend fortement des produits pétroliers légers, le secteur industriel se distingue par l'utilisation de toute une gamme de combustibles, du gaz naturel[1] aux combustibles fossiles lourds comme le coke et le charbon.

1. Heureusement, depuis les chocs pétroliers des années 1970, le secteur manufacturier et le secteur de la pétrochimie se sont fortement convertis au gaz naturel, un combustible moins néfaste pour l'environnement.

TABLEAU 12

Part des secteurs (énergie disponible à la consommation; 2002 et 2025)

	Résidentiel	Commercial	Industriel	Transport
États-Unis				
2002	15,8	11,5	35,2	37,6
2025	14,6	12,8	31,8	40,7
Canada				
2002	12,9	14,0	48,4	24,7
2025	11,1	14,3	52,4	22,2
Inde				
2002	16,7	4,4	62,2	15,6
2025	19,6	7,5	52,3	20,6
Japon				
2002	11,7	14,7	47,2	25,8
2025	10,7	14,0	50,0	24,7
Chine				
2002	11,4	4,5	71,1	13,3
2025	9,4	3,7	67,9	18,9

Source: www.eia.doe.gov, International Outlook 2005.

Autre caractéristique des pays industrialisés, la demande d'énergie dans le transport et l'industrie est habituellement fonction de la conjoncture économique (graphique 19, page 259). Un secteur industriel fort entraîne beaucoup de transport de marchandises. C'est une contrainte lourde dans l'histoire de l'humanité. Déjà dans l'Antiquité, ces deux postes représentaient plus de 50% du travail. Pour combler les besoins des fours métallurgiques, il fallait transporter les matières premières, produire du charbon de bois, entretenir le niveau de température requis à l'aide de soufflets, couler le métal chaud, le transformer sur l'enclume, etc.

Ça n'a pas changé et ça ne changera pas, et la raison est d'abord physique. La première transformation de la matière implique des énergies de fusion élevées, qui vont de 1000°C pour les métaux non ferreux (aluminium, cuivre, nickel) à 1500°C pour les ferreux et à plus de 3000°C pour les minéraux non métalliques (ciment, verre, céramique).

GRAPHIQUE 17

Variation annuelle de l'intensité énergétique* par région (1970-2025)

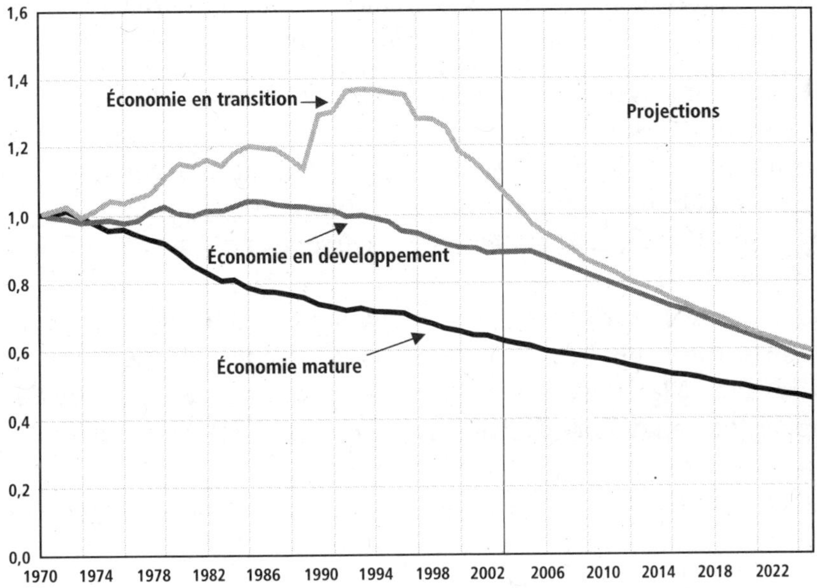

Note: Au fur et à mesure qu'une économie devient mature, ce rapport tend à diminuer.
Source: www.eia.doe.gov, Outlook 2005.

De nos jours, l'énergie mécanique et chimique nous est d'un grand secours, mais on ne peut pas omettre que la demande d'énergie est en croissance continue à cause de notre soif insatiable de nouveaux produits. Ainsi, le monde dépend fortement de la fabrication de métaux, de matériaux de construction et de produits chimiques. La production des pâtes et papiers demande également beaucoup d'énergie, à cause non pas des niveaux de température, mais du volume de production. Une société ne peut pas se passer non plus des industries dans les domaines de l'alimentation et des boissons, du textile, de la transformation du bois, de l'électronique et des produits pharmaceutiques. Certes, le niveau de température demandé y est inférieur à celui exigé pour l'industrie lourde, mais globalement ces besoins énergétiques ne sont pas négligeables.

Sans surprises, le bilan énergétique d'un secteur industriel équilibré indique en premier lieu l'industrie des produits chimiques et celles des dérivés des combustibles, soit près de 60% de la demande finale du secteur manufacturier aux États-Unis. Suivent la production de métaux (14%) et la production de papier (10%). L'industrie des minéraux non métalliques se situe à environ 5%, à peu près au même niveau que l'industrie des aliments et boissons.

Dans un pays en forte croissance, certaines industries très néfastes en termes d'émissions de gaz à effet de serre seront prédominantes: l'industrie du ciment et la sidérurgie, pour ne citer que celles-là. Dans les pays en développement, la situation est donc différente. Dans les pays pauvres, il n'est pas rare que la demande industrielle soit inférieure à celle du secteur commercial et des services. Cette observation est importante dans un contexte où la plupart des scénarios à long terme prévoient un rattrapage de la production industrielle pour une grande partie des populations en dehors de l'OCDE. Citer le cas de la Chine suffit à la démonstration. Comme conséquences directes, cela signifie d'abord une augmentation marquée de la demande de combustibles, puis un accroissement important des émissions de GES.

L'analyse prospective du secteur industriel impose donc d'examiner le problème selon trois types d'économies.

- Dans les pays industrialisés, on assiste déjà à une délocalisation des industries lourdes. La tendance se poursuivra pendant tout le XXIe siècle.
- Les pays émergents de l'Asie et de l'Amérique du Sud renforceront leur secteur industriel dans la première moitié du siècle. Par la suite, les industries lourdes, comme celles de l'acier (graphique 18) et du ciment, seront d'une importance relative moindre.
- Les pays pauvres, en particulier ceux de l'Afrique, pourraient profiter de la jeunesse de leur population pour s'approcher du niveau de vie des autres populations humaines, dans la seconde moitié du siècle. On aura compris que les hypothèses peuvent varier du meilleur au pire, car pour ces pays le niveau d'investissement dans les infrastructures de base (électricité, éducation, routes, etc.), d'ici 50 ans, sera déterminant pour la suite des choses.

GRAPHIQUE 18

La production d'acier dans le monde (1996-2005)

(Millions de tonnes)

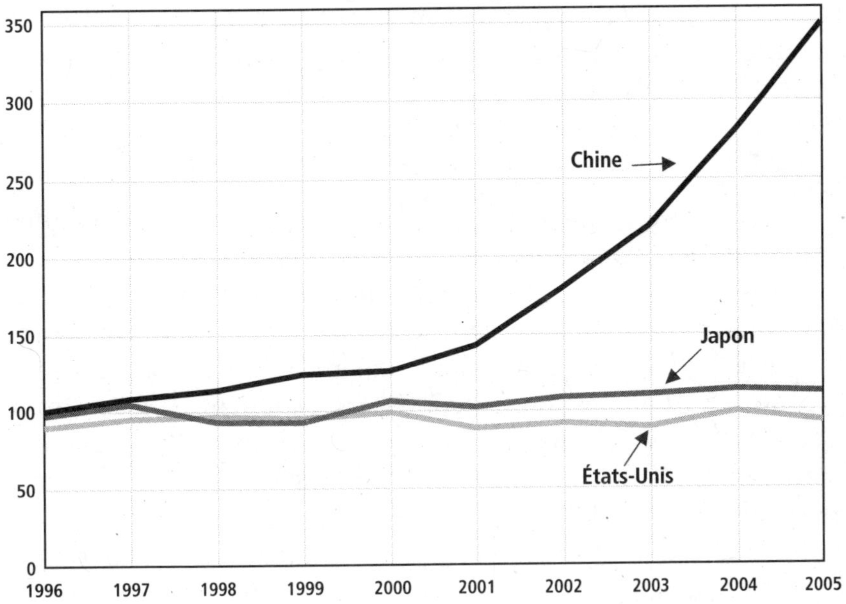

Note: On remarque le transfert de production vers la Chine. Le même graphique aurait pu être fait pour d'autres produits de première transformation, le ciment, l'aluminium, la magnésium, le papier, etc. La production mondiale d'acier, en 2005, était de 1130 millions de tonnes.

Source: Worldsteel.org

À long terme, on espère que les sociétés riches de l'avenir seront plus frugales, qu'elles plancheront sur le recyclage et que certains produits feront place à des procédés plus écologiques. Il suffit de penser à l'épaisse édition du samedi du quotidien préféré, qu'on ne lit qu'en partie, sans parler des imprimés publicitaires que beaucoup jettent sans les consulter. D'ici quelques décennies tout au plus, le temps que les communications électroniques bouleversent les mœurs, cette pratique apparaîtra comme une absurdité de l'époque. La première solution passe donc par la réduction, voire l'élimination, de la production inutile. La deuxième devra s'attaquer à l'augmentation de l'efficacité des procédés et au remplacement des combustibles fossiles. En prenant l'exemple du secteur industriel du Québec, nous verrons que l'innovation passe en grande partie par l'électrification des procédés.

Le prix de l'électricité, un facteur de localisation industrielle?

Rares sont les communautés qui se sont penchées sur l'énergie comme facteur de localisation industrielle, mais la question est pertinente dans un contexte prospectif où la part de l'électricité deviendrait de plus en plus importante dans les procédés. Est-ce que l'énergie est un facteur de localisation? Ici encore, l'analyse du cas du Québec peut apporter quelques réponses.

Depuis que les Québécois s'intéressent à la problématique des industries grandes consommatrices d'électricité, le camp des partisans et celui des adversaires ont une chose en commun: ils fondent leur argumentation sur le coût d'opportunité de la ressource hydroélectrique. Plus fondamentalement, ils se demandent si le prix de l'électricité est un facteur déterminant dans la localisation des industries. À chaque débat énergétique, les associations industrielles martèlent les mêmes réclamations: l'industrie paie trop cher son électricité. Abolissons l'interfinancement en faveur du résidentiel, qui est défavorable dans un contexte de mondialisation. Rapidement, que l'on nous permette la cogénération pour qu'on ait la maîtrise des coûts énergétiques, etc.

Qu'en est-il, en réalité? Le coût de l'énergie, et de l'électricité en particulier, est-il à ce point déterminant dans la compétitivité d'une entreprise, qu'il influencera le choix du pays où elle s'installera? Si on se fie aux discours alarmistes, on serait tenté de le croire.

Dans le passé, plusieurs décideurs ont rêvé à l'immense richesse que pouvait procurer l'hydroélectricité et cru que le prix de l'électricité pouvait être un facteur important dans la localisation de toute industrie, y compris celles de la transformation secondaire. Le Québec pourrait ainsi favoriser les secteurs de transformation les plus prometteurs.

En réalité, l'analyse historique montre que le prix de l'électricité est rarement le facteur le plus important parmi ceux qui incitent une entreprise à s'installer quelque part. Des études du CRIQ (Centre de recherche industrielle du Québec), en 1978, et de l'INRS en 1988[2] ou

2. Centre de recherche industrielle du Québec (CRIQ), 1979, *Perspective de développement des industries à forte consommation d'électricité au Québec*, Gouvernement du Québec. G. Lafrance, 1988, «L'importance des industries fortes consommatrices d'électricité», *La Revue de l'énergie*, nº 404, Paris, France.

l'analyse de la relocalisation industrielle en faveur de l'Asie qui est en cours, sont arrivées à la même conclusion : très peu d'industries sont fortement dépendantes à l'égard de l'électricité. Et pour celles qui le sont, l'histoire montre que le prix de l'énergie n'a pas été le principal facteur retenu pour le choix du lieu d'implantation.

Les industries fortement dépendantes

Pour déterminer si un secteur industriel est dépendant à l'égard de l'énergie ou de l'électricité, la première étape consiste à examiner la consommation unitaire par tonne produite. Par exemple, le tableau 13 montre que les procédés faisant appel à l'électrolyse et aux arcs électriques sont les plus intensifs en électricité. La deuxième vérification est de calculer l'intensité énergétique ou électrique, c'est-à-dire le rapport entre la valeur de l'énergie consommée et la valeur des livraisons. Sur cette base, on peut qualifier une industrie de fortement dépendante à l'égard de l'électricité lorsque l'intensité électrique est supérieure à 10% (tableau 14). Les industries de la fonte et de l'affinage de métaux non ferreux (aluminium, magnésium, titane, zinc) et certaines industries de ferroalliages sont ainsi fortement dépendantes à l'égard de l'électricité. Le sont aussi des activités comme la fabrication d'abrasifs et de produits chimiques inorganiques (chlore, chlorate) et la fabrication d'hydrogène.

Ces industries ont en commun deux catégories de procédés : les procédés électrolytiques et les procédés d'électroréduction. L'électrolyse est utilisée par les industries de l'aluminium, du zinc, du magnésium, du chlore-soude, du chlorate de soude et du sodium métallique. Dans beaucoup de cas, le procédé est universellement répandu et ne peut pas compter sur une solution de rechange intéressante. L'électroréduction est utilisée pour la production de ferroalliages, de silicium, de phosphore, de carbure, de graphite et d'oxyde de titane. Dans la plupart des procédés, le four à arc à électrodes immergées permet la fusion de la matière première et une réaction chimique de réduction. Pour la production de carbure de silicium et de graphite, les fours électriques à résistances sont les plus courants.

TABLEAU 13

Quelques exemples d'industries fortes consommatrices d'électricité

Secteur	Procédé	Consommation unitaire KWh/tonne
Fonte et affinage		
Aluminium	Électrolyse	13000 à 16 500
Magnésium	Électrolyse	10000 à 20000
Non métalliques		
Silicium	Four à arc	11500 à 12500
Graphite	Four à arc	5400 à 6600
Chimie		
Chlorate	Électrolyse	5400 à 6600
Pâtes et papiers	Mécanique	1600 à 2000
Sidérurgie	Four à arc	800 à 2600

Source: INRS, banque de données MEDIND.

TABLEAU 14

Intensité énergétique* de quelques industries (en %)

Secteur	Québec	Canada	Québec	Canada
	Électricité		Énergie totale	
Pâtes et papiers	11,4	10,3	6,4	4,9
Métaux				
Sidérurgie	11,4	6,8	3,3	3,0
Fonte et affinage	17,2	9,5	13,0	4,0
Non métalliques				
Ciment	26,5	21,2	5,6	6,3
Verre	20,6	14,0	20,0	12,6
Industrie chimique				
Inorganiques	17,1	20,4	11,8	9,0
Plastiques	6,0	4,9	2,5	1,7
Mines de fer	23,2	13,9	10,7	4,4

Source: G. Lafrance, 1990.

Pour ce groupe d'industries, oui, le prix de l'électricité est un facteur considéré dans le choix du lieu d'implantation de l'usine, mais il n'est pas le seul facteur. Comment expliquer, par exemple, que l'industrie de l'aluminium canadienne soit concentrée au Québec, alors que le Manitoba offre des prix de l'électricité aussi intéressants? Parmi les autres facteurs considérés, le Québec offre en plus des ports en eau profonde et est situé à proximité des marchés de l'est. Voilà qui explique que le Québec soit plus attrayant que le Manitoba.

Mais les avantages du Québec n'ont pas suffi à garder en fonction l'usine de magnésium de Norsk Hydro de Bécancour. Avec la fermeture de l'usine québécoise, la production chinoise de magnésium occupera plus de 80% du marché mondial, les seuls autres producteurs d'importance étant la Russie et... Israël! Autrement dit, les États-Unis, le plus grand demandeur mondial de magnésium devra importer une grande partie de la Chine. Dans le cas de l'aluminium, on assiste au même phénomène: sur la période 2000-2003, la part chinoise de la production mondiale est passée de 11,4% à 20,2%, alors que celle de l'Amérique du Nord est passée de 25,0% à 20,4%.

Les industries moyennement dépendantes

Parmi les industries moyennement dépendantes à l'égard de l'électricité, on retrouve les usines de pâtes et papiers, les aciéries électriques et les fonderies. Dans le cas des pâtes et papiers, il est vrai que les procédés modernes utilisent plus d'électricité que ceux du passé, mais les raisons en sont principalement l'augmentation du rendement en bois et la nécessité de satisfaire aux nouvelles règles environnementales. Le coût de l'électricité demeure un facteur de moindre importance (entre 5% et 10% du coût de production selon les procédés) par rapport aux autres facteurs de production. Aussi, malgré certaines déclarations percutantes en faveur de la cogénération comme moyen essentiel à la survie de cette industrie, il faut bien admettre que ce qui explique la présence du secteur pâtes et papiers au Québec n'est pas d'abord le prix de l'énergie. Les deux principaux facteurs sont l'abondance de la matière première et la qualité supérieure de la fibre.

Comme dans le cas des pâtes et papiers, on ne peut pas dire que la fabrication de l'acier soit très dépendante à l'égard du prix de l'énergie. Pour l'aciérage électrique, le prix de l'électricité représente en effet moins de 5% de l'ensemble des facteurs de production. Les «mini-aciéries» qui se sont développées au Québec offrent plusieurs avantages par rapport aux anciens complexes sidérurgiques : proximité des marchés, spécialisation, modulation plus facile en fonction de la demande, recyclage de la ferraille. Or, dans ces mini-aciéries, l'aciérage électrique est tout à fait approprié. La charge des fours à arc est constituée de ferraille à laquelle on peut ajouter des boulettes de fer comme le fait, par exemple, Sidbec. Au Canada, comme dans le reste du monde, la production d'acier brut se fait de plus en plus à l'aide de fours électriques. C'est ce qui explique l'« allègement » relatif du secteur industriel, en Ontario, pendant la décennie 1980. En plus de sa flexibilité, l'aciérage électrique offre certains avantages pour la production d'acier de haute qualité.

Certains secteurs spécialisés de l'industrie de l'acier, cependant, dépendent davantage de l'électricité. On pense notamment aux ferro-alliages. Encore ici, le bas prix de l'électricité au Québec a compté dans la localisation de Sidbec ou de Stelco. Est-ce à dire que, si une partie des procédés de type haut fourneau se convertissent à l'aciérage électrique le Québec va ramasser la part du lion? Non, bien sûr, car un grand nombre de facteurs vont encore jouer, dont le marché. Dans ce domaine, la proximité du marché est primordiale. À moyen terme, où se situe l'expansion du marché de l'acier? Poser la question, c'est y répondre : en Chine d'abord.

Les industries faiblement dépendantes

Dans le cas des industries dites légères, il est encore plus hasardeux d'affirmer que le prix de l'électricité a été un facteur de localisation déterminant puisque bien souvent, la facture électrique représente moins de 1 % des coûts de production. L'implantation d'usines de transformation relève donc d'une tout autre problématique.

Impossible de généraliser

Avec un certain défaitisme, l'actualité nous a habitués de plus en plus à cette relocalisation de la production industrielle des pays occidentaux vers ces pays émergents à forte croissance économique, dont la Chine est sans conteste le symbole. Selon l'analyse économique formelle, tout est dans l'ordre. La demande locale pour de nouveaux produits est forte et le coût de la main-d'œuvre est plus bas qu'en Occident. Pourquoi importer un produit quand on peut le faire à moins cher chez soi? Et pourquoi ne pas profiter de l'occasion pour se monter un tissu industriel capable de concurrencer le reste du monde?

Tout est logique pour la plupart des produits de seconde transformation. Le facteur de production le plus important est de loin le coût de la main-d'œuvre. Il est suivi par le coût de la matière première. Vient, très loin derrière, le coût de l'énergie: moins de 1% des coûts de production pour les usines de textile. Même en considérant l'impact environnemental planétaire, la fabrication en Chine de la plupart des produits de seconde transformation, combinée au transport vers l'Amérique, peut faire un sens écologique si on considère l'ensemble des impacts énergétiques des salaires, de la production et du transport. La consommation moyenne d'énergie par habitant en Chine est en effet dix fois moins importante qu'aux États-Unis. Malheureusement, ce mouvement de relocalisation de la production industrielle vers la Chine ne se limite plus aux secteurs dits «mous». On peut se questionner sur le sens écologique planétaire de cette relocalisation de l'industrie de l'électrolyse en Chine.

L'industrie a souvent vanté les vertus de l'aluminium et du magnésium, ces matériaux légers et facilement recyclables que l'on disait plus écologiques que l'acier. Mais à l'heure où Kyoto, changement climatique et écobilan sont dans tous les discours branchés, ces métaux sont passés de blancs à noirs en quelques années seulement. Ces industries de première transformation sont les plus dépendantes de l'électricité si on examine la consommation unitaire par tonne produite: de l'ordre de 13000 à 20000 kWh par tonne produite selon le procédé. C'est de cinq à dix fois plus d'énergie que pour produire de l'acier.

Dans les années 1960, plusieurs blocs économiques ont passé outre à la logique énergétique en nationalisant leurs alumineries. C'est la raison pour laquelle, de 1961 à 1981, la position canadienne et québécoise parmi les producteurs mondiaux d'aluminium s'affaiblit graduellement (de 13% de la production mondiale, la part du États-Unis passa à 7%). Mais à la suite des crises pétrolières, la situation de concurrence se rétablit quelque peu. Les nouvelles capacités n'apparurent plus dans les pays où le prix de l'électricité était parmi les plus élevés au monde. Au Japon, en Europe et aux États-Unis, plusieurs usines désuètes furent fermées, au début des années 1980, sans être remplacées.

C'est ainsi que Norsk Hydro et plusieurs producteurs d'aluminium sont venus s'installer au Québec afin de s'approcher du marché américain. Il faut dire que les subventions de tout ordre ont aidé à la décision. Et ça continue: en décembre 2006, le gouvernement Charest n'accordait-il pas de généreuses conditions à l'Alcan pour ses nouveaux projets au Saguenay?

Au Québec, pays des renouvelables, ça se justifie. Mais tout comme le Japon, la Chine, assoiffée d'énergie, ne devrait pas occuper une place si importante dans la transformation primaire. Quelque chose a cassé dans le merveilleux monde de la mondialisation. Pour des raisons de coût de la main-d'œuvre, soit, mais également parce que le coût de l'énergie n'est pas à sa juste valeur en Chine, le mécanisme de marché ne joue plus. Mais surtout la Chine n'a pas de compte à rendre sur son bilan environnemental.

Voici quelques chiffres. En Chine, la production d'électricité est assurée à près de 80% par des centrales au charbon dont le rendement maximal est de l'ordre de 33%. Autrement dit, le besoin d'énergie pour produire une tonne de magnésium ou d'aluminium en Chine plutôt qu'au Québec va demander trois fois plus d'énergie. Ajoutons que l'industrie lourde, acier et ciment notamment, repose également sur le charbon comme source d'énergie. Résultat, la Chine représente près de 30% de la consommation mondiale de charbon dans le monde (17% en 1980). Cette part continue d'augmenter en flèche.

Avec un taux de croissance de la demande d'énergie qui se situe en haut des 10%, la contribution de la Chine à l'épuisement des ressources et à l'effet de serre est catastrophique. Sans correction, la planète court à sa perte. C'est ce que l'on appelle du «dumping environnemental» légalisé par un système de marché qui amplifie le phénomène. On aura compris qu'une telle évolution correspond exactement au scénario chacun-pour-soi que l'on a défini au début de cet ouvrage.

Cette discussion permet déjà de tirer un certain nombre de conclusions sur les facteurs qui influent sur la localisation industrielle. Le prix de l'énergie est rarement le facteur prédominant et l'environnement n'est pas considéré. Pour qu'un scénario solidarité émerge, une gouvernance mondiale s'avère nécessaire pour établir une fiscalité verte, une taxe sur le carbone, par exemple, pour tous les produits transigés sur la scène internationale.

La problématique de remplacement des procédés

À plus long terme, au moment où les combustibles conventionnels se feront plus rares, que signifiera une électrification accrue dans le secteur industriel? Encore une fois, l'exemple du Québec est instructif à cet égard et permet de mieux comprendre la problématique.

Pour cerner le problème de l'électrification accrue dans le secteur industriel, il faut analyser trois types de choix.

- La première catégorie renvoie à la délocalisation des usines qui cherchent le meilleur prix pour leur énergie. Avec la montée des prix de l'énergie, il est possible que ce phénomène prenne de l'ampleur, mais comme on vient de le voir, il ne concerne que quelques secteurs industriels fort consommateurs d'énergie.
- La deuxième catégorie de choix correspond à des changements de système de chauffage ou de source d'énergie qui n'affectent pas le plan de l'usine. Cette pratique est courante pour la plupart des usines. Le remplacement d'une chaudière, par exemple, représente un investissement minime par rapport aux coûts de l'énergie.
- La troisième catégorie de choix suppose des changements majeurs dans l'usine, parce qu'il s'agit de changer le procédé principal ou tout au moins un segment de production important. Bien souvent, cela entraîne une délocalisation complète de l'usine.

Dans tous les cas de figure, on sait que les décideurs, dans le secteur industriel, sont généralement conservateurs face aux nouvelles technologies énergétiques. Ils veulent des technologies éprouvées et fiables et sont réticents à déroger aux pratiques internationales. Toutes ces constatations nous amènent à croire que l'électrification accrue dans le secteur industriel sera fonction de deux grands paramètres: a) les normes environnementales en vigueur; b) l'offre d'énergie selon la source.

Dans un contexte de resserrement des normes environnementales et de réduction des combustibles fossiles, ce qui signifie des hausses de prix, plusieurs industries iront naturellement vers l'électricité pour convertir certains de leurs procédés, si bien sûr l'opération est profitable. Bref, au bout du compte, c'est une question de prix. Où cette électrification va-t-elle s'effectuer? Pour comprendre la problématique, on peut commencer par classer les divers procédés en fonction des niveaux de température.

Les besoins de chauffage à basse température

L'électricité peut évidemment remplacer les combustibles dans une bouilloire. Dans les années 1980, par exemple, le programme d'énergie excédentaire d'Hydro-Québec a permis de satisfaire la moitié des besoins de vapeur dans le secteur des pâtes et papiers. Mais cette pratique ne doit s'appliquer que dans des conditions exceptionnelles. L'électricité a une valeur intrinsèque supérieure qu'il convient d'exploiter à bon escient. Même à basse température, on peut l'utiliser de façon plus intelligente.

L'infrarouge, les résistances, les hautes fréquences et les électrodes sont toutes des technologies de chauffe qui peuvent remplacer adéquatement des procédés de chauffage à basse température dont la source d'origine est un combustible. Ce sont des techniques de chauffage direct qui remplacent la vapeur ou les brûleurs. Elles présentent beaucoup d'avantages, notamment au niveau du contrôle précis de la température et du gain de rendement énergétique. Un bon exemple est celui de l'infrarouge, qui permet de contrôler l'épaisseur du papier.

Pour remplacer la vapeur, les techniques électriques sont en général faciles à mettre en œuvre et relativement peu coûteuses. Le facteur qui en détermine le choix est encore une fois le coût de l'énergie. En général, une application isolée ne peut avoir un impact important sur le bilan. C'est donc une somme de petites applications qui finissent par avoir un impact significatif.

Dans le secteur des aliments et boissons, par exemple, de nombreuses innovations sont proposées pour réduire les frais d'énergie, tout en améliorant la qualité des produits. Pour le seul secteur des produits laitiers, le survol qu'en a fait Hydro-Québec Distribution, en décembre 2003, montre que les procédés sont très variés. Ainsi, la filtration membranaire peut prendre la forme de microfiltration, d'ultrafiltration, de nanofiltration ou d'osmose inverse.

Les besoins de chauffage à moyenne et haute température

Les résistances électriques peuvent remplacer les combustibles dans plusieurs applications industrielles demandant des températures relativement élevées. Les fours électriques, le maintien de métal en fusion, le traitement thermique des métaux, les lits fluidisés sont autant de techniques auxquelles l'électricité peut convenir sans investissements considérables. Tout est fonction de sa position concurrentielle.

Mais les propriétés de l'électricité peuvent être utilisées de façon plus judicieuse pour remplacer la consommation de combustibles à très haute température. Deux procédés sont particulièrement intéressants pour augmenter les rendements des procédés : les plasmas et l'induction.

Généralement, les procédés à plasma sont attrayants lorsque la transformation des matériaux peut être effectuée à plus haute température. Cette caractéristique relève de la première loi de la thermodynamique qui permet d'exprimer l'efficacité maximale en fonction de l'écart entre la température de la source et la température du matériau. Or, la température de fonctionnement des plasmas est beaucoup plus élevée que celle des combustibles, ce qui leur donne une efficacité plus grande, en théorie.

Lorsqu'il s'agit strictement de chauffage, les torches à plasma peuvent être utiles comme chauffage d'appoint, principalement en sidérurgie, pour le préchauffage de la ferraille ou des boulettes de fer. Elles peuvent être utilisées pour le forage, dans le secteur minier, et la valorisation des boues ou des déchets. On peut penser à des applications plus audacieuses de la technologie des plasmas en tablant sur ses propriétés d'ionisation des gaz. Par un contrôle précis du mélange de gaz, on peut ainsi «refaire de la matière». Que ce soit pour la réduction directe ou le bouletage, les plasmas, combinés à une source de carbone (gaz naturel, par exemple), permettent de réduire considérablement la consommation d'énergie (30% pour la réduction directe). En allant plus loin encore, on pourrait ainsi remplacer l'électrolyse du zinc ou de l'aluminium.

Le recyclage des cathodes d'aluminium est un cas intéressant d'utilisation des plasmas. Alcan recycle environ 20000 tonnes d'aluminium, tout simplement en faisant fondre les vieilles cathodes à l'aide de brûleurs à gaz naturel (teneur en aluminium d'environ 50%). Le procédé à arc électrique mis au point par Hydro-Québec (la licence est détenue par la compagnie STAS) a été testé chez Alcan mais aussi à l'étranger.

L'induction est aussi une électrotechnologie qui a de grandes qualités énergétiques pour chauffer à cœur et de façon homogène un produit métallique. La caractéristique la plus remarquable de ce type de chauffage est son absence de contact ou de liaison matérielle entre la source d'énergie et le corps à chauffer, ce qui n'est pas le cas des autres types de fours ou de chauffage direct. L'inertie thermique est très faible, la localisation de l'effet thermique, précise, et le contrôle, facile. Grâce à ses qualités de fonctionnement, l'induction permet donc d'importantes économies d'énergie.

L'induction est déjà une technologie éprouvée dans plusieurs secteurs, notamment dans le traitement thermique et la fusion des métaux non ferreux. Par contre, l'impact sur le bilan est faible. Pour le traitement thermique du fil d'aluminium, par exemple, l'induction est utilisée en bout de ligne comme technique d'amélioration de la qualité.

L'application qui pourrait avoir un certain impact énergétique est le chauffage et le traitement du fil de fer. Le rendement de l'induction est de 90% alors que celui des brûleurs est d'au plus 30%. L'induction peut également être utilisée comme technique de séchage indirect. Dans le cas des pâtes et papiers, par exemple, l'induction permet d'améliorer le profil d'humidité du papier. Enfin, une autre technique d'induction semble prometteuse, soit la vis à induction. Le concept pourrait notamment s'appliquer pour des besoins de séchage de copeaux, d'aliments, etc.

Ces quelques exemples montrent que l'électricité augmente le rendement énergétique des procédés tout en augmentant la qualité des produits. Le problème est de réduire l'impact négatif de la production d'électricité quand celle-ci est produite par des centrales thermiques, d'où l'intérêt des centrales de cogénération et des centrales d'énergie multiservices dont nous avons discuté à plusieurs reprises.

L'efficacité de l'électricité dans le secteur industriel

Pour comprendre la problématique des économies d'électricité dans le secteur industriel, le cas du Québec fournit une bonne base d'analyse et pour deux raisons : la gamme des procédés et usages est assez complète, mais surtout les bases de données sont de très bonne qualité. L'enquête PSCI d'Hydro-Québec effectuée entre 1991 et 1996 permet en effet de tracer un portrait juste de la consommation par équipement, par procédé et par secteur de production.

Au Québec, en 1991, les cinq secteurs dominants au chapitre de la consommation électrique, tous usages confondus, étaient les métaux primaires (46,7%), les pâtes et papiers (25,3%), l'industrie chimique (5,5%), le secteur minier (4%) et les aliments et boissons (2%). Le raffinage du pétrole, le textile, le caoutchouc et les produits minéraux non métalliques ne représentaient que 5,5% de la consommation électrique totale du secteur industriel. Quinze ans plus tard, le portrait a peu changé.

À la lumière de ce profil industriel, il n'est donc pas surprenant de constater que les deux technologies les plus courantes, dans le secteur industriel, sont les procédés d'électrolyse et les moteurs, l'électrolyse étant un procédé important dans les métaux primaires, et l'usage mécanique étant le plus important dans l'industrie des pâtes et papiers. À noter que l'électrolyse et les usages propres aux moteurs, ventilateurs et pompes y compris, comptent pour près de 72% de la consommation électrique obtenue dans le marché industriel.

En termes simples, la demande d'énergie dans le secteur industriel se répartit en trois grandes catégories d'usages: la mécanique, le chauffage et le procédé. Déjà dans la partie précédente, nous avons vu un certain nombre de procédés électriques pouvant remplacer les combustibles pour le chauffage. Mais dans un cadre de prospective à l'échelle mondiale, le problème de l'efficacité des usages électriques dans le secteur industriel concerne d'abord les usages mécaniques.

Au Québec, 50% de la demande électrique dans le secteur industriel est attribuable aux moteurs. Dans d'autres régions du monde, ça peut être davantage, compte tenu que la part des procédés intensifs en matière d'électricité est plus faible. Et à l'avenir, le resserrement des normes environnementales ne peut qu'accroître la part de l'usage moteur. Tout programme d'économie d'électricité dans le secteur industriel doit donc d'abord s'intéresser au problème des moteurs inefficaces.

C'est ce qu'a fait Hydro-Québec dans la période 1991-1996. On a constaté que la différence de rendement entre les moteurs efficaces et les moteurs standards diminue si la puissance augmente. En d'autres termes, les économies d'énergie sont relativement faibles pour les moteurs de grande puissance, qui déjà, en 1995, atteignaient des rendements moyens de l'ordre de 95%. La catégorie des moteurs de 500 ch représente environ 40% de la consommation des moteurs. Les catégories entre 75 et 450 ch représentent une consommation non négligeable (39%). Cela signifie donc que les trois premières catégories consomment plus de 80% du marché total relié au moteur.

Le programme d'Hydro-Québec visait donc les moteurs de plus petite puissance. Comme ces moteurs ont de multiples applications, allant du ventilateur à la pompe à fluide, la meilleure façon d'attaquer le problème, c'est de convaincre les manufacturiers de ne proposer que des moteurs efficaces. Une telle mesure est facilitée si les gouvernements imposent des normes supérieures.

L'étude effectuée en 1995 sur le potentiel d'économie d'énergie pour les moteurs a montré que les gains d'efficacité sont assez peu importants en termes relatifs. Mais, compte tenu de l'importance de l'usage moteur dans le secteur industriel, les économies d'énergie, en termes absolus, sont colossales. Étendue au reste du monde, l'analyse montre surtout que l'adoption de normes sévères par des autorités publiques, pour tous les équipements manufacturés localement ou importés, est la première mesure d'efficacité à promouvoir et la plus facile à mettre en œuvre. Cela vaut pour tous les équipements : moteurs, équipements ménagers, éclairage, etc.

Jusqu'où peut aller l'électricité dans l'industrie ?

Ces quelques exemples montrent que le potentiel d'électrification du secteur industriel est énorme. Dans le domaine du chauffage, les combustibles sont très présents, mais l'électricité peut les remplacer adéquatement de plusieurs façons. La première raison qui explique l'intérêt des procédés électriques, c'est leurs rendements supérieurs. L'analyse par secteur industriel montre également qu'ils ajoutent de la valeur au produit.

Pourquoi la diffusion de ces procédés tarde-t-elle toujours, malgré des avantages indéniables ? D'abord, les industriels sont prudents et hésitent avant de changer un procédé qui fonctionne bien. Mais surtout, un soutien technique est nécessaire de la part d'experts compétents. Cette seconde condition correspond donc à un contexte ressemblant à celui de la politique nationale de l'énergie du début des années 1980, où tous les acteurs gouvernementaux, parapublics et privés agissaient de concert pour réduire la dépendance envers les combustibles.

Si l'électrification est une tendance lourde, et bien qu'il soit techniquement possible de le faire, il est encore difficile d'imaginer une production mondiale qui reposerait essentiellement sur l'électricité. Pour le siècle qui commence, un des scénarios probables est le suivant:

- Dans tous les pays du monde, l'électricité gagne du terrain dans le secteur industriel, pour une première raison, ses qualités de contrôle.
- Pour les procédés de chauffage, les électrotechnologies pourraient déplacer une partie des combustibles, surtout pour les usages à basse température. Mais les combustibles resteront prédominants pendant longtemps. Dans les faits, la solution intermédiaire la plus logique serait d'augmenter la cogénération centralisée afin de fournir en chaleur les industries demandeuses de vapeur.
- L'aciérage électrique gagne encore du terrain, mais pas au point de déplacer les hauts fourneaux.
- Les secteurs qui peuvent compter sur les combustibles lourds, ceux du ciment et des hauts fourneaux, par exemple, éviteront de changer tant et aussi longtemps que ces combustibles seront disponibles à prix acceptable, et cela pourrait se compter en centaines d'années.
- Les industries fortes consommatrices d'électricité, comme celles de l'électrolyse, vont exercer une pression pour s'implanter dans des régions où le prix est stable. La question, évidemment, est de savoir si les populations en voudront?

Ce dernier point est celui qui qualifie le mieux le sens de nos scénarios.

Le scénario du chacun-pour-soi

Dans ce scénario, c'est la tendance des dernières années qui prime. Parmi les points encourageants, on assiste à une tertiarisation de l'économie au fur et à mesure que l'on avance dans le siècle. Cette tendance permet également de réduire la consommation d'énergie relative du secteur industriel.

Un des grands problèmes de ce scénario est la production de biens à forte consommation d'électricité. Selon nos scénarios sur les énergies renouvelables, des pays comme le Canada ne pourront garder leur part de marché à long terme. L'industrie de l'aluminium, par exemple, devra se rabattre sur des pays dont le système de production d'électricité dépend fortement des combustibles. La discussion sur la relocalisation de l'industrie lourde en Chine illustre ce point.

Le scénario de la solidarité

Le scénario de la solidarité comporte trois aspects : a) l'électrification est optimale ; b) le gain de productivité est supérieur ; c) les populations reviennent à des sentiments plus conciliants quant à l'implantation d'entreprises fortes consommatrices. Cela suppose, bien sûr, une reconnaissance internationale du bienfait de la mesure par l'imposition d'une fiscalité verte par exemple. Dans ce scénario, la récupération de la chaleur venant des centrales thermiques est optimale.

Dans les deux scénarios, la croissance économique est modérée et suppose une augmentation de la richesse collective pendant une grande partie du siècle. Par contre, le scénario de chacun-pour-soi est moins optimiste pour ce qui est du rattrapage des pays pauvres pendant la deuxième moitié du siècle.

21. Transport vers le futur

L'enjeu est mondial. Pour contrer l'effet de serre, il faut s'attaquer à la voiture. Pourquoi ne pas remplacer ces véhicules munis de moteurs à combustion interne par des voitures «tout électrique»? Vantée pour ses qualités qui en font un véhicule silencieux et peu dommageable pour l'environnement urbain, la voiture électrique suscite régulièrement l'intérêt. Dès les années 1970, les centres de recherche en électricité comme l'IREQ se faisaient un devoir d'avoir un véhicule électrique de démonstration. Hydro-Québec lançait son fameux programme de recherche ACEP qui avait pour but de mettre au point une pile au lithium-métal-polymère, légère et compacte. Au début des années 1990, lorsque de nouvelles réglementations américaines instaurent la fameuse obligation de véhicules à émissions nulles à l'horizon 2002, on crut que la partie était enfin gagnée. Tout fabricant qui vendrait plus de 5000 véhicules annuellement en Californie devrait s'assurer que le parc de véhicules neufs à émissions nulles soit d'au moins 2%. Et ce taux devait atteindre 10% en 2007.

On connaît la suite. Devant les échecs répétés des campagnes publicitaires, et cela depuis que la *Jamais Contente*, une voiture mue par des accumulateurs au plomb, avait battu le record de vitesse en 1899, on cessa d'y croire. Trop de promesses non tenues, trop d'échéances reportées, trop de programmes abandonnés, tel celui de la EV1 de GM en 2000. La suprématie du moteur thermique semble insurmontable avec ses qualités d'autonomie, de bas coût, de puissance et de fiabilité.

En ce sens, les dernières prévisions américaines quant à la demande d'énergie par forme, dans le transport, ne présentent aucune surprise (tableaux 15 et 16). La prévision 2006 du Department of Energy (DOE) prévoit une croissance de la demande de 1,4% par an dans la période 2004-2030. La substitution entre formes d'énergie reste faible. Alors que la demande d'essence à moteur suit le taux de croissance de la demande totale du secteur, la demande de diesel augmente légèrement sa part (croissance annuelle de 2%).

TABLEAU 15

Prévision de la demande dans le transport (États-Unis)

Secteur et Source	**2004 (EJ)**	**2030 (EJ)**	**2004-2030 croissance annuelle**
Distillat léger[1]	6,2	10,5	2,00%
Aviation[2]	3,5	5,1	1,40%
Essence	17,9	24,3	1,20%
Pétrole : sous-total[3]	28,5	40,8	1,40%
Gaz	0,8	0,9	0,86%
Renouvelable (E85)[4]	0,0	0,0	6,40%
Hydrogène liquide	0,0	0,0	0
Électrique	0,1	0,1	0,90%
Énergie livrée	29,4	41,9	1,40%

1. Diesel.
2. Kérosène seulement.
3. Inclut d'autres résidus.
4. 85% éthanol.

Source : *Outlook 2006*, DOE/EIA, tableau A2.

TABLEAU 16

Prévision de la consommation par mode de transport (États-Unis)

	2004 (EJ)	**2030 (EJ)**	**2004-2030 croissance annuelle**
Routier			
Véhicules légers	17,10	24,25	1,40%
Autobus	0,28	0,32	0,40%
Camions lourds	4,96	7,99	1,90%
Rail			
Passagers	0,14	0,18	0,80%
Marchandises	0,56	0,84	1,60%
Aviation	2,98	4,38	1,50%
Autres[1]	3,33	3,96	0,00%
Total	29,35	41,91	1,40%

1. Inclut les petits avions, le transport maritime, le transport militaire et les pipelines.
Source : *Outlook 2006*, DOE/EIA, tableau A7.

Cette croissance continue de la demande de produits pétroliers s'explique par l'absence de changement structurel dans les modes de transport de passagers et de marchandises. À plusieurs égards, l'efficacité ne s'améliore pas. Ainsi, le transport en commun perd du terrain, alors que les véhicules individuels continuent d'augmenter leur part. Le transport routier augmente également sa part par rapport au transport par rail.

Un tel scénario reflète un contexte de *business as usual* pour l'évolution des prix du pétrole, que l'on suppose «acceptables». Il est alors normal de constater que les nouveaux concepts ont une faible diffusion. Par ordre d'importance, c'est l'éthanol qui a le taux de croissance le plus élevé, 6,4%, mais dans l'ensemble, la part des nouveaux concepts ne dépassera pas 2,6% de la demande totale du transport en 2030.

En résumé, si on se fie à cette vision tendancielle des prévisionnistes américains, la demande d'énergie en 2030, dans le secteur des transports aux États-Unis, reste fortement dépendante à l'égard des produits pétroliers conventionnels, et c'est assez décourageant. Ce tableau agrégé de la consommation d'énergie cache cependant une modification importante dans le parc des voitures et des camions légers: la diffusion de la voiture hybride. Mais pourquoi ne croit-on plus à la voiture tout électrique? Et pourquoi les Américains ne croient-ils qu'en la voiture?

GRAPHIQUE 19

La production mondiale de voitures (1950-2005)

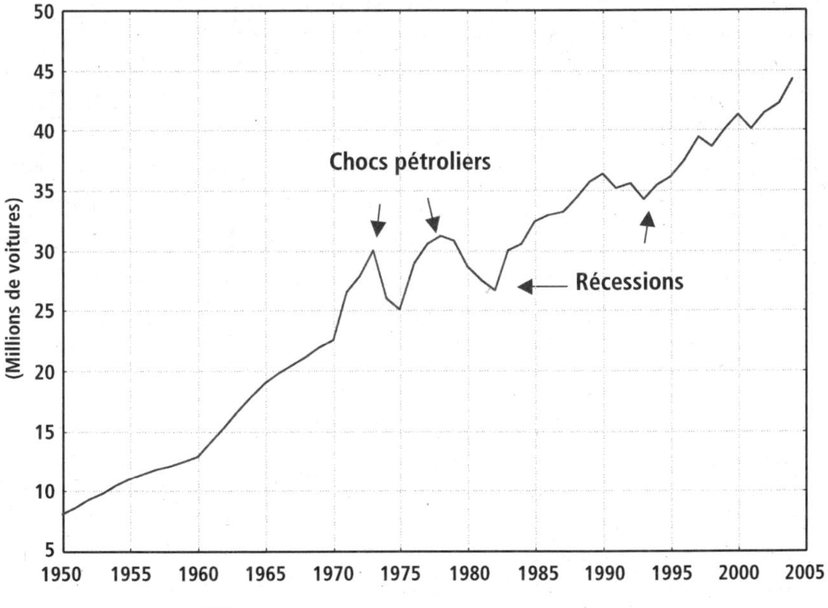

Source: Vital Signs (2005).

Nés pour un petit train

Quand on pense train rapide et modernité anticipée, dans le secteur des transports, les images qui viennent à l'esprit sont ces trains élégants faits au Japon ou en Europe. Depuis la mise en place de la première ligne Paris-Lyon (1981-1983), le réseau du TGV n'arrête pas de s'étendre. En 2020, les principales villes de France devraient être reliées aux pays limitrophes. On peut déjà imaginer qu'en 2050, ce sont toutes les villes d'Europe qui seront reliées entre elles par des trains rapides. Quelle sera la source d'énergie utilisée? L'électricité, bien sûr, grâce à son efficacité et en raison de la réduction des impacts environnementaux en milieu urbain.

Une préoccupation strictement française, pourrait-on s'empresser d'observer. Pourtant, Siemens en Allemagne, Alstom et même l'entreprise Bombardier en Europe sont à pied d'œuvre pour faire face à une demande croissante de deux des trois grands blocs économiques: la grande Europe et l'Asie. Siemens travaille avec la Chine pour instaurer des TGV sur 12000 km d'ici 2020[1]. Alstom fournira des trains de 300 km/h à la Corée du Sud. L'Espagne espère inaugurer sa liaison Madrid-Barcelone d'ici 2008. L'Italie a lancé un appel d'offres pour relier Milan et Naples. La Russie songe à relier Moscou à Saint-Petersbourg, puis à Helsinki, en Finlande. Et on ne parle pas du Japon, véritable pionnier dans le domaine du train rapide.

Imaginez la situation en 2020. Les grands constructeurs européens seront associés avec les Chinois et les Coréens pour développer des trains de plus en plus performants, sans compter le Japon qui n'aura pas dit son dernier mot. Pendant ce temps, qui sera resté en marge et fera figure de dinosaure? L'Amérique du Nord. Selon les prévisions, le seul train un peu rapide (environ 200 km/h) sera celui qui relie Washington à Boston. Et c'est un train thermique, pas électrique. Pour les trains moins rapides aussi, l'Amérique semble accrochée aux vieilles technologies.

On oublie souvent que le train électrique est répandu dans une grande partie de l'Europe. Lors d'un voyage à Budapest et à Prague,

1. John Tagliabue, *The New York Times*, cité dans *La Presse*, 31 décembre 2005.

en 1995, quelle ne fut pas notre surprise de constater que tous les réseaux ferroviaires étaient électriques. Pour aller visiter une autre ville du pays, située à 150 km de notre lieu de séjour, le choix du mode de transport ne faisait aucun doute. Notre destination, une ville de taille modeste (environ 100 000 habitants), était desservie par un train direct et fréquent. Après avoir pris le métro, puis le tramway, nous montions dans un train qui semblait avoir connu la guerre, tant il paraissait âgé, mais il était mû par l'électricité.

Nous aurions pu nous trouver dans une ville de l'ancienne Union soviétique, le scénario aurait été semblable. Pourtant, dans ces pays, est-il utile de le rappeler, l'électricité est produite par des technologies de type thermique classique ou par des centrales nucléaires qui n'inspirent pas toujours confiance.

Au Canada, pays de l'hydroélectricité et terre d'origine de la firme Bombardier, aucun train n'est électrique... ou presque. Le train de banlieue Montréal–Deux-Montagnes est la seule exception. Et rien ne sera fait pour changer cette situation, si l'on se fie aux décisions du gouvernement fédéral en 2003, alors que le Canada venait tout juste de ratifier le Protocole de Kyoto. Dans son éditorial du 9 juillet 2003, Bernard Descôteaux, du *Devoir,* posait le problème: le projet de train à haute vitesse dans le corridor Québec-Windsor fait partie de ces discussions politiques qui réapparaissent selon un processus périodique mais ne quittent jamais les conversations de salon.

Et si jamais ce rêve finit par se réaliser, la solution technologique proposée sera-t-elle la bonne? Rappelons que, contrairement à la concurrence internationale, la technologie proposée par Via Rail était basée sur un moteur thermique et non électrique. Alors que les nouveaux TGV européens proposent des vitesses de croisière à plus de 350 km/h, la vitesse de pointe du nouveau train canadien ne dépasserait pas les 200 km/h.

Pourquoi alors se lancer dans cette aventure du *JetTrain?* Par opportunisme industriel? C'est en tout cas un argument majeur de ses promoteurs. Peut-on les croire? Il est permis de douter de cette vision car, pendant que l'on perfectionne la lévitation magnétique au Japon, le Canada discute d'une technologie qui diminuera marginalement la durée du trajet Montréal-Toronto actuel de Via Rail à 3 heures! De quelle innovation parle-t-on, ici? En fait, le seul gain viendrait de la résolution d'un problème chronique, en Amérique du Nord: l'absence de voies réservées pour le transport de passagers, les trains de marchandise ayant toujours la priorité.

Train, avion ou à pied ?

En général, le train est plus efficace que l'avion si on considère la quantité d'énergie nécessaire par passager-kilomètre. Sur ce point, et en ajoutant le fait que l'électricité serait produite par des renouvelables et du nucléaire, un TGV Montréal-Toronto est préférable à l'avion. Mais qu'en est-il de la personne qui vit à Montréal, sans voiture? Son bilan d'émission de GES est-il meilleur que celui du banlieusard qui roule 12 000 km par an dans une voiture hybride? Attention, la consommation par passager-kilomètre d'un avion est de l'ordre de 4,6 litres au 100 km. Un seul voyage Paris-Montréal, aller-retour, vient d'annuler le bénéfice du Montréalais plus grand voyageur que son voisin de banlieue.

Le débat est toujours en cours quant à la capacité d'un TGV d'attirer suffisamment de voyageurs dans ce corridor Québec-Windsor. Quelles sont les chances du train rapide par la suite? Il faudra d'abord régler d'autres contraintes, typiquement canadiennes, car les politiques industrielles et énergétiques, le développement régional, l'équité sociale et bien sûr les visées électoralistes ne sont pas toujours conciliables. Sans compter que les lobbies de l'aviation et de l'autocar ont déjà déterré la hache de guerre. Enfin, compte tenu de cette réalité canadienne, si jamais le projet du *JetTrain* était réalisé, toute autre solution de modernisation du réseau ferroviaire canadien serait-elle reportée aux calendes grecques?

Ce n'est pas l'avis de Jean Pelletier à qui on a posé la question alors qu'il était directeur de Via Rail. À ses yeux, le *JetTrain* est une solution intermédiaire qui mènera le Canada sur la voie du TGV ou du rail électrifié. Mais quand on lui demande s'il croit qu'une partie du réseau pourrait être électrifiée en 2030, tout en estimant que ce serait souhaitable, M. Pelletier juge cela peu probable. L'horizon serait trop court.

C'est aussi l'avis des Américains, du moins si l'on se fie aux remarques de Jeb Bush, gouverneur de la Floride, dans son appréciation du *JetTrain* pour le tronçon Orlando-Tampa. Lors de son passage au Canada, le gouverneur affirmait craindre que les coûts du projet, évalués à 2,6 milliards de dollars pour la seule phase I, entre Tampa et Orlando, explosent. Sans aide fédérale, calculait-il, la contribution de l'État bondirait de 75 millions à 133 millions par an pendant 35 ans. Qui plus est, Jeb Bush doutait de la popularité du train dans ce pays où l'automobile est reine. N'est-ce pas un autre exemple de ces décideurs dont la tête résonne de la clameur du mot «impossible»?

À l'évidence, ce n'est pas du sud qui viendra l'impulsion pour lancer la construction d'un train rapide Montréal-Windsor ou Montréal-New York. D'ailleurs, lors du sommet économique province de Québec-État de New York, tenu en juin 2004, un groupe d'experts a clairement indiqué qu'un «TGV de l'Est» ne pourrait être *discuté* avant une quinzaine d'années, ce qui au mieux en reporterait la construction au-delà de 2030.

Y a-t-il lieu de se montrer plus optimiste pour l'horizon 2050? Tout est possible, surtout si on adhère à l'idée qu'entre-temps, le monde aura pris conscience de la raréfaction inéluctable du pétrole. Mais il est peu probable que les grands centres nord-américains soient à moyen terme reliés par des trains rapides. Tout au mieux peut-on espérer que le mouvement sera entamé. À titre indicatif, il faut rappeler la progression du TGV en Europe. Il aura fallu plus de 75 ans pour que les grandes villes européennes soient reliées par des trains rapides, soit de 1975 à 2050 environ. Aux États-Unis, on n'en parle même pas. Pire, le rail continue de perdre du terrain en faveur du transport routier.

FIGURE 12

TGV et modernité anticipée dans les années 1970

Le TGV a eu 25 ans en 2006. Il dessert 250 gares. En 2050, toutes les grandes villes d'Europe seront reliées par un train rapide. Au Japon, c'est presque fait. La Malaisie a son train aérien à Kuala Lumpur. La Chine en projette un aussi. À l'opposé, aux États-Unis, le transport par train des passagers ne représentait que 0,7 % des déplacements totaux en 2004. En 2030, ce sera encore moins, si on se fie aux dernières prévisions. Au Canada, il reste, bien sûr, les longs trajets folkloriques est-ouest, à plusieurs milliers de dollars le billet aller simple ! À ce train-là, on ne peut parler de progrès rapides…

Le transport en commun urbain

Les modes de transport urbain susceptibles d'augmenter les ventes d'électricité sont nombreux. Dans ce domaine, les idées foisonnent sans cesse. Mais il y a loin de la coupe aux lèvres. En général, ce n'est pas l'aspect technologique qui retarde leur réalisation, mais plutôt la volonté politique.

Quelle est la place de l'électricité dans le transport en commun urbain? On peut l'analyser selon trois modes: le métro, le train de banlieue électrique et le tramway moderne ou le train léger. La ville de Montréal est un bon exemple de la problématique du transport urbain en Amérique du Nord: la voiture est reine, la densité n'est pas celle des villes d'Europe ni bien sûr des mégapoles du reste du monde, le trafic est tolérable en dehors des heures de pointe et le smog n'est pas encore à ce point alarmant. Résultat, le transport en commun ne réussit pas à gagner sur l'automobile, rendant précaires son financement et son expansion.

GRAPHIQUE 20

Motifs de déplacement en voiture au Québec (en 2001)

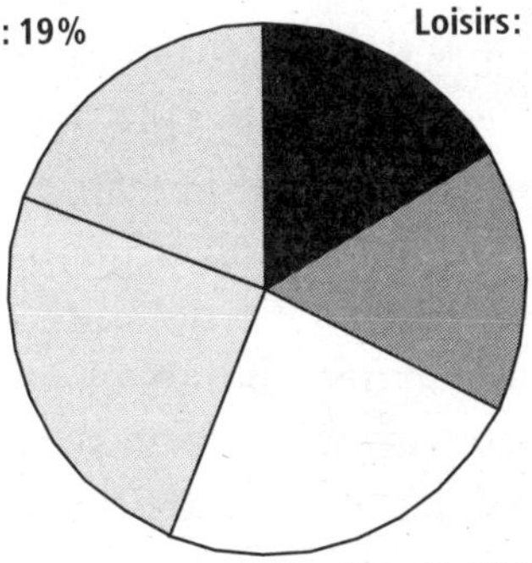

Note: Le problème le plus important, pour le transport en commun, est d'augmenter la clientèle pour les motifs autres que le travail.Trop souvent, l'accent est mis sur les périodes de pointe du matin et du soir, alors que ces déplacements représente moins de 25% de la distance parcourue en voiture. La solution passe avant tout par un aménagement de proximité des centres commerciaux à l'orée des villes.
Sources: MRNF et l'enquête Origine-Destination de la ville de Montréal, 2001.

Le métro est le mode de transport en commun privilégié dans les agglomérations urbaines denses. Londres, Paris, New York et Tokyo n'auraient pas la même personnalité sans leur métro. Par rapport aux autres villes nord-américaines, Montréal est assez bien desservie, de ce côté, mais par rapport aux villes phares du monde, elle accuse un retard dans le transport électrique terrestre, une absurdité supplémentaire au pays de l'hydroélectricité.

Parmi les lueurs d'espoir, le plan de l'AMT (Agence métropolitaine de transport) est parvenu à ralentir la tendance en proposant des trains de banlieue qui desservent une plus grande partie de la population. Ainsi, depuis une dizaine d'années, le train de banlieue de la Rive-Sud s'est ajouté à ceux de l'Ouest-de-l'île et de la Rive-Nord. À moyen terme aussi, les nouvelles sont bonnes. Comme cadeau de Noël de l'année 2006 aux citoyens de Saint-Jérome, le gouvernement Charest annonçait le retour du petit train du Nord. Plus tôt dans l'année, une subvention avait été accordée pour un train vers l'est de l'île. Pour le moment, les trains de banlieue, y compris ceux à l'étude, sont pour l'essentiel de type diesel: le rendement énergétique est deux fois inférieur à celui d'un moteur électrique alimenté par Hydro-Québec. C'est donc le même problème que pour le TGV, donc: on ne parvient pas à se mettre au diapason de la modernité et de l'innovation.

Dans le monde, plusieurs nouveaux concepts ont été proposés récemment. En Europe, par exemple, plusieurs villes de taille moyenne ont introduit ou réintroduit le train léger, en particulier dans les parties denses. La motivation principale est souvent de rendre la rue aux piétons. Vient tout de suite après l'objectif de réduire la pollution urbaine en des «points chauds» de la ville, mal ventilés. En France, Strasbourg et Nantes en sont des exemples. Ici, le Vieux-Québec, par exemple, et le Vieux-Montréal pourraient en faire autant. Le projet de l'estacade du pont Champlain, proposé par l'arrondissement de Verdun, est celui qui est venu le plus près d'être réalisé. Ce projet de tramway moderne entre Montréal et la Rive-Sud est en opposition avec celui qui vise à faire de l'estacade une voie royale pour les autobus. Il semble que le tramway intéresse grandement le maire Gérald Tremblay qui a assisté à l'inauguration en grande pompe de la nouvelle ligne de tramway parisienne, le 16 décembre 2006. Il faut dire que les élégantes rames dessinées par Alstom n'ont plus rien à voir avec les vieux tramways des années 1950. L'aménagement est spacieux, les trains fonctionnent à grande vitesse et le courant électrique est invisible. Cette nouvelle ligne qui est sur le point de devenir la plus achalandée d'Europe n'a cependant pas corrigé son principal défaut: elle déplaît aux automobilistes. Puis après?

L'exemple de Montréal montre que le transport en commun pourrait être fortement électrifié. Mais l'espace semble infini entre le rêve et la réalité, si l'on s'en tient à la volonté politique exprimée. Pendant un bout de temps encore l'industrie pétrolière est assurée de son marché, même dans ce pays où le prix de l'électricité est parmi les plus bas du monde, Protocole de Kyoto ou pas.

Des autobus urbains hybrides

Serait-on arrivé enfin à l'époque charnière où l'on assistera à un changement technologique majeur dans le transport urbain par autobus? Il y a tout lieu de le croire, si l'on se fie aux nouvelles successives des dernières années qui annoncent le remplacement du moteur diesel standard par le moteur hybride. C'est d'abord GM qui annonçait, en avril 2003, la production en série d'un premier autobus hybride[2].

L'événement est pris au sérieux par tout le monde. Dans la foulée, deux sociétés de transport de l'État de Washington, desservant entre autres la ville de Seattle, ont annoncé qu'elles remplaceront 235 de leurs autobus et trolleybus vieillissants par des autobus hybrides propulsés par un moteur diesel-électrique. Cela représente 16% de la flotte[3].

Le moteur électrique prédomine au début des accélérations, permettant des économies de carburant appréciables, puis le moteur à combustion prend le relais graduellement et fournit 100% de l'énergie lorsque le véhicule atteint sa vitesse de croisière. Selon ce concept, en effet, le moteur capte toute l'énergie de la masse en mouvement du véhicule, lors du freinage, une énergie qui est transformée en électricité, puis stockée dans la batterie. À l'arrêt, le véhicule ne consomme pas d'énergie et le moteur diesel, fonctionnant à un régime plus constant, permet également de réduire la consommation de carburant.

Bien que plus cher d'environ 30%, le nouveau concept permettra une diminution de la consommation de carburant de 20% à 40%, se traduisant par des réductions d'émissions de polluants atmosphériques significatives. Par rapport à l'autobus le plus propre, on estime que l'engin hybride émettra 90% moins de particules fines, de monoxyde de carbone et d'hydrocarbures, et moitié moins de CO_2 et d'oxydes d'azote. C'est là le principal avantage du véhicule hybride, surtout dans des villes fortement polluées.

---

2. Louis-Gilles Francœur, «GM produira un autobus urbain», *Le Devoir*, 23 avril 2003.
3. *Enjeux énergie*, vol. 2, nº 22.

Cette technologie de la transformation équipée de moteurs électriques sera appliquée sous peu à une nouvelle génération de camions à ordures, dont le parcours est lui aussi fait d'accélérations et d'arrêts constants. On devrait voir apparaître sur le marché une première génération de camions d'ici quelques années. Et on peut imaginer que l'ensemble des camions dits urbains pourrait profiter à terme de ces innovations.

La question qui reste en suspens concerne le transport interurbain de personnes par autobus et celui de marchandises par camion. En 2004, aux États-Unis, le transport de marchandise par camions lourds représentait 17% de la demande de carburant dans le transport, demande qui devrait croître à un rythme plus grand que pour les autres modes : taux de croissance prévu de 1,9% par an d'ici 2030, contre 1,4% pour les autres usages de transport (tableau 16). Pour ces applications interurbaines, les avantages de l'hybride ne sont pas très grands. Peut-on remplacer le diesel? En passant par le rail, bien sûr. Mais il est difficile d'imaginer un monde sans camions. Pour que les sociétés du futur se défassent progressivement de sa dépendance envers le pétrole, il faudra attaquer le problème sur trois fronts: favoriser les carburants alternatifs, augmenter l'efficacité des camions par kilomètre parcouru et diminuer le besoin de transport de marchandises sur de longues distances, notamment en favorisant la production locale.

Et les biocarburants?

Ce mouvement en faveur des moteurs hybrides semble bien entamé, y compris au Québec. La Société de transport de Montréal (STM) et la Société de transport de l'Outaouais (STO) dévoilaient, en juillet 2003, un nouveau projet pilote d'autobus hybrides. Il s'agissait de tester, pendant deux ans, 12 véhicules roulant au diesel et à l'électricité. Mais la particularité du programme était aussi de tester 11 autobus hybrides roulant au biodiesel et à l'électricité. Selon les promoteurs, cette technologie pourrait permettre de diminuer de quelque 33% la consommation de carburant.

Rappelons que la STM, avec les gouvernements québécois et canadien, avait évalué l'utilisation du biodiesel dans le cadre du projet BioBus, un projet pilote d'un an qui a pris fin en mars 2003 et qui s'appliquait à 155 autobus. Le biodiesel est produit à partir d'une gamme de graisses animales recyclées et d'huiles végétales. C'est donc un biocarburant qui permet la valorisation des matières résiduelles provenant de l'industrie agroalimentaire, d'où son intérêt pour l'avenir, tant sur le plan environnemental que du point de vue économique.

Les mélanges de carburants (de 5 % à 20 % de biodiesel mélangé à du diesel conventionnel) ont permis de réduire les émissions de CO_2 de la STM de 1 300 tonnes. Étendue à l'ensemble des autobus de la STM l'utilisation du biodiesel B-20 aurait permis une réduction de 22 000 tonnes des émissions de GES[4]. Dans le même ordre d'idées, une flotte de douze bateaux de croisières amarrés dans le Vieux-Port de Montréal a aussi été ravitaillée avec du biodiesel durant la saison estivale 2004.

Les projets BioBus et BioMer ont démontré la viabilité du biodiesel comme complément du pétrodiesel. Pendant une grande partie de ce siècle, les moyens de transport urbains sur route seront vraisemblablement mûs par des moteurs hybrides se ravitaillant en partie avec du biodiesel. Mais même s'il remplit sa mission, il faut bien être conscient que ce combustible reste limité. Ce mélange de sources énergétiques est probablement à l'image de ce que sera l'avenir : toute contribution qui permettra de réduire la tension sur les combustibles fossiles sera encouragée. Du coup, l'impact environnemental sera également réduit.

Le cas de l'hydrogène dans les autobus

Vancouver connaît les autobus à hydrogène depuis 1992. Il s'agit en fait de prototypes mis au point par la compagnie Ballard. Dans la pratique, la diffusion de cette technologie en est toujours au niveau de la démonstration. Plusieurs villes, comme Londres (Angleterre), Stuttgart (Allemagne), Madrid (Espagne), Perth (Australie) ou Winnipeg et Vancouver (Canada), en font l'expérience. Et plusieurs concepts sont testés.

4. *Enjeux énergie*, vol. 1, n° 24, décembre 2003 ; publicité du MRN Québec.

Par exemple, à Winnipeg, il s'agira du premier autobus électrique hybride à pile à hydrogène à utiliser des ultracondensateurs dans le système de freinage régénérateur. Ce dernier permet au moteur de récupérer l'énergie cinétique du véhicule pour recharger les ultracondensateurs. Cette énergie sert quand il y a une grande demande de puissance, comme à l'accélération. Comme pour les autobus de démonstration à Vancouver, ce véhicule comporte aussi un réservoir de stockage. Si l'essai est concluant, le moteur électrique hybride (diesel-électrique) devrait arriver sur le marché quatre ou cinq ans plus tard, soit vers 2010[5].

Pendant le premier tiers de ce siècle, la diffusion des autobus à hydrogène devrait rester marginale, car la technologie en est encore au stade du développement et de la démonstration. Mais surtout, la concurrence des technologies classiques et de l'hybride diesel-électricité est forte. À plus long terme, les autobus à hydrogène pourraient trouver preneur dans une optique de réduction de la pollution urbaine. Tout comme Vancouver, d'autres villes s'y intéresseront, permettant ainsi à l'industrie de l'hydrogène de faire les progrès technologiques attendus.

L'hydrogène peut également servir de complément aux combustibles. Le gouvernement québécois et ses partenaires ont ainsi mis au point deux autobus urbains qui fonctionnent avec un moteur diesel alimenté à l'Hythane[MC], un mélange d'hydrogène (20%) et gaz naturel (80% de méthane). L'hydrogène ajouté au méthane, que l'on peut récupérer en partie dans un site d'enfouissement, permet de réduire les émissions de gaz carbonique de 20% et les émissions d'oxydes d'azote (NO_x) de 43%. On compte actuellement quelque 500 autobus de ce type en circulation. Tout comme le biodiesel et l'hybride, l'Hythane peut donc réduire les impacts environnementaux en milieu urbain. Pour l'hydrogène, il s'agit d'un marché potentiel important.

En résumé, pour les autobus urbains et les camions de service, on peut penser que le moteur hybride diesel-électricité sera adopté progressivement d'ici une décennie ou deux. Le biodiesel fera partie du mélange. Pour l'hydrogène, il y a lieu d'être moins optimiste si on

5. *Enjeux Énergie*, vol. 1, n° 18.

se fie aux prévisions américaines (tableau 15). Mais sur le long terme, une fois la technologie éprouvée, certaines communautés capables de produire l'hydrogène à partir de renouvelable pourraient l'adopter de façon massive pour réduire la pollution urbaine. Il n'y aurait qu'un pas à faire pour utiliser la technologie en mode interurbain.

La voiture électrique, qui y croit encore?

Comment se fait-il qu'une compagnie comme General Motors se soit trompée à ce point avec l'EV1? Pendant que les Californiens tentaient, à grands renforts de publicité, de forcer les grands constructeurs mondiaux à fabriquer des voitures tout électriques, que faisaient les Japonais? Que faisaient les Japonais? Des voitures classiques plus efficaces et le développement d'hybrides.

Certes, de nouveaux véhicules électriques sont proposés régulièrement à grand renfort de publicité. Ce fut encore le cas en septembre 2006 quand Hydro-Québec a acheté cinq Cleanova de la firme française Dessault, une entreprise dont elle est actionnaire. Le PDG d'Hydro-Québec a dit avoir le coup de foudre pour ce véhicule silencieux et sans émissions de gaz à effet de serre (*La Presse canadienne*, le 5 octobre 2006, article «Le PDG d'Hydro ne met plus d'essence dans sa voiture de fonction»). Mais en examinant de près l'événement médiatique autour de ce véhicule supposément révolutionnaire, ceux qui suivent l'actualité depuis plus de trente ans dans ce domaine de la voiture électrique ne peuvent s'empêcher d'avoir un sentiment de *déjà vu*. Certes, la technologie a évolué depuis, mais l'objectif est resté le même: faire la démonstration que ce type de véhicule a un certain avenir en le mettant en évidence le plus possible. Depuis plus de trente ans, les programmes de promotion des voitures électriques ont toujours débordé d'optimistes. Chris Paine dans son film *Who kill the electric car* a beau accuser l'industrie automobile et GM en particulier de mauvaise foi, ce qui probablement a un fond de vérité, mais le problème de la voiture électrique est plus fondamental.

Il y a une première raison fondamentale qui explique les déboires des véhicules tout électriques: ce ne sont que des transporteurs de batterie, selon Pierre Couture, chercheur de l'IREQ et responsable du projet M4 qui avait notamment pour but de mettre au point un moteur-roue électrique et une voiture hybride de type série. Techniquement la voiture électrique se heurte toujours à des inconvénients majeurs: la faible autonomie si on veut réduire le poids des batteries, le coût astronomique des batteries et le temps de recharge important. Bref, le véhicule électrique actuel est peu compatible avec l'idée proposée par Ford dans les années 1920 d'un transport individuel, toujours disponible, fort d'un rayon d'action et de performances que tout le monde peut acheter à prix raisonnable. Dans ces conditions, le véhicule électrique trouvera preneur auprès d'individus dotés d'une énorme fibre écologique. Mais tant qu'il restera une goutte d'essence ou des manufacturiers de voitures extrêmement efficaces comme la Smart ou les hybrides de type série...

Tout semble si simple, pourtant. Pour stocker de l'énergie électrique, on fait appel à des réactions électrochimiques (oxydo-réduction) connues depuis le XIXe siècle. Le dispositif est constitué de deux électrodes séparées, plongées dans un électrolyte. Mais plus de cent ans après que la tout électrique nommée *Jamais Contente* eut établi son record de vitesse, l'accumulateur de série, de la Lada à la Rolls 2006, est toujours le même: une batterie à l'acide et au plomb, lourde, à faible densité d'énergie et polluante (voir tableau 17 à la fin de ce chapitre pour comparaison).

Qu'ont fait les chercheurs? Comment se fait-il que les alliages lithium-métal-polymère, la nickel-métal-hydrure ou la lithium-ion n'aient pas encore remplacé la vieille batterie au plomb? Le premier problème de la voiture électrique, c'est donc son principal élément, l'accumulateur. Force est de reconnaître que les chercheurs ont du pain sur la planche pour amener sur le marché une batterie rapide à charger, à grande densité d'énergie et durable. Les déboires de l'usine d'Avestor en novembre 2006 illustrent malheureusement trop bien le problème. Une mise en marché trop rapide et/ou le manque d'investissement dans la recherche fondamentale mène au même constat déprimant, la batterie performante et durable est encore sur les tables à dessin. Paradoxalement, c'est grâce à la concurrente de la voiture électrique, la voiture hybride que ces accumulateurs performants vont finir par percer.

FIGURE 13

Voiture électrique et extravagance

La Pivot de Nissan
www.Nissan.com

La Tango
www.commuterCars.com

Quelle est la grande particularité de la voiture électrique? Une recherche sur Internet et la comparaison des divers concepts permettent de constater alors que ce n'est pas la mécanique particulière qui est mise en évidence – elle a peu changé en un siècle –, mais plutôt les différents designs. C'est comme si l'acheteur de ce type de véhicule devait être un extraverti, quelqu'un qui aime se faire remarquer. Le logo est bien en évidence, par exemple un gros H2 si la voiture est mue par une pile à combustible. Dans la plupart des cas, le résultat est souvent contestable, voire carrément laid. La voiture électrique sera mature le jour où elle passera inaperçue. C'est le cas de la Honda Civic Hybride 2006, jugée voiture de l'année par plusieurs organismes.

La voiture hybride

La voiture hybride serait-elle la solution de transition vers un monde du transport tout électrique incluant l'hydrogène? Ses promoteurs vont plus loin et en font la voiture de l'avenir? En alliant les avantages de deux technologies, la voiture hybride ambitionne d'abord de déclasser le moteur thermique traditionnel.

La solution hybride thermique permet plusieurs scénarios, mais deux catégories résument bien les tendances. Le plus connu, pour l'instant, est le système en parallèle présenté par Toyota et Honda. Le moteur à combustion fournit l'essentiel du travail, le moteur électrique venant le soulager quand son rendement est mauvais, au démarrage, en accélération ou au ralenti, comme en milieu urbain. Par rapport à la motorisation classique, le gain de rendement du système hybride parallèle est déjà appréciable.

TABLEAU 17

Performances de certains accumulateurs

	Pb	**Ni-Cd**	**Ni-métal-hydrure**	**Li-ion**
Énergie spécifique (Wh/kg) Densité d'énergie (Wh/L)	170 30-40	236 45-65	300 55-80	275 90-50
Puissance spécifique (W/kg) Rendement (%) Application	60-130 65-85 Transport	100-180 70-80 Électronique Équipement	160-260 75-85 Portable Électronique Transport	150-300 85-95 Transport
Inconvénient	Lourd Faible densité	Toxicité Encore au niveau R-D	Coûteux Encore au niveau R-D	Coûteux Encore au niveau R-D

Note: Il existe plusieurs autres alliages ou combinaisons actuellement au stade de la R-D. En plus des matériaux de base cités dans ce tableau, on retrouve notamment les polymères, par exemple l'alliage lithium-métal-polymère. La combinaison lithium-soufre est également une candidate pour remplacer la lithium-ion, etc.
Sources: Charreteur, Fanny, Katif, Najoua, Travail, cours Énergie 2005. À lire également l'excellent résumé qu'a fait Pierre Langlois dans son épisode 1-13 sur les batteries et accumulateurs, dans son livre *Sur la route de l'électricité*, Éditions MultiMondes, 2005.

Pendant que les Américains planchaient sur le tout électrique pour respecter la future loi californienne, les Japonais, et Toyota en particulier, avaient déjà prévu l'échec du concept. Dès 1987, la Prius de Toyota était sur les tables à dessin. Dix ans plus tard, elle faisait les salons de l'automobile. Honda, après avoir lancé la Insight en décembre 1999, relançait la concurrence avec sa populaire Civic, équipée, elle aussi, d'une technologie hybride originale. Résultats, même si chacune des compagnies présentait des avantages et des inconvénients, Honda et Toyota, au début de 2006, se partageaient le marché des hybrides.

FIGURE 14

Les défis pour les accumulateurs

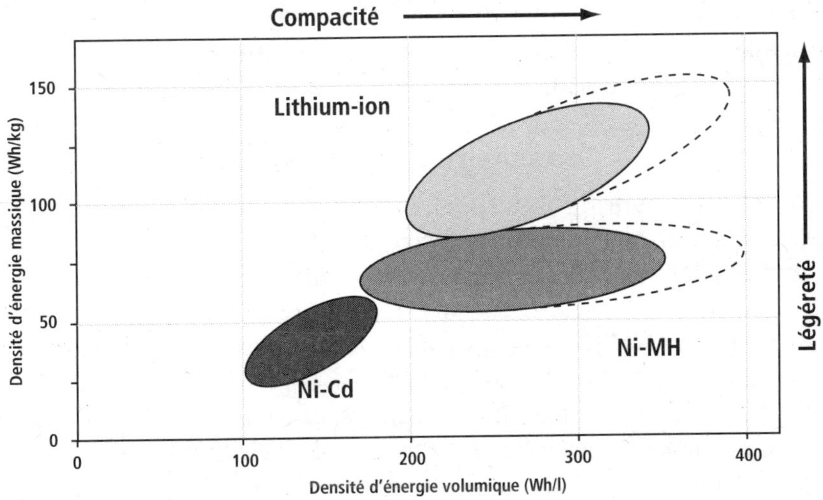

Que ce soit pour les voitures électriques ou les hybrides, les accumulateurs performants sont incontournables pour l'avenir, mais plusieurs défis de taille restent à régler. Les principaux sont indiqués dans cette figure.

Désormais, devant l'ampleur du succès des deux leaders japonais et la montée du prix du pétrole, tous les constructeurs n'ont d'autre choix qui de se lancer dans la course. Le phénomène s'apparente un peu au remplacement de la propulsion par la traction. Même si Citroën avait déjà inventé le concept dans les années 1930, il fallut attendre un deuxième choc pétrolier pour que l'ensemble des constructeurs mondiaux prennent conscience des bénéfices entrevus d'efficacité. Mais c'est toujours la même rengaine: trop complexe et trop cher à produire. On a dit la même chose de l'hybride. Pourtant, il semble bien que les constructeurs aient compris: l'hybride est là pour un bon moment. Autant s'y faire.

Pourquoi le moteur hybride offre-t-il des rendements énergétiques supérieurs? D'abord, il faut savoir que les performances de la traction électrique dépassent de loin celles des moteurs thermiques. Le moteur électrique permet de récupérer une partie de l'énergie dissipée au freinage et de la stocker pour un usage ultérieur. Le rendement mécanique du moteur électrique atteint plus de 90% et demeure indépendant des conditions imposées. Ce n'est pas le cas du moteur thermique, dont la performance est très dépendante du régime imposé: départ à froid, fortes accélérations, ralenti en milieu urbain, etc. En mode hybride, on gagne donc sur tous les tableaux. Pour le moteur thermique en particulier, l'objectif est de rendre le régime de fonctionnement le plus constant possible.

Sommaire de l'hybride

Un véhicule hybride fait appel à deux systèmes de propulsion, généralement mécanique et électrique. Dans un système *hybride parallèle*, les deux types de moteurs peuvent travailler ensemble à entraîner les roues. Dans un système *en série*, l'entraînement est électrique en tout temps. Grâce à un alternateur, un moteur thermique de taille réduite produit de l'électricité, laquelle est stockée dans une batterie qui alimente le moteur électrique. On est ici en présence d'une série ou d'une cascade d'éléments mécaniques et électriques. Plusieurs variantes sont évidemment possibles. La première concerne la capacité de stockage électrique. Une autre touche la récupération de l'énergie de freinage. La technologie alternative est le *supercapaciteur.*

Les gains énergétiques de la pompe à la roue sont bien réels. Du côté environnemental, on fait d'une pierre deux coups: tout en réduisant les émissions de gaz à effet de serre, on améliore la qualité de l'air en milieu urbain. C'est le pari qu'a fait New York, en 2005, en exigeant la conversion partielle à l'hybride des parcs de taxis. Mais surtout, la technologie hybride correspond à une «révolution tranquille». Le système de distribution du carburant est inchangé, l'autonomie de la voiture est améliorée, le coût reste acceptable. Il suffit d'un peu de volonté politique pour entretenir la lancée et peut-être d'une série de chocs pétroliers pour sensibiliser le consommateur à l'importance de conserver les ressources.

Cela dit, l'hybride n'est pas encore la solution parfaite, car elle a besoin de deux moteurs – un électrique et un à combustion interne – ce qui représente deux fois plus de pièces que les voitures conventionnelles. Le système de contrôle est dispendieux, et la durabilité et le coût de remplacement des accumulateurs demeurent un problème. En un mot, l'exotisme du concept ajoute aux coûts. Pour les opposants, c'est l'un des moyens les plus dispendieux d'économiser les carburants. En fait, le moteur hybride, dans sa forme actuelle, défie la logique industrielle.

Pour réduire le nombre de pièces, et donc le coût, il existe une solution. On passera inévitablement au fameux concept de l'hybride en série, proposé ici même, au Québec, par Pierre Couture, au milieu des années 1990. Selon ce concept, les roues sont mues en permanence par un moteur électrique. Le moteur thermique fonctionne en régime constant pour alimenter les batteries. La formule hybride en série avec le diesel obtient alors le meilleur rendement global et, par le fait même, devient la solution la plus écologique.

Heureusement, l'hybride de 2050 se sera considérablement amélioré. Le nombre de pièces devrait être inférieur à celui d'une voiture conventionnelle mue par un moteur thermique. C'est du moins ce que promettait Pierre Couture quand il a lancé le projet M4 et le moteur-roue. Tous semblent s'entendre pour dire que la révolution est lancée, mais jusqu'à quel point? Nous en parlerons en fin de partie. Examinons d'abord la concurrence.

La voiture à eau

Attention, disent les promoteurs du tout électrique, il existe une autre filière, qui possède les mêmes qualités que le pétrole, et en plus, c'est la solution écologique par excellence. *Que des gouttes d'eau qui sortent du tuyau d'échappement*, fait miroiter la publicité de GM en présentant sa Hy-wire, une Cadillac munie d'une pile à hydrogène. Même discours chez Ballard, cette entreprise canadienne qui fait rouler des autobus avec de l'hydrogène dans les rues de Vancouver depuis le début de la décennie 1990.

Allons-nous bientôt entendre: «Le plein d'hydrogène, SVP»? se demande Jean-Benoit Nadeau dans *L'actualité* du 15 décembre 2003. Georges W. Bush lui-même, qui n'est pas renommé pour ses penchants écologiques, fait partie des optimistes. En janvier 2002, il débloquait 1,2 milliard de dollars américains en crédits de recherche et promettait que «les enfants d'aujourd'hui apprendraient à conduire dans des voitures à hydrogène». Pourquoi pas une GM? La Sequel est pratiquement prête. En 2004, les dirigeants de GM prévoyaient construire un million de ces «voitures à eau» d'ici 2015.

Et pourquoi pas aujourd'hui? renchérit Ford, qui prévoyait lancer au milieu de la décennie la Focus FCV, un véhicule qui combine une réserve d'hydrogène à haute pression avec une pile à hydrogène de type Ballard Mark 900. Attention de manquer le bateau, avertissent les prévisionnistes américains, dont la puissante National Hydrogen Association.

Mais l'idée vient de GM et de Ford, des compagnies reconnues pour leur manque de vision et qui ont dû annoncer des mises à pied sans précédent en 2005. Méfiez-vous, disent les promoteurs de l'hydrogène, tous les grands constructeurs mondiaux s'y sont mis. L'Allemagne appuie Mercedes, BMW et Audi. Le Japon fait confiance à Mazda, Nissan et Toyota. En 2003, la Ballard Power Systems et DaimlerChrysler annonçaient la sortie de la Mercedes A-Class à hydrogène[6]. L'ère du pétrole tire à sa fin... C'est ce que prédit également l'Américain Jeremy Rifkin dans «*L'économie hydrogène*, ouvrant la voie à une extraordinaire révolution économique susceptible de reconstruire la civilisation sur de nouveaux fondements.

C'est un véritable leitmotiv. Chacun le reprend depuis que le Club de Rome (1976) a proposé «la civilisation de l'hydrogène» en remplacement du pétrole. Cent soixante-cinq ans après que l'Anglais William Grove eut démontré le principe, comment expliquer cet engouement soudain des producteurs d'électricité, des constructeurs automobiles, des chercheurs, des écologistes et des gouvernements?

Si l'idée d'une «économie de l'hydrogène» est belle, la réalité est cependant têtue, rappelle Benjamin Dessus (*La Recherche*, octobre 2002).

La quête de rendement

Les analystes, qui gardent la tête froide, ont de bonnes raisons de douter des chances de succès de la voiture à hydrogène, du moins à moyen terme. Ce n'est pas la technologie des piles à combustibles ni d'ailleurs celle du stockage* de l'hydrogène qui sont en cause, car

6. *Enjeux Énergie*, vol. 2, n° 10. À lire également les articles de Alain McKenna, «Hydrogène 101», *La Presse*, 8 octobre 2006.

elles avancent vite. Le scepticisme naît davantage de la rencontre entre les divers problèmes de production, d'infrastructure de distribution et de services techniques, d'encombrement, de sécurité et de fiabilité.

Premier problème de taille, l'hydrogène n'est pas une source d'énergie, mais un vecteur. Comment est produit l'hydrogène? Le procédé généralement envisagé est le «reformage» d'hydrocarbures, gaz, pétrole, méthanol*, qui sont, le nom le dit, des chaînes plus ou moins complexes d'hydrogène et de carbone. Malheureusement, en se débarrassant du carbone, on engendre presque autant d'émissions de dioxyde de carbone qu'un moteur à combustion.

Reste l'électrolyse de l'eau, qui consiste à soumettre une molécule d'eau (H_2O) à un certain voltage pour séparer l'hydrogène à l'oxygène. Sous un angle écologique, tout ne va pas si mal si la source initiale de production est une énergie renouvelable comme l'hydroélectricité. Or, l'examen de l'ensemble de la filière, de la source à la roue, autorise moins d'optimisme à l'échelle mondiale. L'électrolyse par une centrale électrique thermique, même efficace, donne des rendements inférieurs à 50%.

Et ça ne s'arrête pas là.

Comment convertir cet hydrogène en énergie mécanique? Le plus simple est de profiter du pouvoir détonnant de l'hydrogène, comme pour l'essence. Audi et Mazda y ont pensé et modifient leur moteur à explosion de série. Or, un moteur à explosion qui utilise l'hydrogène n'atteint pas le rendement de 23% de celui fonctionnant à l'essence et est très loin du 35% obtenu par la combustion du diesel. Gaspillage éhonté d'hydrogène! s'empresseront de dire tous les promoteurs de la pile à hydrogène.

Malheureusement, la pile à combustible est un convertisseur d'énergie qui n'a pas un rendement parfait (60% en étant optimiste). Résultat, scandent ses détracteurs, le rendement global de la filière hydrogène n'arrive pas à dépasser celui du moteur diesel et encore moins celui de l'hybride. C'est sans compter tous les autres problèmes qui rendent le coût de la solution hydrogène prohibitif par rapport à ses concurrentes.

Car pour mettre au point des systèmes de production, de transport et de stockage de l'hydrogène accessibles à l'ensemble des consommateurs, il faudrait «changer le monde», si on peut dire. C'est cent ans d'investissement dans une économie de distribution de carburant fossile qu'il faut remplacer ou mettre en parallèle. Tout un programme pour les frileux du milieu du pétrole qui voient la fin du monde chaque fois que le mot «investissement» dans la diversité apparaît dans les manchettes. Et on n'a pas parlé des problèmes technologiques et économiques non encore résolus à la satisfaction des consommateurs exigeants du milieu de l'automobile.

Stocker le très petit

Techniquement, rien n'est joué. Pour la pile et le stockage, quelle technologie choisir? Aura-t-on un «reformeur» à bord? Comment réduire l'encombrement? Et surtout comment résoudre le principal problème de la filière hydrogène, c'est-à-dire son coût?

La question du reformeur soulève le défi du stockage de l'hydrogène à bord. Chez les grands constructeurs automobiles, elle demeure en suspens. Deux clans se dessinent. À l'instar de DaimlerChrysler, les tenants du stockage de l'hydrogène à bord font le pari que l'approvisionnement de l'hydrogène sera assuré, le temps venu. À l'inverse, d'autres constructeurs font valoir que la mise en place d'un reformeur à bord règle en même temps deux défis d'envergure: l'approvisionnement et le stockage.

Le stockage est en effet un problème de taille à cause des propriétés physiques de l'hydrogène. Cette petite molécule a la mauvaise particularité de diffuser facilement dans tout contenant de métal, en particulier sous forme gazeuse. De plus, pour réduire l'espace de stockage, il faut mettre au point des réservoirs capables de résister à de fortes pressions atmosphériques. Bien sûr, on peut liquéfier à très basse température l'hydrogène, mais la perte d'énergie correspondante ajoute au faible rendement de la filière totale.

Pourquoi alors ne pas profiter des propriétés de diffusion pour stocker l'hydrogène dans des hydrures métalliques ou des nanotubes de carbone? Les chercheurs de l'IREQ, de l'INRS et de l'Institut de l'hydrogène de Trois-Rivières y ont pensé. La réalité montre cependant que les avantages sont bien en deçà des espoirs à cause du rapport poids de l'hydrogène stocké-poids du réservoir. Dans le cas des nanotubes de carbone, c'est de 1%. Le stockage dans des hydrures apparaît plus intéressant, mais pour récupérer l'hydrogène dans des hydrures de fer, par exemple, il faut chauffer le contenant à des températures de 180°C. Encore une perte énergétique.

Vraisemblablement, le stockage d'hydrogène dans les hydrures semble confiné à des créneaux de riches, les militaires, par exemple, dans leurs sous-marins[7].

Ce n'est pas tout.

Dans les piles à combustible proposées jusqu'à maintenant, les métaux précieux (platine) et la fabrication de membranes bon marché continuent de baisser, en termes de coûts, mais pas assez, d'où des recherches plus poussées pour mettre au point des membranes conductrices plus économiques, mais aussi plus facilement recyclables et fonctionnant à plus haute température (150 à 200°C). Parmi ces travaux, il y a, bien entendu, la recherche de matériaux non nobles pour remplacer le platine[8].

Cette discussion soulève un problème de fond lié à la technologie de l'hydrogène : pourquoi compliquer ce qui devrait être simple ?

À l'instar des détracteurs de la filière, il est en tout cas indispensable de se rappeler certains ordres de grandeur, si l'on veut apprécier les chances de succès de la voiture à hydrogène. Les technologies pressenties sur les différentes filières sont susceptibles, pour un même service rendu, de retarder la mise en marché de la voiture à eau pour des raisons majeures d'ordre économique et technique. Comme les rendements insuffisants sont le talon d'Achille de la filière et comme son bilan écologique ne lui est pas favorable non plus, on peut craindre que la voiture à hydrogène suscite un fort sentiment de rejet ce qui repousserait sa production de masse à 2040 ou 2050. Si la technologie est retenue un jour !

7. Voir l'émission *Découverte* de Radio-Canada, saison 2005-2006.
8. Chaire industrielle de GM au professeur Jean-Pol Dodelet, de l'INRS-EMT.

Comment concilier cette vision pessimiste et terre à terre de ceux qui voient dans la pile à combustible un concept ancien qui n'a jamais réussi à s'imposer avec celle des enthousiastes qui, comme Jules Verne, voient dans l'hydrogène le combustible de l'avenir? Dans ce domaine complexe de la principale activité industrielle mondiale que constitue l'industrie automobile, où le rendement technologique n'est qu'un des paramètres considérés, la prudence impose d'éviter la monoculture de la pensée.

Peut-on croire que la pile à hydrogène fait partie des solutions possibles à nos problèmes de demain? Elle fera sûrement partie du portefeuille de solutions, mais elle ne sera pas la seule.

TABLEAU 18

Le meilleur rendement: voiture individuelle efficace

	Filières	**Filière de production[1] (%)**	**L'ensemble moto-propulseur[2] (%)**	**Global (%)**
Classique	Essence	85	20	17,0
	Diesel	90	25	22,5
	H_2 électrolyse	85	18	15,3
	Éthanol Flex	65	20	13,0
Électrique	Renouvelable	90	85	76,0
	TAGG[3]	45	85	38,2
Hybride	Parallèle	85	32	27,2
	Série	90	39	35,0
Pile à hydrogène	Renouvelable	85	45	38,2
	TAGG	40	45	18,0
	Méthane	50	45	22,5

Notes:

1. Production et distribution. Dans la pratique, le rendement pour les combustibles est très optimiste. Pour les sables bitumineux, par exemple, on le situe à 60%.
2. Ces rendements sont possibles dans des conditions normales et pour des petites voitures efficaces.
3. Turbine à gaz efficace.

Sources: Diverses sources, dont Benjamin Dessus, 2002 et l'article «Why a hydrogen economy doesn't make sens?» dans Physorg.com, 11 décembre 2006.

La locomotion individuelle : l'insolite

Louez un Segway, dit la publicité (www.segcanada.com). L'expérience est carrément unique, facile et amusante, pour tous les âges ! Explorez le Vieux-Port de Montréal, longez le canal Lachine. Pourquoi ne pas l'utiliser pour vos déplacements en usine ou dans un centre commercial ? Et pourquoi pas dans les vieux quartiers de Paris, où on aurait pris soin d'interdire les véhicules automobiles ?

L'idée est attrayante. Cette sorte de char de Ben Hur des temps modernes maintient son équilibre lui-même « intuitivement », comme les humains. Il avance, recule et tourne en réponse à vos mouvements et changements de position. Il n'est équipé ni d'accélérateur ni de frein ; il suffit tout simplement de se pencher vers l'avant pour avancer et vers l'arrière pour reculer. Redressez-vous, et vous arrêterez. Pour tourner, faites pivoter le guidon dans le sens voulu.

Évidemment, à 7000 $ l'unité, ce n'est pas donné. Et bien qu'il faille un peu d'apprentissage – G.W. Bush a fait une chute devenue célèbre en l'essayant devant les caméras –, la machine a de quoi frapper l'imagination. Ses deux roues remplaceront-elles nos jambes pour des déplacements de courte distance ? Le concept éclipsera-t-il les trottinettes, les bicyclettes et autres mobylettes qui flirtent aussi avec l'électricité comme source de locomotion ?

Voilà qui annonce de bons moments pour les sportifs vieillissants encore capables d'en profiter. Peut-on penser à d'autres impacts du vieillissement de la population sur le transport individuel ? Voiturettes électriques de toutes sortes, fauteuils et tapis roulants, et que sais-je encore ? Une unité ne consomme pas beaucoup d'énergie, mais la somme peut-elle être significative ?

L'objectif de cette partie n'est pas de trancher la question, mais plutôt de susciter l'intérêt. Les données sont trop fragmentaires pour qu'on puisse se faire une idée de l'impact potentiel de ces moyens de locomotion électrique individuels à l'avenir. Mais quelques-unes de ces solutions, farfelues aujourd'hui, feront sans doute partie de la révolution de l'impensable.

Rio de Janeiro: la révolution de l'impossible

Dans le secteur du transport comme dans bien d'autres domaines d'activité humaine, notre esprit simplifie, édulcore la nuance. À l'époque du tout noir ou tout blanc, le complexe n'a pas droit de cité. Pour des raisons de coûts, il apparaissait impossible que la propulsion soit un jour remplacée par la traction. Pourtant, la révolution s'est effectuée en quelques années seulement. Le tout électrique devait l'emporter sur l'hybride, jugé trop cher et trop complexe. Les trois grands de l'industrie automobile américaine se mordent aujourd'hui les doigts d'avoir été présomptueux.

En France, la politique favorisant le diesel dans les petites voitures a été dénoncée sur toutes les tribunes: performance inadéquate, moteur polluant en ville, mécanique trop coûteuse dans les petites voitures, etc. Maintenant, Peugeot, Renault et les autres se félicitent d'avoir tenu bon: les consommateurs ont pris goût massivement au diesel.

Tout esprit logique, aujourd'hui, rejette la pile à combustible comme technologie de masse dans la voiture individuelle. Les rendements ne sont pas favorables, le problème de stockage de l'hydrogène n'est pas résolu, le platine est trop cher et trop rare, le réseau de distribution de l'hydrogène serait trop coûteux à mettre en place, etc. Pourtant, l'Islande distribue déjà l'hydrogène sur une base commerciale.

Il ne faut pas favoriser la filière de l'éthanol, martèlent sans cesse les écologistes. Rien ne serait plus néfaste pour l'environnement. Mais surtout, si on se fie à l'exemple du Brésil, ce serait le meilleur moyen d'exploiter les pauvres et de détériorer le climat social. Mais qu'en est-il exactement?

Nous sommes allés voir sur place.

Rio de Janeiro, décembre 2005

Au terminal voyageurs, nous demandons un taxi pour quatre personnes. Voyant la dimension de nos bagages, le préposé nous répond: «Si vous voulez attendre un tout petit peu, nous allons commander une plus grosse voiture.» Nous comprenons rapidement sa réponse lorsque le conducteur du taxi ouvre le coffre. En fait, le compartiment à bagages contient un réservoir de méthane qui fait 1 m de long et 40 cm de diamètre. Dans une voiture taxi normale, le coffre ne peut donc recevoir qu'une grosse valise.

«Une grande partie des parcs de taxis se sont mis au gaz, explique le préposé, en raison des politiques d'abattement du gouvernement pour réduire sa dépendance envers le pétrole.» La conversion d'un moteur à combustion au gaz naturel est connue depuis des lunes, et le petit inconvénient de la capacité réduite du coffre n'est pas vraiment grave puisqu'en général le nombre de passagers dans un taxi ne dépasse pas deux personnes.

Notre apprentissage de la politique énergétique du Brésil ne s'arrêtera pas là. Sur le chemin de l'hôtel situé sur la plage de Copacabana, arrêtés à un feu de circulation, notre regard est attiré par une station-service qui sort de l'ordinaire. Les pompes sont multicolores: des vertes pour l'éthanol, des bleues pour l'essence, des noires pour le diesel, etc.

Mais ce qui impressionne le plus, c'est le nombre de produits et la diversité des services. Un pompiste remplit un réservoir de gaz naturel de la même façon qu'on remplit votre réservoir barbecue au Canada. Des clients se servent du libre-service pour acheter de l'essence ordinaire ou super. D'autres préfèrent remplir leur réservoir avec de l'éthanol pur, plutôt que d'utiliser le composé 25% éthanol-75% hydrocarbure. Et, bien entendu, le diesel et le bio-diesel sont également disponibles. Seul l'hydrogène manque. En 2005, 29000 stations-services, de Rio à l'Amazonie, offraient ce service multiple.

Venant du Canada, pays qui préconise le monolangage en tout, je me trouvais plongé dans le futur. Comme bien d'autres analystes, j'entretenais des préjugés à l'égard de l'éthanol. On m'avait brossé un tableau tellement noir de la situation que je gardais l'impression que cette forme d'énergie avait peu d'avenir. Entendons-nous, les alcools ne remplaceront jamais tous les hydrocarbures, mais le cas du Brésil, premier producteur mondial d'éthanol, a de quoi faire réfléchir.

Depuis plusieurs décennies, le Brésil est un pays qui tente de s'en sortir, d'amener son économie à maturité. Ce n'est pas facile, bien sûr, mais certaines actions semblent avoir porté fruit. Dès les années 1970, les dirigeants brésiliens avaient compris qu'il fallait réduire la dépendance énergétique du pays, ce qui signifiait limiter l'achat de pétrole étranger. La culture de la canne à sucre pour la production d'éthanol offrait deux avantages: elle donnait de l'emploi et elle permettait de produire de l'énergie. En 1975, le rendement était faible: 2000 L/ha. Mais surtout, cette pratique fut violemment critiquée par la communauté internationale en raison de l'exploitation éhontée des travailleurs par les grands propriétaires terriens.

Les écologistes n'ont pas oublié, mais le Brésil a continué à investir dans la filière. Il fallait d'abord mettre au point une canne à sucre plus productive[9]. Résultat, en 2005, le rendement par hectare avait triplé: 6000 L/ha. Ensuite, il fallait convaincre les sociétés automobiles locales de proposer des véhicules *Flex*-ibles, c'est-à-dire pouvant rouler à l'éthanol. Un peu réticentes au début, plusieurs entreprises, surtout européennes, jouèrent le jeu. Le contre-choc pétrolier de 1985 retarda un peu la mise en marché de l'éthanol, mais le contexte haussier du prix du pétrole du début des années 2000 a fait à nouveau voir l'intérêt de la filière éthanol.

Aussitôt la technologie Flex-Fuel Car mise en marché, en 2002, le succès fut inespéré. En 2005, cette technologie prenait 53,6% du marché des voitures neuves et l'éthanol représentait 20% des ventes de carburant au Brésil. Et ça continue. Pourquoi le consommateur s'en passerait-il? Certes, la combustion de l'éthanol est moins bonne que celle de l'essence et présente des inconvénients en climat froid, mais ces inconvénients ne comptent pas au Brésil. Le prix de vente d'une voiture Flex est le même ou presque celui d'une voiture standard. Mais surtout, cette voiture, qui accepte tant l'éthanol pur que le mélange éthanol-essence, donne le choix au consommateur et les compagnies de pétrole ne peuvent plus se permettre d'augmenter de 40% le prix du pétrole à la pompe en une nuit, comme ce fut le cas en juillet 2005, à Montréal.

Pour le Brésil, la ténacité a rapporté. Non seulement ce pays a réussi à réduire sa dépendance énergétique, mais il est devenu exportateur d'énergie et de connaissances. Il attire les regards du

9. Voir les nombreux articles sur Internet à partir des mots clés «flex ethanol Brasil». Voir notamment l'article de David Luhnow et G. Samor, «As Brasil fill up ethanol, it weans off energy imports», *Wall Street Journal*, 1er septembre 2006.

monde entier. L'Inde, le Pérou, le Guatemala, l'Afrique du Sud, pour ne citer que ceux-là, sont tous des pays qui peuvent produire de la canne à sucre et qui se font déjà conseiller par le Brésil. Hillary Clinton a cité le Brésil comme un exemple mondial, en matière de politique de réduction de la dépendance à l'égard du pétrole. G.W. Bush a fait de cette réduction de la dépendance un élément de sa politique, en 2006.

Le Brésil, tout comme l'Islande d'ailleurs, a surtout montré que l'impossible n'est qu'une lubie de gens *bien-pensants*, trop bien installés dans leur confort pour imaginer un avenir différent et novateur.

Que sera la voiture de demain? Sera-t-elle électrique, hybride, thermique efficace ou à hydrogène? Tout est possible, même l'insolite. Chose certaine, le transport individuel est devenu une valeur fondamentale qui ne disparaîtra que lorsque l'homme manquera d'imagination, ce que ne prévoit aucun de nos scénarios.

GRAPHIQUE 21

La production d'éthanol et de biodiesel (1980-2004)

(Milliards de litres)

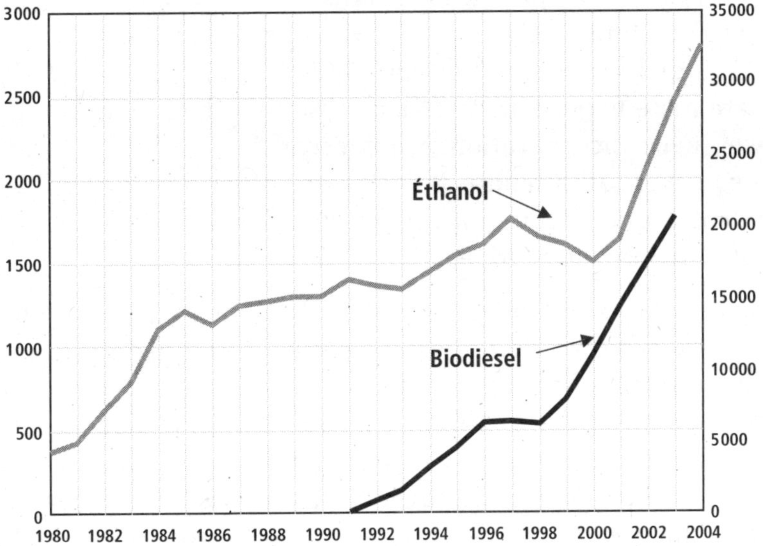

Note: À remarquer la croissance fulgurante depuis 2000 environ, ce qui est lié en partie au Protocole de Kyoto et au prix du pétrole.
Sources: *Vital Sign*, 2005, et l'AIE.

Que doit-on en penser?

Si l'optimisme à l'égard du tout électrique pouvait faire du sens il y a dix ans, force est d'admettre que le contexte politique a changé en faveur de nouveaux concepts de transition. Dans le domaine des voitures électriques, le mouvement penche nettement en direction des véhicules hybrides, concept qui évoluera graduellement vers une part accrue de la partie électrique.

Dans une période de transition qui pourrait bien durer plusieurs décennies, c'est le concept hybride parallèle – comme ceux de Toyota et de Honda – qui s'emparera progressivement du marché. Peu à peu, l'hybride en série – le concept de Pierre Couture – devrait s'imposer grâce à ses qualités d'efficacité énergétique et de réduction des coûts de construction. L'évolution de la technologie hybride entraînera le développement de meilleurs accumulateurs et ouvrira la voie à la voiture tout électrique. On peut donc prévoir que le tout électrique réussira à percer dans certains créneaux, mais honnêtement, on imagine mal un monde du transport individuel tout électrique, même à l'horizon 2050.

Le club Énergie, prospective et débats du Commissariat général du plan[10], a brossé le tableau des deux principaux scénarios envisagés pour la France à l'horizon 2050. Dans le scénario de base, le parc reste majoritairement composé de véhicules à essence et diesel, avec incorporation progressive des progrès techniques qu'on peut encore attendre. Il s'agit d'un scénario tendanciel correspondant à une adaptation progressive des consommateurs à la montée du prix du pétrole.

Le scénario «voitures évoluées» prévoit la pénétration des véhicules hybrides de toutes catégories, à partir de 2015, à un rythme soutenu, pour atteindre la moitié du parc en 2050. Il s'agit, bien sûr, d'un scénario proactif, en termes d'innovation, et respectueux des engagements de Kyoto. Mais les principaux gains de consommation, dans les cinquante prochaines années, viendront de la réduction du trafic automobile et des progrès des moteurs thermiques classiques. Il est vrai que l'industrie traditionnelle

10. Voir Benjamin Dessus, 2002.

n'a pas dit son dernier mot. En réduisant le poids des voitures et en améliorant les composantes mécaniques, il est plausible de produire des véhicules à très faible consommation. L'introduction de la Smart par Mercedes-Benz en fournit déjà une indication. Cette vision de la réduction de la distance parcourue dans une voiture individuelle est logique dans le contexte de l'Europe, déjà avancée dans le transport en commun, tant en milieu urbain qu'à l'interurbain, mais pour l'Amérique du Nord, les choses risquent d'être bien différentes.

Pour ce qui est de la voiture à hydrogène, l'analyse du bilan énergétique et économique de la filière, compte tenu de l'inertie chronique du milieu du transport face au changement, impose l'humilité et la prudence. La pile à hydrogène fait partie des solutions possibles au problème des générations futures qui ne pourront plus compter sur des carburants liquides en quantité suffisante pour leurs besoins en transport, mais il faut bien admettre que cette économie de l'hydrogène ne deviendra réalité qu'à l'aube du quatrième âge énergétique de l'humanité, celui où l'électricité aura dépassé le pétrole comme vecteur sanguin de l'économie. L'hydrogène pourrait alors prendre une part croissante du marché des carburants liquides, sa production étant assurée par des filières renouvelables ou par l'utilisation de l'atome.

Pendant un bon bout de temps encore, l'hydrogène fera partie du rêve. Plusieurs annonces extraordinaires feront croire à sa réussite, tant les avantages semblent nombreux, mais que le transport individuel puisse un jour être basé sur l'hydrogène, cela reste une hypothèse très lointaine. Encore une fois, ce n'est pas tant le progrès technologique qui fait problème, mais la concurrence.

Alors à quand cette économie de l'hydrogène? Ce sera quand, un beau matin, du haut du ciel, Jules Verne apercevra, dans l'un des grands déserts du monde, un immense champ de capteurs solaires assignés à la fabrication d'hydrogène. Les optimistes ont donc encore beaucoup de travail à faire pour changer le cours des choses.

22. La demande : un saut dans le futur

Bien que partielles, les discussions sur l'innovation en matière de demande d'énergie par secteur montrent que les solutions de rechange pour réduire notre dépendance envers le pétrole sont plus nombreuses qu'on ne le croit généralement, y compris dans le transport. En conséquence, deux paramètres autorisent l'optimisme de certains scénarios de demande présentés dans ce chapitre : le potentiel d'efficacité est considérable et la diversification de la pensée est propice à la diversité des solutions. Autrement dit, l'évolution des modèles offre-demande d'énergie sera à l'image des régions, plutôt que dictée par la monoculture de quelques grandes puissances mondiales, comme ce fut le cas trop souvent au XXe siècle. Notre analyse du transport vient d'en donner un aperçu.

Les hypothèses socio-économiques et politiques à retenir pour la suite de la discussion ainsi que les grandes hypothèses d'efficacité sont résumées dans les tableaux 23 et 24 du dernier chapitre de l'ouvrage. Bien évidemment, l'impact de ces facteurs dépendra des moyens consacrés à leur application, d'où nos scénarios contrastés sur l'attitude des décideurs et des consommateurs. Et l'impact sera différent selon les secteurs de consommation.

Commençons par le transport pour illustrer les scénarios de l'avenir.

La demande d'énergie dans le transport

Dans le transport, nos deux scénarios sont relativement optimistes, pour une raison très simple : les Américains n'ont déjà plus le monopole de l'innovation, et l'industrie mondiale du transport n'est plus dominée par eux. Bien au contraire, l'industrie de l'automobile américaine est en perte de vitesse à cause de son manque de vision chronique. Le retard des Américains dans le transport en commun leur impose encore plus d'humilité. Que ce soit dans le domaine de la voiture individuelle ou dans celui du transport en commun, les solutions innovatrices proviendront désormais de régions ou de pays émergents qui s'affirment. Et le nombre de propositions augmentera, suscitant du coup des modèles originaux d'approvisionnement énergétique. Les exemples de l'hybride, du diesel en Europe, de l'éthanol au Brésil ou de la poussée des trains rapides dans le monde suffisent à la démonstration. Par rapport au statu quo et au conservatisme tourné vers le passé, c'est l'impensable qui triomphe.

Ce portrait diversifié des solutions mène à un premier constat: *le transport de l'avenir sera à l'image des politiques régionales et sera «Flex-ible», pour prendre l'exemple des Brésiliens.*

Les deux scénarios supposent donc un changement de paradigme important, par rapport à la tendance des dernières années: le rapport demande d'énergie dans le transport par habitant ou selon la croissance économique n'irait plus en augmentant. L'industrie mondiale de l'automobile ne chercherait plus à vendre n'importe quoi, à grand renfort de publicité; elle aurait désormais pris conscience de son rôle social en favorisant l'efficacité. En clair, c'est ce qu'ont dit les présidents de GM et de Honda, au salon de Détroit, en janvier 2006[1]. Le premier constatait l'échec de sa stratégie alors qu'il venait d'annoncer l'abolition de 30000 postes. «Plutôt que d'investir dans les hybrides, nous avons investi dans la publicité... Désormais, nous allons conduire nos affaires comme Toyota.» Le second s'était vu récompenser aux salons de Détroit et de Montréal pour avoir mis au point la Honda Civic hybride 2006. Profitant de sa tribune, le représentant de Honda invitait les autres constructeurs de «cesser de penser en termes de moi et faire plus attention au nous, dans le but de créer des véhicules de plus en plus propres».

Ces deux déclarations illustrent le changement de mentalité qui semble s'opérer, depuis quelques années, en faveur de l'efficacité en général. Et c'est ce que reflètent nos deux scénarios. Dans

1. Alain McKenna, «L'Amérique prend (lentement) le virage vert», *La Presse*, 16 janvier 2006.

le scénario du chacun-pour-soi, le virage prend plus de temps que dans celui de la solidarité. C'est le cas, en particulier, des Américains qui conserveront leurs mauvaises habitudes pendant le prochain quart de siècle. Mais globalement, d'ici 2050, la demande dans le transport ne doit plus suivre une courbe inflationniste (voir graphique 22). C'est une hypothèse surprenante, si on examine la tendance des dernières décennies, mais elle constitue en fait un retour normal au bon sens. En comparaison des autres secteurs de consommation, la demande dans le transport n'a pas fait de gains aussi significatifs d'efficacité. Le potentiel est donc plus facile et moins coûteux à réaliser. Dans le scénario de la solidarité par exemple, la consommation par habitant est réduite de 55% par rapport à celle de 2000.

GRAPHIQUE 22

Prévision de la demande d'énergie finale dans le transport, par bloc, 2002-2100
Scénario de la solidarité (S2)

(En EJ)

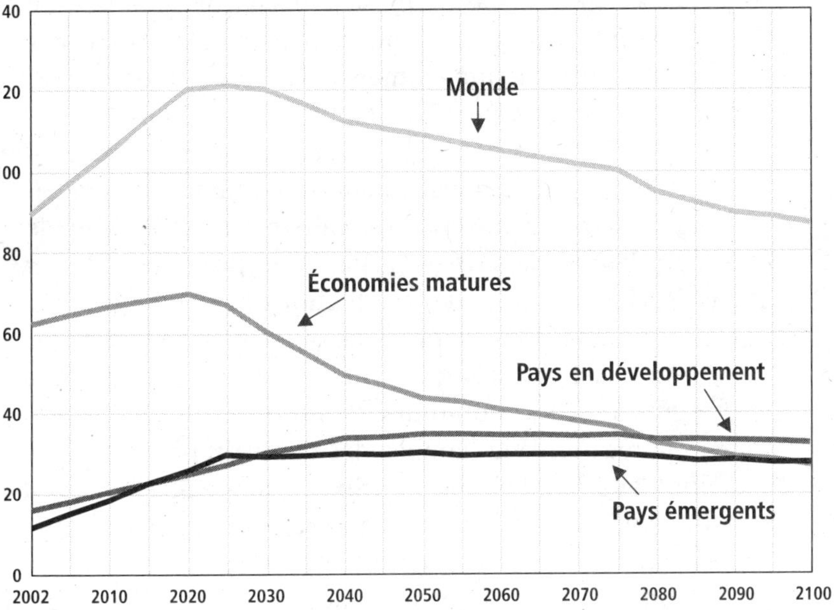

Note : La révolution s'effectuera dans la décennie 2020, en particulier pour les économies matures.

La demande d'énergie finale par bloc économique

L'inflexion de la courbe, vers 2020, pour la demande d'énergie dans le transport représente une condition nécessaire pour satisfaire la contrainte des ressources fossiles à long terme. Dans les autres secteurs de consommation, la révolution sera moins radicale, puisque les gains d'efficacité auront été continus dans le temps. L'évolution de la demande d'énergie pour les secteurs résidentiel, commercial et industriel sera, bien évidemment, fonction des besoins par usage et procédé, qui sont très différents d'un secteur à l'autre. Cette discussion détaillée par secteur est utile pour déterminer le potentiel d'efficacité et pour estimer le niveau d'électrification. À première vue, si on s'en tient à l'aspect technologique, ces trois secteurs ne sont pas liés, mais dans une analyse macroéconomique à très long terme, l'évolution de la demande de ces trois secteurs est liée, si on prend en compte les prémisses suivantes.

- Le groupe des pays industrialisés, malgré son poids démographique qui régresse, poursuit sa croissance économique et donc s'enrichit. Mais une grande partie de cette richesse ne sert plus à la construction de maisons de plus en plus grandes ou à l'acquisition de véhicules de plus en plus lourds. Elle sert à investir dans un développement plus durable, en particulier dans le transport et l'aménagement du territoire. Ce virage est rendu nécessaire en raison du contexte énergétique et de la saturation des besoins, mais aussi d'une prise de conscience accrue de l'impact de telles acquisitions sur l'environnement et la disponibilité de ressources pour les générations futures. Est-ce là une vision angélique? Pas tout à fait, si on se fie aux événements récents, notamment l'adoption du Protocole de Kyoto et la réaction à la flambée des cours du pétrole de 2005. Un phénomène économique contribue également à la réduction de la demande d'énergie: le transfert des industries lourdes vers les pays en développement. Ce phénomène est déjà bien engagé; on n'a qu'à penser à la montée de la Chine dans la production de l'acier ou du ciment.

- Dans une économie émergente, si tout se passe bien, la croissance économique est très forte au début, entraînant une augmentation de la richesse qui permet l'amélioration du niveau de vie, à la maison et en termes de services publics. Cette croissance économique est synonyme de production industrielle accrue, dans un premier temps, puis le secteur tertiaire prend le dessus. Et plus on devient riche, plus on investit dans l'efficacité énergétique et la productivité. Avec le temps, on assiste donc à un transfert de la part relative du secteur industriel vers les secteurs du bâtiment et des services. Ce modèle prévu pour les économies émergentes est en fait semblable à celui qui suit l'Occident depuis 50 ans. La différence se situe dans le niveau de rattrapage: nous supposons que la consommation par habitant nécessaire pour atteindre une économie mature sera inférieure à celle de l'Occident, actuellement.
- Dans les pays en développement, les analyses précédentes sont valables si les conditions sont réunies pour que ça démarre. Malheureusement, si le processus tarde trop, quand leur tour viendra enfin, le manque de ressources bon marché pourrait empêcher le rattrapage. Le scénario de la solidarité est plus optimiste, puisque la croissance économique reste soutenue tout au long du siècle. Mais dans tous les cas de figure, une grande partie de la population mondiale n'aura pas résolu son problème de pauvreté énergétique à sa satisfaction ou, si on veut, selon les critères mondiaux de niveau de vie.

Le tableau 19 donne un aperçu de l'évolution des parts de chaque secteur de consommation pour le scénario de la solidarité, par bloc économique. Le fait que la part du secteur industriel baisse dans le temps pour les blocs des pays émergents et en développement est tout à fait normal, comme nous venons de l'expliquer. Mais ce portrait de l'évolution par secteur présente un élément nouveau par rapport à l'historique, soit la baisse relative de la part du secteur des transports dans les économies matures.

TABLEAU 19

Part des secteurs de consommation par bloc économique (en %)
Scénario de la solidarité

Économie mature	Résidentiel et commercial	Industriel	Transport
2002	26,3	45,0	28,6
2050	27,2	50,3	22,5
2100	29,4	49,9	20,7
Pays émergents			
2002	16,4	62,4	21,2
2050	21,7	58,0	20,4
2100	27,3	53,9	18,8
Pays en développement			
2002	18,1	53,5	28,4
2050	23,9	53,6	22,5
2100	27,3	53,9	18,8
Monde			
2002	23,3	49,3	27,3
2050	24,5	53,6	21,9
2100	27,9	52,7	19,4

À noter la baisse relative du transport, la baisse relative du secteur industriel et la hausse des secteurs résidentiel et commercial dans les économies émergentes et en développement.

Sans surprise, la demande mondiale par bloc économique, présentée dans le graphique 23, indique la baisse relative des économies matures par rapport aux deux autres groupes. Deux variables importantes expliquent ces écarts d'évolution : la croissance démographique et la croissance économique plus fortes des pays en voie d'industrialisation. Il est utile de rappeler que ce scénario de la solidarité est optimiste sur tous les plans, y compris celui du rattrapage économique des économies en développement*. Compte tenu de l'histoire, cette dernière hypothèse est à la limite du réalisme, si on considère que le prix de l'énergie sera inflationniste. Bref, il est plus probable que la demande d'énergie finale, en 2100, sera inférieure à celle présentée dans le graphique 23, mais la répartition des parts du gâteau ne se fera pas à l'avantage des pays les plus pauvres, ni de l'efficacité, d'ailleurs.

GRAPHIQUE 23

Prévision de la demande d'énergie finale par bloc économique, 1980-2100, ensemble des secteurs
Scénario de la solidarité (S2)
(En EJ)

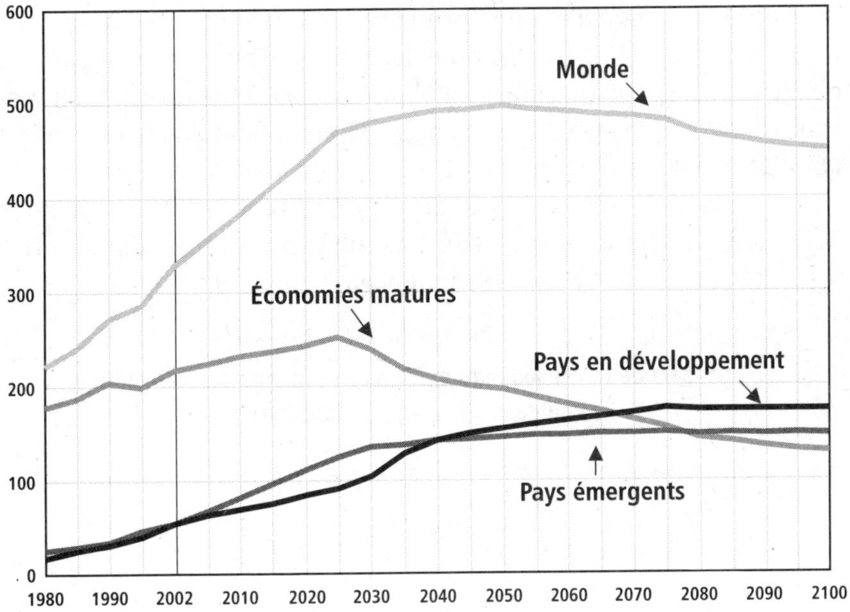

Dès 2060, chaque bloc économique consommera environ la même quantité d'énergie finale. Par contre, la consommation d'énergie par habitant sera très différente.

La question millionnaire: la demande primaire par forme

Y aura-t-il assez de pétrole et de gaz pour passer le siècle? Je serais tenté d'être sarcastique et de répondre que même une étude de un million de dollars ne nous éclairerait pas beaucoup sur le sujet. On élaborerait tout simplement un plus grand nombre de scénarios, et le texte final ferait des milliers de pages. Quel que soit le scénario, la trame de fond reste la même: la modification significative du système mondial d'approvisionnement énergétique est soumise à plusieurs impondérables et incertitudes qui sont politiques, physiques, sociaux, technologiques, etc.

La façon la plus sûre d'éloigner l'échéance de l'épuisement du pétrole correspondrait malheureusement à une période extrêmement noire pour l'humanité. Au regard de l'histoire du XXe siècle, un scénario catastrophe est parfaitement plausible. En comparaison, les scénarios du chacun-pour-soi et de la solidarité, en matière de demande mondiale d'énergie primaire par habitant, présentés dans les graphiques 24 et 25, sont des bornes supérieures de la gamme des tendances, puisque l'humanité s'ajuste au contexte énergétique, sans cassure, que le système d'approvisionnement en ressources ne connaît pas de faille et qu'en plus les pays plus pauvres effectuent un rattrapage. Bien sûr, les périodes de turbulences, tels des chocs pétroliers majeurs, ne sont pas à exclure, mais le système en tire leçon et corrige le tir en conséquence.

GRAPHIQUE 24

Prévision de la consommation d'énergie primaire par habitant, selon divers scénarios, 1980-2100

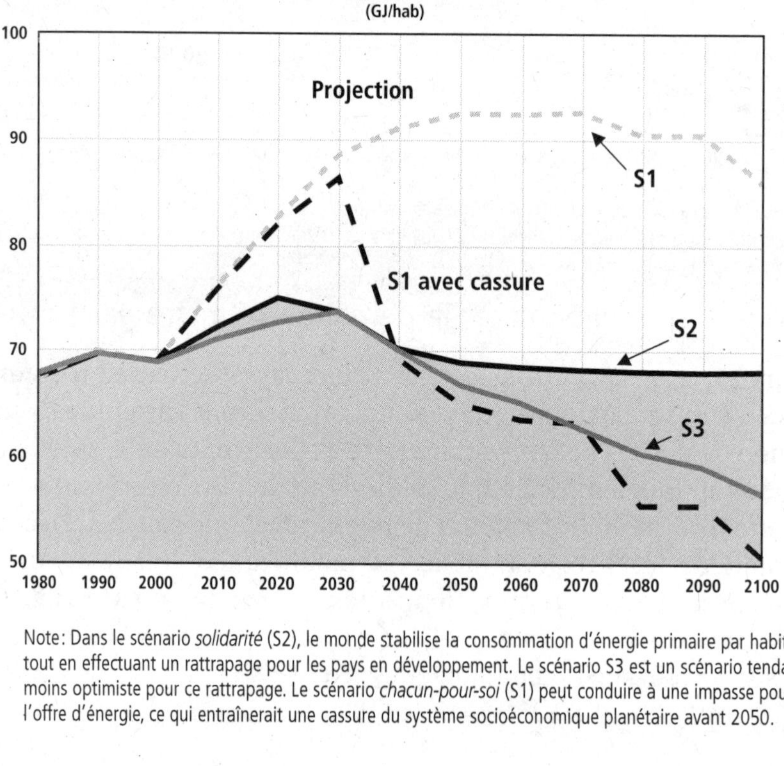

Note: Dans le scénario *solidarité* (S2), le monde stabilise la consommation d'énergie primaire par habitant, tout en effectuant un rattrapage pour les pays en développement. Le scénario S3 est un scénario tendanciel moins optimiste pour ce rattrapage. Le scénario *chacun-pour-soi* (S1) peut conduire à une impasse pour l'offre d'énergie, ce qui entraînerait une cassure du système socioéconomique planétaire avant 2050.

GRAPHIQUE 25

Prévision de la consommation d'énergie primaire par habitant, comparaisons des scénarios, 1980-2100

(GJ/hab)

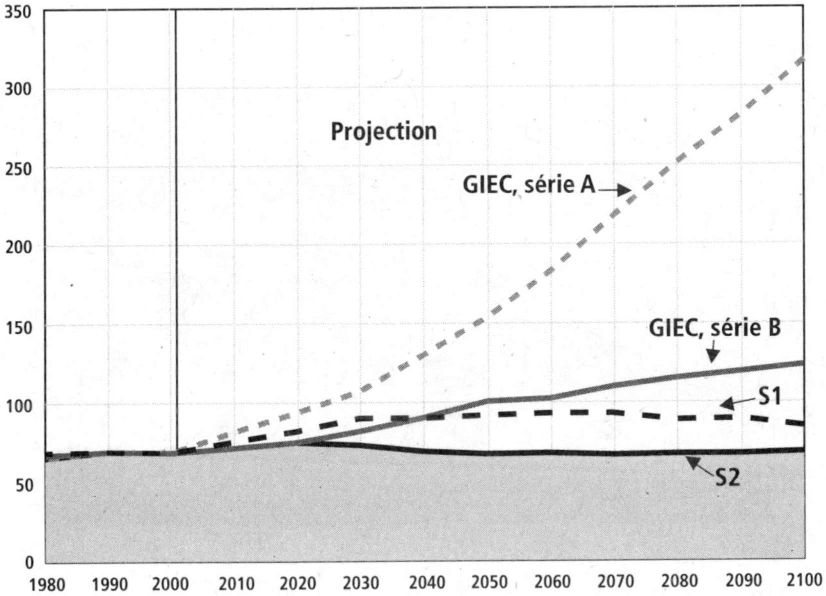

Note: Pour rappel, les scénarios proposés par le GIEC (2001) ne prennent pas en compte les politiques interventionnistes et sont très optimistes sur la disponibilité des ressources. Ainsi, leurs scénarios pessimistes pour le changement climatique (série A) apparaissent comme de la pure fiction.
Par contre, la série B reste plausible, même si la consommation par habitant est plus élevée que celles proposées dans ce document. Cela s'explique par le fait que la croissance démographique est plus faible.

En fait, le scénario tendanciel le plus probable n'est ni la catastrophe, ni le chacun-pour-soi, ni la solidarité. En se basant sur l'histoire des 25 dernières années, il faut remarquer que l'humanité a réussi à stabiliser sa consommation d'énergie primaire par habitant. En extrapolant bêtement la consommation unitaire par bloc, on obtient un troisième scénario, reproduit dans le graphique 26. Sans entrer dans les détails, on peut cependant conclure qu'un tel scénario en est un du type chacun-pour-soi pire que ceux de notre première catégorie, puisqu'il reproduit les écarts de richesse. Dans un tel scénario, un continent comme l'Afrique ne réussit pas à s'en sortir.

GRAPHIQUE 26

Prévision de la demande d'énergie primaire par forme 1960-2100 (S1)

(EJ)

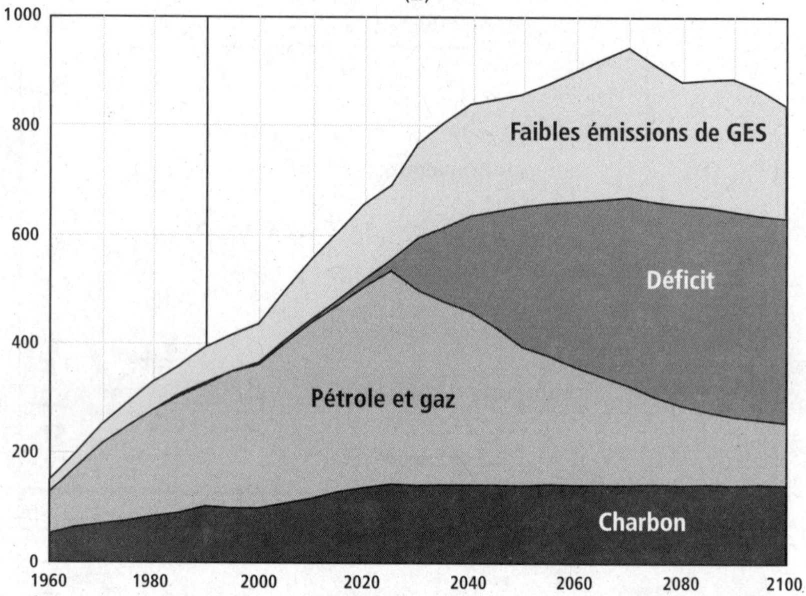

Note: Le manque de prévoyance pour la consommation de combustibles mène à un déficit grave à partir de 2035 environ.

Est-ce que les scénarios du premier ou du deuxième type sont les plus optimistes que l'on puisse imaginer? Non. Plusieurs publications récentes continuent de proposer des scénarios qui prolongent la période bénie des cinquante dernières années. Cela suppose que le marché réussit à prolonger l'ère du pétrole bon marché et que la problématique des réserves est atténuée. À leur défense, les organismes qui ont produit ces publications admettent ne pas avoir inclus le contexte du changement climatique ni l'épuisement des ressources.

L'Agence internationale de l'énergie (AIE)[2], par exemple, continue de prévoir des taux de croissance de la demande d'énergie selon un rapport proportionnel à la croissance économique qui reste élevé. L'International Energy Outlook[3] de l'Administration américaine va

2. www.AIE.org
3. www.doe.eia.gov

plus loin: alors que la demande d'énergie mondiale a crû à un rythme annuel de 1,4%, pendant la période 1990-2002, elle prévoit une croissance de 2% pendant la période 2002-2025 et n'entrevoit pas de point d'inflexion. Notre scénario du chacun-pour-soi reproduit cette évolution à moyen terme. Malgré une correction par la suite, comme conséquence néfaste, cette prolongation des tendances accentue considérablement le problème de l'approvisionnement en pétrole et en gaz, cela en quelques décennies (graphique 26).

Dans le même sens, plusieurs scénarios du GIEC[4] prévoient une consommation primaire par habitant qui serait multipliée par près de six dans le prochain siècle (scénario de la série A). Trois hypothèses de base amènent le groupe d'experts à de tels résultats: a) la population est plus faible (environ 7 milliards en 2100); b) la croissance économique reste forte tout au long du siècle; c) on reproduit la rente pétrolière bon marché. À l'analyse, le livresque d'un tel scénario ressort rapidement. Pour satisfaire une telle demande, tous les Africains devraient avoir rejoint le niveau de vie des Européens et un Américain moyen devrait consommer encore beaucoup plus qu'aujourd'hui. Quelle taille alors aurait son quatre par quatre?

Le scénario de série A du GIEC est de la pure fiction, tout comme le sont les scénarios de la croissance économique nulle dans lesquels la demande primaire serait satisfaite par le solaire, l'éolien et l'efficacité, exclusivement. Dans ce groupe, il faut inclure les scénarios catastrophes telles une guerre, une pandémie, une rupture du système économique. Entre les scénarios du pire et de la fiction, celui de la solidarité présenté dans ce texte apparaît donc optimiste, mais possible. Cent ans, c'est long. Plusieurs événements viendront sans doute modérer cette croissance économique que l'on suppose continue. On ne pourra pas éviter quelques bonnes récessions ou autres événements malheureux qui freineront la croissance de la demande énergétique. En d'autres mots, le scénario S2 est une borne supérieure pour ce que l'on pourrait appeler la gamme des tendances. La borne inférieure serait le scénario S3.

Mais pourquoi le scénario S1, celui du chacun-pour-soi, n'est-il pas plausible? Après tout, il reproduit la tendance historique et

4. IPCC, *Émission scénarios*, 2001.

correspond aux prévisions officielles pour le prochain quart de siècle. La réponse vient de l'examen de l'offre ou de la demande d'énergie primaire par forme.

La demande d'énergie primaire par forme

Le portrait de la demande d'énergie par forme (graphique 27) fournit un début de réponse à la question existentielle qui est posée dans ce livre: la transition vers un après-pétrole est-elle une mission impossible? Tout dépend de notre évaluation du réalisme d'un scénario de la solidarité.

GRAPHIQUE 27

Prévision de la demande d'énergie primaire par forme 1960-2100 (S2)

(EJ)

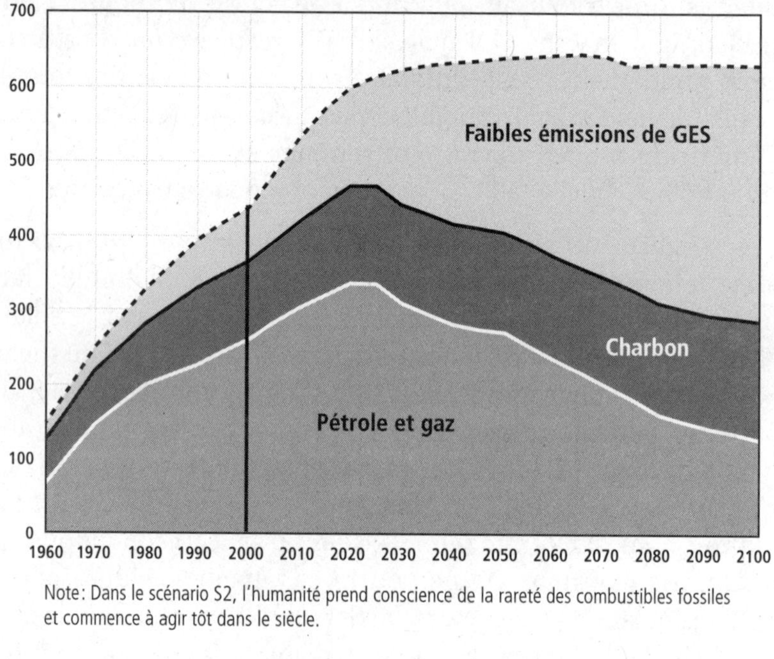

Note: Dans le scénario S2, l'humanité prend conscience de la rareté des combustibles fossiles et commence à agir tôt dans le siècle.

Le scénario de la solidarité: la demande primaire par forme

En première approximation, le scénario de la solidarité indique qu'une solution existe pour passer le siècle sans trop de problèmes de ressources. Ce scénario est en outre souhaitable parce qu'il permet le rattrapage des pays pauvres sur une base de développement durable. Grâce à une gestion serrée des ressources et avec un peu de chance, le pic de production gaz-pétrole se situe vers 2025. Par la suite, la transition vers l'après-pétrole et gaz se fait relativement en douceur, au profit des autres sources d'énergie. La part grandissante des moyens de production à faible émission de GES est un autre bénéfice de l'approche solidaire sur le plan international. En particulier, la progression des énergies renouvelables correspond au respect de plusieurs Kyoto et permet donc de contrer en grande partie le réchauffement climatique après 2050.

Un taux d'électrification plus élevé est un autre bénéfice de ce scénario. Tout en augmentant le taux de desserte dans les pays pauvres, l'humanité se prépare à un quatrième âge de l'énergie basé sur l'électricité. À l'inverse, le scénario tendanciel S1 est loin du compte (graphique 28).

GRAPHIQUE 28

Part de l'électricité dans le bilan primaire (%)

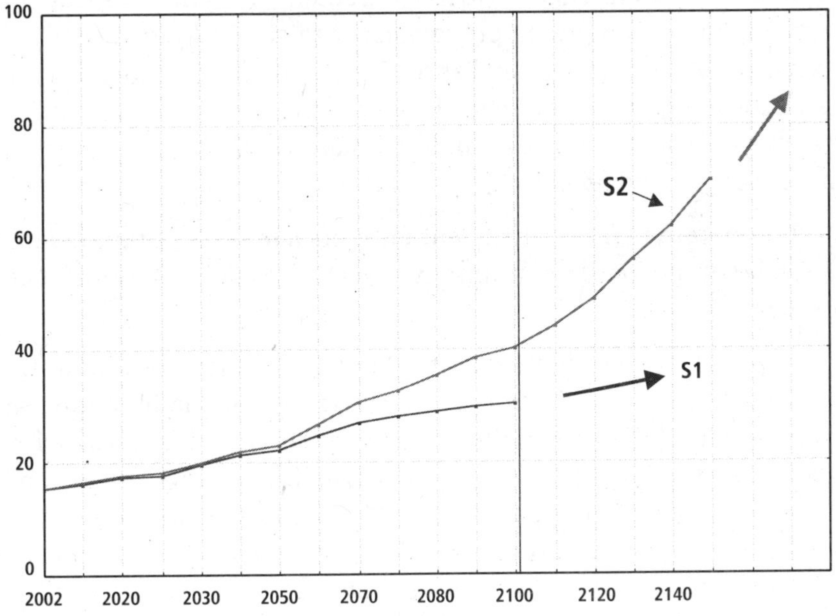

Note: Dans le scénario S2, l'humanité entame le changement vers un âge électrique. Cette révolution pourrait même se faire plus rapidement si les problèmes des ressources et du changement climatique sont pris au sérieux, ou si les nouvelles technologies nucléaires sont mises à contribution.

Mais il ne faut pas s'emballer trop rapidement. Ce scénario S2 n'est possible que si tout va sur des roulettes pendant cent ans. Hypothèse par hypothèse, le résultat est plausible et défendable. C'est en tout cas une bonne base de discussion pour établir les diverses stratégies de transition vers un monde moins dépendant des combustibles fossiles. Quelle est la condition principale pour y arriver? Agir dès maintenant et soutenir l'effort par la suite, de façon continue, sans relâche. C'est précisément l'erreur du scénario du chacun-pour-soi.

Les scénarios du chacun-pour-soi» (S1 et S3): la demande primaire par forme

Le scénario du chacun-pour-soi (S1) conduit rapidement à une impasse, à partir de 2050. Le déficit en ressources classiques atteint 30% des besoins primaires vers 2050, puis près de 45% en 2100. Les combustibles solides pourraient combler ces besoins pendant un bout de temps encore. Mais clairement, le temps rattrapera rapidement le manque de prévoyance. Vraisemblablement, un tel scénario est irréaliste pour l'après-2050. En toute probabilité, le contexte énergétique obligera le marché à faire des corrections majeures, ce qui tirera la demande primaire vers le bas, en direction du scénario S3 (graphique 26).

L'humanité s'en remettra peut-être, mais le retard pris tôt dans le siècle, en raison de son imprévoyance chronique, sera difficile à rattraper.

L'impact sur le changement climatique constitue une autre conséquence néfaste de ce type de scénario. Comme le montre le graphique 29 (voir le chapitre 23 *Mettre en conserve le carbone: une échappatoire?*), la part des technologies à faibles émissions reste marginale, même en 2100: 25% dans le scénario S1, contre 55% dans le S2. L'accumulation des gaz à effet de serre due à une consommation trop grande de combustibles fossiles dans la première moitié du siècle aura des impacts pendant une grande partie du XXIe siècle.

Mission impossible?

Le scénario S2 semble se ranger dans la limite des probables et nous permet de croire qu'il existe une solution de transition pour passer ce siècle. Mais l'humanité ne se terminera pas en 2100. Quel que soit le scénario, la contribution des combustibles diminuera rapidement après 2050. Les générations qui vont suivre sont-elles condamnées à un avenir austère et sans appel? Sommes-nous trop défaitistes? Avons-nous examiné toutes les autres possibilités? A-t-on tout dit sur la contribution de l'atome? Avons-nous songé à d'éventuelles surprises agréables, comme la découverte d'une immense source de combustible ou la percée d'une nouvelle technologie de production? Est-ce que les avancées scientifiques peuvent nous sauver? C'est le sujet de la cinquième partie.

FIGURE 15

Centrale d'énergie du futur

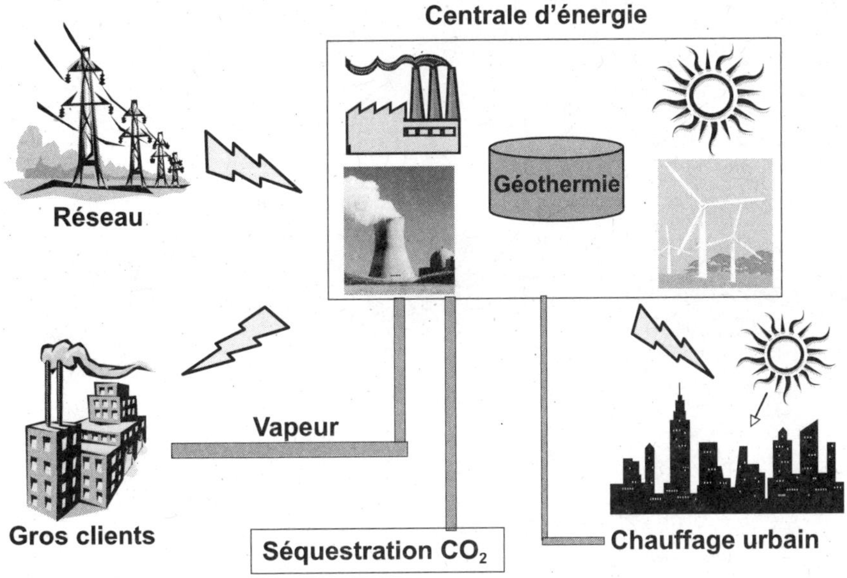

Parmi les grands bouleversements nécessaires, il faudra concevoir des centrales d'énergie multi-services, à proximité des grands complexes industriels ou des grandes villes.

Cinquième partie

Les réponses de la science : fiction et réalité

Notes préalables

Les enjeux scientifiques et technologiques

Cet ouvrage a tenté de montrer que la science et la technologie, sans intervention politique et sans acceptation sociale, ne peuvent assurer la transition sans heurt vers un quatrième âge de l'énergie. Par exemple, le scénario du chacun-pour-soi décrit un monde parfois très réfractaire au nouveau et à l'inconnu. À la fin de cette partie, nous verrons que la communauté scientifique n'arrange pas les choses, si on se fie aux tendances récentes.

Dans le scénario «solidarité», la science et la technologie jouent un rôle plus important, mais elles ne déplacent pas pour autant l'importance des autres facteurs qui sont politiques, sociaux, physiques, etc. Pour les besoins de la discussion, on peut classer ces défis scientifiques et technologiques en trois catégories d'horizon ou de temps pour atteindre la maturité:

1. À court terme (quelques décennies), un scénario «solidarité» est associé à l'augmentation de performances des systèmes de production et de distribution d'électricité – par exemple, augmentation des rendements des centrales au charbon –, à l'amélioration de l'efficacité des moteurs thermiques et hybrides dans les voitures, à l'atteinte d'une meilleure gestion énergétique dans les secteurs commercial et industriel, etc.

2. À moyen terme (d'ici 2050), le scénario «solidarité» suppose le déblocage de technologies prometteuses, mais encore au stade de laboratoire: par exemple le solaire photovoltaïque, les accumulateurs performants, le stockage de l'hydrogène, les piles à combustibles bon marché, etc.

3. Horizon indéfini: il s'agit de technologies du domaine de la science fondamentale, mais dont le développement paraît essentiel pour se soustraire complètement des combustibles fossiles.

Cette partie discute de ce dernier horizon et présente les principales technologies ou sources d'énergie qui apparaissent comme des bouées de sauvetage pour l'avenir, mais dont l'exploitation reste incertaine. On peut cependant espérer qu'au moins l'une d'entre elles sera significative, soit la séquestration du CO_2, qui aurait pour effet de rendre acceptable l'utilisation de combustibles lourds comme le charbon, des hydrates de méthane, des filières à neutrons rapides (surgénérateurs et fusion thermonucléaire) et de diverses technologies qui font souvent la manchette mais qui restent marginales dans le bilan de la production énergétique planétaire.

23. Mettre en conserve le carbone : une échappatoire ?

Collaboratrice : Geneviève Dorval-Douville[1]

Le 16 février 2005, le Protocole de Kyoto entrait enfin en vigueur. Fruit de plusieurs années de négociations ardues, et malgré le retrait des États-Unis et de l'Australie, la ratification du Protocole par plus de 150 pays permettra de commencer à maîtriser les émissions de gaz à effet de serre. Il s'agit d'un premier pas pour diminuer l'émission toujours croissante de ces gaz responsables des changements climatiques qui pourraient avoir des impacts très négatifs sur notre Terre, notre environnement de vie et plusieurs écosystèmes.

Le Protocole de Kyoto vise en grande partie un gaz omniprésent dans l'économie : le dioxyde de carbone (CO_2). Déjà présent à l'état naturel dans l'atmosphère, ce gaz a connu une augmentation spectaculaire de sa concentration, surtout due à la combustion accélérée des combustibles fossiles. Alors que la concentration de CO_2 se situait autour de 270 parties par million (ppm) depuis des millions d'années, à partir de la révolution industrielle elle a connu une augmentation exponentielle pour atteindre aujourd'hui 370 ppm. Selon les scénarios du GIEC, cette valeur risque de doubler, voire de quadrupler au cours de ce siècle si aucune mesure n'est prise pour limiter ces émissions.

Comme la croissance des émissions de dioxyde de carbone provient principalement de la combustion des combustibles fossiles, la réduction de leur utilisation apparaît comme la solution la plus

1. Ce chapitre s'inspire d'un travail de Geneviève Dorval-Douville fait en avril 2005, pour le cours Énergie, « Séquestration géologique du dioxyde de carbone ». Merci également à Julie Lafrance pour ses recherches sur la séquestration océanique lors d'un travail sur l'éthique de l'ingénieur.

logique pour contrer les émissions de CO_2. Malheureusement, plusieurs facteurs rendent peu probables des transitions rapides et uniformes dans ce sens. Alors, pour contrer l'effet négatif de la consommation de combustibles sur le réchauffement climatique, pourquoi ne pas neutraliser les émissions de CO_2 en recourant à des puits de carbone ou en les séquestrant? Cette idée toute simple, d'abord défendue par des lobbies américains, est maintenant approuvée par un nombre croissant d'intervenants. Un rapport du GIEC[2] publié en septembre 2005 en fait même l'éloge. Et pourquoi pas? D'une part, cette solution permet d'exploiter de façon acceptable les combustibles lourds. D'autre part, le coût de séquestration a l'avantage d'inclure les externalités environnementales rendant plus compétitives les solutions de rechange.

L'idée même de séquestration du dioxyde de carbone est récente et correspond à la prise de conscience de l'effet de serre. Mais il s'agit déjà d'un sujet très large. Dans ce texte, nous abordons brièvement la séquestration géologique du carbone, méthode qui suscite beaucoup d'espoir et qui a fait l'objet de plusieurs études et propositions récentes. La séquestration naturelle devrait avoir plus d'impact à l'échelle planétaire, mais la séquestration directe présente l'avantage de régler des problèmes de pollution locaux, ce qui fait partie des solutions globales proposées dans cet ouvrage. *Village power*, système de production basé sur le multiservice énergétique, voilà quelques modèles qui pourraient justifier une approche centralisée de séquestration des gaz polluants, dont le CO_2.

La séquestration géologique

La séquestration géologique comporte trois étapes: la capture, le transport et le stockage du CO_2 dans des réservoirs souterrains. Ces réservoirs doivent avoir des propriétés très particulières pour être aptes à recevoir le CO_2, par exemple avoir une porosité suffisante, être aptes à retenir le gaz à long terme et être assez hermétiques pour empêcher les fuites. Trois types de formations géologiques répondent à ces caractéristiques: les puits de pétrole et de gaz naturels épuisés, les gisements de charbon non exploitables et

2. IPCC (GIEC), *Special Report on Carbon Dioxide Capture and Storage*, septembre 2005.

les aquifères salins profonds. Afin de vérifier leur sécurité et leur capacité de rétention à long terme, une surveillance suit toujours l'injection du CO_2 dans les divers sites de séquestration.

Le captage et le transport du CO_2

La séquestration par injection directe, géologique ou océanique est toujours précédée par le captage du CO_2 à partir d'une source. Comme le captage demande une infrastructure relativement imposante et coûteuse, elle ne peut s'effectuer qu'à partir de sources ponctuelles d'une certaine importance, comme les centrales thermiques et les usines de production d'engrais, d'acier, de ciment, etc. Dans les pays émergents, comme la Chine, ces sources ponctuelles représentent le poste le plus important des émissions de CO_2, ce qui mérite une attention particulière.

La méthode choisie pour le captage dépend donc beaucoup de la concentration du CO_2 à sa sortie de la source.

Plusieurs mesures sont actuellement à l'étude pour diminuer ces coûts. Certaines mesures visent l'utilisation de systèmes de captage alternatifs, comme des membranes ou des cycles chimiques, mais la plupart visent plutôt l'augmentation de la concentration du CO_2 à la source. Une de ces possibilités est la «décarbonisation» du combustible, soit sa gazéification préalable en CO et en H_2, puis en CO_2 et H_2, comme dans les centrales à charbon à cycle combiné de type IGCC (*integrated coal gasification combined cycle*). À la fin du procédé, la concentration en CO_2 à la sortie est de 35-40%, ce qui est suffisant pour avoir recours aux solvants physiques[3].

Une seconde possibilité est l'oxycombustion, soit le remplacement de l'air par de l'oxygène pur lors de la combustion. Ce système permettrait d'atteindre des concentrations de l'ordre de 90%, mais des méthodes plus économiques de production de l'oxygène doivent être trouvées pour amener son implantation[4].

Une fois le CO_2 capté à la source, il est mis sous pression et transporté jusqu'au site d'enfouissement, habituellement en empruntant

3. P. Jean-Baptiste et R. Ducroux, *C.R. Geoscience*, 2003, pages 335 et 617.
4. *Idem.*

un pipeline. Le coût de cette infrastructure est proportionnel à la distance parcourue. Ce facteur avantage les régions qui ont des sources de carbone importantes et des sites d'enfouissement à proximité. Sans surprise, les projets de démonstration au Canada se retrouvent dans les provinces de l'Alberta et de la Saskatchewan.

La séquestration dans des puits de pétrole et de gaz naturel épuisés

Les puits de pétrole et de gaz naturel épuisés présentent des avantages considérables comme sites d'enfouissement du CO_2. Comme l'exploitation du pétrole ou du gaz naturel y est effectuée depuis longtemps, la géologie et les propriétés physiques du site sont souvent bien connues. En général, il est donc possible de prédire avec précision le comportement du CO_2 injecté au contact du réservoir et des fluides déjà présents. De plus, l'expertise pour le forage et l'injection dans ces puits est déjà bien développée et implantée à l'échelle industrielle. Son adaptation pour le CO_2 pose en principe peu de problèmes. Le fait que le site ait contenu du pétrole, du gaz naturel et souvent aussi du CO_2 pendant des millions d'années constitue un bon point en faveur de l'utilisation de ces réservoirs pour la séquestration à long terme. Un dernier avantage important est la possibilité de diminuer le coût, voire de rentabiliser l'injection du CO_2 dans ces réservoirs en en retirant le pétrole restant par un procédé appelé récupération améliorée du pétrole.

La récupération améliorée du pétrole (ou EOR, pour *enhanced oil recovery*) est utilisée depuis les années 1970. Actuellement, 20000 tonnes de CO_2 sont injectées chaque jour dans des puits de pétrole épuisés ou en fin de production dans le but d'y récupérer le maximum de pétrole restant[5]. Le dioxyde de carbone a la propriété de faire gonfler le pétrole, ce qui le fait sortir des cavités du réservoir, et d'en diminuer la viscosité, ce qui lui permet de s'écouler plus facilement hors du puits. Le CO_2 est souvent injecté avec un mélange de solvant et de gaz naturel qui augmentent sa miscibilité avec le pétrole. L'injection du CO_2 peut aussi être

5. Jessen, K., *et al.*, *Energy Conversion & Management*, 2005, pages 46 et 294.

précédée d'injections d'eau ou fait en alternance avec elles. En plus de déplacer aussi le pétrole, l'eau a l'avantage de diminuer sensiblement la diffusion trop rapide du CO_2, le rendant ainsi plus efficace. Toutes ces phases se mélangent puis s'équilibrent et se déplacent dans le réservoir en entraînant le pétrole vers son lieu d'extraction.

Depuis les débuts de l'EOR, le CO_2 utilisé devait être acheté par les compagnies pétrolières. L'opération était donc effectuée en minimisant l'utilisation du CO_2 dans le gaz d'injection. Si l'on joint l'EOR à la volonté de stocker le CO_2 injecté, il faut changer les paramètres pour plutôt maximiser sa proportion dans le gaz d'injection. Quelques études ont déjà été réalisées à ce sujet, et plusieurs projets pilotes tentent d'optimiser à la fois la quantité de pétrole récupéré et la quantité de CO_2 séquestré. Toutes les combinaisons possibles de ces options sont présentement à l'étude afin de déterminer les paramètres optimaux pour chaque type de puits.

Un des sites les plus importants où s'effectue de la recherche à ce sujet est celui de Weyburn, en Saskatchewan. Le programme de recherche et développement, soutenu par l'Agence internationale de l'énergie (AIE), vise à évaluer un projet à grande échelle de séquestration géologique et à trouver de nouvelles méthodes de surveillance et de modélisation pour comprendre les mécanismes d'injection, la migration du CO_2 et la capacité et la rétention à long terme de ce type de réservoir.

Cependant, certains puits de pétrole épuisés ne sont pas propices à l'EOR. Signalons enfin que la récupération améliorée du méthane est encore à l'état de projet et que peu de recherches sont effectuées pour l'instant malgré le potentiel économique certain de ce type de séquestration.

La séquestration dans les gisements de charbon non exploitables

Certains gisements de charbon, à cause de leur emplacement ou de leur profondeur, sont impossibles à exploiter ou non rentables. Ils pourraient cependant servir de réservoirs géologiques de rétention du CO_2. En effet, au-delà de l'imperméabilité de la roche qui peut l'entourer, le charbon a une propriété de rétention toute particulière: il est un bon adsorbant. Le CO_2 qui entre en contact avec le charbon subit une physisorption forte et y reste emprisonné, ce qui ferait de ces gisements des réservoirs très sécuritaires. De plus, ils contiennent souvent du méthane adsorbé par le charbon. On pourrait donc y utiliser un procédé semblable à l'EOR, la récupération améliorée du méthane des gisements houillers (en anglais, ECBM, pour *enhanced methane coal bed*).

Dans ce procédé, le CO_2 injecté va déplacer le CH_4 présent dans le charbon. Le gaz naturel est donc éjecté, puis récupéré pour des fins commerciales. De plus, il serait possible d'injecter le dioxyde de carbone mélangé à d'autres gaz, comme l'azote, constituant principal de l'air. Cette technologie éliminerait le problème de la séparation et permettrait même une meilleure récupération du méthane. L'effet sur la séquestration du CO_2 peut être évalué à l'aide d'expériences d'adsorption sur le charbon menées en laboratoire, avant l'essai sur des sites réels.

Les gisements houillers non exploitables représentent une capacité mondiale limitée de séquestration du CO_2, évaluée à moins de 100 Gt de CO_2, alors que les puits de pétrole et de gaz naturel épuisés présenteraient des capacités de plus de 500 Gt. Mais dans le domaine de la séquestration, la proximité des sources de production est aussi importante. Si une région exploite massivement le charbon, il est sûrement judicieux d'en examiner le potentiel de séquestration. Pensons à la Chine, par exemple.

La séquestration dans les aquifères salins profonds

Les aquifères salins profonds constituent un troisième type de site géologique propice à la séquestration du CO_2. Il s'agit de nappes phréatiques très salines, donc impropres à la consommation ou à l'irrigation, situées à de grandes profondeurs dans le sol. Ces aquifères pourraient avoir le plus grand potentiel de tous les sites géologiques, soit entre quelques centaines et quelques dizaines de milliers de gigatonnes de CO_2. Leur grande profondeur et l'imperméabilité du recouvrement qui les surplombe assurent une bonne capacité de rétention et les isolent des nappes phréatiques d'eau potable. De plus, le CO_2 peut être lentement dissous dans l'eau saline de l'aquifère, voire finir par réagir avec les roches environnantes pour se minéraliser, ce qui garantit une rétention encore supérieure. Néanmoins, il s'agit encore d'un champ de recherche assez expérimental, aux caractéristiques géologiques et aux comportements moins connus que ceux des puits de pétrole épuisés. Certains de ces aquifères contiennent déjà du CO_2 et peuvent être étudiés pour mieux comprendre les interactions du CO_2 avec l'eau et le réservoir et pour voir l'impact de légères fuites sur l'environnement.

Le premier projet d'injection continue de CO_2 dans un aquifère salin est celui de Sleipner, dans la mer du Nord, qui a débuté en 1996. Il s'agit d'un site d'où du méthane est extrait à des fins commerciales. Le CO_2 est séparé du méthane sur place puis injecté à raison de 1 Mt par année dans un aquifère salin à 1 000 m de profondeur, nommé la formation Utsira. Depuis 1998, l'injection est surveillée et étudiée par un regroupement international de compagnies d'énergie, d'instituts scientifiques et d'autorités environnementales dans le projet SACS (*saline aquifer CO_2 storage*). Ce projet a démontré que le CO_2 injecté commence d'abord par s'accumuler sous le recouvrement rocheux qui surplombe la formation. Il migre ensuite latéralement dans la formation, ce qui permettrait à long terme un plus grand contact avec l'eau saline, et donc une meilleure dissolution et une plus grande capacité effective. Et en effet, huit ans après le début de l'injection, déjà 18% du CO_2 s'est dissous dans la formation. Cependant, sa réaction avec les minéraux environnants pour former des carbonates solides (minéralisation) s'est révélée limitée. Les premières simulations tendent à confirmer que ce type de formation pourrait retenir le CO_2 à très long terme, ce qui en ferait un bon réservoir.

D'autres types de séquestration

Plusieurs recherches sont aussi menées pour évaluer d'autres types de séquestration. Parmi les pistes étudiées, le CO_2 capté et transporté pourrait être injecté dans l'océan. Par ailleurs, des recherches sont effectuées pour neutraliser le dioxyde de carbone à la source, notamment pour les émissions moins importantes comme dans le transport ou l'industrie. Et bien sûr, plusieurs études sont en cours pour étudier les puits de carbone ou, si on veut, la séquestration naturelle.

La séquestration océanique

Plutôt que de stocker le CO_2 indésirable dans des réservoirs géologiques, il serait possible de l'injecter dans l'océan. Ce type de séquestration inclut aussi l'étape de captage. Le transport du CO_2 pourrait se faire au moyen de pipelines terrestres, puis sous-marins, ou encore par bateau, jusqu'au site d'injection selon la distance entre celui-ci et la rive. L'avantage principal de la séquestration océanique est sa grande capacité. En effet, les océans contiennent déjà environ 40000 Gt de CO_2 et seraient assez loin de leur point de saturation. Il serait possible d'y stocker encore quelques dizaines de milliers de gigatonnes supplémentaires. L'atmosphère ne contient que 750 Gt de CO_2, soit environ 2% de la concentration observée dans l'océan[6]. Naturellement, l'océan absorbe déjà le CO_2 présent dans l'atmosphère, mais le cycle est long. Y injecter directement le CO_2, c'est raccourcir ce processus, ce qui permet de minimiser l'impact sur l'atmosphère.

Il y a plusieurs façons d'injecter le CO_2, selon l'état physique du gaz et la profondeur d'injection désirée. D'abord, on peut injecter du CO_2 liquide à des profondeurs d'environ 1000 m sous l'eau. La méthode est peu coûteuse mais séquestre le CO_2 moins efficacement qu'une injection plus profonde. Elle peut se faire au moyen d'un pipeline venant de la rive ou par un tube remorqué par un bateau en mouvement. On peut également jeter à l'eau des blocs de glace sèche qui coulent et se dissolvent lentement. Le CO_2 peut aussi être préalablement mélangé à de l'eau de mer et injecté à des profondeurs de 500 à 1000 m, d'où il coule vers le fond. Enfin, une injection liquide à 4000 m de profondeur permettrait la création d'un lac de CO_2 liquide sur le fond océanique. Cette dernière solution est celle qui a le meilleur potentiel de rétention du CO_2 à long terme, les échanges se faisant rares entre les eaux de fond et de surface.

6. C. Stewart et M.A. Hessami, *Energy Conversion & Management*, 2005, pages 46 et 409.

Le principal inconvénient de ce type de séquestration est son impact environnemental. En effet, lorsque le CO_2 se dissout dans l'eau, il forme de l'acide carbonique. Cela a pour effet d'acidifier l'eau de mer, particulièrement aux alentours du site d'injection. Cette baisse du pH peut avoir des conséquences sur les écosystèmes marins, particulièrement sur les organismes peu mobiles comme le zooplancton et les bactéries. Cependant, comme plusieurs de ces écosystèmes sont peu connus, surtout à de grandes profondeurs, l'impact réel est difficile à évaluer. De plus, l'équilibre entre les carbonates et les bicarbonates en solution dans l'eau pourrait être changé. Certaines méthodes sont étudiées afin de minimiser ces impacts, soit en modifiant le mode d'injection ou en ajoutant des agents qui contrebalancent l'acidification.

Il faut savoir que l'océan est l'un des milieux les moins connus de l'homme, avec des équilibres et des mouvements de masse à la fois très lents et extrêmement complexes. L'étude des effets à courte et à longue distance de ce type de séquestration doit se poursuivre. La réglementation devra aussi être ajustée, si le stockage en vient à être effectué à grande échelle. Mais le plus gros défi reste l'acceptation du public pour qui l'océan peut sembler un des derniers écosystèmes encore vierges de la planète.

L'augmentation de la séquestration naturelle

Un moyen très différent de séquestrer le CO_2 est d'augmenter les processus naturels d'absorption à partir de l'atmosphère. Dans cette catégorie, la gestion des plantes est souvent discutée, mais les équilibres sont complexes et difficiles à comptabiliser et à gérer. Parmi les autres options, notons la fertilisation des océans, la minéralisation accélérée du CO_2 et la photosynthèse accélérée ou artificielle. La première consiste à ajouter à l'océan des nutriments essentiels à la croissance du phytoplancton. Celui-ci se multipliera plus vite, consommera donc plus de CO_2 et peut-être même augmentera la quantité de nourriture pour les poissons. Les impacts écologiques réels de cette méthode sont peu connus. Quant à la minéralisation, il s'agit d'accélérer le processus par lequel le CO_2 réagit avec des minéraux sur des millions d'années afin de former des roches carbonées. Enfin, la photosynthèse accélérée peut être effectuée par des réacteurs remplis d'algues captant le CO_2, sous des conditions d'ensoleillement et nutritionnelles adéquates. Ces deux dernières options demeurent limitées au laboratoire et, pour le moment, semblent offrir peu de potentiel à court terme.

Ce n'est pas simple, tout ça et il est évident que la séquestration naturelle est sujette à un vaste débat qui déborde largement du cadre de cet ouvrage.

CO_2 Solution inc.

À plus petite échelle, plusieurs groupes tentent également de mettre au point des procédés pour séquestrer le CO_2. Au Québec, par exemple, il convient de signaler les initiatives de CO_2 Solution inc., qui a mis au point un système biologique pour recycler le CO_2 sous la forme de bicarbonate de soude, sous-produit bénéfique pour l'environnement que l'on peut commercialiser. On peut utiliser cette technologie dans l'industrie (fonderies d'aluminium, cimenteries, centrales électriques, papeteries, etc.) et pour la récupération du biogaz émanant des sites d'enfouissement sanitaire, ce qui permettra de réduire les émissions de CO_2 dans l'atmosphère. En 2003, les membres du consortium CO_2 Solution étaient la Fonderie industrielle Laforo inc. (Sainte-Claire, Québec), l'Association de l'aluminium du Canada (AAC; Montréal, Québec), le CIFM – Centre intégré de fonderie et de métallurgie (Trois-Rivières, Québec) et Elkem Métal Canada inc. (Chicoutimi, Québec), ce qui montre l'intérêt de telles recherches.

Perspectives et scénarios

Quelle que soit l'approche, la séquestration du CO_2 n'est pas une solution élégante; elle ne satisfait pas l'esprit. Pour plusieurs analystes, cette technique apparaît comme une échappatoire pour éviter de s'attaquer au vrai problème, soit la diminution de l'utilisation des combustibles fossiles. Cette perspective peut être attirante pour des sociétés pétrolières ou charbonnières désireuses de garder leur emprise sur le marché de l'énergie.

Par contre, l'adoption massive de la séquestration présente certains avantages. Cette technologie serait appropriée pour aider à la transition vers de nouvelles sources d'énergie, surtout du côté de la production d'électricité. En combinant centrales à charbon efficace et stockage du CO_2, les estimations du GIEC font doubler le coût de production d'électricité par kWh. Si l'hypothèse s'avère exacte, l'opération sera jugée rentable et le coût nettement inférieur à celui du solaire, par exemple. Dans un scénario de type solidarité, et malgré le fait que la part des technologies à faible émission de GES soit importante (graphique 29), on peut très bien imaginer le schéma suivant pour plusieurs grandes villes du monde, dont celles de l'Asie:

- La production d'électricité est concentrée en un point;
- Le CO_2 est capté et séquestré;
- La demande de la ville est fortement électrifiée afin d'améliorer la qualité de l'air;
- La chaleur résiduelle est vendue à de gros clients.

GRAPHIQUE 29

Importance des technologies à faible émission de GES (scénarios S1 et S2), récupération de la chaleur incluse (%)

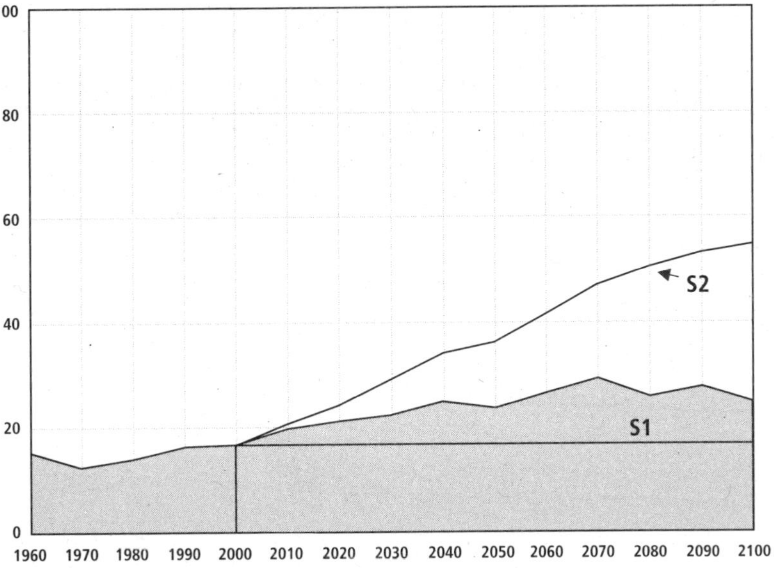

Note: La part des filières à faible émission de GES dans le scénario S1 est due à la saturation des énergies renouvelables. Dans le scénario S2, on note un point d'infexion vers 2075, ce qui peut être corrigé par une diffusion accrue des filières nucléaires et renouvelables.

Les capacités et l'intégrité des réservoirs en cause permettraient un stockage à long terme, pendant une période de temps suffisante pour amorcer la transition vers une approche plus durable. D'autres méthodes pourraient venir s'ajouter à la séquestration géologique, comme la gestion des forêts, afin de maximiser la rétention terrestre ou océanique du CO_2 plutôt que son accumulation atmosphérique. Un mécanisme de bourse et de permis échangeables pourrait faciliter la mise en œuvre de telles solutions. Tout dépend, dans le fond, du sérieux que l'on accorde au phénomène du changement climatique.

Autre question fondamentale, il convient d'admettre que la capacité des réservoirs géologiques, tout comme les réserves de combustibles elles-mêmes, est limitée et pas toujours bien répartie. Quel sera l'appui politique et social à ce genre d'approche? Sans compter que la recherche est loin d'être terminée. Plusieurs questions restent donc en suspens dans ce dossier. Sans une approche globale, et si le changement climatique n'est pas pris au sérieux, il est fort possible que la séquestration du CO_2 n'ait jamais un impact significatif.

24. Les hydrates de méthane – Bouée de sauvetage ou bombe à retardement?

Collaborateur: David Reyter[1]

Pendant plusieurs centaines de millions d'années, la Terre a emmagasiné une grande partie de sa matière organique, dégradée par les bactéries, sous forme de pétrole, de gaz et de charbon. Depuis la révolution industrielle du XXe siècle, l'homme a énormément puisé dans ces réserves carbonées pour produire de l'électricité et de la chaleur, et fabriquer de nombreux produits dérivés de la pétrochimie. Contrairement à d'autres sources, comme l'énergie solaire, éolienne ou hydroélectrique, ces ressources fossiles sont épuisables ou, si on veut, non renouvelables dans la période que nous considérons pour la survie de l'humanité.

Première question: a-t-on raison de s'inquiéter? Et si cette consommation qui nous semble exagérée ne correspondait en fait qu'à une infime partie des réserves accumulées dans le sous-sol de la planète? Les alarmistes, dont certains sont des géologues reconnus, affirment que la science actuelle nous donne un bon aperçu des réserves ultimes sur la terre ferme. Mais que peut dire cette science pour les fonds marins? Peut-on se baser sur des études sismiques bien imparfaites pour affirmer haut et fort que nous sommes sur la pente descendante de la courbe de Hubbert?

Seconde question: de quels composés parle-t-on? Jusqu'à maintenant, les hydrocarbures, le charbon et le gaz naturel exploités correspondent à des gisements faciles à mettre en valeur. L'industrie de l'offshore est jeune, celle des sables bitumineux est

1. Ce chapitre s'inspire d'un travail fait par David Reyter en avril 2005 pour le cours Énergie, «Les hydrates de méthane au fond des océans».

toute récente. Quelle sera la réponse de la science et de la technologie dans 50 ou 100 ans?

Déjà, une première information conforte les optimistes. Bien qu'ils soient enclins à admettre qu'une grande partie des réserves combustibles de carbone ont été détectées, ils savent désormais que les fonds marins et pergélisols ont révélé une quantité gigantesque de méthane sous forme d'hydrates, la majeure partie se trouvant au fond des océans. De nombreux pays, dont le Canada[2], furent pris d'un fort enthousiasme en apprenant que cette ressource pourrait représenter 80% du carbone présent dans le sous-sol planétaire (revoir le tableau 1).

Attention! s'écrient d'autres alarmistes. En supposant que cette hypothèse soit vraie et que les hydrates de méthane soient exploitables à un coût concurrentiel, ce n'est pas là un feu vert pour leur utilisation massive, car rapidement la hausse de la température planétaire causerait un problème plus grave encore. Les hydrates de méthane non exploités pourraient se dissocier pour libérer une quantité colossale de méthane dans l'atmosphère et engendrer un emballement du processus de réchauffement climatique. Est-il utile de rappeler que l'effet de serre du méthane est 21 fois supérieur à celui d'un hydrocarbure? Si les fonds océaniques se réchauffaient d'un seul degré, les hydrates de méthane des mers plus chaudes pourraient devenir instables. Le méthane retrouverait sa forme gazeuse, remonterait à la surface et s'échapperait dans l'atmosphère. Le cycle infernal serait alors commencé, et ce serait le commencement de la fin.

Mais est-ce vraiment impossible d'exploiter le méthane du fond des mers?

L'origine des hydrates de méthane

Le pétrole est issu d'une lente dégradation de plusieurs dizaines de millions d'années du plancton, au fond des océans, recouvert par des roches argileuses. Il est possible de trouver des réserves dans les sols contenant des roches imperméables, autant sous les

2. Dominique Forget, «L'énergie du fond des mers», *L'actualité*, janvier 2006.

terres émergées, comme au Moyen-Orient, que sous le plancher océanique, comme en mer du Nord. Ces réservoirs contiennent donc de l'eau salée, surmontée successivement de pétrole et de gaz, principalement du méthane sous forme gazeuse.

Tout comme le pétrole, le gaz naturel s'est donc formé en plusieurs millions d'années, par fermentation anaérobie de matières végétales et animales. On le trouve sous pression élevée dans les mêmes réserves que le pétrole. Le gaz extrait est composé à 90% de méthane, accompagné de propane, de butane et de disulfure d'hydrogène, ainsi que d'un peu de pétrole liquide résiduel.

Le charbon est issu de la fermentation de matières végétales, il y a des centaines de millions d'années, dans les endroits marécageux et les fleuves. Une fois ces dépôts recouverts d'argile imperméable, le processus de fermentation anaérobie a pu démarrer pour former de la houille, puis l'anthracite composé à 95% de carbone. Actuellement, on trouve le charbon dans des mines souterraines (1000 à 3000 m de profondeur) et à ciel ouvert (10 à 400 m).

Cette analyse simplifiée montre que les combustibles présentent des qualités variables, tant en termes d'exploitation que de consommation. Leur valeur énergétique est différente. Sans surprise, le pétrole et le charbon sont des énergies à plus fortes émissions de CO_2 que le méthane (tableau 20).

TABLEAU 20

Caractéristiques des combustibles

Combustible	**Valeur énergétique**	**Équivalence en tep**	**Émissions de CO_2**
Pétrole	42 GJ/t	1	97,2 t/TJ
Charbon	29,3 GJ/t	0,69	76,6 t/TJ
Méthane	36 GJ/t	0,86	55,3 t/TJ
Uranium (fission)	420000 GJ/t	10000	Faible
Deutérium-Tritium (fusion)	378000000 GJ/t	9000000	Faible

Ainsi, le méthane apparaît comme une énergie fossile à fort rendement énergétique et à faible émission de CO_2, par rapport au charbon ou au pétrole, si bien sûr on peut l'exploiter. À ce jour, les réserves prouvées de méthane sous forme gazeuse assureraient une consommation constante pendant les 60 prochaines années environ. Leur pic de production serait atteint pendant ce siècle, mais beaucoup plus tard que celui du pétrole. L'engouement observé face à la découverte d'énormes réserves de méthane au fond des mers et dans les pergélisols est alors compréhensible. Serait-ce une bouée de sauvetage pour l'humanité?

Les propriétés physicochimiques des hydrates

Les hydrates de gaz ont été découverts en 1810 en laboratoire et ont été observés dans la nature 150 ans plus tard. Les hydrates de méthane sont bien connus par les groupes pétroliers pour leur nuisance: ils bouchent les conduites lors de l'extraction du pétrole en offshore. Ces hydrates se forment lorsque du méthane et de l'eau se retrouvent sous des pressions et/ou des températures adéquates pour cristalliser. Ces conditions sont satisfaites en certains fonds océaniques et dans des régions polaires.

L'hydrate de méthane est le composé le plus abondant de cette classe originale de composés chimiques que forment les clathrates. Ces derniers sont définis par un réseau rigide formé par un élément chimique en enfermant un autre. Dans le cas des hydrates de méthane, ce sont des molécules d'eau liées chimiquement qui enferment des molécules de méthane CH_4 liées au réseau par des liaisons hydrogène de type Van der Waals. Cette structure rigide de molécules d'eau peut se constituer sous des conditions de pressions et/ou de température adéquates. À la pression atmosphérique, l'eau cristallise en glace à des températures inférieures à 0°C. Cependant, lorsque la pression est suffisamment élevée, ce qui est le cas au fond des océans, cette cristallisation peut opérer à des températures légèrement supérieures à 0°C.

Contrairement à la glace, les hydrates ainsi formés à faible température (2 à 4°C) et haute pression, à des profondeurs supérieures à 200 m, se définissent comme un réseau suffisamment compact, mais comportant une très grande quantité de pores dans lesquels les molécules de méthane peuvent se loger en formant avec l'eau des liaisons de type Van der Waals.

À des pressions élevées et des températures proches de 0°C, cette structure devient très dense et stable si au moins 70% des cavités sont occupées par des molécules de méthane. Dans la structure la plus fréquente, la maille cristalline est composée de 46 molécules d'eau et de 8 molécules de méthane.

Sous cette configuration (70-90% de cavités remplies), un hydrate de méthane contient 164 fois son volume en méthane gazeux. Autrement dit, en dissociant 1 m^3 d'hydrate de méthane, soit par une baisse de pression ou une hausse de température au-delà de celle de la fusion de la glace, 164 m^3 de méthane seront dégagés. À titre indicatif, le pouvoir énergétique de l'hydrate de méthane (6 858,7 MJ/m^3) se situe entre celui du méthane gazeux (42,4 MJ/m^3) et celui du gaz naturel liquéfié (GNL) (15 885 MJ/m^3).

Ainsi, si de tels hydrates de méthane se trouvaient au fond des océans, là où les conditions de pression-température et la présence de méthane (issue de la fermentation organique) assurent leur stabilité, il paraît évident que cette source représenterait un potentiel énergétique immense. Leur présence sous la mer en très grande quantité a bien été révélée et à des quantités qui vont bien au-delà de celles observées dans le pergélisol.

Le potentiel énergétique des réserves sous-marines d'hydrates de méthane

Le méthane des hydrates de méthane s'est formé suite à l'activité de bactéries anaérobies sur la matière organique des sédiments des fonds marins, et ce, durant plusieurs millions d'années. Dans les zones où la quantité de matière organique et le taux de sédimentation sont suffisamment élevés, les bactéries vont, dans un premier temps, rendre le milieu anaérobie, puis réduire la matière carbonée pour former du méthane.

La combinaison taux de sédimentation élevé-forte concentration de matière organique se rencontre sur les marges et les talus continentaux. Une autre partie du méthane peut aussi provenir de gisements sous-jacents partiellement étanchéisés par la couche de sédiments contenant les hydrates.

Sous des conditions de température faible et de pression élevée, la formation et la préservation d'hydrates de méthane se font dans les pores des premières centaines de mètres des couches sédimentaires. Dans ces zones, la colonne d'eau, qui peut aller de quelques centaines à plusieurs milliers de mètres, exerce des pressions de 30 à plus de 200 atm. La température, elle, se situe entre 2 et 6 °C. La formation de ces hydrates exige aussi qu'il y ait suffisamment d'eau au contact du méthane dans les sédiments, ce qui n'est pas un problème étant donné que la majorité des sédiments marins sont saturés d'eau.

Au fond des océans, la présence de couches sédimentaires contenant des réserves d'hydrates de méthane est détectée grâce à des relevés sismiques mettant en évidence la différence de réflectivité (en anglais BSR, pour *bottom-simulating reflector*) des couches de sédiments denses contenant les hydrates de méthane et les couches de gaz de faible densité.

Les plus grandes réserves sous-marines d'hydrates de méthane se situent principalement sur les marges océaniques autour du continent américain (golfe du Mexique et Blake Ridge) et du Japon, près des fosses de Nankaï (figure 16). À l'échelle mondiale, ces réserves sont estimées à plus de $21,10^{15}$ m^3, volume qui correspond au méthane dissocié dans les conditions normales, une très large majorité de ce méthane résidant sous les océans. La région des fosses de Nankaï contiendrait à elle seule $6,10^{13}$ m^3 de méthane dans les hydrates. Une quantité trois fois plus importante se trouverait sur la côte sud-est des Mexique (golfe du Mexique).

Bien que ces chiffres soient discutables, il apparaît évident que la quantité de carbone résidant sous forme d'hydrates de méthane, au fond des océans, est colossale. Elle représenterait 80% des combustibles fossiles, découverts ou non. Au rythme de la consommation actuelle et en considérant que celle-ci augmentera inévitablement, ces réserves seraient suffisantes pour plusieurs centaines d'années, voire un millier d'années (en se basant sur le tableau 1).

FIGURE 16

Distribution des différentes réserves d'hydrates de méthane décelées à ce jour

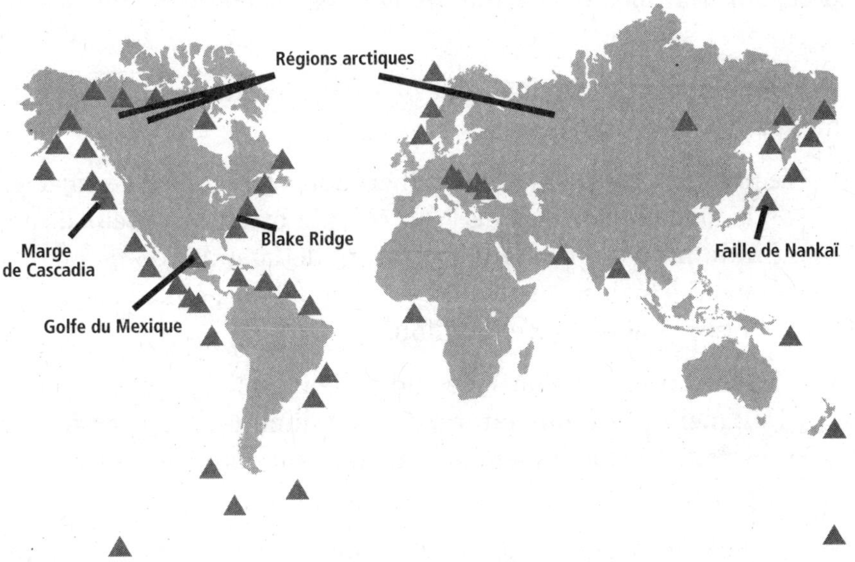

Source: Naval Research Laboratory.

L'humanité disposerait donc d'une source énergétique énorme, contenue dans les sédiments des fonds marins en grande majorité et dans une moindre mesure dans les pergélisols. Mais comment extraire ce méthane dans des conditions technicoéconomiques fiables et rentables. Examinons l'état de la recherche. Que font les nombreuses équipes de recherches et sociétés gazières et pétrolières qui se sont mises ces dernières années à étudier la faisabilité de l'extraction de ce méthane pour que sa production reste rentable et sécuritaire?

L'extraction des hydrates de méthane pris sous les océans

De nombreux pays, comme le Canada, les États-Unis et le Japon, ont lancé des programmes de recherche pour repérer les gisements sous-marins et mettre au point des méthodes d'extraction. Les hydrates de méthane résident dans des roches sédimentaires argileuses et poreuses surmontant, dans la plupart des cas, des poches de méthane gazeux libre.

Il s'agit d'extraire ces hydrates en pompant le méthane emprisonné dans de la glace, sans toutefois fragiliser la strate sédimentaire, qui pourrait alors s'effondrer et laisser le méthane sous-jacent s'échapper sans contrôle.

Actuellement, trois méthodes d'extraction de ces hydrates de méthane sont proposées.

- La première est la stimulation thermique. Elle consiste à injecter de la chaleur, soit par de l'eau chaude ou de la vapeur d'eau, afin de faire monter la température de la strate de manière à dissocier l'hydrate et ainsi libérer le méthane, qui convergerait vers des conduites d'extraction.
- La deuxième technique ressemble à la première, sauf qu'au lieu d'augmenter la température, c'est en diminuant la pression au sein de la couche de sédiment qu'on veut dissocier le méthane de l'hydrate.
- La dernière méthode passe par l'injection au sein de la strate argileuse d'un inhibiteur qui déstabilise l'hydrate de méthane. Par exemple, l'addition de méthanol aurait pour effet de changer l'équilibre pression-température de l'hydrate pour ainsi le dissocier.

Ces trois méthodes ont le désavantage d'être très dispendieuses par rapport aux techniques conventionnelles d'extraction du méthane libre, en particulier à cause des deux premières méthodes (hausse de la température et baisse de la pression), qui engendrent une forte consommation énergétique. Plusieurs facteurs compliqueraient l'extraction des hydrates de méthane. En particulier, il apparaît très difficile d'effectuer un forage dans la couche sédimentaire en raison de la forte densité et de la faible perméabilité de celle-ci. Par voie de conséquence, il est aussi difficile d'extraire par forage le méthane libre sous-jacent.

Si toutefois ce forage se révélait possible, cela ouvrirait une perspective intéressante, en termes de technique d'extraction des hydrates. En effet, s'il s'avérait possible d'extraire le méthane sous-jacent à la strate, cela abaisserait la pression à cet endroit. Cette baisse de pression devrait alors permettre la dissociation de l'hydrate et donc l'écoulement du méthane qu'il contient. Cependant, il semble que ce procédé serait difficile à maîtriser. Pour l'instant, l'extraction du méthane issu des hydrates reste donc un projet à long terme.

Outre les considérations purement technologiques des méthodes d'extraction, les producteurs s'intéressent aussi à la facilité d'accès au site. Il est admis que plus le taux de sédiment sera élevé, plus cette zone sera riche en hydrates de méthane et plus l'extraction sera efficace, puis rentable.

Les réserves sous-marines d'hydrates de méthane résident essentiellement sur les marges continentales, mais à des profondeurs très variées, pouvant aller de quelques centaines à plusieurs milliers de mètres. D'après ces considérations géologiques, le nord-ouest du golfe du Mexique paraît très attrayant, techniquement et économiquement. En effet, il a été décelé de très grandes quantités d'hydrates de méthane à la proche surface des sédiments, et ce, à une profondeur comprise entre seulement 400 et 700 m. De plus, comme cette région est celle qui a été la plus sollicitée au monde pour l'extraction de gaz et de pétrole offshore, elle présente l'avantage de disposer déjà de nombreuses infrastructures pour l'extraction et le transport du méthane.

La région de la faille de Nankaï, près du Japon, est très attrayante également, car elle est très riche en hydrates de méthane, piégés cette fois dans du sable perméable. La rigidité de cette strate permettrait d'éviter toute fragilisation du milieu lors de l'extraction. Cependant, ces réserves se trouvent à des profondeurs de 170 à 350 m dans les sédiments situés eux-mêmes entre 1 500 et 3 500 m sous le niveau de la mer, ce qui augmenterait considérablement les coûts de production.

Une fois ces considérations prises en compte dans la faisabilité d'ouvrages d'extraction et de transport, il faut aussi penser au risque d'accidents lors des opérations. En effet, un forage trop hâtif dans la couche de sédiment pourrait conduire à une remontée soudaine du méthane libre sous-jacent, avec des risques immédiats d'explosion sous-marine. En d'autres mots, une mauvaise manœuvre pourrait déstabiliser les hydrates et mettre le feu aux poudres. L'impact sur les populations serait pire que celui de l'accident de Tchernobyl.

Une bombe à retardement

Les hydrates de méthane présentent donc une ressource énergétique gigantesque, mais leur fort potentiel de danger pour l'environnement préoccupe davantage les chercheurs. Les hydrates se trouvent dans des conditions de pression et de température proches de la dissociation en eau et méthane. Une telle dissociation pourrait avoir des conséquences catastrophiques à plusieurs niveaux. En effet, une baisse locale du niveau de l'eau au-dessus de ces hydrates engendrerait une baisse de la pression ou une légère hausse de la température. S'ensuivraient la dissociation et un largage de méthane, mais aussi des mouvements du sol océanique. Un déplacement de 5000 km^3 de sédiments a eu lieu il y a quelque 8000 à 30000 ans, au niveau de la Norvège (glissement de Storrega). Dans la Méditerranée, il y a 22000 ans, une forte turbidité se serait produite au niveau de la plaine abyssale des Baléares, à une époque où le niveau d'eau était au plus bas. Cette turbidité aurait eu comme origine un important dégagement de méthane piégé dans des hydrates. De tels événements ont eu pour conséquence de relâcher de fortes quantités de méthane dans l'atmosphère, affectant le climat pendant plusieurs années. Mais ils ont aussi provoqué de forts tremblements de terre et des raz de marée.

L'arrivée périodique d'un courant marin chaud sur ces zones riches en hydrates de méthane peut aussi engendrer leur dissolution. C'est le cas notamment autour des Caraïbes, où la température au niveau des sédiments (quelques centaines de mètres de profondeur) situés dans la région du détroit du Yucatán peut augmenter de 4 à 11 °C sur une période de six semaines. Une telle augmentation de température suffit pour dissocier les hydrates de méthane sur une épaisseur sédimentaire de 1 à 2 m.

À la lumière de ces exemples, il faut retenir que les hydrates de méthane résident dans des régions sous-marines sismiquement instables, d'une part, et sous une forme où la moindre perturbation de pression et de température peut engendrer leur dissociation. De plus, il faut se rappeler que ces couches de sédiments reposent le plus souvent au-dessus de poches de méthane.

Dès lors, il est facile de comprendre l'inquiétude que peut susciter l'impact du changement climatique sur la stabilité de cette énorme réserve de méthane sous forme d'hydrates au fond des océans. Les modèles actuels prévoient une augmentation de la température de 1,4 à 5 °C dans le XXIe siècle. Lors du maximum thermique paléocène-éocène, une hausse de température de 1 à 3 °C a eu lieu à des profondeurs moyennes où se trouvaient des sédiments riches en hydrates de méthane. Cette hausse de température aurait permis la libération dans l'atmosphère de 1 500 Gt de méthane en 1 000 ans, provoquant un réchauffement atmosphérique de 10 °C dans les hautes latitudes.

Étant donné l'évolution actuelle de la température et les tendances affichées, il serait tout à fait plausible de penser qu'une hausse thermique suffisante des océans pourrait dissocier une partie des hydrates de méthane. Actuellement, les modèles d'évolution du climat ne prennent pas en compte ce phénomène, ceci en raison du fait qu'il reste beaucoup d'incertitudes à lever sur leur comportement et leur distribution dans les fonds marins et dans les sédiments.

Déjà, on annonce qu'une augmentation de 1 ou 2 °C, au niveau de ces hydrates de méthane, suffirait à les dissocier massivement. Dans une telle hypothèse, et bien que la quantité de méthane qui serait dégagée soit très largement inconnue, une hausse de la température atmosphérique de plus de 10 °C aurait lieu durant le prochain siècle.

La déstabilisation des hydrates à l'échelle du globe n'aurait pas pour seule conséquence d'augmenter le taux de CH_4 dans l'atmosphère (donc l'effet de serre), mais aussi de fragiliser les strates sédimentaires, qui pourraient alors connaître des mouvements à grande échelle (et entraîner des tsunamis).

Bien entendu, il est encore trop tôt pour envisager de telles catastrophes, car on manque de recherche sur le sujet. En dépit de cette préoccupation et face à l'engouement produit par une telle ressource énergétique, il y aurait tout intérêt à tenter d'extraire ce méthane. Si un jour cette extraction devient envisageable, elle devra se faire en prenant de nombreuses précautions. Notamment, en extrayant le méthane des hydrates (par injection thermique, baisse de pression ou addition d'un inhibiteur), les couches sédimentaires risquent de se fragiliser. Cette fragilisation pourrait entraîner des glissements sous-marins ou des effondrements qui laisseraient s'échapper le méthane sous-jacent sans contrôle. C'est donc avec une très grande prudence que les groupes industriels pétroliers ou gaziers et les équipes de recherches devront envisager l'extraction de ce méthane.

Perspectives

Les gigantesques réserves d'hydrates de méthane seraient équivalentes en carbone à la moitié, voire à 80%, de celui présent dans la matière organique terrestre, marine et atmosphérique. On peut comprendre l'enthousiasme des pays qui, comme le Japon, pourraient devenir énergétiquement indépendants. Pour l'humanité, l'exploitation d'une telle ressource permettrait de retarder la décision finale d'aller vers des énergies plus controversées comme celles de l'atome.

Mais le manque de rentabilité économique des méthodes envisagées et les dangers liés à l'opération remettent à un horizon indéterminé l'exploitation des hydrates. Le GIEC va d'ailleurs dans ce sens: tous les scénarios publiés pour la période 2000-2100 ne prennent pas en compte l'exploitation des hydrates.

Mais le cas hydrate doit continuer de préoccuper la communauté internationale. Actuellement, tout le monde s'entend pour explorer l'idée de l'extraction des hydrates par principe de précaution, pour des fins énergétiques. Mais la plus grande préoccupation demeure la maîtrise de la ressource. Les hydrates de méthane sont à la fois un eldorado énergétique et une bombe à retardement qui pourrait faire s'emballer le réchauffement climatique.

25. La fission nucléaire : panacée ou pacte avec le diable ?

Collaborateur : Daniel Brassard[1]

La fission nucléaire fait toujours partie des solutions pour réduire la dépendance relative du monde envers les combustibles fossiles, affirment ses défenseurs. En dépit de tous les tourments qui affligent l'industrie nucléaire qui peut nier, demandent-ils, le fait que ses réacteurs ont encore d'immenses possibilités de développements techniques qui permettront de respecter les normes de sécurité les plus sévères tout en offrant un coût de production compétitif? Tout bien considéré, le nucléaire n'apparaît-il pas comme une des meilleures solutions présentes, dans la mesure où il ne participe pas au réchauffement de la planète et contribue à résoudre le problème des ressources?

C'est au contraire une mauvaise solution, s'empresse de rétorquer le lobby plutôt bien organisé des opposants. La seule évocation des accidents de Three Mile Island (1976) et de Tchernobyl (1986) suffit pour semer le doute dans les populations qui font face à des choix dans le domaine de la fission nucléaire. Quand on explique que certains déchets radioactifs des centrales nucléaires ont une demi-vie de 100000 ans, quand on précise qu'il faut attendre 500 ans avant que le stockage permanent soit sans danger pour les populations environnantes et si on ajoute le spectre de la prolifération nucléaire chez les États considérés comme voyous, les arguments pronucléaires ne pèsent pas lourd dans la balance. Les défenseurs ont peu de crédibilité en comparaison de ceux qui rappellent en quelques mots que la fission nucléaire hypothèque l'avenir des générations futures. Autant dire pour toujours, clament

1. Ce chapitre s'inspire d'un travail fait par Daniel Brassard en avril 2003 pour le cours Énergie. Beaucoup d'autres étudiants ont fait des travaux sur le sujet, au fil des ans. Je tiens à remercier notamment Alan Reguer et Esteban Alejandro Estévez.

les alarmistes. Pour assurer la sécurité du stockage, peut-on se fier à cette humanité égoïste, toujours en guerre? Les accidents ont été causés par des erreurs humaines. Comment croire les scientifiques quand ils affirment que la technologie peut tout contrôler?

L'histoire de la filière nucléaire est fascinante. Il y a à peine 40 ans, les promesses de l'énergie nucléaire suscitaient l'euphorie. Un gramme d'uranium peut dégager autant d'énergie qu'une tonne de pétrole, martelait le puissant lobby de la physique. Une énergie pratiquement gratuite, accessible à l'ensemble de l'humanité et susceptible de régler le problème de l'iniquité mondiale. Les populations qui ne se rangeaient pas derrière ce choix universel risquaient de prendre un retard considérable à tous les niveaux, économique, éducatif, technologique. Avec l'exploration spatiale, l'énergie nucléaire était le symbole par excellence de l'innovation technologique. Pourquoi le Québec s'obstine-t-il à défendre le projet de la Baie James de Robert Bourassa? argumentaient les partis de l'opposition en 1970.

Sans surprise, la croissance de l'industrie nucléaire fut exponentielle pendant une quinzaine d'années (voir graphique 30). Puis survient l'accident de Three Mile Island. La population de la première puissance mondiale commença à reculer. Depuis 20 ans, aucune nouvelle centrale nucléaire n'a été commandée aux États-Unis.

Malgré ses déboires, le nucléaire représente toujours une part significative de la production mondiale d'électricité. En 2003, on comptait 439 réacteurs nucléaires commerciaux en service dans le monde. Ces réacteurs étaient répartis dans 31 pays, pour une puissance totale de 361 GW et une production annuelle de $2,5 \times 10^{12}$ kWh, soit 16% de la consommation mondiale d'électricité. Certains pays, comme la France, la Belgique et la Lituanie, dépendent fortement de l'énergie nucléaire, qui leur permet de produire plus de 50% de leur électricité. Par contre, ce sont les États-Unis qui ont la plus grande capacité de production nucléaire, avec 104 centrales en service. Au Canada, on produit près de 14% de l'électricité du pays à partir de 14 centrales nucléaires.

C'est en Ontario que l'énergie nucléaire est le plus présente, avec 12 centrales et 50% de la production d'électricité. Le Québec n'exploite que la centrale de Gentilly-2 et n'a aucun projet de construction de nouvelle centrale.

GRAPHIQUE 30

Production de l'électricité et importance relative du nucléaire (1965-2004)

(TWh et %)

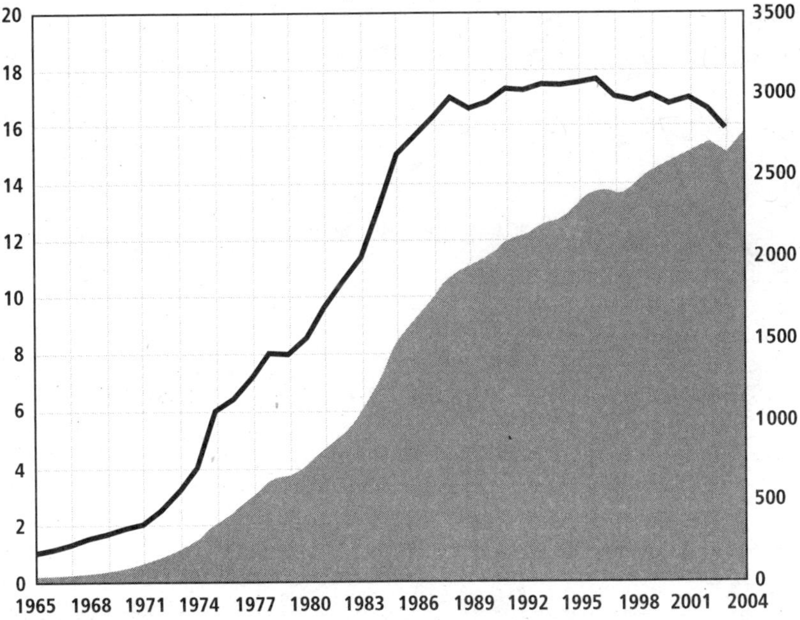

Source: www.BP.com, www.eia.doe.gov

Le nucléaire a-t-il rempli ses promesses d'équité? Non, si on examine la distribution des centrales nucléaires en service dans le monde (graphique 31). Le nucléaire est un privilège de pays riches. L'industrie nucléaire survivra-t-elle? La réponse varie selon les pays. Mais avant de discuter des perspectives, il convient d'examiner l'aspect technologique.

GRAPHIQUE 31

Part du nucléaire par continent, 1965-2004

(% de la production mondiale)

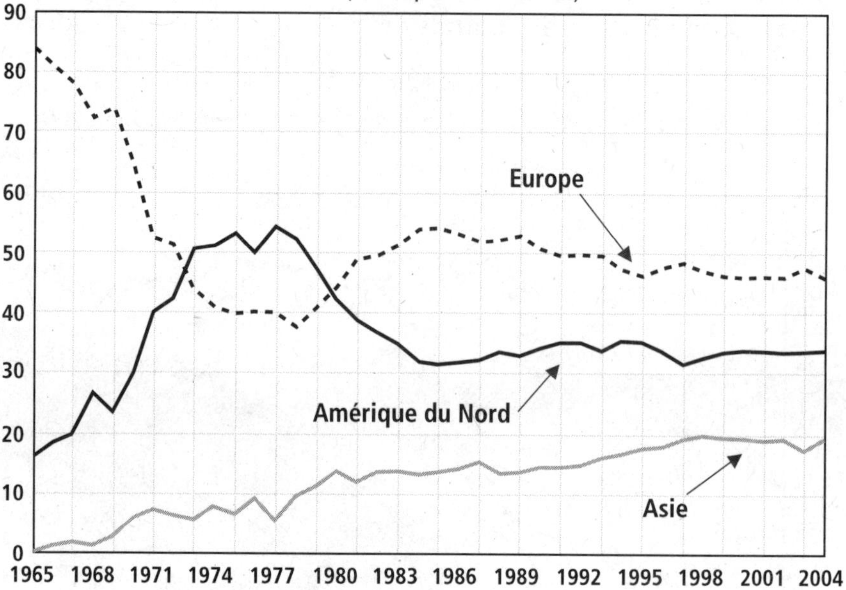

Note: À remarquer la montée de l'Asie, qui devrait se poursuivre.
Source: BP.com

Les débuts du nucléaire

L'histoire de l'énergie nucléaire remonte au début du XXe siècle avec les travaux théoriques en physique atomique accomplis par plusieurs grands physiciens. Les propriétés radioactives de l'uranium ont été découvertes en 1900 par Henri Becquerel. Quelques années plus tard, Pierre et Marie Curie mettaient en lumière de nombreux éléments radioactifs issus de la désintégration spontanée du radium, de l'uranium et du thorium.

James Chadwick et son équipe identifient, en 1932, un des éléments essentiels à l'utilisation de l'énergie nucléaire: le neutron. Une équipe allemande fait ensuite le lien entre la théorie d'Einstein et le bombardement de l'uranium par des neutrons: en désintégrant l'atome d'uranium 235, elle observe une perte de masse. L'énergie est dans la masse. Les physiciens se rendent compte alors qu'il est possible d'accélérer la désintégration des atomes d'uranium en les bombardant de neutrons. Ce n'est par contre qu'au cours de la Deuxième Guerre mondiale que sont entamés les premiers projets de recherche visant à mettre en application l'énergie nucléaire. Les premières expérimentations sur les réacteurs à fission sont faites au CNRC, à Ottawa, par le Dr George Laurence. Par suite de ces travaux, une réaction autosuffisante de fission est obtenue pour la première fois en 1942. Le projet Manhattan, dirigé par Enrico Fermi, met en pratique la réaction en chaîne: en se désintégrant, les noyaux d'uranium éjectent des neutrons... dégageant ainsi de grandes quantités d'énergie. Sans aucun contrôle de la réaction, on venait de créer la bombe atomique. Il n'y avait qu'un pas à faire pour créer une centrale utile pour le civil: doser l'arrivée de combustible.

Dès lors, les gouvernements britannique, canadien et américain décident de réunir au Canada une équipe internationale de scientifiques afin de résoudre plusieurs problèmes pratiques quant au fonctionnement des réacteurs. Parmi les objectifs figure l'amélioration des connaissances concernant l'extraction du plutonium et de l'uranium 235 pour parvenir à fabriquer l'arme nucléaire. Ainsi, même si on envisage déjà l'utilisation du nucléaire pour la production d'électricité, les premiers réacteurs ont été mis au point dans le but de produire de l'uranium 235 et du plutonium pour la bombe atomique.

Les premiers réacteurs américains mis en service utilisaient le graphite comme modérateur, ce qui permettait l'utilisation d'uranium naturel (l'uranium enrichi n'étant pas disponible à l'époque) et évitait le recours à l'eau lourde (qui n'existe pas encore en quantité industrielle). Pour éviter de faire double emploi avec un allié en ce temps de guerre, le Canada décida de travailler à l'élaboration de nouveaux types de réacteurs. Le choix s'arrêta rapidement sur l'eau lourde puisque, même si elle n'était disponible qu'en quantité limitée, elle présentait les meilleures qualités de modérateur. De plus, ses propriétés chimiques étant identiques à celles de l'eau ordinaire, on savait très bien l'utiliser dans les cycles thermodynamiques.

Le nucléaire pour la production d'électricité

En août 1944, on retient un site pour la construction d'une centrale, et la première réaction en chaîne autosuffisante en dehors des États-Unis y est obtenue en septembre 1945. Après la guerre, les États-Unis et plusieurs pays d'Europe, dont l'Angleterre, préparent la commercialisation d'un réacteur pour la fabrication d'électricité. Le premier sera mis en service par les Anglais en 1956. De son côté, le Canada tente de rediriger son programme de fission nucléaire vers la recherche et les applications civiles pour la production d'énergie. En 1950, le gouvernement canadien approuve la construction d'un réacteur de recherche, le NRU (National Research Universal), qui aura pour mandat de produire du plutonium pour la vente aux Américains et de produire un faisceau intense de neutrons pour la recherche et la production de colbat-60 (utilisés dans le traitement de maladies et la stérilisation). Bien que les réactions de fission de cette époque produisent une quantité appréciable d'énergie (20 MW), on ne l'utilise pas pour la production d'électricité.

Il faudra attendre 1953 pour qu'un projet de démonstration de centrale nucléaire pour la production d'électricité, nommé Nuclear Power Demonstration, soit lancé au Canada. Ce projet est financé conjointement par l'organisme fédéral EACL (Énergie atomique du Canada ltée), Hydro-Ontario et la société GE (General Electric). On opte alors pour les réacteurs à eau lourde puisque le Canada possède une bonne expérience de leur fonctionnement. En raison de plusieurs problèmes de développement, le réacteur de démonstration ne sera achevé qu'en 1962.

L'expérience acquise grâce à cette centrale permet la construction de plusieurs unités de production commerciale. Le premier réacteur nucléaire commercial du Canada, Pickering A, est une centrale de 500 MW exploitée par Hydro-Ontario, qui procédera d'ailleurs à la construction de plusieurs autres centrales au cours des années 1970. Sur le plan international, le Canada vendra des réacteurs commerciaux CANDU à plusieurs pays (Inde, Pakistan, Corée du Sud, Argentine, Roumanie). Bien que les réacteurs canadiens soient conçus pour la production d'électricité, l'Inde s'en servira pour produire l'arme atomique.

Pourquoi le nucléaire au Québec?

Alors que plusieurs centrales nucléaires étaient déjà en service en Ontario, Hydro-Québec désirait acquérir une expertise et former une main-d'œuvre spécialisée dans cette technologie de pointe. Au milieu des années 1960, Hydro-Québec accepte donc d'exploiter une centrale prototype de 266 MW, Gentilly-1, pour le compte d'EACL. Par contre, dès les débuts de son exploitation en 1970, la centrale se heurte à plusieurs difficultés. En fait, au cours de son existence, Gentilly-1 ne fonctionnera que de façon très sporadique et n'engendrera, de 1970 à 1980, que l'équivalent d'une production de 183 jours à pleine puissance. Malgré les problèmes de Gentilly-1, Hydro-Québec décide tout de même de procéder à la construction de Gentilly-2, une centrale de 675 MW.

Cette décision d'Hydro-Québec découle du contexte énergétique en pleine expansion du Québec, mais également d'un contexte très favorable au nucléaire. Au début des années 1970, en effet, la demande énergétique augmentait de 7% par année, au Québec, et Hydro-Québec prévoyait alors qu'une part importante de la production énergétique du Québec devrait provenir du nucléaire d'ici la fin du siècle: on envisageait de construire jusqu'à 30 centrales au Québec!

En raison de la grande disponibilité de l'énergie renouvelable, au Québec, et d'une croissance de la demande plus faible que prévu, le gouvernement de René Lévesque décrétait, en 1978, un moratoire sur la construction de nouvelles centrales nucléaires. Après coup, plusieurs analystes s'entendent pour dire que l'aventure nucléaire au Québec est une erreur. Malheureusement, il faut s'en accommoder, un choix déchirant s'annonce en 2007: va-t-on rénover Gentilly-2, qui montre des signes de vieillissement prématuré, ou la mettre au rancart?

Le fonctionnement des centrales

Pour la production d'électricité, une centrale nucléaire fonctionne de façon très similaire à une centrale thermique conventionnelle. En effet, dans les deux cas, l'électricité est produite en transformant de la chaleur en énergie mécanique pour faire tourner une turbine couplée à un alternateur (revoir la figure 2). La différence entre les deux types de centrales vient du combustible utilisé pour produire la chaleur: le nucléaire utilise la fission nucléaire des noyaux d'uranium, alors que le thermique recourt à la combustion de charbon, de pétrole ou de gaz naturel. L'entretien et le contrôle d'une réaction en chaîne de fission nucléaire demandent par contre des installations beaucoup plus complexes que pour la simple combustion de combustibles fossiles.

La fission nucléaire est caractérisée par la collision de noyaux d'uranium avec des neutrons. Réagissant à l'introduction de nouveaux neutrons, le noyau d'uranium se scinde en deux ou trois fragments, libérant ainsi une très grande quantité d'énergie. En même temps, le noyau libère plusieurs nouveaux neutrons, qui pourront à leur tour provoquer la fission d'autres atomes d'uranium. De cette façon, on obtient une réaction en chaîne qui permet de produire une très grande quantité d'énergie. Par exemple, alors que la combustion de 1 kg de charbon permet de produire 33 MJ d'électricité, on peut obtenir environ 2,1 GJ d'électricité à partir de 1 kg d'uranium. En pratique, le défi consiste à contrôler précisément la réaction de fission afin de l'entretenir sans qu'elle s'emballe. Pour cela, les centrales nucléaires peuvent jouer sur différents paramètres tels que la nature du combustible et le modérateur utilisés.

TABLEAU 21

Valeur énergétique des formes d'énergie

	Chimique	**Fission**	**Fusion**
Réaction	$C+O_2\text{->}CO_2$	$N+U^{235}\text{->} Ba^{143}+Kr^{91}+2n$	D–T->He+n
Carburant	Charbon	Oxyde d'uranium	Deutérium Tritium
Température de réaction (K)	700	1000	10^8
Énergie produite (J/kg)	$3{,}3 \times 10^7$	$2{,}1 \times 10^{12}$	$3{,}4 \times 10^{14}$

Source: Claude Boucher, INRS-EMT, Colloque Plasma Québec, Acfas, mai 2006.

La fission spontanée d'atomes d'uranium 235 est un phénomène naturel et qui participe à la radioactivité de fond de l'environnement. Par contre, dans la nature (et même dans une barre d'uranium pur), la fission spontanée n'est pas suffisamment importante pour provoquer l'apparition d'une réaction en chaîne. En effet, les neutrons émis par la fission d'un atome d'uranium voyagent trop rapidement (environ 20000 km/s) pour provoquer efficacement la fission d'autres atomes d'uranium. Par contre, on peut augmenter la probabilité d'interaction des neutrons en les ralentissant à une vitesse d'environ 2 km/s. En pratique, on utilise à cette fin un matériau modérateur (comme le graphite, l'eau ordinaire ou l'eau lourde) ayant la capacité de ralentir les neutrons en les absorbant le moins possible. Ainsi, en plaçant des barres d'uranium dans un modérateur, on favorise le processus de fission et il est possible d'obtenir une réaction en chaîne.

Pour favoriser la réaction en chaîne, on peut également augmenter la proportion d'uranium 235 dans le combustible jusqu'à environ 3-4% (comparativement à 0,7% dans l'uranium naturel). On obtient alors ce qu'on appelle de l'uranium enrichi, qui permet d'entretenir la réaction en chaîne plus facilement puisque la proportion d'atomes fissibles est plus élevée. Comme le procédé d'enrichissement est complexe et coûteux et que l'uranium enrichi n'est produit que par certains pays, plusieurs types de réacteurs ont été conçus de manière à fonctionner avec de l'uranium naturel. Par ailleurs, depuis la fin de la guerre froide, on utilise l'uranium contenu dans les ogives nucléaires (95% d'uranium 235) pour enrichir l'uranium naturel.

En plus du modérateur et du combustible, le cœur d'un réacteur nucléaire est composé d'un caloporteur. Il s'agit d'un fluide (généralement de l'eau, de la vapeur, du gaz carbonique ou de l'hélium) circulant autour du combustible pour évacuer l'énorme quantité de chaleur produite par la réaction. Comme le caloporteur entre en contact étroit avec des matières radioactives, il devient lui-même légèrement radioactif. On le fait donc généralement circuler en circuit fermé et on utilise son énergie pour transformer de l'eau en vapeur qui servira à faire tourner les turbines. Enfin, le cœur d'un réacteur contient différentes barres de contrôle composées de matériaux à forte capacité d'absorption des neutrons (bore, cadmium, gadolinium, etc.). En introduisant ces barres dans le réacteur, on diminue la quantité de neutrons disponibles, ce qui ralentit (et finalement arrête) le processus de fission. En plus du rôle de contrôle, ces barres assurent la sécurité de la centrale puisque, dans l'éventualité d'une réaction de fission qui s'emballerait, leur introduction dans le cœur permettrait d'arrêter rapidement la réaction en chaîne.

Les surgénérateurs ou les filières à neutron rapide[2]

L'uranium naturel contient 0,7% d'uranium U235, le reste étant de l'uranium 238 (U238). Les réacteurs à fission en service utilisent le U235 comme combustible de base, sous une forme plus ou moins enrichie. Dans la réaction, certains atomes U238 absorbent un neutron et forment du plutonium Pu239, un produit très radioactif. La fabrication du plutonium crée deux problèmes: a) tout comme le U235, il peut servir à faire des bombes; b) c'est le déchet qui prend le plus de temps à devenir inoffensif.

Comment se débarrasser du plutonium? Trois solutions. *La première*, c'est de le stocker. *Deuxième* solution, fissionner le plutonium. C'est le concept du *rubbiatron*. Sans aller dans les détails, il s'agit de générer une réaction de neutrons rapides qui fissionnent l'atome lourd du plutonium, créant à nouveau d'autres neutrons rapides, et ainsi de suite. Mais comment contrôler le produit hautement explosif de ces paquets de plutonium? *Troisième* solution, utiliser le plutonium comme complément à l'uranium naturel à titre de combustible. C'est le fondement des surgénérateurs. La filière française des surgénérateurs se donnait deux objectifs: a) recycler les déchets des centrales de première génération, b) augmenter de façon considérable les réserves de combustibles.

On fait ainsi d'une pierre deux coups: les réserves sont multipliées par près de 100; une partie des résidus radioactifs des réacteurs de première génération comme le plutonium sont recyclés. Deux problèmes de taille demeurent: les résidus radioactifs restent importants et la réaction n'est pas facile à maîtriser à cause de la

2. Une très bonne analyse des surgénérateurs a été faite par Hannum et ses collaborateurs dans l'article «Smarter use of Fast-neutron reactors», *Scientific American*, décembre 2005.

montée de la température de réaction. Dans les faits, la France a remis à plus tard l'idée d'exploiter les surgénérateurs Phénix et Superphénix.

Mais la filière, souvent ramenée dans l'actualité, intéresserait les Américains qui ont signé, en septembre 2005, une entente leur assurant un accès privilégié aux technologies nucléaires françaises et même au réacteur expérimental Phénix, dit à spectre rapide, pour tester de nouveaux combustibles disponibles aux États-Unis.

Les types de centrales à fission

Les centrales à fission peuvent être classées en deux grandes catégories: a) les centrales à neutrons lents; b) les centrales à neutrons rapides, appelées surgénérateurs. Le grand avantage de la deuxième catégorie est de pouvoir multiplier les réserves par deux ordres de grandeur. Dans les centrales à neutrons lents, on peut distinguer trois filières importantes: a) les réacteurs à uranium naturel, comme le CANDU; b) les réacteurs à uranium enrichi de deuxième génération (1970 à 2000); c) les réacteurs à uranium enrichi de troisième génération, comme la filière EPR (*European pressurized reactor*) du consortium Areva-Siemens.

Environnement et sécurité

Tous les types de centrales nucléaires produisent une quantité importante de déchets radioactifs provenant principalement des barres de combustible usagées. Avant utilisation, en effet, les barres d'uranium ne sont que faiblement radioactives et peuvent donc être manipulées sans danger. Par contre, après un séjour dans le cœur d'un réacteur, elles deviennent hautement radioactives en raison du bombardement neutronique et de la production d'isotopes radioactifs lors de la fission. Comme les barres de combustible usagées restent radioactives pendant plusieurs centaines d'années et dégagent une quantité importante de chaleur, des mesures spéciales doivent être déployées pour les conserver en toute sécurité.

La procédure normale consiste à les entreposer dans une grande piscine remplie d'eau, ce qui permet de former une barrière protectrice contre les radiations et de contrôler leur température.

Après sept à dix années d'entreposage dans la piscine, la radioactivité du combustible a suffisamment diminué pour qu'on puisse le placer dans de grands silos en béton, en attendant de pouvoir en disposer de façon permanente dans un site désigné à cette fin. C'est là la pierre d'achoppement : qui acceptera que ces déchets soient enfouis dans son coin de pays? Et qui acceptera que des convois de déchets nucléaires traversent son territoire pour se rendre à destination?

Le Canada a proposé le bouclier canadien. L'Europe pense à la Sibérie. D'autres songent au fond des mers. Les États-Unis ont élaboré un projet de site d'enfouissement de leurs déchets nucléaires à Yucca, dans le désert du Nevada, au nord de Las Vegas. Or, cette industrie prévoit que la quantité de déchets radioactifs pourrait doubler d'ici 2035 et, dans les États peuplés de l'est, toutes les tentatives de Washington pour implanter un nouveau site ont échoué jusqu'ici.

Qu'est-ce qu'un déchet?

Les définitions sont nombreuses, mais on peut s'entendre sur le fait que le déchet est un produit inutilisable, encombrant et dangereux. Il faut s'en débarrasser. En ce sens, la filière électronucléaire produit de nombreux déchets radioactifs, c'est vrai. Mais c'est moins la quantité que le mélange qui crée problème. En d'autres mots, après un séjour normal de cinq à dix ans sur le site, il reste 95% d'uranium enrichi à 1,9% (0,7% dans l'uranium naturel). Ce résidu est donc un carburant, non un déchet. Malheureusement, 3% du total est constitué de produits très divers et 1% de plutonium. Encore là, si un jour la filière des surgénérateurs est relancée, voici un combustible précieux à conserver pour l'avenir. Entre-temps, c'est effectivement embarrassant, surtout qu'on pourrait en faire une bombe!

Les pistes de solutions, toujours partielles, consistent donc à séparer les déchets des autres produits et à imaginer de nouvelles possibilités de recyclage ou de destruction des produits dangereux, ou tout au moins leur transmutation en des déchets moins nuisibles. Même les gros émetteurs *alpha*, ceux qui ont les durées radioactives les plus longues, pourraient un jour passer par des procédés de fission qui les rendraient moins nocifs. Promesse d'avenir ou utopie, le débat ne sera jamais tranché.

Le cas particulier des CANDU

Une centrale CANDU utilise l'uranium naturel, plutôt que l'uranium enrichi, comme combustible. Plus précisément, le combustible utilisé par la centrale se présente sous forme de pastilles composées de poudre de bioxyde d'uranium naturel. Ces pastilles sont placées dans des tubes composés d'un alliage de zirconium (qui a l'avantage de résister à la corrosion et de laisser passer facilement les neutrons) pour former ce qu'on appelle un crayon. On attache ensuite 37 crayons ensemble pour former une grappe qui sera introduite dans le réacteur. Le cœur du réacteur est une cuve d'acier inoxydable cylindrique de 7,7 m de diamètre et de 6 m de longueur qui possède au total 4560 grappes. Lorsque le réacteur est utilisé à pleine puissance, il faut changer une quinzaine de grappes par jour.

En principe, une centrale nucléaire à uranium enrichi ou naturel a une durée de vie de 30 ans. Mais la première génération des CANDU présente un défaut majeur qui handicape sa durée de vie: les tubes se tordent prématurément. Ce fut le cas de plusieurs centrales ontariennes et de celle Pointe Lepreau, au Nouveau-Brunswick. Et c'est maintenant au tour de Gentilly-2, qui vers 2007 devra être rénovée pour continuer de produire. À chaque fois, les débats sont houleux. Le gouvernement du Nouveau-Brunswick a décidé de rénover Pointe-Lepreau. Celui de l'Ontario semble intéressé à réparer Bruce.

Les centrales CANDU sont sécuritaires. Le risque d'accident majeur est faible puisque la réaction s'éteint d'elle-même, ce qui n'est pas le cas des centrales à uranium enrichi. Dans les centrales à uranium enrichi, à cause des erreurs humaines, il existe toujours un certain risque qu'un accident nucléaire semblable à celui de Tchernobyl ou Three Mile Island se produise, libérant une grande quantité de matière radioactive dans l'environnement. Le danger principal vient de ce qu'une perte de contrôle de la réaction de fission peut provoquer une augmentation de la chaleur produite par le réacteur et mener à la liquéfaction des matériaux du réacteur. Dans ce cas, une proportion importante du combustible usagé peut être libérée dans l'environnement. Également, toutes les centrales nucléaires émettent continuellement une certaine quantité de matière radioactive dans l'environnement. Par contre, même pour les gens habitant à proximité, selon les experts, la radiation provenant de la centrale est environ 60 fois plus faible que la radiation naturelle et 20 fois plus faible que celle reçue dans des traitements médicaux.

Dans l'ensemble, cependant, l'argument selon lequel le nucléaire fait moins de morts que le charbon a du poids, du moins si on se fie à l'histoire. Il faut le dire, l'opposition à l'énergie nucléaire s'appuie en grande partie sur une peur irrationnelle nourrie par de grands lobbies qui appuient leur argumentation que sur le seul événement de Tchernobyl.

Pour ce qui est des surgénérateurs, la technologie est loin d'être maîtrisée. L'essence même du procédé à neutrons rapides nous rapproche un peu plus de la bombe nucléaire. Danger en perspective. En d'autres mots, les coûts de la sécurité et la peur risquent d'être très pénalisants pour la filière nucléaire.

Perspectives

Jusqu'à récemment, les perspectives de relance de la filière nucléaire semblaient plutôt sombres. Au mieux espérait-on prolonger la durée de vie des centrales existantes. En Amérique du Nord, le nucléaire est sur une pente descendante depuis 20 ans. En Europe, les prévisions officielles donnent à penser que le remplacement des centrales existantes par de nouvelles ne fait pas problème. Pourtant, le nucléaire a déclenché, dans plusieurs pays européens, une vive opposition. Les Verts ont forcé le gouvernement Schröder, en Allemagne, à investir dans les énergies alternatives. Comme en Suède[3] en 1980, on ne demandait rien de moins que l'arrêt immédiat des centrales existantes. Dans ce pays, le nucléaire est à l'origine de 30% de l'électricité produite.

Même en France, champion mondial du nucléaire – l'atome y produit 78% de l'électricité –, on commence à s'attaquer directement

3. Un référendum sur l'arrêt du nucléaire et le démantèlement progressif des centrales existantes.

au pouvoir politique. Évidemment, on peut douter que les Verts puissent y fermer les centrales existantes. Leur remplacement instantané suppose une injection de capitaux qui dépasse la capacité économique du pays. Par contre, les débats publics s'annoncent très orageux lorsque viendra le temps de construire de nouvelles capacités. La très sérieuse Cour des comptes (le Vérificateur général français) décrivait le nucléaire comme une bombe à retardement budgétaire, dont les consommateurs et les contribuables de demain pourraient avoir à assumer les coûts[4]. Selon la Cour, les géants du nucléaire n'ont pas constitué les énormes réserves financières qui seront nécessaires, dans les années à venir, au retraitement et au stockage des déchets, ainsi qu'au démantèlement des centrales. En France aussi, les nombreuses critiques des opposants prétendent que le nucléaire ne se développe aujourd'hui qu'au détriment des générations futures.

En plus des affrontements traditionnels entre les Verts et l'industrie nucléaire, il faut admettre que l'adversité est partout. La participation des autres lobbies, notamment celui du gaz, est forte. Le problème des déchets s'éternise. La Banque mondiale refuse de financer les centrales nucléaires. Les capitaux privés ne seront disponibles que si tous les risques sont couverts. Sachant que le délai de construction d'une centrale couvre deux générations de politiciens, quelle entreprise sera prête à prendre le risque?

Les discussions se poursuivent mais l'échéance approche. D'ici une décennie tout au plus, l'heure de la décision sonnera.

La question n'est pas tant de savoir si l'industrie nucléaire va survivre, du moins à moyen terme. Mais à long terme la question des réserves se pose et amène une deuxième question, celle des surgénérateurs. Certes, la réponse est différente d'un pays à l'autre. En Occident, les scénarios sont tranchés: d'un côté, des populations qui ont banni le nucléaire; de l'autre, des sociétés qui vont s'en accommoder. Bien que le nucléaire ne soit encore qu'à l'étape des discours, les pays sont de plus en plus en nombreux à briser le tabou. En Occident, la Finlande est le pays qui aura ouvert la voie: il construit actuellement le premier réacteur occidental

4. Christian Rioux, «La Zizanie atomique», *Le Devoir*, 1er février 1999.

depuis 15 ans. Ailleurs, en particulier en Chine et en Inde, le nucléaire représente une option «propre» et économique pour leur environnement fortement pollué et dommageable pour la santé. Déjà la tendance est nette, si on examine le bilan du Commissariat à l'énergie atomique. Alors qu'en 2003 aucune centrale atomique n'était en construction en Europe et en Amérique, un an plus tard, 31 nouvelles centrales étaient en chantier, pour une puissance installée de 25,4 GW. Tous les projets en construction, sauf trois, se situaient dans l'ex-Union soviétique et en Asie.

Dans les pays occidentaux, les choses vont-elles changer? Si on se fie aux déclarations politiques, on peut penser à le croire. Aux États-Unis, les républicains, majoritaires dans tous les organismes de décision, ont nettement affiché leur appui au nucléaire. Les considérations négatives à l'endroit du nucléaire n'ont pas empêché le président George W. Bush de répéter à plusieurs reprises que le nucléaire était «la plus sécuritaire et la plus propre» de toutes les énergies produites sur la planète. Cela explique l'appui accordé à cette filière dans la nouvelle loi et la nouvelle politique énergétique de ce pays, subventions à la clé, en passant par la fiscalité.

D'ailleurs, en septembre 2005, le plus important consortium américain de l'industrie nucléaire, NuStart Energy Development, qui regroupe onze firmes majeures, déposait une demande d'autorisation pour construire la première centrale nucléaire des 32 dernières années aux États-Unis[5]. Les deux sites retenus pour examen se trouvent en Alabama et au Mississippi. Au Canada, le premier ministre McGuinty[6] a affirmé que la filière nucléaire est la meilleure solution aux besoins énergétiques de l'Ontario. S'il n'en tient qu'à lui, la part du nucléaire augmentera dans le bilan énergétique de sa province.

Ailleurs dans le monde, on peut affirmer que le nucléaire continuera à jouer un rôle important dans la production d'électricité pendant encore plusieurs années. En effet, même si on prévoit une légère diminution de l'importance relative de cette énergie d'ici 2015, on envisage tout de même une augmentation du nombre de

---

5. Voir l'article de Louis-Gilles Francœur, «Le retour du nucléaire», *Le Devoir*, 1er octobre 2005.
6. *Enjeux Énergie*, vol. 5, nº 5, avril 2006.

centrales en service dans le monde : 100 nouvelles centrales d'ici 2020. Ainsi, on peut affirmer que, bien que l'énergie nucléaire soit complexe et dangereuse d'utilisation, elle est, dans bien des cas, la seule solution de rechange abordable aux centrales thermiques pour la production d'électricité.

En d'autres mots, dans les pays où les décisions « hiérarchiques » sont respectées malgré l'opposition médiatique, là où les grands organismes écologiques ont moins de prise sur le politique – principalement en Chine, mais aussi au Japon et en France –, on peut penser que le recours au nucléaire se poursuivra. Si les petites nations peuvent être intimidées par les multinationales de l'écologie, la Chine, elle, peut se permettre d'avoir son propre programme et rester sourde à la critique mondiale. Des arguments du genre « ne faites pas les mêmes erreurs que nous » n'auront pas grand poids devant le rétrécissement des choix futurs.

Et, faut-il le dire, plusieurs pays voient d'un bon œil la reprise du nucléaire, le Canada en premier lieu, aux côtés de la France et des autres exportateurs mondiaux. En septembre 2005, le ministre canadien des Affaires étrangères d'alors, Pierre Pettigrew, levait le moratoire sur le nucléaire décrété par le Canada à l'endroit de l'Inde après que ce pays eut procédé à un nouvel essai souterrain en réplique à son voisin, le Pakistan. Ce geste survient au moment où le Canada tente de relancer la vente de ses réacteurs CANDU à la Chine et à d'autres pays, une stratégie qui ne semble pas fructueuse à court terme, pas même ici, d'ailleurs. Ce geste du Canada traduit son intention de profiter du retour de l'énergie nucléaire à l'échelle internationale pour relancer son programme national. Car en Ontario, rien n'est gagné et le scénario du pire reste envisageable.

On le voit, les contradictions n'ont jamais empêché la planète de tourner. Le président de l'United States Enrichment Corporation (USEC), William Timbers, dans le *USA Today*, citait un sondage Gallup selon lequel 56 % de la population américaine était favorable à un retour du nucléaire... à condition que le réacteur ne soit pas situé dans leur cour[7]. En d'autres mots, la porte est toujours

7. *Op. cit.*, Louis-Gilles Francœur, octobre 2005.

fermée. Mais soyons sérieux, si l'Occident joue double jeu avec l'industrie nucléaire, la Chine sera sur les rangs pour établir son propre programme électronucléaire.

Est-ce que la fission nucléaire classique va représenter une option de transition d'envergure? On peut en douter. Tout au plus, l'industrie gardera sa part de la production d'électricité mondiale pendant la première moitié de ce siècle. C'est d'ailleurs le sens des scénarios proposés par l'EIA (Energy Information Administration) à moyen terme (tableau 22). En général, les scénarios sont teintés par le «cas nucléaire». Le scénario de référence fait augmenter légèrement la capacité nucléaire, mais pas autant que la progression des capacités de production mondiale. Le scénario faible fait diminuer la capacité, et le scénario fort suppose que le nucléaire suivra la progression du secteur de l'électricité. À noter que dans tous les scénarios, l'ajustement se fait par l'ajout ou la soustraction de combustible.

TABLEAU 22

Prévision de la capacité nucléaire (2002-2025) (GW)

Scénario	2002 (GW)	2025 (GW)	2002-2025 Taux de croissance (%)	2025-2100 Taux de croissance
Référence				
Nucléaire	361	422	0,7	Production constante (S1 et S2)
Total	3318	5495	2,2	
Nucléaire fort				
Nucléaire	361	570	2,2	–
Total	3318	5509	2,2	
Nucléaire faible				
Nucléaire	361	297	–0,8	–
Total	3318	5476	2,2	

Note: Les taux de croissance nuls, pour les scénarios S1 et S2, sont basés sur les réserves disponibles pour la période. Les filières à neutrons rapides ne sont pas considérées, ici.

Source: EIA, International Energy Agency, *Annual Outlook*, www.eia.doe.gov/oeia/

En examinant la prévision américaine (*Outlook 2005*), il est également important de noter que le nucléaire diminue dans le scénario de référence. En d'autres termes, l'industrie nucléaire mondiale survivra d'abord et avant tout ailleurs qu'en Amérique et dans certains pays Européens. Les médias et autres groupes écologistes purs et durs n'y pourront rien.

Sommaire

On parle beaucoup de retour du nucléaire[8]. Dans les faits, il faut bien voir que ce regain d'intérêt se situe dans un contexte où la première génération de réacteurs arrive en fin de vie. Plusieurs pays sont à l'heure des choix, et rien n'indique que les pays industrialisés pourront accroître leur production nucléaire à moyen terme. Au mieux, vont-ils remplacer les centrales existantes. La vraie contrainte, c'est la ressource.

Bref, quel que soit le scénario retenu, l'évolution de l'industrie nucléaire classique sera freinée par la disponibilité d'uranium 235. Dans un contexte de faible croissance de l'industrie, il n'y a pas de perspectives de pénurie grave d'uranium pendant ce siècle. C'est le sens du scénario que nous avons retenu. Par contre, il faut rappeler que les réacteurs actuels n'utilisent que 0,7% du potentiel de l'uranium. Le recours au retraitement et au recyclage de l'uranium et du plutonium augmenterait considérablement les réserves. C'est l'idée à la base des surgénérateurs comme Phénix et Superphénix. Les réserves prouvées sont alors multipliées par 80-100. Peut-on passer à côté d'une telle possibilité? C'est le sujet du prochain chapitre.

---

8. Par exemple, l'émission *Découverte* du dimanche 30 avril 2006 y était consacrée.

26. Domestiquer l'ultrachaud

Collaborateurs : Pierre-André Fortin, Maryse Fontaine,
Horst Pacher et Claude Boucher[1]

Nous avons vu que le nucléaire classique ne constituait qu'une énergie de transition en raison de réserves limitées. Le surgénérateur, ou la fission à neutrons rapides, semble une option sérieuse pour combler les besoins non satisfaits par les énergies renouvelables et les combustibles devenus plus rares. Mais la perception des populations risque d'être très négative. La fission à neutrons rapides est une solution de dernier recours. Le champ des possibles se rétrécit donc considérablement, surtout si on extrapole et qu'on pousse l'analyse pour les prochains siècles.

À part les énergies renouvelables et le surgénérateur, il reste deux grandes options, disent les scientifiques : la chaleur du ventre de la Terre[2] et l'énergie de la matière. Pourquoi ne pas domestiquer l'ultrachaud, mieux connu sous le terme de fusion thermonucléaire. Mais voici que reparaît le mot « nucléaire », ce mot qui fait si peur. Mais cette fois-ci, affirment ses défenseurs, il s'agit plutôt de l'énergie des étoiles, semblable à celle du Soleil. La fusion d'atomes aurait beaucoup moins d'impact à long terme que la fission. De façon imagée, la première propose l'amour, dans un processus qui colle les noyaux entre eux, alors qu'avec la fission, c'est la guerre, les neutrons cassant tout. Et qui dit guerre dit plus de dommages.

Le potentiel de la fusion représenterait donc une option attrayante, parmi les différentes sources énumérées jusqu'à maintenant, puisqu'elle serait plus propre et pratiquement infinie. En effet, la principale source d'énergie utilisée dans le procédé de

1. Ce chapitre s'inspire du travail de Maryse Fontaine et de Marc-André Fortin fait en avril 2001 pour le cours Énergie. Ont également contribué les professeurs Horst Pacher et Claude Boucher, deux spécialistes canadiens de la fusion.
2. Voir le chapitre suivant.

fusion thermonucléaire est le deutérium et le tritium. Le premier peut être extrait des eaux marines et en quantité suffisante pour des millions, voire des milliards d'années, et ce, quelle que soit la partie du globe où l'on se trouve. Le tritium, par contre, n'existe pas à l'état naturel, mais fait partie de la chaîne de la réaction globale[3].

La fusion posséderait des avantages significatifs, comparativement à la fission, puisqu'elle est visiblement moins toxique, en termes de radioactivité, le produit de la réaction (hélium) n'étant ni radioactif ni nocif, et qu'elle n'est pas reliée au développement d'armes nucléaires. La fusion fait rêver, parce qu'elle contribue à la densification de l'énergie.

Si on la compare aux combustibles, elle produit peu de dioxyde de carbone. Sur papier, les déchets produits sont surtout des parties irradiées de la machine contenant notamment des isotopes de cobalt et de nickel, beaucoup moins radioactifs que les combustibles usés des réacteurs à fission. Après l'arrêt de la machine, environ 30000 t de déchets devront être stockés et seulement 20% à 25% seront encore radioactifs 100 ans plus tard[4].

Les coûts reliés à la fusion résident donc majoritairement dans la construction des installations, mais cela est vrai aussi de la majorité des sources d'énergie. Cependant, puisque la fusion n'est pas une réaction en chaîne, la quantité de combustible entreposée dans la région de la réaction est très petite. Ceci permet de simplifier grandement la sécurité, comparativement à la fission.

Le seul hic, c'est la façon de contrôler l'ultrachaud, des températures qui atteignent 100 à 200 millions de degrés Celcius. Et comment en tirer l'énergie pour actionner une turbine? Bien que le plasma soit confiné, quels matériaux pourront supporter les températures extrêmement élevées qui se retrouveront sur les parois du réacteur?

---

3. Pour les expériences actuelles, le tritium peut être acheté des exploitants de CANDU, étant donné que c'est un résidu de ce type de réacteur. À l'avenir, il sera produit à partir du lithium, quasiment inépuisable.
4. Horst Pacher, INRS-EMT, cité par Isabelle Cuchet, dans «Du soleil sur terre», *Québec Science*, 2005.

Les réactions de base de la fusion

La réaction deutérium-tritium est la réaction la plus simple à reproduire : la fusion des deux noyaux donne un noyau d'hélium plus un neutron très énergétique. Afin de produire un nombre suffisant de ces réactions, le plasma doit atteindre des températures de centaines de millions de degrés Celsius. Il faut donc d'abord transférer au plasma une partie de l'énergie produite par la réaction afin d'en maintenir la température. L'énergie des neutrons, quant à elle, peut être convertie en chaleur sur la couverture, près des parois du réacteur, pour produire de l'électricité par un dispositif conventionnel (turbine à vapeur). La réaction D-T n'est pas la seule voie de fusion. D'ailleurs, l'énergie du Soleil vient de plusieurs réactions différentes. Mais les autres combinaisons, par exemple D-D, sont plus difficiles à assurer.

Les procédés

Deux procédés sont envisagés pour réaliser la fusion thermonucléaire : le confinement inertiel et le confinement magnétique.

La fusion par confinement inertiel

Dans le confinement inertiel, une minuscule sphère de combustible, d'un diamètre de quelques centaines de millionièmes de mètre, est remplie de deutérium et de tritium en parts égales. Cette boulette est chauffée et compressée symétriquement au moyen de lasers de haute puissance ou de particules à grande énergie. Par irradiation homogène, en quelques milliardièmes de seconde, la couche externe du combustible se vaporise très rapidement, ce qui, par réaction, provoque une onde de choc vers l'intérieur.

Les réactions de fusion ont lieu dans le court intervalle pendant lequel le combustible demeure confiné sous l'effet de l'inertie de sa propre masse. Les premiers noyaux fusionnent dans ces conditions et l'énergie ainsi dégagée échauffe encore la matière fortement comprimée, de sorte que le reste du combustible est à son tour soumis à la fusion.

Les principaux problèmes reliés à la FCI (fusion par confinement inertiel) concernent l'uniformité d'irradiation et de compression de la sphère, ainsi que les instabilités perturbantes. De plus, l'intensité de rayonnement nécessaire pour produire la réaction est telle qu'il est impossible, encore à ce stade-ci, d'envisager un système permettant une fréquence de bombardement suffisante pour fournir de l'énergie en continu. La méthode FCI a suscité un certain espoir dans les années 1970, grâce notamment au financement militaire. Les Américains continuent de soutenir l'approche par confinement inertiel, qui a l'avantage, en parallèle avec les essais de confinement magnétique, d'offrir un plateau d'avancée pour les tests militaires (bombe H). Les Français, avec le projet Mégajoule, suivent la même voie.

En fait, mis à part ces quelques expériences, tous les pays s'accordent pour aller de l'avant avec le confinement magnétique.

La fusion par confinement magnétique

Une bonne façon de comprendre le procédé du confinement magnétique est de se reporter aux problèmes des matériaux. Aucun matériau ne pouvant supporter plus de quelques milliers de degrés Celsius sans subir un changement de phase, il faut donc imaginer une façon de tenir les produits de la réaction en suspension, si on peut dire. En se reportant à une autre propriété de la matière à des niveaux très élevés de température, on se rappellera une astuce connue: l'utilisation d'aimants pour repousser la matière loin des parois. Les plasmas sont en effet composés d'atomes ionisés ou chargés positivement. Un champ magnétique a pour effet de confiner ces produits chargés loin des parois.

Autre problème à résoudre, comment s'y prendre pour ne pas laisser s'enfuir ce plasma? En faisant courir les particules chargées dans un domaine confiné. Inspiré des premiers réacteurs russes, le tokamak est donc une espèce de piste de course pour plasma qui a la forme d'une chambre à air de 30 m de diamètre environ. À l'intérieur du tore en acier et en alliage, d'immenses champs magnétiques assurent que le plasma de deutérium et de tritium reste bien au centre. Lors de la réaction, une fois que le plasma a été suffisamment chauffé, des neutrons très énergétiques sont libérés, ralentis puis absorbés par la matière. Cette chaleur est alors récupérée via un caloporteur pour produire de l'électricité à l'aide d'une turbine.

Le but des recherches est ici de mettre au point un appareil fonctionnant à impulsion longue ou à combustion continue, dans lequel du combustible pourrait être injecté comme dans l'alimentation d'une chaudière. C'est la voie qui a été privilégiée jusqu'à présent par la communauté internationale de la recherche.

C'est en 1920 que les scientifiques ont découvert que la fusion nucléaire était un procédé énergétique comparable à celui du Soleil. Différentes recherches ont alors débuté dans le but de reproduire ce processus sur Terre et d'en faire une source d'énergie utilisable à l'avenir. Le premier pas important dans le développement de cette technologie a eu lieu dans les années 1950 alors que l'Union soviétique mettait au point le tokamak.

Il y a plusieurs configurations possibles pour réduire au maximum le contact du plasma avec les parois. On a d'abord envisagé un champ de topologie cylindrique, mais cette configuration présente un gros désavantage : le plasma s'échappe facilement par les deux extrémités du cylindre. C'est pourquoi l'approche tokamak présente une configuration toroïdale. Tokamak est l'acronyme de *toroidalnaya kamera magnitnaya* (chambre magnétique torique, en russe). Un ensemble de bobines réparties autour de la chambre annulaire produit le champ principal, toroïdal. La colonne de plasma elle-même est utilisée comme unique enroulement secondaire d'un énorme transformateur.

Le tokamak est un dispositif pulsé, puisque le fonctionnement du transformateur exige un courant variable, c'est-à-dire, en l'occurrence, une impulsion de courant du côté du circuit primaire. Le courant de plasma est donc de durée limitée. Au stade des applications pratiques, il serait pourtant avantageux d'obtenir un fonctionnement continu de l'appareil. Voilà un premier défi technologique parmi d'autres.

FIGURE 17

Le tokamak

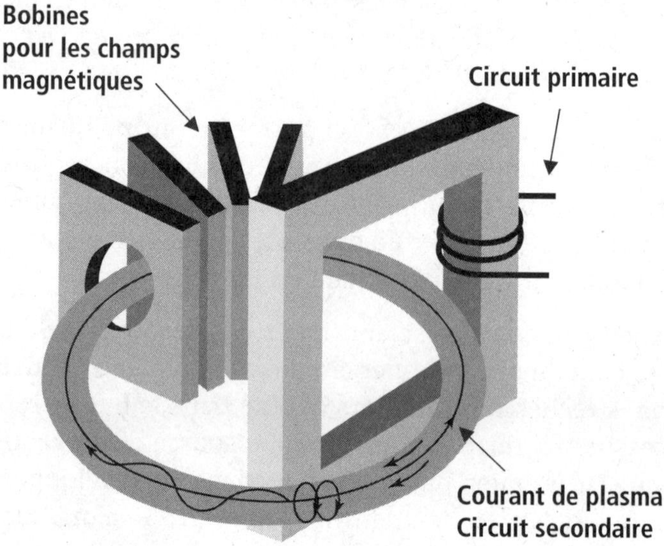

Le tokamak fonctionne comme un transformateur. Un courant qui varie dans le temps, dans l'enroulement primaire, induit un courant (plasma) dans le circuit secondaire. Une impulsion de courant du côté du circuit primaire induit, du côté du circuit secondaire, un courant important dans le plasma. Ce courant de plasma est à l'origine d'un champ magnétique poloïdal. La résultante de ces différents champs, toroïdal et poloïdal, est un champ magnétique hélicoïdal qui s'enroule sur des surfaces magnétiques toriques (à pression totale constante), imbriquées les unes dans les autres. Source: Claude Boucher, Colloque Plasma Québec, Acfas, mai 2006.

Les défis technologiques

Pour le moment, la communauté scientifique internationale concentre ses efforts sur le procédé tokamak. Depuis une vingtaine d'années, un programme de recherche basé sur une approche planétaire est en cours. La prochaine étape prévue est la construction à Cadarache, en France, d'ITER un immense tokamak. Pour comprendre l'apport de ce projet, il faut d'abord revenir à un certain nombre de défis technologiques que l'on peut regrouper en cinq catégories.

Critère de réaction, facteur Q et ignition

Les progrès en fusion magnétique sont rapportés en termes de critères de réaction, qui est le produit de trois facteurs : la densité du plasma, le temps de confinement et la température des ions. Ce produit des facteurs représente l'état à partir duquel toutes les pertes énergétiques dans le plasma sont compensées par les particules alpha (noyau d'hélium) en provenance des réactions de fusion. L'objectif final est que l'énergie dégagée soit supérieure à celle nécessaire pour amorcer la réaction. Ça semble banal, si on s'en tient au calcul, mais dans les faits, ce n'est pas facile à obtenir.

Le critère dicte la stratégie à suivre pour développer des puissances de fusion en tant que systèmes de production énergétique : des températures d'environ 10 keV (kiloélectronvolts, 100 millions de degrés Celsius) sont nécessaires avant d'obtenir les densités et le degré de confinement requis simultanément. Le plasma chaud peut être confiné au moyen de forts champs magnétiques faisant monter la densité jusqu'à $1,5 \times 10^{20}/m^3$. Avec ces densités, le temps de confinement requis est de l'ordre de quatre secondes. C'est sur cette approche que se base la physique des tokamaks.

L'efficacité du tokamak est représentée par le facteur Q, qui correspond au rapport entre la puissance fournie par la réaction et la puissance injectée dans le système. Des efficacités de l'ordre de 0,6 ont été obtenues avec les tokamaks actuels, cependant le plafonnement des résultats montre que ces grands appareils sont à la limite de leurs capacités et que de nouveaux réacteurs, tel ITER, sont nécessaires afin de produire les paramètres requis pour l'ignition. Un des objectifs à moyen terme est d'atteindre $Q>10$ en impulsion.

Le transfert de chaleur

La chaleur nécessaire à l'activation des turbines proviendrait justement de l'intense bombardement neutronique de parois ($1 MW/m^2$). Cependant, bien des détracteurs mettent en doute la possibilité d'irradier les parois sans les dégrader avec des neutrons de si haute énergie, et ce, quel que soit le système de refroidissement extérieur de la chambre. Le liquide de refroidissement étant loin de la surface irradiée, le choc thermique serait inévitable. De plus, l'assurance ne serait pas donnée aux responsables de la sécurité qu'en aucun moment le système de refroidissement ne sera contaminé par d'éventuelles diffusions d'isotopes à travers la paroi du réacteur[5].

Les défenseurs d'ITER, quant à eux, affirment que de nouveaux matériaux «barrières» sont en ce moment à l'étude. Les alliages de vanadium, les dépôts de tungstène ainsi que certains alliages d'acier montreraient les caractéristiques nécessaires à la fonction de collecte d'énergie neutronique. Mais surtout, ils font valoir que le monde de 2050 ne sera pas celui de 2000. Une fois la physique démontrée, les ingénieurs et les informaticiens sauront mettre en place les techniques de contrôle extrêmement sophistiquées capables de contrôler adéquatement les échanges de chaleur et la durabilité des matériaux.

La géométrie du déflecteur

Le déflecteur, situé à la base du tore, sert d'abord à limiter le plasma (par confinement à l'intérieur des lignes hydrostatiques), puis à collecter la contamination et l'hélium résultant de la combustion. Il existe une limite de contamination du plasma au-dessus de laquelle se produisent des turbulences et des interruptions. Les déflecteurs sont constitués de plaques soumises à des bombardements très intenses. Les plaques devront forcément être enlevées périodiquement pour entretien ou remplacement du matériau de paroi. Tout un dispositif de chariots collecteurs a dû être conçu pour tenir compte de la manipulation des «cartouches» du déflecteur, afin de minimiser les risques d'irradiation et de contamination du personnel, en plus d'assurer la fiabilité du stockage des pièces radioactives. Lors d'interruptions «dramatiques», il y a possibilité

5. Les pires ennemis de la fusion sont les physiciens eux-mêmes, surtout ceux venant de la fission. À titre d'exemple de débats orageux, il faut lire l'article de William E. Parkins: «Fusion: Will it ever come?», publié dans *Science*, le 10 mars 2006. Il faut surtout lire les réponses au pauvre homme, qui est mort entre-temps, à l'âge de 97 ans! Il avait acquis son expérience lors du projet Manhattan, en 1942.

À lire également, un document en réponse aux détracteurs, produit par Weston Stacey (1999), *Commentaries on Criticisms of Magnetic Fusion*.

que le plasma décharge toute sa puissance sur le déflecteur. L'ingénierie du système doit prendre en compte ces puissantes décharges et leur effet sur l'érosion de surface. Mais d'abord et avant tout, la modélisation est un outil crucial pour faire avancer les connaissances et éviter les investissements inutiles.

Instabilités et turbulences

En 1996, les concepteurs d'un modèle de comportement du plasma, à l'Université d'Austin, pointèrent la possibilité de non-ignition du tokamak, tant les instabilités et les turbulences sont incontrôlables. Des études de simulation plus poussées furent commandées, mais, politiquement, ces études portèrent un grave coup à la crédibilité du projet. Les conséquences ne se firent pas attendre. Mettant en cause l'ampleur financière du projet ainsi que les incertitudes, tant physiques que technologiques, le Congrès américain décida, en 1996, de diminuer le budget alloué à la recherche en fusion, ce qui entraîna le retrait des Américains du projet ITER. Ils ne réviseront leur décision qu'en 2005.

Cet événement illustre à lui seul la division observée au niveau de la communauté internationale quant au programme de fusion. D'un côté, il existe toujours une école qui affirme qu'une seule expérience est improductive et qu'il faut plutôt continuer à financer plusieurs programmes nationaux qui examinent la science fondamentale. Les défenseurs du projet ITER disent au contraire que seul un programme de grandes machines fera avancer la science assez rapidement pour réaliser des réacteurs commerciaux d'ici une cinquantaine d'années. Mais pourquoi ne pas faire les deux? Parce que les coûts semblent exorbitants. Nous y reviendrons.

Dégradation et activation des parois

Les parois internes du réacteur ITER seraient soumises à des bombardements neutroniques intenses et à des transferts de chaleur extrêmes (dus principalement aux perturbations du plasma). Les parois dégradées devraient donc être remplaçables périodiquement, au moyen d'un système de contrôle à distance. L'intérieur du réacteur est sujet à une intense activité radioactive, ce qui complique la gestion sécuritaire du site et le design du projet. De plus, un bombardement neutronique aussi intense sur les parois engendrerait une activation non négligeable des matériaux en surface (formation d'isotopes radioactifs, de rayons X), forçant à augmenter de façon significative les normes de sécurité et de manipulation des équipements.

Rien n'est gagné, bien sûr, mais, comme pour le point sur le transfert de la chaleur, il ne sert pas à grand-chose de crier au loup sans chercher les solutions.

Le long chemin vers la commercialisation

Une chose est donc certaine, les défis technologiques pour atteindre la fusion sont considérables. Lorsque j'ai été engagé à l'INRS, en 1972, certains de mes premiers travaux comme assistant de recherche ont été effectués dans le groupe de la fusion. Spontanément, j'avais demandé à mon directeur quand la physique de la fusion serait réalisée. Sur le coup, il avait répondu: dans vingt ans. Puis le temps a passé et, 35 ans plus tard, la loi de la réalisation semble plutôt $t + 50$. Est-ce la faute des scientifiques? Non, vont s'empresser de répondre les défenseurs de la fusion. Son évolution dépend du financement de base qui a eu tendance à diminuer depuis vingt ans.

En fait, si on se reporte au calendrier de recherche proposé par la communauté internationale dans les années 1980, l'évolution du programme de la fusion est toujours dans les délais requis pour atteindre un réacteur fonctionnel à l'horizon 2050. Vu, toutefois, l'optimisme légendaire des scientifiques, il s'agit là d'une borne inférieure, accompagnée de beaucoup de «si». Pour les seuls défis technologiques, trois grandes étapes seront nécessaires pour atteindre les objectifs. La première étape, en cours, consiste à construire ITER. Il sera mis en service entre 2015 et 2020, et aussitôt une deuxième machine sera sur les planches à dessins. Dix ans plus tard, cette nouvelle machine DEMO, permettrait encore de faire évoluer les connaissances. Enfin, un dernier réacteur de démonstration tracerait le chemin pour la commercialisation.

Si tout se passe selon le calendrier proposé par les scientifiques, le développement de la fusion aura été une très bonne affaire, malgré les critiques trop nombreuses voulant que le coût de la R-D en fusion soit exorbitant. Les plus féroces opposants sont bien sûr les scientifiques qui œuvrent dans d'autres disciplines de recherche. À leurs yeux, les millions accordés à un programme national de fusion sont autant de fonds retirés à leur propre recherche.

Depuis 1988, le total des montants dépensés pour la R-D en fusion par l'ensemble des pays membres de l'AIE accuse une diminution de 45%, alors que la baisse de l'ensemble des efforts en R-D pour toutes les filières énergétiques n'est que de 22%. Mais, dans les secteurs très à la mode – technologies de l'information, nanoscience, photonique, etc. –, c'est tout le contraire qui se produit. C'est une question de priorité, tout simplement.

Il est vrai que les coûts avantageux du pétrole et du gaz ont fait diminuer la pression politique et médiatique en matière de financement de la recherche sur l'énergie en général. Mais pour les défenseurs de la fusion, la dernière décennie a été particulièrement difficile. D'abord, la communauté internationale a dû se concerter pour réduire la taille du premier projet ITER.

Les objectifs d'ITER sont de démontrer la physique du tokamak ainsi que les possibilités technologiques pour la construction du système. Les coupures de 50% dans le budget initial ont eu pour conséquence le remodelage des dimensions de l'appareil. Les procédures de contrôle et de sécurité imposent des contraintes considérables au système, surtout en matière de gestion de matériel radioactif. Puis la réticence des Américains à s'engager activement dans le projet ITER a mis en péril l'expérience. Enfin, la rivalité Japon-Communauté européenne a retardé de quelques années le démarrage de la construction à Cadarache. Mais finalement, la signature de l'accord international ITER a bien eu lieu le 21 novembre 2006 à Paris.

Le financement de la recherche est-il trop onéreux? Il suffit de mettre les choses en perspectives. Commençons par le cas le plus optimiste, celui qui correspond au calendrier scientifique de base. L'expérience ITER coûtera entre 10 et 15 milliards de dollars US.

Supposons deux autres réacteurs, qui coûteront 15 milliards de dollars US chacun, en termes réels le coût total serait de 45 milliards en dollars US de 2005. Il s'agit bien sûr d'une estimation de chercheur. Pour être réaliste, doublons ou même triplons ce chiffre. Vous trouvez le coût astronomique? Pour la seule année 2005, les profits de trois compagnies pétrolières américaines ont atteint 64 milliards. Et les 45 milliards demandés par la communauté scientifique pour une période de 50 ans, c'est en gros le coût des dégats occasionnés par l'ouragan Katrina, lequel est un des effets de notre trop grande consommation de combustibles fossiles.

Entre la fiction et la réalité

En fait, l'état de la recherche en fusion peut se comparer à celle de la fission au moment où la physique de base était à peu près connue, soit vers la fin des années 1930. L'industrie nucléaire a vraiment démarré environ trente ans plus tard. À la différence de la fusion, le militaire a investi massivement dans la filière fission et il y a eu le projet Manhattan. Heureusement, le programme fusion bénéficie également d'un effort international: ITER est un consortium composé de toutes les puissances mondiales (sauf le Canada) et d'autant de pays en émergence, comme la Chine et le Brésil.

Par contre, il faut bien avouer que les fonds accordés et prévus pour le développement de la fusion sont modestes, en comparaison de ce que les gouvernements ont fait pour la fission et l'exploration pétrolière. Sans compter que les problèmes technologiques sont loin d'être résolus. Cela nous amène à définir deux scénarios d'évolution qui correspondent assez bien à nos types S1 et S2.

Dans le scénario du chacun-pour-soi, la fusion n'est pas commercialisée avant 2080-2090, pour la simple raison que la communauté internationale ne prend conscience que sur le tard de la rareté des ressources. Dans un tel contexte, le scénario pourrait être plus pessimiste pour la fusion, car il est tout à fait possible que l'industrie mondiale se tourne plutôt vers les surgénérateurs.

Dans le scénario de la solidarité, la communauté internationale intensifie les investissements en recherche afin de réaliser la fusion commerciale vers 2050-2060. Si on se fie à la progression de la fission classique, l'impact de la fusion sur le bilan mondial de la production d'électricité pourrait commencer à être significatif une vingtaine d'années plus tard.

Dans tous les cas de figure, la fusion ne sera vraisemblablement pas une option qui permettra à l'humanité de se soustraire à sa dépendance envers les combustibles pendant ce siècle. D'abord, l'humanité aura trop tardé à en faire une priorité. Ensuite, l'adaptation au marché est une contrainte lourde, trop souvent oubliée. Il ne faut pas oublier que 50 ans après le premier réacteur à fission, le nucléaire ne comble toujours qu'un très faible pourcentage des besoins énergétiques de la planète.

Une chose est certaine, cependant, la réalisation de la fusion semble essentielle pour la suite des choses. La demande énergétique globale ne cesse de croître, année après année, suivant l'expansion de la population mondiale et sa dépendance énergétique. Bien qu'il soit difficile d'établir des prédictions fiables, les scénarios tendanciels que nous avons élaborés conviennent que la demande énergétique mondiale devrait augmenter considérablement d'ici 2050. Par la suite, la tension sur l'offre de combustible et les restrictions environnementales vont exiger de nouveaux programmes d'économie d'énergie, mais également de nouvelles sources de production d'énergie pour remplacer les combustibles fossiles.

Il suffit d'effectuer un survol des possibilités de remplacement des combustibles fossiles pour remarquer que les options réalistes sont rares. Techniquement, un monde «tout renouvelable» et austère est possible et calculable. Mais, quand on examine les conditions d'application, on constate rapidement qu'il s'agit de rêves d'idéalistes. La contrainte est humaine, pas technique.

Collectivement, l'homme a un caractère impatient. Il exige des solutions rapides et peu coûteuses, même si à long terme il a conscience des impacts majeurs pour l'environnement. En même temps, l'homme est optimiste. Il se dit qu'un jour ou l'autre apparaîtra une solution pour l'après-pétrole et gaz. La décision collective sera donc de brûler tout ce qu'il reste à brûler, si ça coûte moins cher et demande moins d'effort.

Une fois les combustibles épuisés, est-ce que l'atome pourra satisfaire entièrement les besoins énergétiques de la planète? L'idée a toujours séduit les scientifiques pour une première raison: les réacteurs à fusion et les surgénérateurs ont l'avantage de poursuivre la tendance historique de densification de l'énergie. Par volume de matière, la quantité d'énergie produite est beaucoup plus grande que celle du pétrole, qui lui, avait déplacé le charbon pour les mêmes raisons. Les tenants du tout atome invoquent qu'à l'inverse l'énergie produite par les renouvelables est plus diffuse et crée des désagréments pour les populations environnantes. Si l'on admet que l'énergie de l'atome est pratiquement inépuisable, il est facile d'imaginer l'avenir. Le quatrième âge de l'énergie serait naturellement électrique; il serait basé sur une mono énergie, l'atome, et l'économie de l'hydrogène serait enfin en fonction.

Cette thèse logique d'un point de vue scientifique omet cependant un paramètre plus important encore, le fonctionnement pluriel des systèmes socio-économiques et politiques. Déjà, les filières de l'atome se butent à un premier obstacle de taille: le manque de solidarité en matière de R-D pour trouver des solutions viables et acceptables pour la population. Au lieu de l'atome, est-ce que le système énergétique peut reposer entièrement sur les renouvelables? Le Sahara peut-il éclairer l'Europe? Le chapitre suivant en discute.

27. Les projets fantaisistes

La chaleur des entrailles de la Terre dans votre salon[1]

Depuis toujours, les sources thermales sont utilisées comme bains de jouvence et considérées comme des lieux de bien-être et de paix. Avec l'industrialisation, certaines de ces sources thermales ont été exploitées à des fins énergétiques. Le cas le plus connu est bien sûr l'Islande, qui exploite à grande échelle ses sources chaudes, autant pour les besoins de chauffage que pour la production d'électricité. Mais à part quelques cas isolés, quelles possibilités offre la chaleur des entrailles de la planète dans les régions qui ne peuvent profiter de ces sources d'eau chaude gratuites?

Le potentiel est immense, disent les promoteurs et les écologistes. Devant la pression publique, Hydro-Québec a finalement intégré la géothermie à son programme d'efficacité, en 2005, et le gouvernement du Québec la considère explicitement dans sa nouvelle stratégie énergétique, lancée en avril 2006. Au Canada[2], il s'installerait environ 3000 unités géothermiques par année. Le Manitoba, qui a subventionné plusieurs milliers d'installations, est souvent cité comme modèle. Mais le parc canadien de 30000 unités est plutôt marginal, si on le compare à l'ensemble des systèmes classiques en place ou au parc mondial, qui serait de l'ordre de 700000 unités installées, soit en posant 10 kW par unité, une capacité totale d'environ 7000 MW.

Comme l'énergie solaire, la géothermie reste marginale mais elle plaît. C'est une vieille technologie qui connaît un regain de popularité. Dans les années 1970, l'IREQ et l'INRS-Énergie avaient des programmes spécifiques pour la géothermie. Depuis

1. Merci à Christophe Chabanier et Laurent Sauvagère pour le travail sur la géothermie fait dans le cadre du cours Énergie, hiver 2000.
2. Claude Turcotte, «La géothermie a le vent dans les voiles», *Le Devoir*, 26 avril 2004.

quelque temps, surtout quand il s'agit de s'opposer à l'atome ou à l'hydroélectricité, la géothermie fait partie de tous les discours branchés, au même titre que l'éolien et l'efficacité énergétique. Cet engouement est-il justifié?

Premier point positif, la géothermie, dont le principe repose sur l'exploitation de la chaleur stockée dans la croûte terrestre, est considérée comme renouvelable, en ce sens qu'elle est quasi inépuisable à l'échelle humaine. La Terre est en fait un fabuleux système de stockage, puisque 48% de l'énergie solaire qui la frappe est emmagasinée dans la croûte terrestre et les masses d'eau qui l'entourent. Notre globe contient donc d'énormes quantités de chaleur naturelle. Selon les connaissances actuelles, le centre de la Terre, à une profondeur de 6400 km, atteindrait une température de quelque 6000°C, et celle du manteau supérieur du globe dépasserait 1000°C. Le flux géothermique qui parvient à la surface du globe serait supérieur à 40 milliards de kilowatts et il est en perpétuelle activité. Il y a donc suffisamment d'énergie stockée pour satisfaire les besoins énergétiques de l'humanité pour toujours.

Qu'attendons-nous donc pour dire adieu aux déchets nucléaires, aux gaz à effet de serre et aux barrages qui inondent nos territoires?

Les ressources géothermiques faciles à exploiter sont assez bien réparties sur la planète, et on compte une trentaine de centrales à l'heure actuelle. La capacité électrique totale dépasse les 8000 MW, dont un tiers aux États-Unis. Ces centrales géothermiques sont installées dans des régions disposant de très bonnes sources calorifiques et situées pour la plupart dans des zones volcaniques ou à forte activité souterraine, comme le nord de la Californie, l'Italie ou encore l'Islande. Mais dans l'ensemble, la production d'électricité à partir des sources thermales reste marginale.

Pour les régions qui ne disposent pas de ressources géothermiques, comme le Québec, deux catégories de solutions sont possibles: a) l'utilisation directe et la pompe à chaleur géothermique pour les basses et moyennes températures; b) la production d'électricité à partir de la chaleur des grandes profondeurs.

Les ressources géothermiques

Les ressources géothermiques sont en général concentrées par régions souterraines, selon la classification suivante: les fluides hydrothermiques, les ressources géopressurisées, les ressources des roches chaudes et sèches, le magma et l'énergie terrestre.

- *Les ressources hydrothermiques* – Il s'agit de réservoirs de vapeur ou d'eau chaude créés par les infiltrations d'eau et réchauffés par les roches fissurées ou poreuses. Des puits de forage sont installés sur ces réservoirs pour en extraire l'eau chaude ou la vapeur et l'acheminer à la surface. Ces ressources d'eau chaude sont nombreuses sur la Terre et les technologies pour les extraire restent fiables.
- *Les ressources géopressurisés* – Il s'agit de réserves d'eau chaude à moyenne température et à très grande profondeur qui contiennent du méthane dissous. À l'inverse des ressources hydrothermiques, les technologies pour soutirer ces sources de chaleur ne sont pas encore rentables. Elles sont situées en majeure partie aux États-Unis (Louisiane et Texas).
- *Les ressources des roches sèches et chaudes* – On les trouve à de très grandes profondeurs (entre 8 et 16 km) partout sous la surface de la Terre, et aussi à des profondeurs plus faibles dans certaines zones. L'accès à ces ressources exige la technologie du *deep heat mining*, qui injecte de l'eau froide dans les roches chaudes fissurées et qui ensuite pompe l'eau réchauffée.
- *Les ressources magmatiques* – L'utilisation de la chaleur de la roche volcanique en fusion à très haute température serait sûrement une solution d'avenir, mais il n'existe pour l'instant aucune technologie capable d'extraire cette chaleur.
- *L'énergie du sol* – C'est la chaleur contenue dans le sol et dans les roches à faibles profondeurs. Cette source d'énergie est extraite par les pompes à chaleur géothermiques.

En fonction de la température, on parlera de géothermie à basse température (énergie du sol < 90 °C), à moyenne température (fluides hydrothermiques, de 90 à 150 °C) à haute température (>150 °C).

Premier problème, les applications à basse température se limitent en général au chauffage des locaux au moyen d'une pompe à chaleur de type eau-eau. Compte tenu qu'en général les urbains n'ont pas accès à ce type de système et qu'en région rurale, les conditions locales du sous-sol réduisent encore le nombre d'applications, l'impact ne peut qu'être marginal. En outre, ce type d'installation, plutôt lourd, n'est pas rentable pour de petites unités de chauffage, cela, malgré le fait que la pompe géothermique ait un meilleur coefficient de performance que la pompe à chaleur air-air. Un tel système s'applique mieux aux bâtiments, aux serres ou à certains usages industriels, comme le séchage.

Autre problème, pour tirer partie du gradient géothermique et produire de l'électricité, il faut s'enfoncer sérieusement: pour chaque 1 000 mètres, la température augmente de 30 à 50 °C. Après un premier forage à grande profondeur (au-delà de 5 km) pour atteindre une couche de roches fissurées chaudes et sèches de la croûte terrestre, on crée un réservoir géothermique souterrain en élargissant hydrauliquement les fractures naturelles. La technique de fracturation hydraulique utilisée à cette fin prévoit l'injection d'eau à une pression de plusieurs centaines de bars.

Dans le réservoir géothermique fissuré, l'eau se réchauffe, puis revient à la surface de la terre par un ou plusieurs forages de production. Un échangeur de chaleur transfère l'énergie à un deuxième circuit, qui alimente un turbogénérateur pour produire de l'électricité. Un puits d'injection complète le circuit fermé en restituant l'eau refroidie au réservoir.

Cette technique est testée actuellement à plusieurs endroits du globe dans des centrales pilotes en des lieux où la température du sol est moins élevée et où l'activité souterraine n'est pas intense (Nouveau-Mexique, Suisse, Alsace[3]...), afin d'analyser l'efficacité et la rentabilité du procédé dans de telles régions. Pour rentabiliser le système, il faut un site où l'on puisse prendre en charge l'exploitation de la chaleur résiduelle à des fins d'utilisations directes, comme le chauffage.

3. Une centrale de 6 MW est prévue en Alsace, suite à une expérience qui a montré qu'il était possible de réchauffer de l'eau à environ 200 °C à 5 km de profondeur.

Les perspectives pour la géothermie

Nul doute que la géothermie représente un intérêt pour l'avenir. Pour certaines applications, elle est déjà rentable. Ainsi, couplée à une pompe à chaleur géothermique, l'énergie géothermique permet de chauffer et de climatiser des immeubles et de leur fournir de l'eau chaude. Elle peut aussi servir à certaines applications industrielles. De plus, contrairement à certaines formes d'énergie renouvelable, telles que les énergies solaire et éolienne, elle ne dépend pas des conditions climatiques journalières et saisonnières. Honnêtement, cependant, il faut dire que ce type d'applications à basse température n'aura jamais d'impact significatif sur la demande mondiale de combustibles.

En ce qui concerne la production d'électricité dans le monde, l'utilisation des sources thermales est là pour rester, mais il est clair que les centrales qui exploitent les sources géothermiques ne pourront pas remplacer les centrales à énergies lourdes, tels le charbon, le pétrole et le gaz naturel. Il subsiste encore trop de problèmes importants dans de tels systèmes : coût des systèmes, perte de pression et de température dans les réservoirs, problèmes de corrosion et de cristallisation des fluides hydrothermiques, émissions de H_2S (sulfure d'hydrogène), etc.

Dans nos scénarios, la contribution de la géothermie n'est pas compilée spécifiquement. Elle fait partie d'un ensemble de renouvelables qui aura la couleur des régions. Pour ce qui est d'une contribution majeure de la géothermie, les éléments ne sont pas encore favorables. En d'autres mots, il faudra remettre à beaucoup plus tard ce voyage au centre de la Terre...

Les flots de la mer chez vous

La thalassoénergie*, c'est le potentiel énergétique des mers : marées, vagues, courants et gradients thermiques. Tout comme la géothermie, le sujet intrigue et paraît bien dans les conversations. Pourtant, l'idée n'est pas nouvelle.

L'énergie des marées

Au Canada, les marées de la baie de Fundy font l'objet de manchettes périodiques depuis trente ans, mais l'énergie marémotrice, bien que connue, n'a jamais réussi à percer de façon significative. En Nouvelle-Écosse, la puissance installée sur la rivière Annapolis n'est que de 18 MW, ce qui est bien loin du potentiel total de l'entrée de la baie, tout près du Maine. La seule usine importante est celle de la Rance, en France. D'une puissance de 240 MW, elle fonctionne depuis plus de trente ans. En termes d'intérêt, l'énergie des marées se situe dans la même catégorie que les sources thermales : les sites intéressants sont dispersés. Heureux les pays qui peuvent en profiter!

L'énergie des vagues

La plupart des pays du monde ont accès à la mer. Pourquoi alors ne pas exploiter l'énergie des vagues, qui ont l'avantage de suivre une courbe périodique connue. Le Brésil y pense[4]. L'usine pilote de 500 kW annoncée en février 2005 lui permettra de tester l'idée. On estime que l'énergie de vagues pourrait représenter, à terme, 15% de l'électricité produite dans ce pays.

Mais les vagues sont créées par le vent et sont donc aussi intermittentes. L'accès à la mer ne constitue donc pas une garantie qu'on aura des vagues énergétiques. *A priori*, elles sont moins intéressantes à exploiter que les éoliennes offshore pour deux raisons. D'une part, l'occupation spatiale des centrales à vagues se compare à celle du solaire. En d'autres termes, l'énergie produite par mètre carré est beaucoup plus faible que celle de l'éolien. D'autre part, les centrales à vagues sont plus encombrantes pour la navigation.

Cela dit, de nombreux projets expérimentaux en examinent les applications, entre autres en Colombie-Britannique, au Canada. Pour l'essentiel, les techniques proposées profitent de l'énergie potentielle de la vague entre sa crête et son creux, à l'aide d'un flotteur, par exemple, qui est déplacé par la houle et actionne un piston relié à une turbine. À suivre.

---

4. «L'électricité par les vagues», *La Presse Affaires*, 15 février 2006.

Les gradients thermiques et les courants marins

Dans le domaine des gradients thermiques, l'idée la plus folle est d'exploiter la différence de température entre l'eau chaude en surface et l'eau plus froide des profondeurs. Pour ce qui est des courants marins, il s'agissait de placer sous l'eau des turbines actionnées par ceux-ci, un peu comme celles au fil de l'eau. Ça paraît simple, mais avant de pouvoir «aménager» le golfe Stream et d'en tirer de l'électricité, plusieurs autres fictions auront été proposées.

Le Sahara pour éclairer l'Europe

À quoi servent les déserts? Un quart des terres émergées sont arides et en apparence sans grande utilité. Pourquoi ne pas utiliser tout cet espace perdu pour y installer d'immenses champs de capteurs solaires? Les rares nomades et leurs chameaux ne feraient pas le poids dans l'opposition à l'avancée de la civilisation. Des lignes de transport à courant continu assureraient l'approvisionnement des grands centres. La production d'hydrogène* en période hors pointe assurerait une partie des besoins en carburant. Et, bien entendu, tout fonctionnerait à l'électricité ou presque.

L'idée a été proposée par un groupe d'écologistes allemands[5] qui affirment haut et fort que l'Europe peut se passer des combustibles et du nucléaire. Selon eux, trois formes principales d'énergie seraient à la base du système énergétique: l'éolien offshore, la biomasse moderne et, bien entendu, le solaire. En fait, plusieurs écologistes ont fait des propositions semblables, y compris des scientifiques de grande notoriété, comme Hubert Reeves[6]. Refusant l'atome comme solution durable, on propose un monde futur entièrement basé sur l'utilisation des énergies renouvelables, à l'exclusion de la grande hydroélectricité.

Aucun reproche sur le plan technique, ni d'ailleurs sur le plan économique. L'éolien est déjà rentable et le solaire, bien que plus cher que les autres formes d'énergie, n'est pas à ce point hors de portée. Mais examinons d'un peu plus près la proposition de

5. Télé-Québec, *Grands documentaires science*, «L'énergie propre, l'utopie nécessaire», février 2006.
6. Hubert Reeves, *Le mal de terre*, 2004.

remplacer la demande mondiale de combustibles par du solaire et de l'éolien, en grande partie. Prenons, par exemple, un portefeuille de ressources allouant une part de 40% à chacun, le reste étant assuré par d'autres filières renouvelables – biomasse, géothermie, thalassoénergie et hydroélectricité déjà développées.

Dans le scénario de la solidarité, le besoin annuel d'énergie finale à l'horizon 2100, est de l'ordre de 430 EJ. L'énergie utile correspondante est environ 350 EJ. En supposant que les pertes dues au transport soient faibles (environ 3%), l'éolien et le solaire devront fournir chacun 40000 TWh par an d'électricité. Chaque forme d'énergie devra donc fournir l'équivalent de trois fois la production mondiale d'électricité actuelle. Déjà, la révolution s'annonce difficile quand on pense que l'électricité, en 2006, est produite à 65% par des centrales thermiques classiques et que la part des énergies à faible émission de GES a tendance à baisser. Pour atteindre l'objectif, la production solaire devra être multipliée par un facteur de 7500 et celle de l'éolien par 250. Tout un contrat!

Mais jouons le jeu jusqu'au bout.

En supposant des rendements maximums pour chaque source d'énergie, la deuxième question qui vient à l'esprit est celle de la surface requise pour installer tous ces capteurs solaires et ces éoliennes. Là encore, les chiffres sont impressionnants. Pour produire 40000 TWh, la surface requise pour l'éolien est de 0,6 million de kilomètres carrés, un territoire plus grand que la France. Pour le solaire, en se basant sur les rendements attendus du photovoltaïque (15%), il faut 5,2 millions de kilomètres carrés, soit l'équivalent de 60% du Canada ou de la Chine. Même en étant plus optimiste encore, en faisant doubler le rendement de 15 à 30%, le résultat reste impressionnant. Et on n'a pas considéré l'espace requis pour les systèmes de stockage et les lignes de transport.

Est-ce qu'un monde tout énergies renouvelables est possible? Techniquement, oui. Est-il réaliste? (figure 18) On peut en douter et pour plusieurs raisons. Quand on considère l'extrême sensibilité des sociétés face à tout ce qui défait le paysage, on peut craindre que les collectivités touchées n'accepteront pas de consacrer autant de territoire aux besoins énergétiques des autres. Par ailleurs, le système économique que l'on connaît s'est bâti sur la pluralité des choix, en mettant en concurrence les idées et les concepts. Une concentration de capitaux dans quelques grands chantiers solaires et éoliens est une vue de l'esprit qui n'a rien à voir avec le fonctionnement réel du système économique mondial. Enfin, il ne faut surtout pas oublier la sécurité d'approvisionnement et le nationalisme énergétique, qui demeurent des paramètres très importants dans la politique de chaque pays. Le marché ouvert ayant pour seul principe le prix le plus bas est encore un rêve d'économiste pur et dur.

FIGURE 18

Un monde tout énergies renouvelables : une utopie nécessaire ?

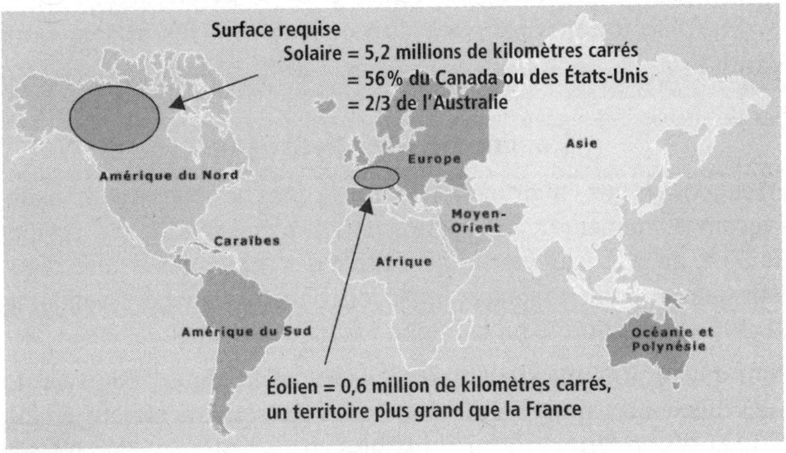

Demande d'énergie utile, hypothèses 2100

Population = 9 milliards
Énergie utile, scénario efficace = 100 000 TWh
Puissance continue = 11 TW ≈ actuel

Offre

Solaire = 40 %
Éolien = 40 %
Autres filières renouvelables = 20 %

Un jour, le colonel Kadhafi, président de la Libye, proposa de fournir de l'électricité à l'ensemble des pays de l'Afrique de l'Ouest. Produite sur son territoire, cette électricité aurait été transportée sur des milliers de kilomètres vers le sud. Bien que l'idée fût belle, le refus fut immédiat. D'abord, arriver à une entente régionale apparaissait comme une tâche colossale. Ensuite, quel pays aurait confié la totalité de son approvisionnement électrique à une seule organisation, sur laquelle il n'aurait aucun contrôle ? Dans le domaine des échanges énergétiques, la suspicion plane toujours.

Est-ce que les mentalités vont changer à l'avenir? À l'heure où l'Europe se questionne sur sa trop grande dépendance envers le gaz russe, une proposition d'aménagement de champs solaires en Afrique du Nord pour satisfaire une grande partie des besoins du vieux continent aurait-elle plus de chances de réussir? On tombe ici dans le même panneau que les grandes promesses passées. Dans les années 1960, le nucléaire allait assurer l'équité planétaire. Vingt ans plus tard, les gaziers nous promettaient un monde tout gaz. Maintenant, un lobby promet l'économie de l'hydrogène. En opposition aux promoteurs du tout renouvelable, des groupes de scientifiques affirment que le système de production électrique de l'avenir sera entièrement basé sur l'énergie des neutrons rapides, les uns résolument pour les surgénérateurs, les autres pour la fusion. Et ainsi de suite.

L'économie de l'hydrogène

En supposant que l'hydrogène soit utilisé dans des piles à combustible, avec un rendement de production d'hydrogène de 85% et mécanique de 50%, on peut calculer la quantité d'électricité nécessaire pour le fabriquer et pour remplacer le pétrole dans le transport (rendement de 30% du moteur, si on combine essence et diesel).

Pour donner un ordre de grandeur, il faudrait ajouter l'équivalent de 1,25 fois le parc mondial de production d'électricité effectif en 2002 (3300 GW). En termes de combustibles consommés, le bilan n'est pas très avantageux. Il faudrait alors construire l'équivalent de 3,6 fois les centrales à faible émission de GES (énergies renouvelables + nucléaire) pour la seule production d'hydrogène, soit environ 4000 GW. Tout un programme, quand on songe que cela représente 100 fois le réseau d'Hydro-Québec!

À titre de comparaison, le tout électrique est plus avantageux, puisque le rendement mécanique est de l'ordre de 85%. La capacité de production nécessaire pour satisfaire un parc automobile tout électrique représente 60% de la production actuelle d'électricité dans le monde, soit environ 2000 GW.

Bref, penser que la planète tout entière adoptera un système d'approvisionnement énergétique unique relève de l'utopie. Même celui du pétrole, contrôlé par un petit nombre d'acteurs, a eu ses failles. Le système énergétique de l'avenir s'appuiera sur un grand nombre de modèles qui seront à l'image des communautés qui les adopteront. Certaines sociétés seront tout énergies renouvelables : l'Islande et le Québec en ont les moyens, le Brésil tente de le faire. D'autres pays adopteront plutôt l'atome. Enfin, plusieurs communautés continueront de miser sur les combustibles encore disponibles. Toujours, la sécurité d'approvisionnement sera le premier paramètre considéré.

Promouvoir le solaire et l'éolien, c'est une bonne cause. Le danger, c'est d'en faire un dogme.

28. Les réponses de la science

L'université, quand elle s'exprime en communauté, n'a aucune conscience sociale et n'a aucune vision d'avenir. C'est particulièrement vrai dans le secteur de la R-D énergétique. Le hic, c'est que son influence est déterminante pour l'élaboration des axes stratégiques de recherche.

Nul doute que l'univers technologique d'aujourd'hui est tributaire de la science. Les révolutions dans les domaines des télécommunications et de la santé ne se comptent plus. Mais si on ne tient compte que de l'aspect énergétique, est-ce que la science va nous sauver? La communauté scientifique nous l'a souvent laissé croire. Dans les années 1960 et 1970, on promettait que le nucléaire allait assurer l'équité énergétique mondiale. On connaît la suite. Le solaire, les accumulateurs performants, les piles à combustible, le contrôle de l'énergie atomique sont toujours sur les tables à dessin, malgré que les principes de base soient connus depuis 50 ans, voire plus de 100 ans dans certains cas. Dans le secteur de l'hydroélectricité, la science est sans cesse évoquée, mais les nombreuses études scientifiques d'Hydro-Québec n'ont pas réussi à changer le cours des événements, et les choix récents montrent que désormais tout se règle sur la place publique, en deux ou trois manchettes. La science, la vraie, celle qui vérifie tout, n'est absolument pas préparée pour ces combats de rue. La science est trop souvent un apparat ou un embarras.

La science sait aussi se nuire à elle-même. Sans malice et pleins de bonne volonté, des scientifiques prêts à sauver le monde se servent de leur notoriété pour proposer des solutions impossibles à mettre en pratique, dans le système social, économique et politique qui règne actuellement. Malheureusement, il est très peu probable que les prochaines générations acceptent d'un commun accord un monde austère et frugal, sans croissance économique et s'accommodant d'un système énergétique entièrement basé sur les énergies renouvelables. Autant s'y faire et s'atteler à réduire les impacts des actions de cette humanité si imparfaite.

La science a su sensibiliser les sociétés, le changement climatique en est un exemple. Mais malgré l'évidence du désordre entropique créé par l'homme, notion simple à comprendre pour tout physicien et chimiste, il s'est trouvé des «experts» pour venir appuyer les thèses conservatrices américaines selon lesquelles le changement climatique est un leurre. Il a fallu un rapport alarmant de la NASA[1], en janvier 2006, pour qu'enfin les États-Unis reconnaissent le problème. Mais la science sait se vendre...

À sa défense, la science ne peut rien sans appui financier. De ce côté, les chiffres sont plutôt alarmants. Selon les données fournies par l'Agence internationale de l'énergie (2003), les fonds publics accordés à la R-D énergétique ont baissé de 15%, entre 1990 et 1999. Mais ce n'est pas tant le volume qui compte que la continuité du soutien. En Amérique du Nord, en particulier, il est bien connu que les priorités ont évolué en dents de scie, créant de grands espoirs un jour, puis défaisant les équipes le lendemain. Les cas de l'éolien et de la fusion sont de bons exemples de ce manque de vision américaine, par rapport à l'Europe, par exemple, qui a persisté à appuyer les équipes en place.

La position canadienne est à l'image de celle du son voisin du Sud. Aussitôt entré en fonction, le premier ministre Harper s'est empressé de sabrer dans les programmes d'efficacité fédéraux, tout en affichant son désaccord avec les objectifs du Protocole de Kyoto. Et le Canada est le seul pays du G8 à ne pas participer à ITER, le programme international de fusion thermonucléaire. Après la fermeture du tokamak de Varennes, en 1997, les très lucratifs FCI (Fonds de recherche à l'innovation) ont fait les choux gras des chercheurs des domaines de la nanoscience, de la photonique et de l'interaction laser-matière. Les fonds VRQ (Valorisation recherche Québec) ont fortement renchéri, ce qui a permis de

1. *The New York Times*, 29 janvier 2006, propos du chercheur Hansen de la NASA.

créer les NanoQuébec, Prompt-Québec et autres, mais aucun dans le domaine de l'énergie.

Partout en Amérique du Nord, les centres de recherche en électricité, ceux qui restent, sont en difficulté. Alors que le chiffre d'affaires d'Hydro-Québec a augmenté considérablement, les effectifs de son centre de recherche, l'IREQ, ont baissé de 30%, pendant la période 1996-2004. Pire encore, depuis plusieurs années, l'IREQ n'est plus un maître d'œuvre dans les dossiers importants. L'éolien en est l'exemple le plus navrant. Le mandat plus large par lequel les grandes sociétés d'État devaient s'intéresser à toute nouvelle forme de production, de transport et d'utilisation de l'électricité a été fortement réduit. L'opération peut se justifier par la rationalisation des activités, mais le Québec, l'Ontario et les autres communautés américaines ou européennes ont perdu au change.

Seule bonne nouvelle, la nouvelle stratégie énergétique du gouvernement du Québec a remis sur les rails un programme de R-D énergétique pour faire suite au Programme d'aide au développement des technologies de l'énergie (PADTE). Entre 1991 et 2003, le ministère des Ressources naturelles a soutenu financièrement la réalisation de plus de 290 projets touchant principalement les énergies renouvelables, ce qui a permis au Québec de devenir un leader dans plusieurs domaines, dont l'éolien et l'hydrogène. Pour ce qui est du gouvernement fédéral, en toute logique, plus le prix de l'énergie deviendra préoccupant, plus les fonds devraient apparaître.

Cela soulève d'autres questions. A-t-on ou aura-t-on les chercheurs compétents pour répondre à ces demandes prioritaires du domaine de l'énergie? Est-ce que l'effort sera suffisamment concerté pour faire avancer les choses? Bien sûr, l'argent est le nerf de la guerre. Et l'entreprise privée s'adjoindra les experts nécessaires pour développer de nouveaux concepts ou de nouvelles technologies. L'exemple de Ballard, dans le domaine des piles à combustible, ou les succès de plusieurs grandes firmes dans la filière éolienne ont montré que l'entreprise privée sait faire avancer les choses rapidement, y compris en R-D. Mais l'université, qui doit jouer un rôle surtout dans la science fondamentale, va-t-elle contribuer?

L'université va-t-elle contribuer?

Le début de ma carrière a été marqué par la mise en place de grands laboratoires, comme le tokamak et les projets mobilisateurs de l'IREQ. Ces équipes avaient la particularité d'être fortement multidisciplinaires, les universitaires étant, bien entendu, engagés pour les questions plus fondamentales. L'objectif commun était d'aller jusqu'au bout des choses, en collaboration avec d'autres grandes équipes internationales. Bien sûr, les projets de *grande science,* jugés chers à financer, étaient parfois regardés avec convoitise, mais personne n'empêchait la liberté universitaire traditionnelle de triompher, bien au contraire. Ce temps est-il révolu? Malheureusement, oui.

Si on se base sur les tendances lourdes des dernières décennies, l'université nord-américaine ne contribuera que très marginalement à l'avancement des connaissances dans le secteur de l'énergie. Au Canada, c'est pire encore. Il faut bien le dire, la science canadienne est une rêveuse communautaire sans boussole et sans sens des responsabilités, advienne que pourra. Très imbue d'elle-même, elle n'est pas digne de confiance, surtout quand elle loge à l'université. La galère vogue au gré de quelques courants disciplinaires qui changent de direction tous les cinq ans environ, selon un mouvement brownien. En science et génie, qui n'a pas entendu parler de l'importance d'investir dans les matériaux, à la fin des années 1980, dans les technologies de l'information et l'optique, dans les années 1990, dans la nanoscience et la photonique, depuis cinq ans et désormais dans les nano-biotechnologies ou femto-biotechnologies? Paradoxalement, l'énergie ne fera pas partie des vagues à surfer pour la prochaine génération de chercheurs universitaires canadiens.

Les raisons de ce comportement sont simples. D'abord, les règles de financement universitaire étant imposées par l'approche disciplinaire, certains domaines fortement multidisciplinaires, comme l'énergie, sont éliminés d'office. Ensuite, le système actuel d'évaluation par les pairs est fait de telle sorte qu'il est pratiquement impossible de s'écarter du modèle universel proposé par les grands regroupements de l'heure. Puis le rêve des années 1970 de donner à l'université deux missions, la recherche fondamentale et le rôle d'interface avec l'industrie, s'est avéré un échec lamentable[2]. Comme le système de mesure de la performance est indépendant des règles qui régissent la société civile, l'université n'a pas d'obligation de résultats pratiques. Pour l'essentiel, la «nouvelle» université produit deux choses : des étudiants et des articles, toujours plus nombreux, d'année en année. Tout le reste, c'est de la «littérature grise[3]» qui n'est d'aucune utilité pour les évaluations. Enfin, à l'heure des défis de performance et des restrictions budgétaires, la bataille pour les fonds de recherche est devenue une guerre sans merci. Dans cette jungle, seuls les regroupements majeurs ont droit de cité, même si l'objectif est purement artificiel.

Cette situation a mené à une espèce de dégoût pour les sciences appliquées. La science fondamentale a toujours boudé l'éolien, parce qu'on ne pouvait pas lui appliquer les principes d'Einstein. Maintenant que cette industrie est sur les rails, le CRSNG[4] et le FQRNT viennent tout juste d'en faire un thème stratégique. Mais le nombre de candidats compétents pouvant y faire une demande est très limité. Sans surprise, l'énergie n'est plus un domaine prioritaire de la «science officielle canadienne».

Pendant un temps, les chercheurs du domaine ont survécu grâce à des programmes nationaux. Le tokamak de Varennes est un exemple. Mais depuis une dizaine d'années, c'est la traversée du désert. En pratique, les chiffres sont plutôt préoccupants. Dans le milieu universitaire, les effectifs œuvrant dans le secteur énergétique sont en chute libre. Tous les chercheurs de la première heure partent les uns après les autres, sans remplacement. Le seul cours Énergie pour étudiants diplômés, au Québec, malgré sa très grande popularité, a disparu avec son titulaire[5].

---

2. Plusieurs critiques ont été publiées récemment sur ce sujet, dont une du président sortant du CRNSG (2005).
3. Terme véritablement utilisé pour qualifier les rapports de recherche par rapport aux articles arbitrés.
4. Le CRSNG (Canada) et le FQRNT (Québec) sont les organismes qui accordent les fonds de recherche universitaire en science et génie.
5. Voir Bergeron, Ulysse, «Le champ du cygne», *Le Devoir*, 26 mars 2005.

À l'évidence, le présent n'a rien prévu pour préparer l'avenir, en termes de formation et d'expertise de R-D, dans le domaine énergétique. En très grande majorité, les chaires canadiennes sont allées aux disciplines classiques: physique, chimie, biologie. Très peu en sciences appliquées, pratiquement aucune en énergie. Cette baisse de priorité pour la R-D énergétique n'est pas étrangère au contexte énergétique mondial qui a suivi le contre-choc pétrolier de 1985. Opportunistes, les institutions ont axé les priorités de la R-D et de la formation sur des créneaux plus prisés. Sans surprises, la relève dans les départements universitaires est influencée par ces modes de l'heure[6]. Malgré la bulle boursière des TIC et la hausse du prix du pétrole, les départements de sciences ont continué d'engager massivement des spécialistes des télécommunications et des stars de la nanoscience, de la photonique et de l'optique. Le hic, c'est que tout est joué jusqu'en 2030.

La concentration de la relève dans quelques domaines des sciences fondamentales, majoritairement incompétente en énergie, est une tendance nord-américaine. En quoi l'université peut-elle se targuer d'être plus clairvoyante que les grands de l'industrie automobile américaine? En quoi l'université peut-elle prétendre être un phare pour l'avenir, quand elle n'a même pas contribué aux divers débats[7] d'idées dans le domaine de l'énergie?

Le phénomène préoccupe l'Europe également. «La recherche délaisse peu à peu l'université, un mouvement inexorable à moins de repenser l'enseignement supérieur», écrit Claude Mawas dans le journal *Le Monde* du 17 novembre 2006. Il ajoute que la recherche n'est plus globalement le fait de l'université, mais des établissements créés au cours des décennies pour combler l'échec de celle faite à l'université. À l'heure où la clientèle étudiante stagne, qu'est-ce qui motive les dirigeants universitaires canadiens d'aujourd'hui? Faire de leur institution un lieu de débat pour les grands enjeux de société? Malheureusement, même les institutions qui ont été

---

6. Il suffit de vérifier la publicité des divers départements de physique du Québec et du Canada – Polytechnique, McGill, Laval, Sherbrooke, INRS-EMT, Toronto, Edmonton. La convergence du propos étonne.
7. En 2005, sur 133 mémoires lors de la commission parlementaire sur l'énergie, aucun n'a été présenté par une grande université. Seule l'Université du Québec à Trois-Rivières s'est prononcée.

créées sur ces bases trop thématiques, comme l'INRS en 1969, ont dû réviser leur mission et leur stratégie de financement. À l'heure des défis performances, un seul critère semble préoccuper les dirigeants universitaires, le chiffre d'affaires total dont le principal paramètre est l'argent obtenu pour l'expansion des bâtiments, autrement dit le béton. L'UQAM a eu son Complexe des sciences et réclame une Cité universitaire internationale à Montréal. L'université de Montréal veut son milliard pour un nouveau complexe dans la gare de triage d'Outremont. L'université de Sherbrooke prend de l'expansion à Longueuil. Toronto et Edmonton ont eu leur centre «national» de nanotechnologies. Et ainsi de suite.

Doit-on revaloriser la R-D énergétique à l'université? Oui, bien sûr. Mais soyons prudents. C'est malheureux à dire, mais la science, quand elle s'exprime en communauté, n'a aucune conscience sociale et n'a aucune vision d'avenir. Quand le tokamak de Varennes est tombé, aucune organisation scientifique ne s'est montrée outrée. Bien au contraire, les retombées de l'opération ont été rapidement recueillies pour relancer des activités qui n'avaient plus rien à voir avec l'énergie. Plus que dans toute autre communauté, c'est le chacun-pour-soi, l'opportunisme et le court terme qui priment.

Le scénario du chacun-pour-soi : la science dictée par le troupeau

En appliquant bêtement les tendances actuelles, l'université recevra sa part des fonds du domaine énergétique. À bien des égards, ce sera un gaspillage et une échappatoire. Le problème énergétique est trop sérieux pour être confié à des individus qui ont très peu de temps à consacrer à la recherche, étant trop occupés aux tâches quotidiennes de demande de subventions, d'enseignement, d'évaluation de toutes sortes et surtout de publication d'articles dans des revues scientifiques.

Ces propos sévères ne visent pas le chercheur individuel, pris dans le tourbillon infernal de la performance. Ils accusent une machine qui, au nom de la liberté universitaire, établit unilatéralement des axes de recherche et de formation sans en vérifier la pertinence. Ils accusent un système qui, en invoquant le seuil critique, a tué la diversité et favorisé le clonage des chercheurs dans un nombre restreint de domaines de recherche. Même la formation en science de base a perdu au change. À sa défense, l'autoréglementation n'existe pas, certes, c'est l'essence même du métier, mais cette machine, devenue vieille et grincheuse, ne tolère aucune critique quant à ses choix. Elle est devenue allergique à une recherche trop multidisciplinaire.

Avec le temps, cette université est devenue suffisante et regarde de haut ceux qui ont pour culture de faire marcher les choses. Malgré les regroupements monstres de chercheurs autour d'une thématique, les finalités ne sont jamais communes comme le fut le tokamak de Varennes, par exemple. Tout le système est conçu pour faire progresser la carrière des chercheurs individuels. Comment le leur reprocher quand on sait que la carotte au bout du bâton, c'est l'évaluation personnelle, et non la satisfaction d'avoir mis l'épaule à la roue pour faire avancer la science?

Malheureusement, cette université composée d'individus en guerre ne réussit plus à donner une vision claire des priorités de R-D dans les enjeux clés pour l'avenir de l'humanité. Par leur indifférence et parfois leur convoitise personnelle, les chercheurs ont nui à la poursuite des programmes dans le secteur de l'énergie. Cette division au sein de la communauté scientifique universitaire a influencé le politique, pas trop enclin à financer les *task forces* en recherche. Si le manque de considération des gouvernements pour le lointain avenir est patent dans la baisse des fonds de recherche fondamentale en énergie, la communauté scientifique elle-même n'est pas sans reproches. D'où le pessimisme quant à l'évolution de la connaissance dans les domaines clés discutés dans cet ouvrage.

Le scénario de la solidarité: le retour des grandes équipes de recherche

On s'écarte du sujet de ce livre[8]. Encore une fois, ce texte éditorial ne remet pas en cause la compétence de l'université pour former les gens et faire de la recherche de pointe. Il déplore tout simplement

8. C'est une bonne piste pour le suivant.

son manque de responsabilisation et son absence, en tant que communauté, des grands débats sur l'énergie. Mais cette réflexion est utile pour comprendre la possible contribution du milieu universitaire dans le secteur de l'énergie. Si la communauté persiste dans sa liberté universitaire de style cour royale, sa contribution sera à la mesure du couple professeur-étudiant, c'est-à-dire modeste. Dans un tel contexte, contentons-nous de bien soutenir les rares effectifs qui restent, ceux qui ont le goût de régler des problèmes. Avec un peu de chance, ces travaux vont engendrer de nouvelles idées.

Mais les exemples discutés dans ce livre montrent clairement que si on veut que les choses avancent dans le solaire, la fusion, le charbon propre, la réduction des impacts environnementaux, la découverte de nouvelles sources, les programmes d'appui à la R-D doivent être nationaux et internationaux, comme ils l'étaient il y a à peine deux décennies. Les chercheurs venant d'horizons différents doivent s'y consacrer à temps plein.

Pour la communauté scientifique en général, l'humilité s'impose. La science peut contribuer. Elle peut susciter des espoirs. Il faut subventionner les grands défis dans une approche concertée, mais les choses doivent être mises en perspective. Rien n'est gagné et la technologie n'est qu'un des facteurs qui va dénouer l'impasse dans le secteur énergétique. Nous espérons tous que la science nous réserve encore des surprises, mais il est évident qu'il faudra des efforts soutenus et importants de l'ensemble des acteurs de la société pour résoudre l'impasse des ressources dans le futur. Les exemples donnés dans cette partie illustrent cette problématique. Une brève synthèse des recommandations pour la R-D en énergie est présentée dans l'encadré suivant.

Recommandations générales pour la R-D en énergie – Québec[9] et Canada

Thèmes

- **Les matériaux nouveaux** – Ils sont à la base de tout, solaire photovoltaïque, membranes pour les piles à combustible, accumulateurs, stockage d'hydrogène, matériaux adaptés pour la fusion, déchets nucléaires, matériaux recyclables dans les produits vendus, etc.
- **Les sources d'énergie** – Ce sont le solaire, la fusion, l'éolien, les combustibles non conventionnels, les biocarburants, la géothermie à haute température.
- **La modélisation énergétique** – C'est la façon moderne de faire de la R-D. Cela va du design d'ITER à l'analyse des apports, en passant par l'analyse système pour le couplage hydroéolien.
- **Le comportement des consommateurs** – Ce vaste domaine a pour objectif d'établir des programmes d'économie d'énergie ciblés.
- **Le transport** – Dans ce domaine, il faut se pencher sur l'hydrogène, bien sûr, mais également sur les accumulateurs, les piles à combustible, l'optimisation du transport de marchandise, etc.
- **Autres** – Ce sont le système électrique en général, l'atténuation du changement climatique, l'optimisation de la production énergétique (sables bitumineux, par exemple), etc.

Stratégies et politiques

- La revalorisation des centres de recherche nationaux, l'IREQ par exemple.
- Un programme d'aide au développement des technologies énergétiques (par exemple, la stratégie 2006 du Québec).
- Des fonds nationaux pour des objectifs précis, par exemple le Technocentre, en Gaspésie, pour l'adaptation des éoliennes en climat nordique.
- La participation à des groupes de travail internationaux, tel ITER.
- L'aménagement du territoire : centres de services énergétiques régionaux, zonage urbain pour favoriser le transport en commun, etc.

9. Le Conseil de la science et de la technologie du Québec a publié, en 2005, un rapport qui reprend une partie de ces recommandations. Par ailleurs, une consultation nationale effectuée par Ressources naturelles Canada a permis d'émettre une série de recommandations en hiver 2006.

Le secteur universitaire

- Formation professionnelle en énergie et matériaux.
- Création de fonds spéciaux, avec des critères d'évaluation différents du système d'évaluation par les pairs.
- Créer de toutes pièces un département des sciences de l'énergie, multidisciplinaire et peut-être multiuniversitaire.
- Faire reconnaître les sciences de l'énergie comme discipline.

29. Par où commencer ?

Il est permis de rêver. Si un nouveau Louis II de Bavière était maître du monde, son quatrième château flotterait au beau milieu de l'Atlantique, sur le Gulf Stream. La thalassoénergie, couplée à l'éolien, produirait de l'hydrogène en quantité suffisante pour alimenter les immenses navires en transit entre l'Amérique et l'Europe. Et comme l'imagination débordante de Louis ne s'arrêterait pas là, les plans de sa prochaine centrale énergétique seraient déjà en développement. Peut-être même aurait-il mis la main sur le Sahara ou l'espace interstellaire.

Il faut rêver. Il faut permettre aux scientifiques et aux artistes de travailler. Mais dans le domaine de l'énergie, cela peut paraître peu emballant. Le rêve doit faire place à l'action. Louis était un peu fou, d'accord, mais il avait la qualité – ou le défaut, peu importe – de mettre en pratique ses idées. Dans le contexte actuel, le projet de Robert Bourassa de développer le complexe La Grande apparaît également de la pure folie. Jamais une telle proposition n'aurait été acceptée en 2006. Pourtant, l'imagination du premier a été saluée par Walt Disney, celle du second, par tous les Québécois, y compris ceux qui contestent l'aménagement de toute rivière.

Qui voudrait vivre dans un monde sans surprise, où les gens n'osent plus rien faire ? En ce sens, le scénario de la solidarité proposé dans cet ouvrage suppose une suite de révolutions qui ne sont pas empêchées par les enjeux techniques, mais qui relèvent de profonds changements d'attitude et de comportement. Pour les diverses communautés, il faut penser autrement et briser les lois du passé.

Par exemple, les économies matures devront consacrer d'immenses efforts à l'efficacité énergétique, surtout dans le transport. Dans ce secteur, les exemples d'amélioration sont nombreux. Ainsi, le rapport de l'Agence de santé et de services sociaux de Montréal divulgué le 23 mai 2006 propose de ramener de 70% à 50% la part de l'automobile dans les déplacements personnels, dans la métropole, d'ici 2020, en valorisant les transports en commun et le transport actif (marche et vélo). Rappelant que l'usage de la voiture s'est accru de 10,5% en cinq ans alors que la population de Montréal n'augmentait que de 3%, les auteurs proposent d'amorcer un virage pour réduire l'usage abusif de l'automobile. Ils notent que dans la plupart des pays d'Europe, la part du transport actif dépasse les 30% (environ 40% en Suède et au Danemark, 46% aux Pays-Bas), alors qu'elle n'est que de 7% aux États-Unis. Bien sûr, les contextes géographiques sont différents, et les voitures ne sont pas près de disparaître, mais les mesures existent; il suffit de les mettre en pratique. Ce sont entre autres: une politique d'aménagement urbain[1] qui a des dents; un financement accru du transport en commun; un soutien financier pour le transport actif; une taxe dissuasive sur le recours à l'automobile, à la façon de Stockholm ou de Londres, par exemple; la réduction du transport de marchandises en général et du transport routier en particulier, etc. Encore une fois, on se répète. Tout a été dit. Il suffit de relire les nombreuses études sur le sujet.

En ce sens, il faut saluer le courage du gouvernement du Québec qui a défié le gouvernement fédéral en lançant son plan pour le respect du Protocole de Kyoto[2]. Un grand nombre de mesures y concernent le transport.

Dans les autres secteurs de la consommation et dans le secteur de la production d'énergie, les économies d'énergie sont également appréciables. Bâtiments «verts», électrification accrue dans les usages et les procédés, rendement accru du système de production électrique, augmentation de la part des énergies renouvelables, récupération des chaleurs perdues, voilà autant de postes d'intervention qui sont rentables à long terme.

La croissance de l'offre énergétique ne doit plus être proportionnelle à la croissance économique, ce qui bouscule la théorie établie depuis plus d'un siècle. Pour passer à un quatrième âge de l'énergie,

1. Relire la cinquième partie du livre *La boulimie énergétique* (2002) sur le comportement du consommateur et en particulier le chapitre intitulé: La ville: est-ce la solution de l'avenir?
2. www.mrnf.gouv.qc.ca, politique lancée le 17 juin 2006.

l'augmentation de la richesse d'une économie mature sera plutôt mesurée par l'investissement cumulé dans un système à plus faible entropie, c'est-à-dire que pour des services équivalents, il faudra consommer de moins en moins d'énergie.

Les économies émergentes devront prendre acte du passé et éviter de commettre les mêmes erreurs que les pays industrialisés. Même si le rapport demande d'énergie/croissance économique reste élevé lors de la phase de développement, les investissements doivent aller vers un système moins énergivore. De toute façon, dans un contexte de prix inflationniste pour les combustibles, c'est une condition nécessaire pour assurer leur progression.

La construction de centrales énergétiques à l'orée des villes est une autre révolution nécessaire. Au même titre que le gaz brûlé dans les puits de pétrole, il est absurde que deux tiers de l'énergie d'une centrale thermique soient perdus. Mais encore là, changer la mentalité des élus municipaux, peu enclins à subventionner l'aménagement et l'urbanisme à long terme, représente une révolution de taille.

Les grands chantiers dans le domaine des énergies renouvelables doivent revenir à l'ordre du jour des nations qui peuvent les développer. Ainsi, la réhabilitation de l'hydroélectricité est une condition nécessaire à la réalisation des scénarios de la solidarité. Il faut accepter de produire pour les autres, et les autres doivent reconnaître l'avantage d'importer.

Enfin, le développement technique est loin d'être terminé dans plusieurs domaines qui seront essentiels pour les générations futures. Le développement des accumulateurs et du solaire, la maîtrise de l'atome et bien d'autres technologies exigent une ouverture d'esprit de l'ensemble des acteurs, du politicien qui accorde les fonds à l'universitaire qui doit sacrifier un peu sa liberté d'enseignement pour tenter de trouver des vraies solutions.

Ces quelques exemples et les grandes stratégies présentées dans le tableau 24 montrent que chaque communauté doit prendre des risques pour innover dans son domaine, quitte à faire des erreurs. Il s'agit d'un *ensemble* de mesures; aucune des solutions présentées n'est suffisante par elle-même. Ce programme d'actions pour le XXIe siècle a deux avantages complémentaires : a) il prépare l'humanité au passage vers un monde à faible dépendance envers les combustibles ; b) il permet de stabiliser les émissions de gaz à effet de serre tôt dans ce siècle. En fait, ce scénario correspond en gros aux stratégies proposées par les auteurs Claude Villeneuve et François Richard pour contrer le changement climatique. Quelle que soit la cause, atténuer les impacts du changement climatique ou réduire notre dépendance envers les combustibles, les moyens pour y parvenir sont les mêmes. Il est également conseillé au lecteur de lire le rapport[3] de la table ronde sur l'environnement diffusé en juin 2006 par le gouvernement du Canada. Bien que les recommandations se rapportent au Canada et au thème particulier de la réduction des émissions de gaz à effet de serre, la clé du succès réside dans l'amélioration du rendement énergétique. Plusieurs des mesures proposées pour l'horizon 2060 correspondent à ce qui a été établi dans le scénario de la solidarité pour les économies matures.

Par où commencer? Il n'y a pas de plan parfait. C'est à chaque communauté de trouver sa contribution originale. Mais l'autarcie ne sera pas suffisante. Les communautés riches en ressources renouvelables, comme le Canada, devront accepter de produire pour les autres. Les arguments du genre « il faut cesser de développer l'hydroélectricité pour ne pas encourager davantage les Américains à la surconsommation » relèvent d'une attitude irresponsable.

Le besoin en capitaux : pierre d'achoppement?

La discussion sur l'héritage entropique du pétrole (première partie) invite à méditer sur notre civilisation alors que les réserves encore abondantes de combustibles fossiles conventionnels risquent un jour de se tarir. Qu'est-ce que la richesse? La grandeur d'une civilisation se mesurerait entre autres par la quantité d'énergie qu'elle est en mesure de traiter. Une civilisation pleinement développée serait au bord de l'effondrement lorsqu'elle atteint un seuil au-delà duquel le simple maintien en état de ses structures requiert une dépense énergétique croissante alors que la quantité d'énergie disponible par habitant ne cesse de diminuer. Encore

3. www.nrtee-trnee.ca

ici, l'analogie avec l'âge du pétrole est facile à faire. Par exemple, produire un baril de pétrole à partir de l'exploitation des sables bitumineux et des réserves en mer profonde demande de plus en plus d'énergie, et donc toujours plus de capitaux et de soutien militaire. Après avoir vécu dans l'abondance, notre monde se cherchera sous peu une nouvelle identité. Trop d'acquis vont devenir inabordables. L'effondrement qui s'ensuivra sera sans doute dû à un défaut de vitalité, à l'incapacité de mobiliser l'énergie humaine nécessaire pour surmonter les obstacles qui menacent de saper les fondations de notre société.

Bref, la théorie économique capitaliste se tromperait quand elle parle de création de richesse. Tout ce que l'humanité a fait, c'est de la puiser, cette richesse, et bien sûr de la transformer avec intelligence. Mais puisque l'ère du pétrole bon marché arrive à sa fin, cette chronique serait celle d'une mort annoncée.

En examinant l'état du monde par région, il est vrai que la richesse d'une société est en corrélation avec la quantité de ressources dont elle dispose. Si l'Amérique est devenue la première puissance mondiale, c'est qu'elle a pu compter sur ses immenses réserves de pétrole et de charbon, puis d'hydroélectricité et de gaz naturel. À l'autre bout de la distribution se situent les pays très pauvres, qui manquent d'eau et d'énergie. Mais le succès de notre civilisation repose sur un autre paramètre, tout aussi important, le partage relatif de cette richesse sous plusieurs formes de démocratie. Un troisième facteur doit être considéré: le degré de civilisation d'une époque, d'un peuple ou d'un groupe se mesure non seulement à sa capacité de mettre l'énergie au service du progrès, mais aussi à sa facilité de favoriser le développement durable. Sous cet angle, l'Europe et le Japon seraient donc plus riches que les États-Unis, si on calcule leur richesse collective: réseau ferroviaire, contrat social, densification de villes, etc.

Tout n'est donc pas perdu. Certes, l'énergie sera plus chère, mais ce désavantage peut être compensé par les deux autres facteurs, la solidarité et l'investissement dans le développement plus durable. Le partage des richesses interpelle bien sûr les pétrolières et les gazières, qui devront se responsabiliser de plus en plus, de gré ou de force. La création d'une taxe sur le carbone, par le gouvernement du Québec, en juin 2006, est un bon exemple du type d'interventions qui devront être faites partout dans le monde pour amener un changement de cap en faveur d'un système économique moins énergivore.

À la Conférence de Nairobi au Kenya sur le changement climatique en novembre 2006, la France est allée plus loin en proposant une fiscalité verte pour les produits venant des pays délinquants en termes d'effort de réduction de leur gaz à effet de serre (www.diplomatie.gouv.fr/fr/actions-france 830). Dans la mire, se trouvaient les États-Unis et le Canada, mais également des pays comme la Chine et l'Inde qui profitaient de la relocalisation mondiale de l'industrie sans vraiment accorder beaucoup d'importance à l'efficacité de leur système de production d'énergie. L'exemple alarmant du transfert de l'industrie de l'aluminium et du magnésium discuté au chapitre sur l'industrie suffit à la compréhension du problème.

Si on s'en tient aux filières thermiques de production d'électricité, il faut rappeler que les coûts fixes sont faibles par rapport aux coûts variables, et ce, même pour les filières efficaces comme le charbon propre. En d'autres termes, si on les compare aux énergies renouvelables et à l'efficacité énergétique, il s'agira toujours de filières à faible intensité de capital. Pour ce qui est des énergies renouvelables et atomique, on peut diviser le problème en deux. Le développement de l'hydroélectricité, de la fission classique et de l'éolien ne dépend pas de la capacité d'investissement des sociétés, mais de l'acceptation sociale, non seulement des sociétés qui peuvent les développer, mais également de la planète entière, qui doit revoir ses façons de classer les filières selon leur désordre réel. Pour le solaire, la fusion et les autres technologies, encore au stade du laboratoire, l'investissement doit d'abord aller à la R-D. Encore une fois, ces investissements restent mineurs, si on les compare aux profits des pétrolières – revoir, à ce sujet, la démonstration sur le développement de la fusion.

Le capital est nécessaire pour le développement des filières de production d'électricité, mais pour le dégager et le rendre disponible, il faudra reconfigurer la société en faveur d'un développement plus durable. Repenser les villes et le transport demande des réaménagements coûteux. Quel que soit le scénario adopté, les besoins en capital seront considérables, mais pas hors de portée. Parmi les points positifs suggérés par les tenants de la théorie économique, ces besoins suivront vraisemblablement une allure plus modérée que la croissance économique. En d'autres termes, des transferts d'investissements intersectoriels seront toujours possibles pour tenir compte de la part croissante des appels de capitaux du secteur énergétique. C'est une question d'opportunité, finalement. Si investir dans l'innovation technologique est rentable par rapport aux secteurs classiques, les grands groupes financiers du monde, ceux qui gèrent les fonds de pension par exemple, le feront.

Les leçons de l'histoire sont claires : sauf imprévu, une croissance économique soutenue va accélérer le renouvellement du capital, d'où une amélioration accrue des intensités énergétiques. C'est le bonheur que nous nous souhaitons, mais l'imprévu peut toujours se produire.

- Premier avertissement, l'hypothèse est logique si le mode de régulation de type marché tient le coup et si la spéculation ne s'emballe pas outre mesure. En récession économique grave, tout peut arriver. L'État et la communauté internationale doivent donc veiller au grain.
- Deuxième avertissement, ces investissements en faveur du changement doivent démarrer dès maintenant et se poursuivre de façon continue. Attendre le déséquilibre entre l'offre et la demande, c'est s'exposer à la catastrophe. En d'autres mots, vaut mieux prévenir que guérir.
- Troisième avertissement, la plupart des investissements nécessaires sont à effectuer au Sud. Si on se fie à la disponibilité actuelle des fonds de développement internationaux et des capitaux d'investissement privés pour exprimer une tendance future, ce n'est pas gagné. Heureusement, des pays émergents, comme la Chine et certains dragons d'Asie, donneront probablement le ton pour modifier le cours des capitaux, à l'avenir.

TABLEAU 23

Hypothèses macroéconomiques pour les divers scénarios (2000-2100)

Variables	**Catégories**	**Scénario de la solidarité**	**Scénario du chacun-pour-soi**
Croissance démographique (en milliards d'habitants)	Planète	6,3 à 9,0	*Idem*
	Économies matures (OCDE)	1,25 à 1,4	
	Pays émergents (Chine et autre)	1,75 à 2,3	*Idem*
	Pays en développement	3,3 à 5,3	*Idem*
Croissance économique	Économies matures (OCDE)	Croissance qui se stabilise en relation avec la population	*Idem*
	Pays émergents (ex. Chine)	Croissance forte au premier quart de siècle, stabilisation par la suite.	*Idem*, mais avec rattrapage du niveau de vie moins fort
	Pays en développement	Croissance modérée et continue	Croissance moins forte en seconde demie de siècle
Approvisionnement[2]	Pétrole et gaz	Pas de rupture de stock prévue Contrainte des réserves ultimes respectée (environ 3 000 milliards de barils pour le pétrole, à peu près la même chose pour le gaz) Production actuelle environ 30 milliards barils par an, 900 milliards de barils déjà consommés. Pic de pétrole atteint dans la décennie 2020	Contraintes des réserves non respectées Pic de pétrole atteint dans la décennie 2030, puis décroissance rapide de la production
	Combustibles solides	Pas de contrainte au XXIe siècle, mais production stable	*Idem*

TABLEAU 23 (SUITE)

Hypothèses macroéconomiques pour les divers scénarios (2000-2100)

Variables	**Catégories**	**Scénario de la solidarité**	**Scénario du chacun-pour-soi**
Prix de l'énergie	Pétrole	Coût marginal[3]	*Idem*, avant le pic de production, cassure par la suite
	Gaz	Coût marginal[3]	*Idem*, avant le pic de production, cassure par la suite
	Charbon	Coût marginal des technologies propres	Risque de cassure en mi-période
Géopolitique	Stabilité	Continue	Période de turbulence à prévoir vers 2040
Économie de marché	Stabilité	Continue, avec l'État qui veille au grain et allocation de capitaux pour le développement durable	Période de turbulences à prévoir vers 2040 à cause du manque de solidarité et de prévoyance; manque de capitaux à cause de l'inertie face au changement Les plus pauvres écopent

1. La contrainte n'est pas le pic de production, mais les réserves ultimes disponibles.
2. Le prix du pétrole et du gaz correspond au coût de renouvellement des combustibles conventionnels plus une prime de spéculation. Mais le mouvement est continu.

TABLEAU 24

Stratégies disponibles pour atteindre le scénario de la solidarité (Liste non exhaustive)

	Secteurs	**Effort nécessaire (minimum) (2000-2100)**	**Options**
Efficacité énergétique Énergie finale Économies matures	Transport	Réduire de la consommation par habitant de 55%	Politique d'aménagement • Repenser les villes Efficacité des véhicules • Réduire la taille et la puissance • Imaginer de nouveaux concepts, ex. hybride en série Réduction de la distance parcourue sur les routes • Remplacer par les communications, le télétravail • Produire localement Substitution intermodale • Baisser la part du routier dans le transport de marchandises; remplacer par le rail, le transport maritime, le pipeline, etc. • Appuyer le transport en commun, le transport «insolite» et le transport actif (vélo, marche)
	Résidentiel et commercial	Réduire de 30% la consommation moyenne par habitant (la réduction sur le stock neuf est beaucoup plus élevée)	Réglementation • Établir des codes de constrution sévères, y compris dans les régions chaudes • Adopter un design efficace pour les bâtiments

TABLEAU 24 (SUITE)

Stratégies disponibles pour atteindre le scénario de la solidarité (Liste non exhaustive)

	Secteurs	**Effort nécessaire (minimum) (2000-2100)**	**Options**
			• Privilégier des chaudières à haut rendement: >90% • Imposer des normes sévères pour les climatiseurs, les électroménagers et les équipements électriques • Passer à l'éclairage efficace Gestion informatisée de l'énergie Aménagement • Renforcer l'urbanisme • Favoriser les centrales d'énergie pour le chauffage électrique et urbain Services commerciaux et de services • Réduire les espaces • Remplacer par le service à distance, par exemple
	Industrie	Réduction de 30% de l'énergie finale par habitant (récupération de chaleur non incluse)	Procédé • Électrotechonologie (diffusion) • Gestion de la chaleur • Contrôle • Recyclage, ex. aluminium Substitution • Ex. papier, par technologies de l'information (TIC)

TABLEAU 24 (SUITE)

Stratégies disponibles pour atteindre le scénario de la solidarité (Liste non exhaustive)

	Secteurs	**Effort nécessaire (minimum) (2000-2100)**	**Options**
Efficacité énergétique Énergie finale Économies émergentes et en développement	Tous les secteurs	Meilleure performance par habitant que le pays mature qui consomme le moins par habitant. Dans ce cas, le barème est le « Japon efficace » de l'horizon 2100.	En tablant sur du neuf, le rattrapage socioéconomique se fait par un développement plus durable
Combustible Énergie finale Objectif mondial	Chauffage et vapeur	La récupération de la chaleur égale 40% des besoins de chauffe pour les clients à grand débit commerciaux et industriels.	Centrales d'énergie multiservices Cogénération
	Biocarburant Pétrole et gaz	Objectif de 30% des carburants consommés Réduction progressive de la dépendance dès 2020. En 2100, ces sources sont marginales et limitées à des usages spécifiques, comme la pétrochimie et le transport.	Éthanol et biodiesel Efficacité dans le transport (voir plus haut) Passage graduel aux énergies alternatives • Électrification, récupération de la chaleur, biocarburant, etc.
	Charbon et autres combustibles solides	Stabilisation de la consommation, puis réduction de la dépendance	Séquestration du CO_2 Efficacité énergétique • Centrales thermiques : 50% et plus • Procédés industriels : cogénération
Électricité Objectif mondial	Production	Rendement global optimisé : passage de 29% à 50%	Marché ouvert Production distribuée et centrales d'énergie Réduction des pertes techniques de transport et de distribution

TABLEAU 24 (SUITE)

Stratégies disponibles pour atteindre le scénario de la solidarité (Liste non exhaustive)

	Secteurs	**Effort nécessaire (minimum) (2000-2100)**	**Options**
		Rendement des centrales thermiques: atteindre 50% avant cogénération Énergies renouvelables: 45% du total Croissance progressive et soutenue qui se poursuit au XXIe siècle	Charbon «propres» Turbine à gaz à double cycle Libre-échange entre les réseaux Débloquer la question du transport haute tension Soutenir les grandes énergies renouvelables: hydro, éolien, solaire Favoriser l'émergence des filières de remplacement: thalassoénergie, géothermie, etc. Cogénération pour la biomasse
		Hydroélectricité (doubler la capacité)	Appui international pour revaloriser la filière
		Éolien (production équivalente à l'hydroélectricité)	Ne pas négliger l'acceptabilité sociale
		Solaire (production équivalente à une «demi-hydro», mais en progression)	Sortir le photovoltaïque de l'impasse (R-D) Centrale thermique Programme au niveau du consommateur (chauffage de l'eau et de l'espace)
		Nucléaire: stabiliser la production de la fission classique pendant tout le siècle (8% de la production électrique en 2100) Début des filières à neutrons rapides (voir plus loin)	Réacteurs plus performants et plus sécuritaires

TABLEAU 24 (SUITE)

Stratégies disponibles pour atteindre le scénario de la solidarité (Liste non exhaustive)

	Secteurs	**Effort nécessaire (minimum) (2000-2100)**	**Options**
	Consommation	Part de l'électricité dans l'énergie utile: • Résidentiel et commercial: 73% • Industriel: 40% • Transport: 20% Croissance progressive et soutenue au XXIe siècle	Résidentiel et commercial: voir parties préalables Transport: • Transport en commun électrique • Part accrue de l'électricité dans les véhicules routiers (hydrogène y compris) Industrie: électrotechnologies et contrôle
Effet de serre	Énergie primaire	Séquestration du CO_2	Créer 3 500 Sleipner[4] • Impose des centrales énergétiques distribuées; • Permet l'acceptation du charbon comme source de transition.
	Production de pétrole	Sables bitumineux; récupération dans les puits existants	Utilisation de technologies à faible émission de GES pour l'exploitation: • Nucléaire • Hydroélectricité, pompe géothermique
	Méthane et biogaz	Récupération des gaz d'enfouissement[5] (50% d'ici 2050)	Fumier, déchets municipaux, mines de charbon, puits de pétrole, etc.

4. Voir Villeneuve et Richard (2005), page 315, chapitre sur le CO_2.
5. Objectif proposé par la table ronde sur l'environnement (Canada, 2006).

TABLEAU 24 (SUITE)

Stratégies disponibles pour atteindre le scénario de la solidarité (Liste non exhaustive)

	Secteurs	**Effort nécessaire (minimum) (2000-2100)**	**Options**
Solutions de rechange à long terme (pour les siècles à venir)	Hydrogène	Vecteur important à examiner	Gestion de la production électrique • Pile à combustible stationnaire Carburant possible dans le transport Soutien à la R-D
	Atome : incontournable, une fois les combustibles épuisés	Premier choix : les surgénateurs	Avantages • Déchets à moins long terme que la filière classique ; recyclage du plutonium • Augmentation des réserves de 80 à 100 fois Désavantages • Technologie non maîtrisée • Déchets nucléaires importants
		Second choix : la fusion	Avantages • Moins de déchets que la fission • Réserves « infinies » Désavantages • Technologie non maîtrisée
	Les surprises	Hydrates	Votre opinion vaut celle des experts.
		Géothermie profonde	L'idée est belle.

Pour finir, on peut affirmer sans trop se tromper que la planète ne manque pas de formes d'énergie, ni de ressources financières pour les mettre en œuvre. La cause de l'effondrement possible du système d'approvisionnement énergétique sera tout autre. Ce sera que l'humanité aura été incapable de mobiliser l'énergie humaine nécessaire pour mener la révolution de la transition vers le quatrième âge énergétique. Autrement dit, tout est dans la tête.

Épilogue 2060 le rêve d'un grand-père

An 2006: La poule pas de tête

Ce pays est béni des dieux,
Il pourrait briller de tous ses feux.
Mais cette terre de nos aïeux a un cap curieux.
Signe distinctif, ses habitants persistent
À démontrer qu'ils existent.
Pour tout et pour rien, des drapeaux ils brandissent.
Ses dirigeants se gargarisent de développement durable,
Leur intervention en faveur de Kyoto a été louable.
Ils se donnent des défis une tonne,
Mais à l'heure des comptes, leur discours détonne.
Ils sont nés pour un petit train,
Les politiques de transport ne sont jamais pour demain.
La rue principale a continué de faire place aux centres d'achat,
Tous pareils, à l'orée de la ville, sans aucun apparat.
Faisant fi de leur rôle planétaire,
Les citoyens restent débonnaires.
Priorité absolue au bitumineux,
Le reste ne peut se faire valoir.
Cette Terre pourrait briller de tous ses feux,
Mais sans capitaine, son cap est aléatoire.
Par chance, ce pays est béni des dieux.
Immensément riche est son territoire,
Sa démocratie est garante d'espoir.
Ses habitants, sont assurés d'aller au royaume des cieux.
Pour l'esprit, c'est malheureux.
Mais pour un grand-père c'est fabuleux.

2060: La boule a une ligne de pensée

La chanson du poète Raymond Lévesque est toujours d'actualité. Les hommes ne s'aiment pas encore d'amour. Les conflits armés et l'intolérance accablent toujours plusieurs communautés mondiales. L'iniquité entre les riches et les pauvres n'est toujours pas résolue. Pourtant depuis plus de cinquante ans, le monde a progressé pour le mieux. Plusieurs prédictions alarmistes du début du siècle ne se sont pas réalisées. Malgré les nombreuses escarmouches, la guerre mondiale déclenchée par la convoitise du pétrole n'a pas eu lieu. Tous les acteurs se sont plutôt appliqués à se soustraire de cette trop grande dépendance envers les combustibles fossiles.

La gouvernance mondiale a joué son rôle. Le mécanisme de marché a tenu le coup et le politique a jugulé l'exagération des profiteurs sans scrupules, toujours aussi nombreux. En grande partie, les profits parfois exorbitants de la rente pétrolière ont été détournés pour imaginer de nouveaux modèles d'approvisionnement énergétiques, durables et écologiques. Tel que prévu, l'Europe et les grands de l'Asie ont donné le ton. Faisant son mea culpa, la Chine, première puissance mondiale, s'est faite championne de la fiscalité verte, notamment en imposant des taxes sévères sur tout produit en provenance des pays qui font du «dumping environnemental». Mais l'innovation est venue de partout, souvent des communautés plus modestes, non attachées aux grands slogans de l'heure. Par la force des choses, les Américains ont dû en prendre note. Les politiciens de Washington ont arrêté de discourir sur La Liberté, pour venir discuter réellement. Leur apport au débat énergétique mondial fut à la hauteur de leur puissance.

Par chance, la population mondiale n'a pas dépassé les huit milliards d'habitants, ce qui a donné un répit pour l'approvisionnement en ressources de toutes sortes. Par exemple, l'électricité est enfin accessible à tous, ce qui a aussi permis d'autres révolutions comme l'accès universel à l'eau, à l'éducation et aux communications. Surprise, l'émergence économique de l'Afrique noire préoccupe les pays industrialisés qui y voient une pression supplémentaire sur le besoin de ressources et le déplacement des emplois. Heureusement aussi, l'événement permet à nouveau au monde de se remettre en question, ce qui ne peut qu'être bénéfique pour la suite des choses.

Au Québec, bien que le plein emploi existe depuis plus de quarante ans, la perception de l'économie a peu changé. Ses habitants se trouvent pauvres, parce que le taux de croissance du produit intérieur brut n'est pas aussi vigoureux que celui de certains pays émergents. Et l'Alberta fait toujours apparaître ses voisins nord-américains comme des cancres. Depuis plusieurs décennies, l'exploitation de ses sables bitumineux la tient au premier rang des producteurs mondiaux de pétrole. Imaginez les profits! Que peut faire de plus le gouvernement de l'État albertain pour ses citoyens, quand tout est gratuit ou presque? Partager les richesses, clament les résidents des autres entités de ce qu'on appelle le Canada, loin d'être mal en point en termes de niveau de vie.

Heureusement, l'Alberta a rapidement compris son rôle de leader. Les sables bitumineux sont exploités sans émissions de gaz à effet de serre ou presque. Les besoins thermiques sont fournis par des centrales nucléaires de type CANDU. La production d'électricité dans le reste de la province est assurée par des centrales au charbon «propres» et par le jumelage hydro-éolien rendu possible par l'accessibilité au réseau de la Colombie Britannique. La province a son TGV électrique d'Edmonton à Calgary, etc. Bref, l'Alberta est devenue le phare écologique et financier de l'Amérique du Nord. Et pourquoi pas du monde se disent ses représentants devenus plus solidaires, moins axés sur la sécurité et moins protectionnistes que l'étaient leurs prédécesseurs du début du siècle?

La situation socio-économique de l'est de l'Amérique apparaît moins flamboyante. Les changements sont moins perceptibles. La population s'est stabilisée. Les grands travaux d'infrastructures sont devenus rares. Pourtant l'est de l'Amérique, de Miami à St-Jean de Terre-Neuve, a continué de s'enrichir sans que cela paraisse. Ainsi, Montréal semble avoir peu changé depuis 60 ans. La très belle architecture côtoie la laide. C'est le lot de la plupart des vieilles villes du monde qui doivent vivre avec l'urbanisme des époques passées. Mais Montréal est une ville où il fait bon vivre. Le taux de pollution est parmi les plus bas du monde, pour une grande raison bien sûr, son taux d'électrification est maximal. Et les plans d'aménagement et les politiques du transport du début du siècle ont porté fruit. Aucun véhicule public n'utilise de carburant fossile.

À l'instar de plusieurs grandes villes du monde, majoritairement au Sud, les marchands du centre-ville ont enfin compris l'intérêt des rues sans voitures. Le nouveau tramway fait partie du paysage de Montréal. Les camions de livraison ne circulent qu'en dehors des heures de travail. Certes les congestions font toujours partie des problèmes de gestion de la pointe du matin et du soir. On déplore toujours le trop grand nombre d'accidents. Mais à la différence du début du siècle, la voiture n'est plus la seule en cause. Ils sont d'abord attribuables à ces foutus vélos et véhicules électriques de tout acabit. Ce qui fait encore jaser les payeurs de taxe, c'est cette requête pour une autre voie expresse vers le centre-ville, avec un toit panoramique tout intempérie! Consolation, les dômes en matière composite et durable ont été inventés au Québec, ce qui a résulté de l'expérience accumulée de refaire le toit du stade olympique!

Qu'il est difficile pourtant de reconnaître que les choses ne vont pas si mal, surtout quand on vit un changement générationnel, le troisième en ce XXIe siècle. Les lucides dénoncent à nouveau le manque de productivité de la population du Québec et s'inquiètent du vieillissement de la population. Qui va payer pour les soins de santé, comme si cette riche génération d'âge mûr ne paierait rien en retour? Alors que le monde entier se bat contre les ravages de la surpopulation sur l'éducation, l'environnement, les problèmes sociaux, le coût des infrastructures et de l'énergie, le Québec si riche déplore la stagnation de la fertilité. Aller comprendre. Pourtant depuis plus de 40 ans, la cote de crédit du Québec est maximale, on est en situation de plein emploi et la facture énergétique est la plus basse au monde.

Malgré les réprimandes continuelles des lucides, le Québec a peu de dettes. Et surtout il a su faire fructifier ce fabuleux fond générationnel grâce aux grands projets énergétiques du Grand Nord. Ententes avec les États du Sud, compromis régionaux, politiques industrielles, coopération des industries éoliennes et hydrauliques, tout a contribué à sécuriser les investissements dans les renouvelables et les industries fortes consommatrices l'électricité. Résultat: tout en étant exportateur net d'électricité, le Québec a contribué à l'effort planétaire de réduire la dépendance envers les combustibles fossiles.

Bien que la science soit toujours sur un piédestal, ses réalisations sont encore nébuleuses. Mais dans le domaine de l'énergie, il faut reconnaître sa contribution. La performance des accumulateurs a fait un pas de géant. L'économie de l'hydrogène est significative dans plusieurs régions du monde. Le solaire photovoltaïque est en pleine progression grâce aux retombées de la nanotechnologie. Et on vient d'apprendre qu'un réacteur à fusion commercial vient tout juste d'être lancé.

Mais comme dans l'académique aussi le changement générationnel des professeurs s'effectue à nouveau, un certain ressentiment envers le conformisme revient. «Il faut un peu plus d'équilibre dans l'engagement du corps professoral. Pourquoi les époques mettent tout dans le slogan de l'heure? La diversité a le mérite d'être le meilleur garant de l'évolution de la connaissance...». Encore une fois, leur voix reste inaudible dans le tumulte de l'indifférence et de la convoitise personnelle. En réponse au faible défi performance de la R&D et à la faible croissance de la clientèle étudiante, les directeurs proposent toujours le mirage du béton et supportent les projets qui rapportent gros. Tous se réclament de la liberté académique et de l'innovation. À peu de chose près, l'histoire se répète. Une petite différence, cependant, les dirigeants universitaires ne pensent plus exclusivement à l'investissement, ils s'investissent. Par exemple, ils s'assurent qu'il y a un certain équilibre dans le choix des thèmes de recherche de leur institution. Ils ont enfin compris que les retombées de la science ne se mesurent pas par la dimension des locaux, mais par la qualité et la pertinence du capital humain dont ils ont le contrôle.

Au quotidien aussi, les préoccupations des individus sont semblables à celles de leurs ancêtres, les baby-boomers. L'actualité est morose. Chialer fait partie de l'évolution, c'est darwinien. Mais petit pas par petit pas, le sort de tous et chacun s'améliore. À 58 ans, Amélie a déjà planifié sa retraite avec un filet social très convenable. Ça commence à trotter dans la tête de Simon et Félix. Les cousins et cousines peuvent en espérer autant. Ils manquent tous de temps, bien que leurs déplacements pour le travail et les loisirs soient moins importants que ceux de leurs parents et de leurs grand-parents.

Plus que jamais, la notion du temps est dictée par ceux qui veulent établir des records, sans considération pour l'individu pour qui le temps est incompressible. Ainsi, il paraît que le dernier *Marie-Antoinette*, film d'une durée de 2h30, a été tourné en cinq heures. Un crac de l'informatique a tout fait à partir d'archives numérisées. Les acteurs n'ont prêté que leur visage. Dans cette société avancée, tout est virtuel, l'art du faux est roi; plus que jamais, la relation de l'homme avec la nature est une notion abstraite. Les communications sont tellement parfaites, qu'il devient suspicieux de fermer son salon «audiovisuel» aux grands-parents toujours soucieux de voir vivre leur progéniture. Que dire de l'employé qui ne veut pas se faire épier par son patron à tout moment de la journée!

Plus que jamais, ces gens du futur réalisent qu'ils n'auront pas le temps de tout lire, tout apprendre, tout entendre et tout visiter, à cause de l'omniprésence et de la puissance des communications. Heureusement, justement, la technologie n'aura pas tout résolu. Parfois, il faudra aller voir.

Certes les voyages sont coûteux, mais des collègues de travail examinent la possibilité de se payer le forfait de l'heure, une tournée complète du Moyen Orient, organisée par une firme libano-syro-israélienne. Mésopotamie, Iran, Jordanie, tout y passe. Il paraît que la reconstitution des sites de l'Antiquité, dont Babylone, est particulièrement réussie.

Glossaire

Principales unités de mesure

1 joule: unité élémentaire de mesure d'énergie, de travail et de quantité de chaleur

1 baril de pétrole brut = 6,2 gigajoules (GJ) (plus ou moins, selon la qualité)

1 kilowatt (kW): unité de puissance = 10^3 watts

1 kilowattheure (kWh) = 3,6 mégajoules (MJ) = 1 kilowatt de puissance pendant une heure

1 tonne équivalent pétrole (tep) = 42 GJ

1 000 m^3 de gaz naturel = 0,85 tep

1 tonne de charbon = 0,7 tep (plus ou moins, selon la qualité)

1 Mev = 1 million d'électronvolts; 1 keV = 100 millions de degrés Celsisus

Exposants: ex. Mégajoule (MJ) = 10^6 joules, Gigajoule (GJ) = 10^9 joules, Térajoule (TJ) = 10^{12} joules, Pétajoule (PJ) = 10^{15} joules, Exajoule (EJ) = 10^{18} joules, Zétajoule (Zj) = 10^{21} joules.

Accumulateurs (batteries)

Les accumulateurs font référence aux batteries, mais l'ensemble peut comprendre d'autres types de stockage, comme les roues d'inertie, les condensateurs ou le stockage chimique.

Biocarburant

Carburant issu de matières organiques par recyclage (biodiesel) ou par procédé (éthanol, méthanol, biodiesel). Les plantes envisagées sont la canne à sucre, le maïs, la betterave, les résidus de bois et bien d'autres végétaux que l'on peut obtenir en masse. Par fermentation et raffinage, on en tire un carburant utilisable. Le rendement de fabrication varie selon la région et le type de plante. Les procédés de deuxième génération auront des rendements accrus, principalement en raison du taux de récupération de la matière végétale, qui sera supérieur.

Biogaz

Gaz issu de la décomposition organique de matières végétales ou de déchets agricoles ou municipaux (par exemple, le méthane).

Biomasse

La biomasse comprend la matière végétale susceptible d'être utilisée directement ou par transformation à des fins énergétiques. C'est évidemment le cas du bois sous toutes ses formes. Voir le chapitre 15.

Carburant synthétique

Oublions la possibilité que la nanoscience permette un jour de reconstituer des chaînes de carbone et d'hydrogène. Le terme «carburant synthétique» fait plutôt référence au procédé de liquéfaction du gaz (GPL ou gaz de pétrole liquéfié) ou de combustibles solides, comme le charbon. Leur fabrication ne change donc pas la donne des réserves ultimes ni d'ailleurs la question des émissions de gaz à effet de serre.

Cogénération

Récupération partielle de la chaleur perdue d'une unité de production d'électricité de type thermique. L'électricité produite peut être utilisée sur place ou vendue au réseau. Voir les détails dans le chapitre 8.

Coût d'équilibrage

Le coût d'équilibrage, surtout évoqué pour l'éolien, est souvent galvaudé. La définition la plus juste correspond au coût de gestion d'un aléa dans un réseau existant. Pour les aléas de demande, par exemple, une réserve tournante est nécessaire pour éviter un déséquilibre offre-demande. Ce coût supplémentaire lié au risque est donc dépendant du type de réseau, on ne peut généraliser. En général, ce coût est inférieur dans un réseau hydraulique. Pour l'éolien, c'est le même problème, l'aléa de vent oblige le producteur électrique à mettre en place des mesures pour contrer le déficit de puissance si le vent est moins bon que prévu. Comme pour les aléas de demande, donc, une bonne prévision pour les heures ou la journée qui viennent s'avère nécessaire.

Cycle de vie

Méthode de comparaison environnementale de diverses options. Pour chaque option, produit, service ou activité, on estime l'impact sur l'environnement et sur les ressources naturelles, jusqu'à l'élimination des déchets. Le bilan énergétique total considère la production, le transport, la distribution, le rendement de consommation, les possibilités de recyclage et le contenu énergétique des matériaux. On comprendra que ce calcul sera plus ou moins complexe selon que l'on se limite à un aspect particulier, exclusivement à l'offre, par exemple. Dans ce calcul, les énergies renouvelables ont en général un cycle de vie plus favorable.

Dans le domaine énergétique, le premier exemple est la comparaison des émissions de gaz à effet de serre pour la production d'électricité. Comme on peut s'y attendre, le charbon a la moins bonne cote. À l'autre bout de la gamme, on retrouve l'hydroélectricité, le solaire et l'éolien.

Une autre façon de comparer les diverses sources d'énergie passe par l'occupation territoriale. La surface requise pour produire une unité d'énergie est un indice de l'impact sur l'environnement biophysique. Les tableaux B et C donnent quelques exemples.

TABLEAU A

Émissions globales de la chaîne de production par kWh d'électricité

Source d'énergie	**Facteur d'émissions g/CO_2 eq/kWh**
Charbon	940-1 340
Pétrole (léger à lourd)	680-890
Gaz	
Classique	650-770
Double cycle	510
Nucléaire	8-27
Solaire (photovoltaïque)	81-260
Éolien	16-120
Hydroélectricité	
Au fil de l'eau	Faible
La Grande	≈33
Milieu tropical	≥1 000
Biomasse	
Plantation	118
Déchets forestiers	Faible
Pile à combustible (reformage du gaz)	520

Sources: Claude Villeneuve et François Richard, *Vivre les changements climatiques* (2006), tableau 13.2; Luc Gagnon, Hydro-Québec, présentation, cours Énergie 2000.

TABLEAU B

Territoire requis par source d'énergie[1]

Source d'énergie	**km^2/TWh**
Charbon et nouveau pétrole	≥4
Nucléaire	0,5
Solaire (photovoltaïque)[2]	130-250
Éolien[3]	15-20
Hydroélectricité	
Au fil de l'eau	Faible
Avec réservoir	≈132
Biomasse	
Plantation	533
Déchets forestiers	0,9

1. Production d'électricité, sauf éthanol.
2. Facteur 5 d'espacement.
3. Facteur 5 pour l'espacement entre chaque unité de 3 à 4 MW.

Sources: Luc Gagnon, Hydro-Québec, présentation, cours Énergie 2000 et notre propre estimation.

TABLEAU C

Surface nécessaire pour remplacer les pétrocarburants

Région	Consommation de carburants[1] (2001)	ETBE Betterave %	Biodiesel (colza) %	Éthanol de blé %
Monde	22,6	3,5	16,7	9,4
Amérique du Nord	10,2	13,0	63,0	35,0
Europe (UE)	3,5	19,0	91,0	51,0

1. Millions de barils par jour.

Source: Carine Rongeat, cours Énergie 2003.

Délestage

Dans un édifice moderne ou dans une industrie, on retrouve des systèmes de gestion de charge très sophistiqués. Afin de respecter la puissance, ce système informatisé s'assure que la demande d'électricité à un instant donné ne dépasse pas la puissance souscrite*, ou si l'on veut la demande maximale de puissance déterminée dans un contrat avec la compagnie d'électricité. Par exemple, si la demande des moteurs est forte, on délestera le chauffe-eau pendant un moment.

Demand side management

Terme difficile à traduire en français. Parmi les équivalences, on peut parler de «négawatt» ou de mesure de gestion de la demande électrique. Ce courant de pensée est issu de la Californie à la fin des années 1980. Pour l'essentiel, il proposait que les compagnies d'électricité investissent dans les économies d'électricité chez leur client, plutôt que dans la continuelle expansion du système de production. Par exemple, plusieurs programmes d'éclairage efficace furent mis en place pour inciter les consommateurs à changer leurs lampes incandescentes pour des fluorescentes.

Économies émergentes

Ces pays sont en voie d'industrialisation. Leur croissance sera forte pendant au moins un quart de siècle. Dans ce groupe, on retrouve la Chine, la Corée du Sud, l'Amérique du Sud et l'Amérique centrale.

Économies en développement

Ces pays n'ont pas encore fini de mettre en place l'infrastructure minimale. Les deux grands blocs sont bien sûr l'Afrique et l'Inde.

Économies matures

Pour l'essentiel, il s'agit des pays de l'OCDE: Amérique du Nord, Europe de l'Ouest, Australie et Japon. Pour les besoins de calcul, nous avons ajouté l'Europe de l'Est.

Énergie finale

Énergie disponible à la consommation. Dans cet ouvrage, on ne considère que les énergies passant par un circuit commercial, ce qui exclut l'autoconsommation et une grande partie de la biomasse.

Énergie primaire

Elle correspond au besoin primaire d'énergie avant transformation, transport et distribution. Dans cet ouvrage comme dans la plupart des sources de prévision officielles, tels l'Agence internationale de l'Énergie, le DOE ou la BP Statistical Review, seul le rendement de production du système électrique est considéré. Par contre, pour estimer l'impact en termes d'effet de serre, le rendement de production de toutes les sources d'énergie doit être pris en compte. Par exemple, produire un baril de pétrole à partir des sables bitumineux est beaucoup plus énergivore que par la méthode conventionnelle des puits.

Autre précision, dans le bilan primaire pour l'électricité, on considère un rendement de production moyen qui varie de 30% à 40%, même pour les énergies renouvelables et le nucléaire. Cette convention n'est cependant pas utilisée par le GIEC ni d'ailleurs dans *L'énergie au Québec*, publié par le MRNF.

Énergie utile

Énergie nécessaire, s'il n'y a pas de pertes de transformation au niveau des équipements, des usages ou des procédés. Pour la chauffe, il faut considérer le rendement de combustion. Pour un véhicule, il faut également considérer les pertes mécaniques, etc.

Entropie

Notion thermodynamique, l'entropie définit l'état de désordre d'un système. Ainsi, la consommation d'une source d'énergie augmente l'entropie, surtout si la source est non renouvelable. Voir le chapitre 4 pour plus d'information.

Éthanol

Alcool (C_2H_5OH). Voir « Biocarburant ».

Géothermie

Utilisation de la chaleur provenant du sous-sol terrestre. Plusieurs procédés sont possibles, selon l'objectif : produire de la chaleur ou de l'électricité. Voir la cinquième partie.

Hydrocarbures

Ce terme regroupe les divers combustibles, gazeux, liquides (pétrole) et solides (charbon), qui sont tous des chaînes plus ou moins complexes de carbone et d'hydrogène.

Hydrogène : énergie mécanique

L'énergie mécanique peut être tirée de l'hydrogène par un moteur à explosion classique ou par une pile à combustible. La première solution est peu intéressante à long terme, car le rendement de l'hydrogène est inférieur à celui des combustibles fossiles. C'est dû à la faible densité énergétique de l'hydrogène. La pile à combustible offre de meilleurs rendements, mais sa maturité technologique tarde à venir. Mais surtout, son intérêt futur dépendra fortement du rendement global de la production et de l'utilisation de l'hydrogène.

Hydrogène : production

L'hydrogène peut être obtenu par l'électrolyse de l'eau, ce qui est un procédé très intensif en électricité. L'hydrogène peut également être obtenu par reformage du gaz naturel ou du pétrole, mais, d'une part, cette solution n'aide guère pour ce qui est de la déplétion des combustibles et, d'autre part, elle ne règle pas le problème du CO_2.

Hydrogène : stockage

Pour stocker l'hydrogène à bord d'un véhicule, la première solution avancée est la liquéfaction. Le problème du volume est ainsi résolu, mais au prix d'une consommation d'énergie qui peut atteindre 50% de celle contenue dans le réservoir (stockage à très basse température). Sans compter que la diffusion de cette petite molécule peut occasionner des pertes de l'ordre de 1 à 2% par jour.

La deuxième solution est le résultat d'un compromis entre la liquéfaction et le stockage sous forme de gaz afin d'obtenir un volume acceptable. Le problème de diffusion n'est pas réglé pour autant, mais des pistes de solution semblent apparaître, si on fie aux constructeurs.

La troisième solution consiste à profiter des propriétés de diffusion de l'hydrogène pour le stocker dans des hydrures métalliques ou des nanotubes de carbone. Intéressante pour les scientifiques, cette solution ne risque pas de quitter leurs laboratoires avant très longtemps, du moins pour ce qui est du stockage à bord des véhicules. C'est que le volume de stockage, dans cette solution, est immense : l'hydrogène représente 2% du volume des hydrures et 1% dans le cas des nanotubes. Là aussi, une perte d'énergie est constatée, d'une part lors de la compression, d'autre part lors du chauffage du matériau pour libérer l'hydrogène.

Intensité énergétique

L'intensité énergétique est le rapport de la consommation d'énergie au PIB (Produit Intérieur Brut). Elle représente la quantité d'énergie nécessaire pour constituer une unité de PIB. L'évolution de cette intensité montre la capacité de l'économie à générer de la richesse en utilisant plus ou moins d'énergie. L'intensité énergétique se décline par secteur ; l'intensité sectorielle représente alors le rapport de la consommation d'énergie du secteur au PIB.

Méthanol

Alcool (CH_3OH). Voir « Biocarburant ».

OPEP

Organisation des pays producteurs de pétrole. Aux pays du Golfe et de l'Afrique du Nord, il faut ajouter le Nigeria et le Venezuela.

Pétrole brut

Le pétrole brut (*crude oil*) est un mélange complexe d'hydrocarbures de différentes familles associés à des composés oxygénés, azotés et sulfurés. En plus de sa composition variée, le pétrole est défini en fonction de sa facilité d'exploitation, d'où les catégories conventionnelle et non conventionnelle. Par exemple, la famille des bitumes et des huiles lourdes ou extralourdes, qui se caractérisent par des mélanges d'hydrocarbures de poids moléculaire élevé, seront plus difficiles à exploiter que les pétroles dits légers.

Le pétrole, c'est généralement l'enfouissement à des profondeurs de 1 000 à 3 000 m de sédiments riches en matière organique à la base de sa formation. Le pétrole a la particularité d'être mobile, comme l'eau, et se déplace donc au sein des sédiments qui l'abritent. Les pétroles faciles à exploiter sont piégés dans un réservoir sous pression. Un simple forage par rotation, comme le fit Drake à l'origine, permet donc au pétrole de remonter à la surface.

Mais il n'est jamais possible de récupérer la totalité de l'huile d'un gisement. En moyenne, on admet que le taux de récupération est de l'ordre de 35%, ce qui revient à dire que 65% de toute l'huile découverte dans le monde reste sous terre. Ce point est important. Le renouvellement des réserves dépend ainsi fortement de la récupération des huiles résiduelles par des techniques plus avancées.

Il dépend aussi de la transformation de ressources non exploitées par l'amélioration de la faisabilité économique. On entre alors dans les pétroles dits non conventionnels. Dans la littérature, on retrouve en général les suivants : les huiles extra-lourdes, les schistes bitumineux, les pétroles offshore profond. Par contre, les sables bitumineux sont désormais considérés comme conventionnels.

Pétrole primaire

Dans les statistiques, la définition du pétrole primaire est un peu différente de celle d'énergie primaire. L'énergie nécessaire pour produire un baril à la source n'est pas compilée. Pour du pétrole conventionnel, la différence n'est pas très grande, mais pour les nouveaux pétroles comme ceux des sables bitumineux, c'est très important. Voir *Énergie primaire.*

Plasma

Après le solide, le liquide et le gazeux, le plasma est considéré comme un quatrième état de la matière. Plus la température sera élevée, plus la proportion d'ions et d'électrons libres sera importante. Alors que les torches à plasma fonctionnent à 5 000 °C, les réacteurs à fusion fonctionneront à des millions de degrés.

Production décentralisée

La production décentralisée donne aussi lieu à beaucoup de confusion. Il n'est pas toujours facile de tracer la ligne entre production distribuée, réseau autonome, production privée, système de production d'appoint, système hybride et nombre d'autres concepts qui apparaissent dans la littérature.

Du côté anglophone, on parle beaucoup de production distribuée. En première analyse, cela fait souvent référence à des capacités de production de petite taille: de quelques dizaines de kW à quelques dizaines de MW. Compte tenu des investissements en jeu, la maîtrise de la production distribuée serait donc aux mains du consommateur ou du petit investisseur.

Au minimum, on retient les définitions suivantes. La production décentralisée inclut toute production ou distribution dont la maîtrise échappe au distributeur principal. Cette production peut être à vocation commerciale ou destinée à des fins privées. Les kilowattheures produits par un système décentralisé peuvent transiter sur le réseau de distribution principal si une entente est conclue. On parle alors de *net metering* ou de compteur inversé.

Puissance souscrite

La puissance souscrite est un des éléments qui correspondent à la grille tarifaire offerte par Hydro-Québec à ses clients de moyenne et de grande puissance. Le client s'engage à ne pas dépasser une puissance donnée, sinon il devra payer une pénalité. Par ailleurs, il doit payer les kilowattheures consommés, comme dans le résidentiel.

Réserves

La définition de «réserve» varie selon les sources. Les *réserves conventionnelles* correspondent aux quantités identifiées et récupérables, d'un point de vue technique et économique. Elles évoluent donc selon la conjoncture et l'évolution des connaissances. Les *réserves ultimes* représentent l'ensemble du combustible existant – et ayant existé – pouvant être exploité. Pour le pétrole, le chiffre retenu est de 3 000 milliards de barils, dont plus 800 milliards auraient déjà été exploités. La *réserve stratégique* est le stock constitué en vue de faire face à une pénurie d'approvisionnement (de l'ordre de 2 à 3 mois pour le pétrole). Voir la première partie.

Ressources

C'est l'ensemble des combustibles stockés dans le sous-sol, dont une grande partie ne sera jamais exploitée, par exemple les hydrates.

Sable bitumineux[1]

Il s'agit d'un mélange d'argile, de sable, d'eau et de bitume, extrait du sol dans des mines à ciel ouvert.

On les trouve dans plus de 70 pays, mais surtout au Canada et au Venezuela. Au Canada, 97,8% des réserves connues se trouvent dans les sables bitumineux de l'Alberta qui représentent 15% des réserves mondiales, soit la deuxième réserve en importance sur la planète, après celle de l'Arabie Saoudite.

1. Source: conférence d'Élizabeth May et de Steven Guilbeault, Concordia, 13 juin 2006.

Mais ils ne sont pas sans impacts sur l'environnement. Pour produire un baril de pétrole, on doit extraire, transporter et traiter environ deux tonnes de sables bitumineux. Les producteurs de sables bitumineux de l'Alberta déplacent assez de matière pour remplir le Skydome de Toronto ou le Stade des Yankees de New York tous les deux jours.

- Pour produire un baril de pétrole à partir de sables bitumineux, il faut six barils d'eau douce (318 à 795 L).
- La production d'un baril de pétrole à partir de sables bitumineux émet 3,36 fois plus de gaz à effet de serre (GES), 2,8 fois plus de dioxyde de soufre (SO_2) et 1,6 fois plus d'oxydes nitreux (NO_x) que la production d'un baril de pétrole conventionnel. D'ici 2015, entre 108 et 127 millions de tonnes de GES proviendront des sables bitumineux.

Pour réduire leurs impacts en termes d'effet de serre, on pourrait construire des centrales nucléaires pour la partie chauffage; les réserves d'uranium sont tout près.

Thalassoénergie

C'est le potentiel énergétique des mers: marées, vagues, courants et gradients thermiques. Voir la cinquième partie.

Village power

Ce terme anglais est fréquemment employé pour définir l'approvisionnement énergétique d'une communauté non connectée au réseau principal. On tente en fait d'optimiser l'ensemble des apports, qu'ils soient électriques ou thermiques.

Références

Général

En général, les publications du domaine de l'énergie se consacrent à un sujet précis, par exemple le solaire, l'éolien ou bien entendu à l'évolution de la production de pétrole. La grande majorité sont du domaine scientifique et sont de peu d'intérêt pour comprendre le problème posé dans ce document, soit la transition vers un quatrième âge de l'énergie. Afin de mieux diriger le lecteur, cette section bibliographique présente en premier lieu les liens Internet qui vulgarisent un sujet ou qui présentent des informations générales sur les tendances lourdes de l'offre et de la demande d'énergie. Ces sites ont l'avantage d'être dynamiques et de présenter les derniers développements. L'accent est également mis sur les sites francophones et canadiens.

Très peu d'ouvrages ont été produits sur l'évolution de l'offre et de la demande d'énergie à très long terme, soit l'horizon 2100. Les plus importants travaux ont été publiés par le Groupe d'experts intergouvernemental sur l'évolution du climat (GIEC), www.ipcc.ch. Par ailleurs, plusieurs auteurs, pour la plupart des écologistes, ont publié des essais sur l'évolution possible de l'offre et de la demande d'énergie à long terme. Les sites des grands groupes d'écologistes, comme Greenpeace, Sierra-Club ou l'UQCN au Québec sont à consulter, ainsi que ceux des grands organismes internationaux qui font de l'analyse statistique et de la prévision (voir section correspondante plus loin).

Parmi les ouvrages récents, les suivants ont été cités à plusieurs reprises :

- Jean-Marie Chevalier (2004), *Les grandes batailles de l'énergie*, Éditions Gallimard.

- Hubert Reeves (2003), *Le mal de terre*, Éditions du Seuil.
- Jeremy Rifkin (2002), *L'économie de l'hydrogène*, Éditions La Découverte.

Les revues qui se consacrent à l'analyse énergétique sont très nombreuses. Dans la francophonie, il faut citer:

- La *Revue de l'Énergie*, Paris, publications mensuelles. www.editcom.com
- La revue *Liaison Énergie-Francophonie*, publiée par l'Institut de l'Énergie et de l'Environnement de la Francophonie, Québec, site www.iepf.org

On peut également consulter les groupes qui s'intéressent aux tendances technologiques comme le centre Hélios, www.centrehelios.org. Dans le domaine scientifique, plusieurs groupes de recherche s'intéressent à la prospective technologique, par exemple pour évaluer les stratégies optimales de réduction des gaz à effet de serre. À Montréal, il faut citer l'excellent groupe GERAD qui supporte le modèle MARKAL (www.gerad.ca). Le Québec a également la chance d'avoir des forces de recherche dans plusieurs créneaux d'avenir dont l'économie de l'énergie (GREEN, Université Laval), l'hydrogène (UQTR et INRS) et l'éolien (ÉTS et UQAR).

Données statistiques sur la demande et l'offre d'énergie: historique et prévision moyen terme (20 à 25 ans)

Agence Internationale de l'Énergie: www.iea.org

Banque mondiale: www.worldbank.org

Gouvernement américain: www.eia.doe.gov

Nations Unis, Scénarios de population, www.un.org

Gouvernement du Canada: www.oee.rncan.gc.ca, www.Statcan.gc.ca, www.neb.gc.ca

Gouvernement du Québec: www.mrnf.gouv.qc.ca

Réserves de combustibles fossiles

The British Petrolium Statistical review of world energy, www.bp.com

USGS (US Geological Surveys) www.usgs.gov

Oil and Gas Journal Surveys: www.ogj.com

Association for the study of peak Oil&Gas (ASPO) www.Peakoil.net

Changement climatique et prospectives

International Panel on Climate Change (IPCC), Groupe d'experts intergouvernemental sur l'évolution du climat (GIEC)

- Scénarios 2100: Special Report on Emission Scenarios (2002): www.grida.no/climate/ipcc/emission/index.htm
- Séquestration du CO_2: *IPCC Special Report on Carbon Dioxide Capture and Storage (2005)*: www.ipcc.ch

- Pricewaterhouse Coopers (PwC) rapport *The World in 2050: Implications of global growth for carbon emissions and climate change policy*, septembre 2006. www.pwc.com
- Le groupe Ouranos (Québec), www.ouranos.ca
- Table Ronde Nationale sur l'environnement et l'économie, *Stratégie à long terme sur l'énergie et les changements climatiques, horizon 2060 pour le Canada*, www.nrtee-trnee.ca
- Gaëtan Lafrance et Claude Desjarlais (2006), *L'impact du changement climatique sur la demande d'énergie au Québec (horizon 2050)*, www.ouranos.ca
- Claude Villeneuve et François Richard (2005), *Vivre les changements climatiques, quoi de neuf?*, Éditions MultiMondes, www.multim.com
- World Commission on environment and development (1987), *Our Common Future*, Oxford University Press. Le célèbre rapport qui a publicisé le concept de développement durable.

Section I – L'héritage du pétrole, âge énergétique

Les travaux de Colin Campbell et de Jean Laberrere (Aspo, www.Peakoil.net) et

- Jean-Claude Debeir, Jean-Paul Delage et Daniel Hémery (1986), *Les servitudes de la puissance*, Éditions Flammarion.
- Gaëtan Lafrance (2002), *La boulimie énergétique: suicide de l'humanité?*, Éditions MultiMondes.
- Jean-Luc Wingert (2005), *La vie après le pétrole, de la pénurie aux énergies nouvelles*, Éditions Autrement.

Section II – Âge de l'électricité et état de la situation

Sites ou documents québécois, dont ceux concernant la déréglementation

- Association de l'industrie électrique du Québec, *Revue Choc*, www.aieq.net
- Gouvernement du Québec: les deux excellents documents: *La Stratégie énergétique du Québec 2006-2015* et le débat public de 1996: *La production d'électricité* (www.mrnf.gouv.qc.ca)
- Hydro-Québec, www.Hydro-Quebec.ca, dont le document *Plan de production, Plan de développement 1993* qui donne une bonne description des filières de production d'électricité.
- Statistiques, *L'énergie au Québec*, www.mnrf.gouv.gc.ca
- Régie de l'énergie, www.regie-energie.qc.ca
- Pierre Langlois (2006), *Sur la route de l'électricité, volume 1*, Éditions MultiMondes.

Section III – Les énergies du Soleil

- L'agence Internationale de l'Énergie
- Statistiques de l'énergie éolienne, www.BTM.dk
- Association Canadienne de l'industrie éolienne, www.CANWea.ca
- Association Européenne de l'industrie éolienne, www.ewea.org

- Ressources Naturelles Canada, voir les sites correspondant aux énergies renouvelables et le modèle – *Retscreen* www.RNCan.gc.ca
- Tendances mondiales : Worldwatch Institute, Vital Signs, www.worldwatch.org.

Section IV – La demande d'énergie, innovation, efficacité

- Benjamin Dessus, plusieurs publications, dont *Énergie défi planétaire*, Paris, Belin, 1999. *La voiture à hydrogène, La Recherche*, octobre 2002.
- Centre Hélios, site *WWW.centrehélios.org*
- Hydro-Québec, groupe Prévision de la demande et des revenus, Direction planification, www.Hydro-Québec.ca
- Ministères des Ressources naturelles du Québec, groupe de prévision, www.mrnf.gouv.qc.ca
- Office national de l'énergie, www.neb-one.gc.ca
- Ressources Naturelles Canada, Office l'efficacité, http://oee.rncan.gc.ca
- Ressources Naturelles Canada, partenaires, dont le centre de données et d'analyse sur les transports, www.cdat.ecn.ulaval.ca, et l'Energy and Materials Research Group, www.emrsg.sfu.ca

Section V – Les réponses de la science

- Séquestration du CO_2 déjà cité, www.ipcc.ch
- Fission nucléaire, état de la situation et statistiques, www.uic.com

Fusion nucléaire : quelques liens utiles qui en amèneront d'autres

- Iter, http://www.iter.org/
- Princeton PPL http://www.pppl.gov/fusion_basics/pages/fusion_basics.html